U0163532

- 国家自然科学基金面上项目（No. 12072301）：
  纳尺度双细长平行结构多场耦合复杂动力学行为研究
- 国家自然科学基金青年基金（No. 11702230）：
  微尺度压电层合细长结构热力电多场耦合动力学行为

主编◎赵　翔　朱伟东
朱一林　李映辉
王　琦　孟诗瑶

线性振动与控制的理论及应用

Theory and Applications of Linear Vibration and Control

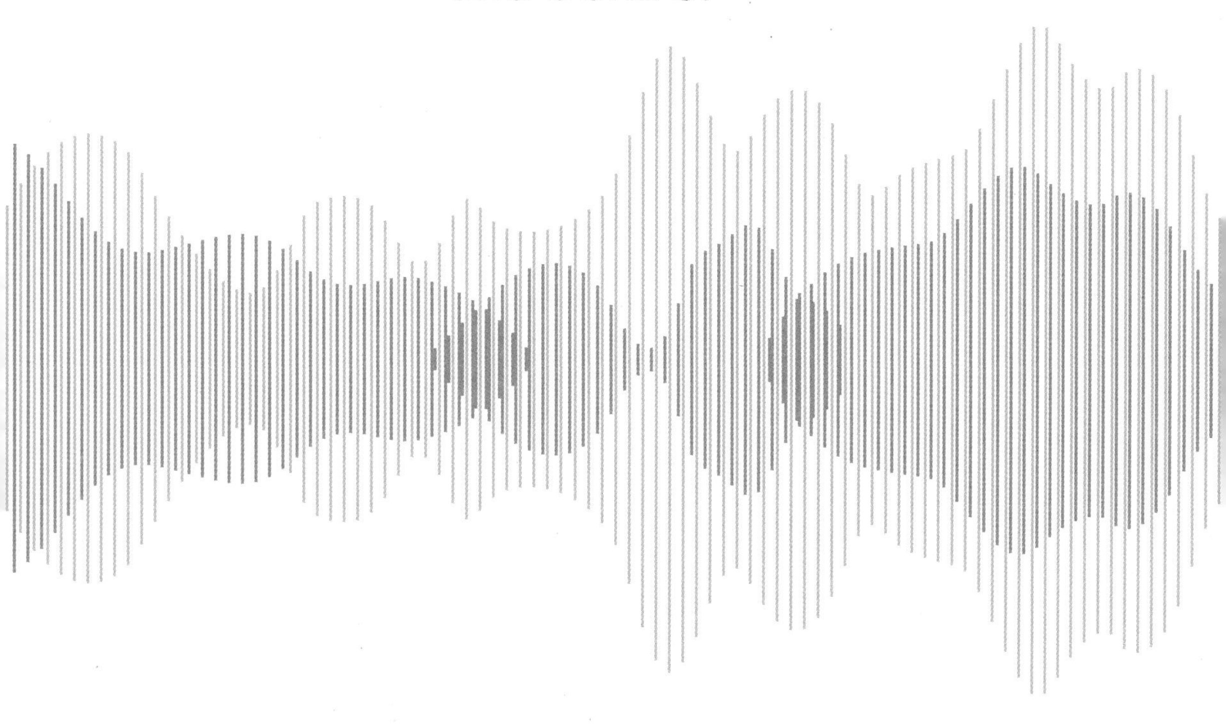

图书在版编目（CIP）数据

线性振动与控制的理论及应用 / 赵翔等主编. — 成都 : 四川大学出版社, 2023.10

ISBN 978-7-5690-6067-6

Ⅰ. ①线… Ⅱ. ①赵… Ⅲ. ①线性振动—振动控制—研究 Ⅳ. ①O321 ②TB535

中国国家版本馆CIP数据核字（2023）第058371号

书　　名：线性振动与控制的理论及应用

Xianxing Zhendong yu Kongzhi de Lilun ji Yingyong

主　　编：赵　翔　朱伟东　朱一林　李映辉　王　琦　孟诗瑶

选题策划：孙明丽

责任编辑：王　锋

责任校对：刘柳序

装帧设计：裴菊红

责任印制：王　炜

出版发行：四川大学出版社有限责任公司

地址：成都市一环路南一段24号（610065）

电话：（028）85408311（发行部）、85400276（总编室）

电子邮箱：scupress@vip.163.com

网址：https://press.scu.edu.cn

印前制作：四川胜翔数码印务设计有限公司

印刷装订：四川煤田地质制图印务有限责任公司

成品尺寸：185mm×260mm

印　　张：15.5

字　　数：375千字

版　　次：2023年11月 第1版

印　　次：2023年11月 第1次印刷

定　　价：68.00元

扫码获取数字资源

四川大学出版社
微信公众号

序　言

振动问题广泛存在于航空航天、机械、土建、石油开采和储运等工程领域，在这些工程领域中，广泛存在着梁、板、壳等结构形式，振动对这些结构具有积极的或消极的不同的影响。例如，石油工程中海洋套管在海流作用下的振动会对海底油气开采产生消极影响，对此需要设计隔振结构用来减少套管的振动。再比如，机械工程中的传感器的野外供能问题可以通过设计振动俘能器来解决，此时振动所起的作用是积极的。可以看出，振动具有广泛的工程应用背景，因此，结构振动与控制理论成为众多工程行业技术人员的重要理论基础，也是高等学校相关专业的必备知识。鉴于国内大部分教材是从苏联时期的理性力学体系中发展而来的，知识体系的介绍相对不完善，对于一些重要的概念和方法并没有详尽的介绍，因此，《线性振动与控制的理论及应用》一书在参考美国工程振动类课程体系的基础上，从不同角度介绍基本理论知识，引进对一些知识点和经典方法在不同角度上的特色阐述，并配有大量精选的例子，使读者能够站在不同的角度对各个知识点和方法有更好的理解，这在一定程度上完善了国内振动课程的理论知识体系。

本书共9章，内容可分为绪论、线性振动、现代振动控制方法和现代振动研究专题内容四部分，线性振动部分包括单自由度系统的振动、分析动力学、多自由度系统的振动、复模态分析、连续体系统的振动；现代振动控制方法在第8章单独介绍；第9章为现代振动研究专题。本书将基本理论、工程实践和科学研究相结合，深入地讲述了振动与控制的基本理论和分析方法，同时反映了本学科国内外科学研究和教学研究的一些先进成果，注重基本概念、基本方法和基本理论，各章附有适量的课后习题，以加深对内容的理解和运用。

其中，第1章绪论参考了 Moon K. Kwak 所写的 *Dynamic Modeling and Active Vibration Control of Structures* 中的一些例子以及第一作者赵翔副教授在美国马里兰大学朱伟东教授实验室访学期间参加的一些科研项目；第2章单自由度系统的振动参考了第二作者朱伟东教授“Linear Vibrations”课程讲义和第一作者多年结构振动与控制研究生课程教学笔记；第3章分析动力学参考了第二作者朱伟东教授“Linear Vibrations”课程讲义和 Ginsberg 教授 *Engineering Dynamics*，以及 Rosenberg 教授 *Analytical Dynamics of Discrete Systems*；第4章多自由度系统的振动参考了第二作者朱伟东教授“Linear Vibrations”课程讲义和赵翔副教授研究生课程教学笔记；第5章复模态分析参考了第二作者朱伟东教授“Linear Vibrations”课程讲义和 Meirovitch 教授的 *Principles and Techniques of Vibrations*；第 6 章连续系统的振动参考了第二作者朱伟东教授“Linear Vibrations”课程讲义和 Meirovitch 教授的 *Analytical Methods in Vibrations*；第 7 章振动分析的近似方法参考了第二作者朱伟东教授“Linear Vibrations”课程讲义；第 8 章现代振动控制方法参考了第一作者多年结构振动与控制研究生课程教学笔记以及郑大钟教授的《线性系统理论》；第 9 章现代振动研究专题主要介绍了第一作者赵翔副教授多年发表的关于格林函数法研究细长结构多场耦合振动问题的成果。

本书由赵翔副教授、朱伟东教授、朱一林副教授、李映辉教授以及研究生王琦、孟诗瑶编著，赵翔副教授和朱伟东教授全程执笔和定稿。本书的插图绘制和初稿编辑工作由王琦、孟诗瑶完成，赵翔、朱伟东、朱一林、李映辉等老师审稿、修改和校订，既融合了赵翔老师和朱伟东老师国内外多年的教学成果和心血，又汲取了国内外振动力学教材的精髓和宝贵经验。此外，感谢教材编写过程中各方的支持和鼓励，也感谢研究生王珂文和罗毅在此过程中付出的努力。

本书的出版得到了西南石油大学研究生规划教材校级项目（2020QY21）和国家自然科学基金（12072301，11702310）的资助，在此表示衷心的感谢。

由于作者水平有限，书中的不足之处恳请读者指正。作者希望本书的出版，对教师备课、学生自学和工程技术人员解决工程问题有一定的裨益。

编　者
2023 年 3 月

目 录

第1章　绪论

1.1　概述

振动是指系统在静平衡位置附近做往复运动。它是自然界和工程界常见的现象。大至宇宙，小到微观世界，无不存在振动。振动的应用跨越了不同的学科，如生物学（脉搏率、呼吸率、平衡、震动、生物节律等）、物理学（波、声、量子力学）、化学（原子振动、光谱学）、天文学（行星轨道、太阳黑子周期）、地质学（地震震动、地震、火山爆发）、海洋学（海浪、深海洋流）。而在工程技术领域的振动现象更是比比皆是，例如，机械设备运转时或地震时引起的厂房或堤坝的振动；桥梁、船舶、机械、土建等结构的设计都离不开振动原理。

在不同的情况下振动会产生不同的影响，既有积极影响也有消极影响，是一把双刃剑。振动发生在许多机械和结构系统中。如果不受控制，振动可能导致灾难性的情况。机床振动或机床颤振会导致零件加工不当。振动引起的直升机叶片不平衡在高速旋转时会导致叶片故障和直升机灾难。泵、压缩机、涡轮机械和其他工业机器的过度振动会引起周围环境的振动，导致机器运行效率低下，而产生的噪声也会引起人体不适。振动也有可利用的一面，如工业上常采用的振动筛选、振动沉桩、振动输送、能量收集以及按振动理论设计的测量传感器、地震仪等。

产生振动的原因很多，有由物体本身固有的原因引起的振动，也有由外界干扰引起的振动。研究振动的目的在于掌握各种振动机理，了解振动的基本规律，从而设法有效地消除或隔离振动，防止或限制其可能产生的危害。同时，尽量利用其积极的一面，使它能更好地应用于各个工程领域。

1.2　经典的工程振动问题

如图1.1所示的是连续箱梁桥的立面图。桥梁是重要的土木工程构筑物，在1906年，一队俄国士兵迈着整齐的步子，踏上了圣彼得堡附近的丰坦卡大桥，引发桥梁大幅震荡。不幸的事情发生了，原本能满足车队通行的丰坦卡大桥，却在一队踏着正步的士兵脚下垮塌，桥上的士兵全都坠落下去，非死即伤，损失惨重，这次事故在当时困扰着许多行业内的专家学者。

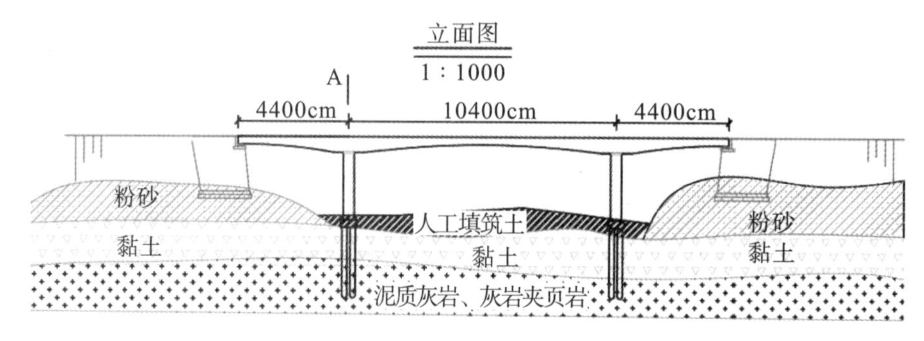

图 1.1 连续箱梁桥（单位：cm）

如图 1.2（a）所示的电梯缆绳在电梯运行过程中会产生复杂的振动问题。该振动问题可以简化为如图 1.2（b）所示的轴向运动弦线的横向振动问题。电梯是现代建筑的重要设备，给人们的生产生活带来了极大的便利。由于电动机在升降过程中，电梯缆绳不可避免地产生横向和纵向振动，过大的振幅及带来的机械噪声给乘客的生命安全和心理健康造成重大影响，如何减轻运行过程带来的振动和噪声问题给机电工程师带来了新的难题。

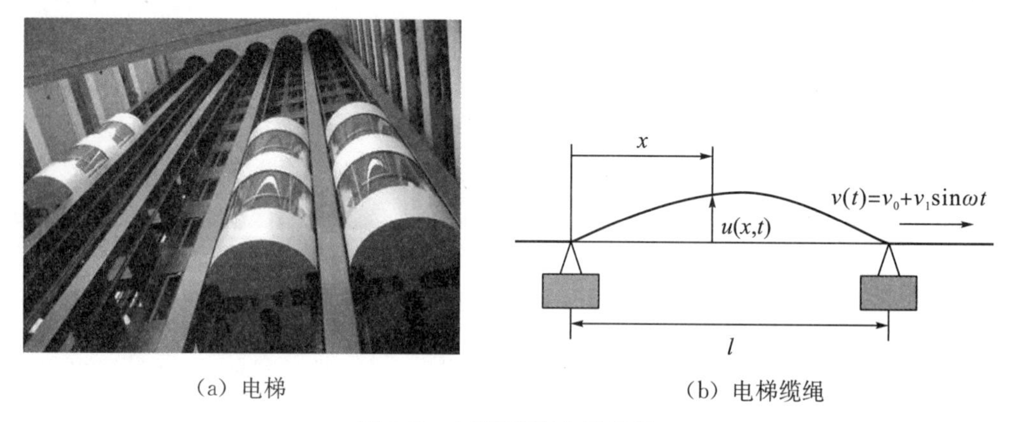

（a）电梯　　（b）电梯缆绳

图 1.2 电梯缆绳的振动问题

如图 1.3 所示的东方明珠塔和附近的超高层建筑均存在高层建筑风致振动问题。超高层建筑抗风是高层和超高层建筑设计必不可少的环节，强烈的风致振动可能导致建筑物的解体和垮塌，台风来临时，总高达 632m 的上海中心大厦环境最高风速每秒超过 30m，最大振幅达到 1m，如何保证这座百层高楼在强风中屹立不倒在当时是工程行业的重大挑战。

图 1.3　高层建筑风致振动问题

如图 1.4 所示的发动机是重要的牵引设备之一，广泛应用于汽车和航空领域。由于“活塞”往复运动引发的振动除了对发动机造成磨损，也会导致相关部件车身造成损伤和失灵，轻则影响整个车辆的安全驾驶和舒适性，重则导致交通事故和航空灾难的发生，减轻发动机振动对汽车和航空的发展有着非同寻常的意义。

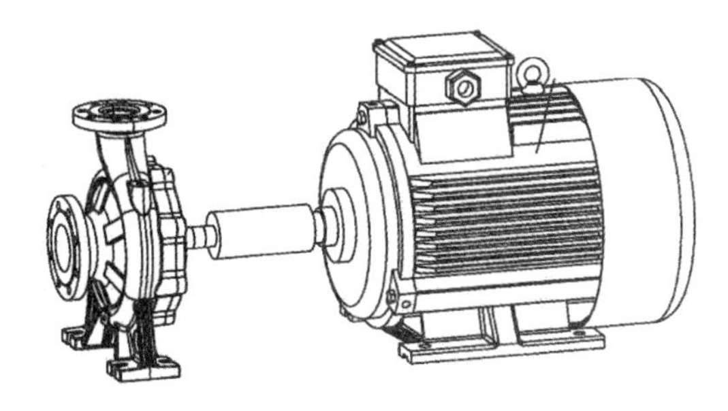

图 1.4　发动机

如图 1.5 所示的高速铁路振动问题在世界范围内广泛存在，不管是平原上驰骋的高铁，还是地下穿梭的地铁，都存在剧烈的振动和噪声问题。高速在运行时，车轮与轨道的摩擦以及轨道本身的平整度导致了振动的产生。过大的振动不仅会影响乘坐的舒适性（颠簸过大）和增加设备损伤（减震器漏油、橡胶件融胶、构架裂纹等损坏），而且对车辆运行安全会造成严重的影响（脱轨），已成为制约轨道交通提速的关键因素。

(a) 高铁“复兴号”

(b) 高铁油压减振器

图 1.5　高速铁路振动问题及其减振器

如图 1.6 所示是垂直轴风力机和风力机附近的风场示意图。风电是一种清洁能源，是如今解决碳达峰和碳中和的重要途径。由于叶片的装配误差和腐蚀开裂等问题，导致垂直风机的叶片和主轴在风力的激励下会产生多频激励振动和啮合冲击振动特性变化，这无疑会降低风力的发电的效率以及加剧风力设备的磨损，更有甚者导致风力设备的解体垮塌和安全事故的发生，这引起了工程技术人员的广泛关注。

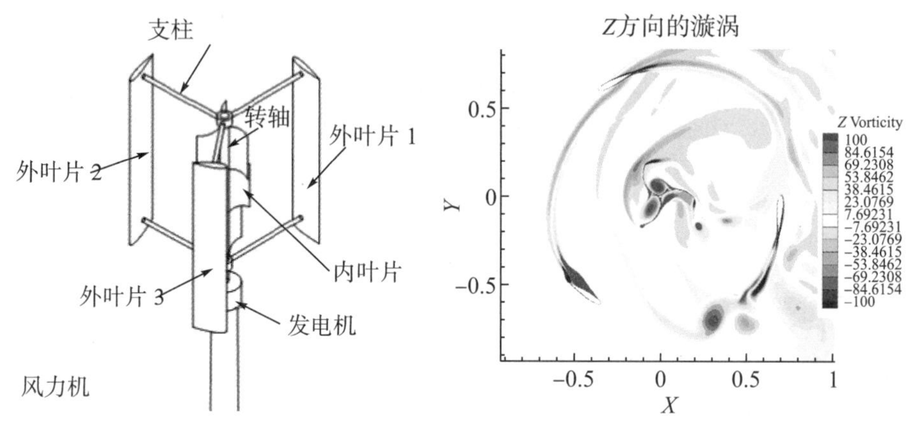

图 1.6　垂直轴风力机的振动问题

1.3　振动的分类

与力学的其他分支学科相同，振动力学也需要借助力学模型进行研究。模型中的振动系统可以分为两大类：连续系统和离散系统。连续系统具有连续分布的参量，例如实际工程结构板壳、梁、轴等的质量及弹性，保持这种特点抽象出的模型中系统称为连续系统或分布参数系统，有无穷多个自由度，数学描述为偏微分方程。而离散系统则是由彼此分离的有限个分离元件、弹簧和阻尼构成的系统，有有限个自由度，数学描述为常微分方程。

根据研究侧重点不同，可从不同的角度对振动进行分类。

1.3.1　按振动系统的自由度数目划分

所谓一个系统的自由度数，是指完全描述该系统一切部位在任何瞬时的位置所需要的独立坐标的数目。这样，如果自由度数分别为一个、多个和无穷个，则相应的振动系统分别为单自由度系统、多自由度系统和连续系统。

1.3.2　按数学描述振动的微分方程的形式划分

线性振动——描述其运动的方程为线性微分方程，相应的系统为线性系统，即系统的惯性力、阻尼力、弹性恢复力分别与加速度、速度、位移呈线性关系。线性振动的一个重要特性是线性叠加原理成立。

非线性振动——描述其振动的方程为非线性微分方程，相应的系统称为非线性系统，即系统的阻尼力或弹性恢复力具有非线性性质。对于非线性振动，线性叠加原理不再成立。

1.3.3　按激励的有无和性质划分

固有振动——无激励时系统所有可能的运动集合。固有振动不是现实的振动，它仅反映关于振动的固有属性。

自由振动——系统受到初始激励作用后，仅靠其本身的物理特性决定其振动特性。

强迫振动——系统受到外界持续的激励作用，其振动特性除取决于系统本身的物理特性外，还与激励的特性有关。

自激振动——系统受到由其自身运动诱发出来的激励作用而产生和维持的振动。一旦振动被激起，激励也随之消失。

参数振动——激励因素以系统本身的参数随时间变化的形式出现的振动。

1.4　振动问题研究的步骤

1.4.1　使用数学工具解决振动问题的步骤

为了解决实际问题，首先要对实际工程结构的特点和工程要求进行分析，抓住结构的主要力学特性，形成待解决问题的物理模型；然后选择适当的坐标系和坐标，根据力学基本定律建立系统的数学模型。微分模型的求解方法有定量和定性方法。对于实际工程问题，一般不能得到精确解，而是通过数值方法求出近似解。结果分析和试验验证也是解决工程问题的重要环节之一，既要从理论上分析数值模拟结果的合理性，又要将其与试验测试分析结果进行比较，只有二者的吻合程度满足工程要求，振动问题的解决才算告一段落。

如图1.7所示，研究振动问题通常包括以下步骤。

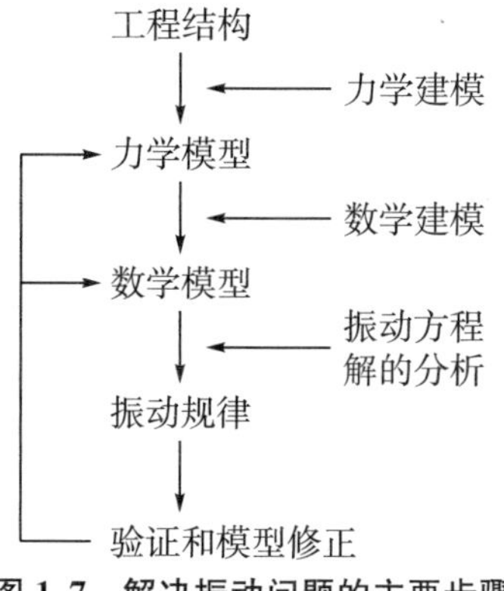

图1.7　解决振动问题的主要步骤

力学建模：对于物理参数分布不均匀或几何构型复杂的结构，直接或利用离散化手段，建立集中参数模型：

惯性特征——质点或刚体模型

弹性特征——无质量弹性元件

阻力特性——无质量、无刚度的阻尼元件

对于物理参数分布均匀、几何构型相对规则的结构，建立分布参数模型，基于连续体假设，将结构建模为杆、梁、板、壳及其组合。

数学建模：利用各类动力学基本原理或定律（牛顿第二定律、达朗贝尔原理、拉格朗日第二类方程、保守系统的机械能守恒定律等），建立微分形式的运动控制方程。利用常、偏微分方程定性分析或定量求解方法，给出振动规律。

验证和模型修正：获得的振动规律一般要通过试验观测来验证，无法观测的，也可用不同的理论方法相互佐证。若结果误差不可接受，可以通过模型修正方法改善模型。

本书主要介绍单自由度、多自由度线性系统和弹性体的固有振动、自由振动、强迫振动，着重讨论它们的基本理论、分析方法及其在工程中的应用。

1.4.2 使用有限元分析研究的步骤

有限元法分析是一种有效的数值分析方法，首先应用于连续体力学领域——飞机结构静、动态特性分析中，随后很快广泛地应用于求解热传导、电磁场、流体力学等连续性问题，如今已成为工程问题分析的重要手段。

有限元法的基本思想是将一个连续弹性体看成是由若干个基本单元在节点彼此连接的组合体，在单元内对其位移分布规律做出某种假设，使一个无限自由度的连续体问题变成一个有限自由度系统的离散问题，这与集中参数法求解多自由度系统振动问题的数学模型在形式上使相似的。如图 1.8 所示，介绍了有限元分析解决振动问题的过程。基于 ANSYS 以梁的有限元模型为例，使用有限元分析解决振动问题的步骤如下：

（1）设定作业名与标题；

（2）定义单元类型；

（3）定义实常数；

（4）定义材料属性；

（5）建立梁振动系统模型；

（6）选择分析类型与求解办法；

（7）设置自由度；

（8）瞬态动力分析设置；

（9）定义边界条件并求解；

（10）时间控制设置与输入力设置求解。

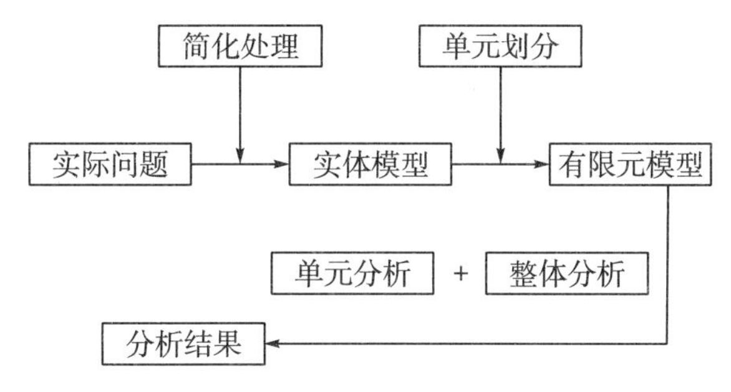

图 1.8　有限元分析解决振动问题

1.4.3　使用实验手段解决振动问题的步骤

实验是研究振动问题的另一重要手段，如图 1.9 所示。具有形象直观、数据可靠的重要优点，是理论、数值方法的检验标准。以下是通过试验手段解决振动问题的步骤：

（1）制作相关构件；

（2）在构件上安装传感器；

（3）通过激振器施加外激励；

（4）传感器将信号放大传输给数据采集器；

（5）通过计算机处理数据分析结果。

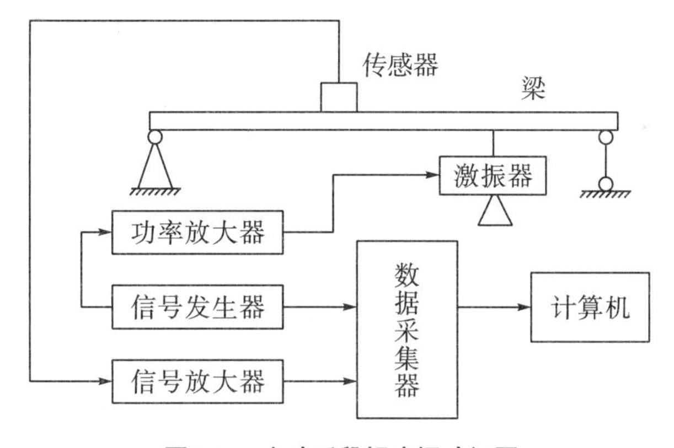

图 1.9　实验手段解决振动问题

1.4.4　使用机器学习、人工智能、大数据等最新手段解决振动问题的步骤

机器学习是一类算法的统称，也是人工智能的重要组成部分，即从大量历史数据中找出其中的规律，并用于预测或者分类。更具体地说，机器学习可以看作是寻找一个函数，输入是样本数据，输出是期望的结果，只是这个函数过于复杂，以至于不太方便形式化表达。需要注意的是，机器学习的目标是使学到的函数很好地适用于“新样本”，而不仅仅是在训练样本上表现很好。学到的函数适用于新样本的能力，称为泛化能力。例如从大量的地震案例中提取相关数据供机器学习，不断优化算法形成能力，然后输入

部分新的参数，让机器从各种不同的条件下做出最优的决策，这些最新技术手段解决振动问题的步骤如图 1.10 所示。

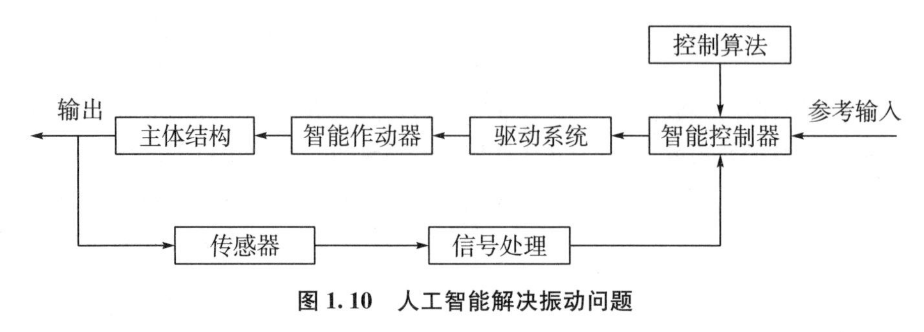

图 1.10　人工智能解决振动问题

1.5　章节简介

《线性振动与控制的理论及应用》全书除绪论外共 8 章，主要内容包括单自由度系统的振动、分析动力学、多自由度系统的振动、复模态分析、连续系统的振动、振动分析的近似方法、现代振动控制方法、现代振动研究专题。最后附录还编排了振动力学中必备的数学基础知识，包括单位阶跃函数和单位脉冲函数、傅里叶级数、傅里叶变换和拉普拉斯变换。

其中，单自由度系统的振动介绍了单自由度系统的自由振动和强迫振动；分析动力学介绍了利用虚功原理、达朗贝尔原理、拉格朗日方程和哈密顿原理建模的方法；多自由度系统的振动介绍了模态叠加法获得模态的过程；复模态分析介绍了系统矩阵无法解耦时采用模态空间得到模态的理论；连续系统的振动介绍了杆的轴向振动、轴的扭转振动和梁的横向振动；振动分析的近似方法介绍了用近似方法和数值方法来分析多自由度系和复杂弹性体的振动特性和动力学响应；现代振动控制方法介绍了主动控制、被动控制、智能控制理论；现代振动研究专题介绍了力、热、电和裂纹等物理特性对梁动力学特性的影响。

第 2 章　单自由度系统的振动

系统受到初始扰动的激发所产生的振动称为自由振动，是没有外界能量补充的运动。保守系统在自由振动过程中，由于总机械能守恒、动能和势能相互转换、在振动过程中不受任何阻力作用而做出等幅振动，称为无阻尼自由振动。但实际系统不可避免有阻尼因素存在，其引起的机械能耗散使得自由振动不能维持等幅而是趋于衰减，这称为阻尼自由振动。以下对单自由度无阻尼和阻尼振动展开介绍。

2.1　单自由度系统的自由振动

2.1.1　无阻尼自由振动

无阻尼自由振动是典型的线性系统，这类系统的恢复力和阻尼力是位移和速度的线性函数，其动力学方程为常系数线性常微分方程。如图 2.1 所示，以最简单的单自由度振动问题为例，系统由一个具有质量 m（kg）的质点和一个仅具有刚度 k（N/m）的无质量弹簧组成。

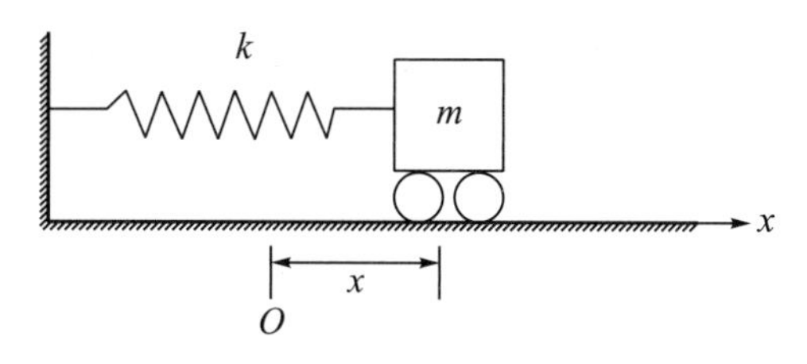

图 2.1　质量—弹簧系统

令 x 为位移，以质量块的静平衡位置为坐标原点，建立坐标轴，当系统受到初始扰动时，由牛顿第二定律得到

$$m\ddot{x} + kx = 0, \tag{2.1.1}$$

引入参数

$$\omega_n = \sqrt{k/m}, \tag{2.1.2}$$

得

$$\ddot{x}+\omega_n^2 x=0, \tag{2.1.3}$$

根据常微分方程理论，令特解 $x=e^{\lambda t}$，导出特征方程

$$\lambda^2+\omega_n^2=0, \tag{2.1.4}$$

相应的特征值为纯虚根 $\lambda=\pm i\omega_n$（$i=\sqrt{-1}$ 为虚数单位），对应的线性无关特解为 $\cos\omega_n t$ 或 $\sin\omega_n t$ 方程的通解可写作

$$x=C_1\cos\omega_n t+C_2\sin\omega_n t, \tag{2.1.5}$$

式（2.1.5）中，C_1，C_2 为待定常数。上式是时间 t 的简谐函数，因此称这种振动为简谐振动。

设在初始时刻，质点的位移和速度分别为

$$t=0:x(0)=x_0,\dot{x}(0)=\dot{x}_0, \tag{2.1.6}$$

则方程满足条件的解为

$$C_1=x_0,C_2=\frac{\dot{x}_0}{\omega_n}, \tag{2.1.7}$$

$$x=x_0\cos\omega_n t+\left(\frac{\dot{x}_0}{\omega_n}\right)\sin\omega_n t, \tag{2.1.8}$$

也可写作

$$x=A\sin(\omega_n t+\varphi), \tag{2.1.9}$$

其中，A 为自由振动的振幅，是质量偏离静平衡位置的最大距离，单位 rad。θ 为 $t=0$ 时的相角，即振动的初相角，决定了系统运动的初始位置。A 和 θ 由初始条件确定：

$$A=\sqrt{x_0^2+\left(\frac{\dot{x}_0}{\omega_n}\right)^2},\theta=\arctan\left(\frac{\omega_n x_0}{\dot{x}_0}\right), \tag{2.1.10}$$

上式所描述的运动为无阻尼自由振动，是以平衡位置为中心的周期运动，其振动的周期和频率为

$$T_n=\frac{2\pi}{\omega_n},f=\frac{1}{T}=\frac{\omega_n}{2\pi}. \tag{2.1.11}$$

周期（Period）T_n 是系统振动一次所需要的时间，单位为秒（s）。频率（Frequency）f 是系统每秒钟振动的次数，单位为 1/秒（1/s）或赫兹（Hz）。又由式（2.1.10）知，ω_n 是系统在 2π 时间内振动的次数，单位为弧度/秒（rad/s）。ω_n 称为圆频率（Circular Frequency）或角频率（Angular Frequency）。ω_n 只由系统本身的参数 m 和 k 决定，与初始条件无关，是系统本身所固有的特性，常称为固有频率也称固有圆频率。固有频率 ω_n 是振动分析的重要参数。质量越大，弹簧越软，则固有频率越低，周期越长；反之，质量越小，弹簧越硬，则固有频率越高，周期越短。

2.1.2 无阻尼自由振动固有频率的确定

2.1.2.1 直接法

直接法是利用式（2.1.2）直接计算固有频率。式（2.1.2）中的 k 和 m 为等效刚

度和等效质量。

2.1.2.2　能量法

对于无阻尼自由振动系统，能量（机械能）是守恒的，为保守系统。在自由振动过程中，动能和势能相互转换而总机械能守恒，即动能 T 与势能 V 之和保持常值：

$$T+V=\text{Constant}, \tag{2.1.12}$$

系统在静平衡位置的速度最大，动能也最大，取为零势能位置；在振幅位置偏离静平衡位置最远，速度为0，动能也为0，而势能达到最大，则有

$$T_{\max}=V_{\max}, \tag{2.1.13}$$

前面已导出无阻尼自由振动的普遍规律为

$$x=A\sin(\omega_n t+\varphi),\dot{x}=A\omega_n\cos(\omega_n t+\varphi), \tag{2.1.14}$$

对应的最大动能和最大势能为

$$T_{\max}=\frac{1}{2}mA^2\omega_n^2,V_{\max}=\frac{1}{2}kA^2, \tag{2.1.15}$$

将式（2.1.15）代入式（2.1.13），可直接导出固有频率式为

$$\omega_n=\sqrt{\frac{k}{m}}. \tag{2.1.16}$$

例 2.1.1　质量为 m、半径为 r 的均质圆盘，在半径为 R 的圆形表面内纯滚动，如图 2.2 所示。求固有频率。

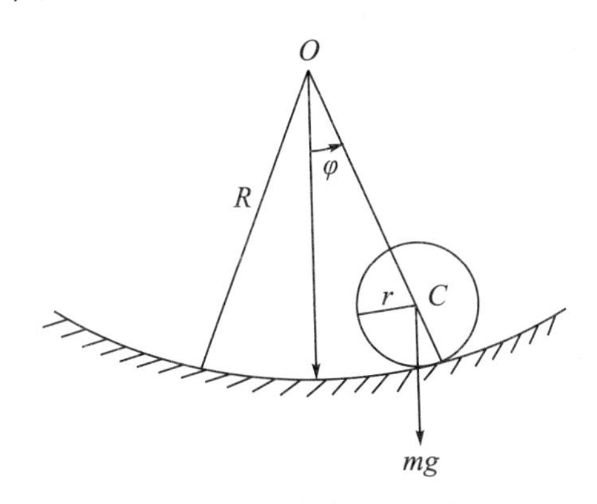

图 2.2　纯滚动圆盘系统

解：取角度 φ 为广义坐标，$\varphi=0$ 时为零势能点。任意位置时圆盘的角速度 $\omega_C=\left(\frac{R-r}{r}\right)\dot{\varphi}$，圆盘对质心 C 的转动惯量 $J_C=\frac{1}{2}mr^2$，系统的动能和势能为

$$T=\frac{1}{2}m(R-r)^2\dot{\varphi}^2+\frac{1}{2}J_C\omega_C^2\frac{3m}{4}(R-r)^2\dot{\varphi}^2, \tag{a}$$

$$V=mg(R-r)(1-\cos\varphi), \tag{b}$$

$\varphi=0$ 时 $\dot{\varphi}$ 最大，系统的动能最大，而当 $\varphi=\varphi_{\max}$ 时系统的势能最大

$$T_{\max}=\frac{3m}{4}(R-r)^2\dot{\varphi}_{\max}^2,V_{\max}=mg(R-r)\frac{\varphi_{\max}^2}{2}, \tag{c}$$

利用式（2.1.13）和式（2.1.14）得

$$\frac{3m}{4}(R-r)^2\dot{\varphi}_{\max}^2=\frac{3m}{4}(R-r)^2\omega_n^2\varphi_{\max}^2=mg(R-r)\frac{\varphi_{\max}^2}{2}, \tag{d}$$

则

$$\omega_n=\sqrt{\frac{2g}{3(R-r)}}. \tag{e}$$

例 2.1.2 试计算考虑弹簧质量的单自由系统固有频率。

解：设弹簧的长度为 l，密度和截面面积分别为 ρ 和 S，单位长度的质量为 ρS，假定弹簧的变形与离固定点的距离 ξ 成正比，弹簧端点的位移为 x，如图 2.3 所示。

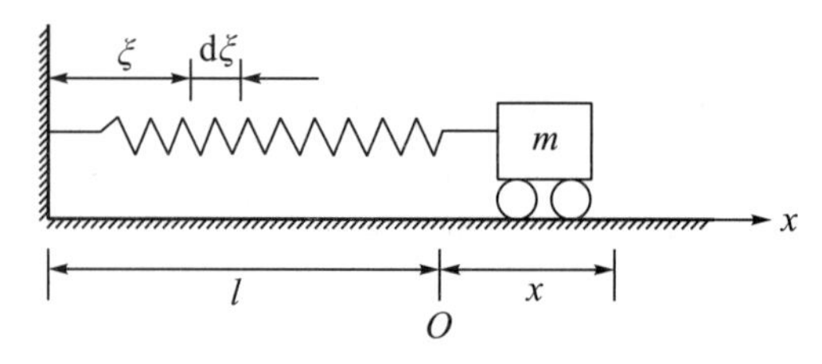

图 2.3 考虑弹簧质量的振动系统

将微元长度 $d\xi$ 的动能在整个弹簧范围内积分，以计算弹簧的动能 T_1 得到

$$T_1=\frac{1}{2}\rho S\int_0^l\left(\frac{\xi\dot{x}}{l}\right)^2 d\xi=\frac{1}{2}\left(\frac{m_1}{3}\right)\dot{x}^2, \tag{a}$$

其中，$m_1=\rho Sl$ 为弹簧质量，将弹簧的 1/3 质量定义为弹簧的等效质量，则考虑弹簧质量的系统总动能为

$$T=\frac{1}{2}\left(m+\frac{m_1}{3}\right)\dot{x}^2, \tag{b}$$

弹簧的势能与弹簧的质量无关。利用式（2.1.13），导出考虑弹簧质量的系统固有频率为

$$\omega_n=\sqrt{\frac{k}{m+\frac{m_1}{3}}}. \tag{c}$$

2.1.3 有阻尼自由振动

无阻尼自由振动是一种理想情况，即不考虑系统所受的阻力。而实际振动系统总不可避免存在阻尼因素，如摩擦表面的阻力、弹性材料的内阻尼、空气或流体阻尼等。在各种阻尼因素中，当物体运动速度较小时，由于介质黏性引起的阻力与速度成正比，方向与速度方向相反，被称为黏性阻尼。黏性阻尼力 F_d 沿物体速度的反方向，大小为 $c\dot{x}$，c 为黏性阻尼系数，单位 N・s/m。

图 2.4　带阻尼的质量—弹簧系统

如图 2.4 所示，以静平衡位置为原点建立坐标，由牛顿定律得有黏性阻尼时的自由振动微分方程：

$$m\ddot{x}+c\dot{x}+kx=0, \tag{2.1.17}$$

令

$$2n=\frac{c}{m},\omega_n^2=\frac{k}{m}, \tag{2.1.18}$$

其中，n 称为衰减系数，单位为 1/s；ω_n 是相应的无阻尼时的固有频率。

令

$$\zeta=\frac{n}{\omega_n}, \tag{2.1.19}$$

其中，无量纲的 ζ 称为相对阻尼系数，则方程可写为

$$\ddot{x}+2\omega_n\zeta\dot{x}+\omega_n^2x=0, \tag{2.1.20}$$

将特解 $x=e^{\lambda t}$ 代入方程（2.1.17），导出特征方程

$$\lambda^2+2\omega_n\zeta\lambda+\omega_n^2=0, \tag{2.1.21}$$

解出特征值

$$\lambda_{1,2}=-(\zeta\pm\sqrt{\zeta^2-1})\omega_n. \tag{2.1.22}$$

根据相对阻尼系数 ζ 的不同大小，可以将阻尼分为三种状态：

表 2.1　阻尼的三种状态

阻尼比	状态	运动规律
$\zeta>1$	过阻尼	没有振动发生，幅值逐渐衰减
$\zeta=1$	临界阻尼	没有发生振动，但幅值比过阻尼及欠阻尼状态衰减得更快
$0<\zeta<1$	欠阻尼	一种振幅逐渐衰减的振动

下面根据对应的线性无关特解对三种阻尼状态分别进行讨论：

表 2.2　三种阻尼状态的线性无关特解

阻尼比	特征值	线性无关特解
$\zeta>1$	$\lambda_{1,2}=-(\zeta\pm\sqrt{\zeta^2-1})\omega_n$	$e^{-\lvert\lambda_1\rvert t}$，$e^{-\lvert\lambda_2\rvert t}$
$\zeta=1$	$\lambda_{1,2}=-\omega_n$（重根）	$e^{-\omega_n t}$，$te^{-\omega_n t}$
$0<\zeta<1$	$\lambda_{1,2}=-\zeta\omega_n\pm i\omega_d$，$\omega_d=\omega_n\sqrt{1-\zeta^2}$	$e^{-\zeta\omega_n t}\sin\omega_d t$，$e^{-\zeta\omega_n t}\cos\omega_d t$

2.1.3.1　$\zeta>1$ 为过阻尼状态（Over Damping）

此时特征方程有两个不同的实根，通解为

$$x(t)=C_1e^{(-\zeta+\sqrt{\zeta^2-1})\omega_n t}+C_2e^{(-\zeta-\sqrt{\zeta^2-1})\omega_n t},\tag{2.1.23}$$

由初始条件（2.1.6）可确定系数

$$C_1=\frac{\dot{x}_0+(\zeta+\sqrt{\zeta^2-1})\omega_n x_0}{2\omega_n\sqrt{\zeta^2-1}},C_2=\frac{-\dot{x}_0-(\zeta-\sqrt{\zeta^2-1})\omega_n x_0}{2\omega_n\sqrt{\zeta^2-1}},\tag{2.1.24}$$

对应的（x，t）曲线如图 2.5 所示。可以看出，过阻尼的存在使得系统的运动失去往复性，是一种衰减运动。

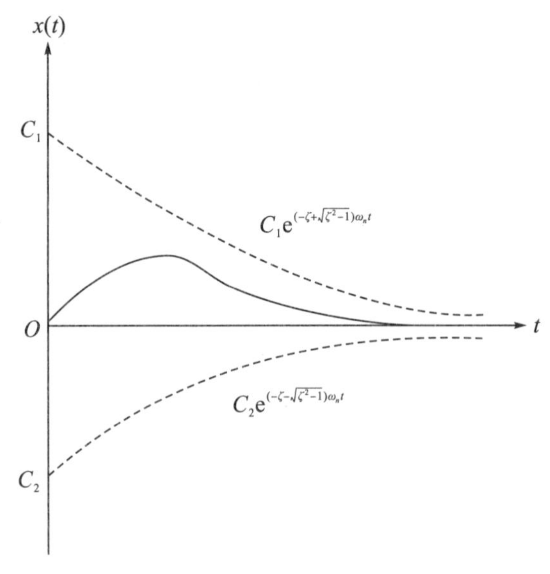

图 2.5　过阻尼时的运动图形

2.1.3.2　$\zeta=1$ 为临界阻尼状态（Critical Damping）

此时特征方程有重根，方程的通解为

$$x(t)=(C_1+C_2t)e^{-\omega_n t},\tag{2.1.25}$$

利用初始条件（2.1.6）可确定系数

$$C_1=x_0,C_2=\dot{x}_0+\omega_n x_0,\tag{2.1.26}$$

上式对应的也是一种按指数规律衰减的非周期运动，由图 2.6 可以看出，它比过阻尼状态的蠕动衰减得快。

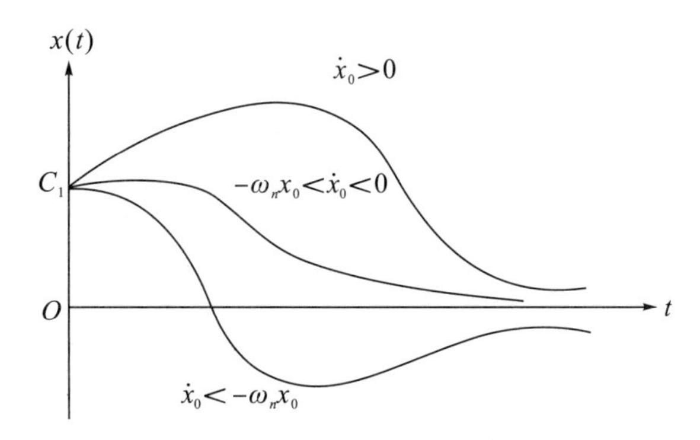

图 2.6　临界阻尼时的运动图形

记 c_{cr} 为临界阻尼状态的阻尼系数，由式（2.1.19）和式（2.1.20）得到

$$c_{cr} = 2nm = 2\omega_n m = 2\sqrt{km}, \tag{2.1.27}$$

可见 c_{cr} 只取决于系统本身的质量与刚度。由

$$\frac{c}{c_{cr}} = \frac{2nm}{2\omega_n m} = \frac{n}{\omega_n} = \zeta, \tag{2.1.28}$$

得知 ζ 即阻尼系数与临界阻尼系数的比值，故 ζ 又称阻尼比。

2.1.3.3　$0<\zeta<1$ 为欠阻尼状态（Under Damping）

此时特征方程有一对共轭复根，方程的通解为

$$x(t) = e^{-\zeta\omega_n t}(C_1\cos\omega_d t + C_2\sin\omega_d t), \tag{2.1.29}$$

或写为

$$x(t) = Ae^{-\zeta\omega_n t}\sin(\omega_d t + \varphi), \tag{2.1.30}$$

其中，A 和 θ 分别为阻尼振动的初始幅值和初相角，均利用初始条件（2.1.6）确定系数

$$C_1 = x_0, C_2 = \frac{\dot{x}_0 + \zeta\omega_n x_0}{\omega_n\sqrt{1-\zeta^2}}, \tag{2.1.31}$$

$$A = \sqrt{x_0^2 + \left(\frac{\dot{x}_0 + \zeta\omega_n x_0}{\omega_d}\right)^2}, \varphi = \arctan\left(\frac{\omega_d x_0}{\dot{x}_0 + \zeta\omega_n x_0}\right), \tag{2.1.32}$$

其中，ω_d 为阻尼振动的固有角频率，它小于无阻尼振动的固有角频率 ω_n

$$\omega_d = \omega_n\sqrt{1-\zeta^2}, \tag{2.1.33}$$

因 $\omega_d<\omega_n$，阻尼自由振动的周期 T_d 大于无阻尼自由振动的周期 T_n

$$T_d = \frac{2\pi}{\omega_d} = \frac{T_n}{\sqrt{1-\zeta^2}}, \tag{2.1.34}$$

由方程（2.1.30）可以看出，该响应是一种振幅按指数规律衰减的简谐振动，称为衰减振动。衰减振动的频率即 ω_d，振幅衰减的快慢取决于衰减系数 $n=\zeta\omega_n$，这两个因子正好是特征根的虚部和实部，衰减振动的规律如图 2.7 所示。

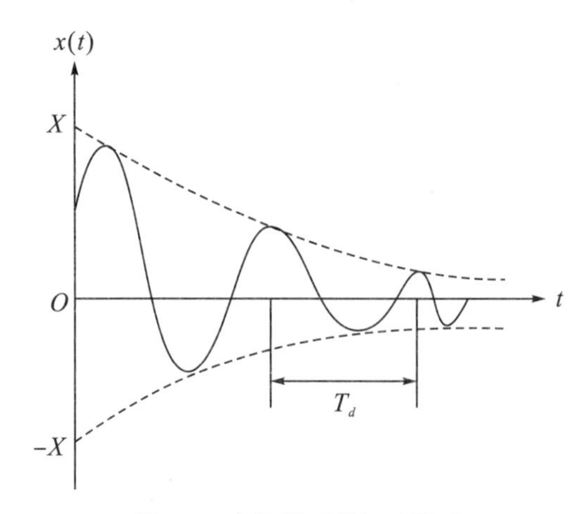

图 2.7 欠阻尼时的运动图形

由上述三种阻尼状态的讨论可以看到，有阻尼系统的振动性质取决于式（2.1.22）中的两个特征根 λ_1 及 λ_2，它们又取决于系统的两个参数 ω_n 与 ζ，而与初始条件毫无关系，其中 ζ 的大小对阻尼状态的性质起着至关重要的作用。根据式（2.1.22），特征根 λ_1 及 λ_2 与参变量 ζ 的关系可以画在图 2.8 的复平面上，其对应关系见下表。

表 2.3 λ_1 和 λ_2 与 ζ 的对应关系

ζ	λ_1	λ_2
$\zeta=0$	$\mathrm{i}\omega_n$	$-\mathrm{i}\omega_n$
$0<\zeta<1$	$-\zeta\omega_n+\mathrm{i}\omega_n\sqrt{1-\zeta^2}$	$-\zeta\omega_n-\mathrm{i}\omega_n\sqrt{1-\zeta^2}$
$\zeta=1$	$-\omega_n$	$-\omega_n$
$\zeta>1$	$-\zeta\omega_n+\omega_n\sqrt{\zeta^2-1}$	$-\zeta\omega_n-\omega_n\sqrt{\zeta^2-1}$
$\zeta\to\infty$	$\lambda_1\to 0$	$\lambda_2\to -\infty$

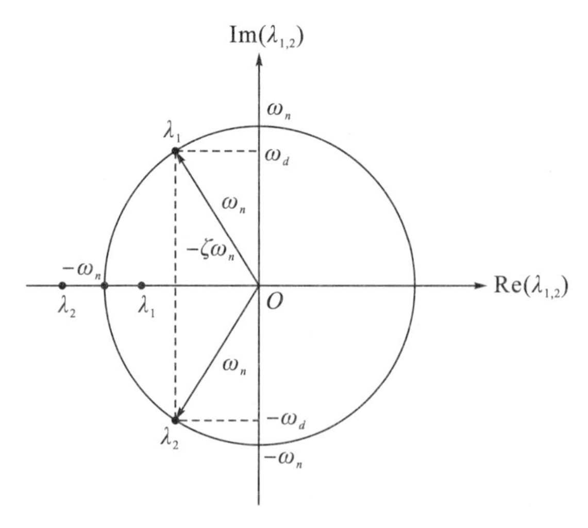

图 2.8 复平面关系图

例 2.1.3　图 2.9 所示为一阻尼缓冲器，静荷载 P 去除后质量块越过平衡位置的最大位移为初始位移的 10%，求缓冲器的相对阻尼系数 ζ。

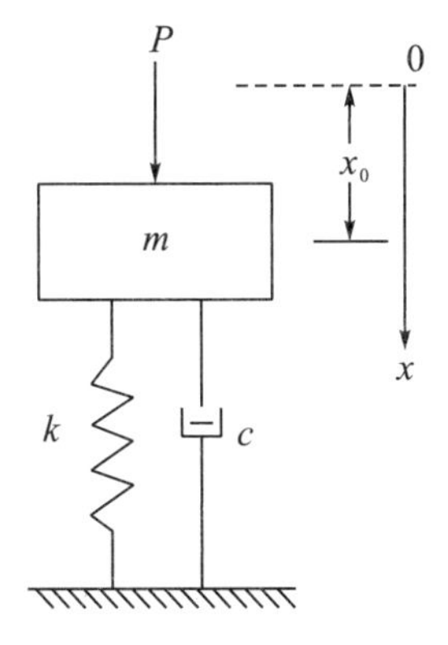

图 2.9　**阻尼缓冲器**

解：由题知 $\dot{x}(0)=0$，设 $x(0)=x_0$，代入式（2.2.13）得

$$x(t)=\mathrm{e}^{-\zeta\omega_n t}\left(x_0\cos\omega_d t+\frac{\zeta\omega_n x_0}{\omega_d}\sin\omega_d t\right), \tag{a}$$

求导得到速度为

$$\dot{x}(t)=-\frac{\omega_n{}^2 x_0}{\omega_d}\mathrm{e}^{-\zeta\omega_n t}\sin\omega_d t, \tag{b}$$

设在时刻 t_1 质量越过平衡位置到达最大位移，此时速度为

$$\dot{x}(t_1)=-\frac{\omega_n{}^2 x_0}{\omega_d}\mathrm{e}^{-\zeta\omega_n t_1}\sin\omega_d \dot{t}_1=0, \tag{c}$$

由此求出

$$t_1=\frac{\pi}{\omega_d}, \tag{d}$$

即经过半个周期后出现第一个振幅 x_1，求得

$$x_1=x(t_1)=-x_0\mathrm{e}^{-\zeta\omega_n t_1}=-x_0\mathrm{e}^{-\frac{\pi\zeta}{\sqrt{1-\zeta^2}}}, \tag{e}$$

而由题知

$$\left|\frac{x_1}{x_0}\right|=\mathrm{e}^{-\frac{\pi\zeta}{\sqrt{1-\zeta^2}}}=\frac{10}{100}, \tag{f}$$

由上式解出

$$\zeta=\sqrt{\frac{(\ln 10)^2}{(\ln 10)^2+\pi^2}}=\sqrt{\frac{2.30^2}{2.30^2+\pi^2}}=0.59. \tag{g}$$

2.2　单自由度系统的强迫振动

本节主要讨论单自由度系统在有持续激励时的振动，这类振动称为强迫振动。激励来源主要分为两类：一类是力的激励，直接作用于机械运动部件上的力；另一类是由于

支承运动而导致的位移激励、速度激励以及加速度激励。

2.2.1 简谐激励下的强迫振动

所谓简谐激励，就是正弦或余弦激励，是最简单的周期激励。简谐激励下系统的响应由初始条件引起的自由振动、伴随强迫振动发生的自由振动以及等幅的稳态强迫振动三部分组成。掌握系统对于简谐激励的响应规律，是理解系统对周期激励或更一般形式激励的响应的基础。

2.2.1.1 正弦解法

如图 2.10 所示的系统，设激励为正弦函数

$$F(t)=F_0\sin\omega t, \tag{2.2.1}$$

这里的 ω 为激振频率，引入阻尼比 ζ 后，方程可写为

$$\ddot{x}+2\omega_n\zeta\dot{x}+\omega_n^2x=\frac{F_0}{m}\sin\omega t, \tag{2.2.2}$$

此方程的解由其齐次方程的通解和非齐次方程的特解组成。

$$x(t)=x_h(t)+x_p(t), \tag{2.2.3}$$

式中，通解 $x_h(t)$ 即有阻尼自由振动的解，它的特点是振动频率为阻尼固有频率，振幅按指数规律衰减，称为瞬态响应；特解 $x_p(t)$ 是一种持续的等幅振动，它是由于简谐激振力的持续作用而产生的，称为稳态强迫振动或稳态振动，为间隔时间够长后考虑的振动，因此在刚受到外激励时，系统的响应为上述两种振动之和。由此，称第一阶段为过渡阶段，经过充分长时间后进入第二阶段，即稳态阶段。本章则讨论稳态阶段的强迫振动。

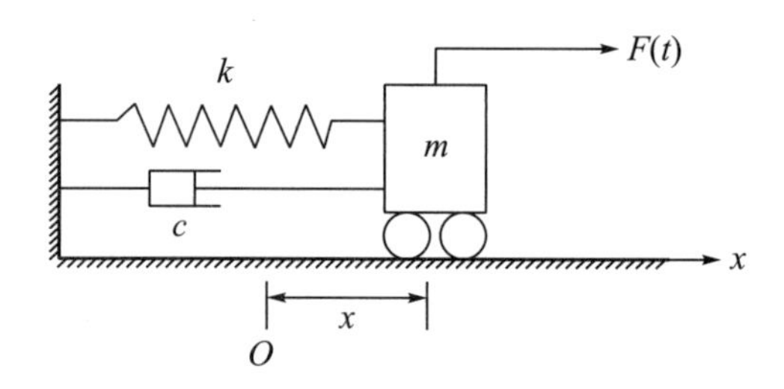

图 2.10 简谐激振力

设特解为

$$x_p(t)=X\sin(\omega t-\varphi), \tag{2.2.4}$$

其中 X 和 φ 称为稳态响应得振幅和相位，是强迫振动的两个重要参数。

将式（2.2.3）代入式（2.2.2），并将式（2.2.2）右端写为 $\frac{F_0}{m}\sin[(\omega t-\varphi)+\varphi]$，展开后比较 $\sin(\omega t-\varphi)$ 和 $\cos(\omega t-\varphi)$ 的系数，引入频率比 Ω（Frequency Ratio）

$$\Omega=\frac{\omega}{\omega_n}, \tag{2.2.5}$$

即可确定系数

$$X=\frac{F_0/k}{\sqrt{(1-\Omega^2)^2+(2\zeta\Omega)^2}},\tag{2.2.6}$$

因此方程（2.2.2）的解为

$$x(t)=\mathrm{e}^{-\zeta\omega_n t}(C_1\cos\omega_d t+C_2\sin\omega_d t)+X\sin(\omega t-\varphi),\tag{2.2.7}$$

由初始条件可确定系数 C_1 和 C_2

$$C_1=x_0+X\sin\varphi, C_2=\frac{\dot{x}_0}{\omega_d}+\frac{\zeta\omega_n}{\omega_d}(x_0+X\sin\varphi)-\frac{X\omega}{\omega_d}\cos\varphi,\tag{2.2.8}$$

将式（2.2.8）代入式（2.2.7）得

$$\begin{aligned}x(t)=&\mathrm{e}^{-\zeta\omega_n t}\left(x_0\cos\omega_d t+\frac{\dot{x}_0+x_0\zeta\omega_n}{\omega_d}\sin\omega_d t\right)+\\&X\mathrm{e}^{-\zeta\omega_n t}\left(\frac{\zeta\omega_n\sin\varphi-\omega\cos\varphi}{\omega_d}\sin\omega_d t+\sin\varphi\cos\omega_d t\right)+\\&X\sin(\omega t-\varphi),\end{aligned}\tag{2.2.9}$$

对于无阻尼振动系统，正弦激励得响应则为

$$x(t)=\frac{\dot{x}_0}{\omega_n}\sin\omega_n t+x_0\cos\omega_n t+\frac{F_0}{k(1-\Omega^2)}(\sin\omega t-\Omega\sin\omega_n t),\tag{2.2.10}$$

若激励为余弦函数

$$F(t)=F_0\cos\omega t,\tag{2.2.11}$$

则假设特解为

$$x_p(t)=X\cos(\omega t-\varphi),\tag{2.2.12}$$

与正弦激励同理可得

$$\begin{aligned}x(t)=&\mathrm{e}^{-\zeta\omega_n t}\left(x_0\cos\omega_d t+\frac{\dot{x}_0+x_0\zeta\omega_n}{\omega_d}\sin\omega_d t\right)-\\&X\mathrm{e}^{-\zeta\omega_n t}\left(\frac{\zeta\omega_n\cos\varphi-\omega\sin\varphi}{\omega_d}\sin\omega_d t+\cos\varphi\cos\omega_d t\right)+\\&X\cos(\omega t-\varphi),\end{aligned}\tag{2.2.13}$$

无阻尼系统的余弦激励响应为

$$x(t)=\frac{\dot{x}_0}{\omega_n}\sin\omega_n t+x_0\cos\omega_n t+\frac{F_0}{k(1-\Omega^2)}(\cos\omega t-\cos\omega_n t).\tag{2.2.14}$$

2.2.1.2　复数解法

简谐激励力引起的稳态响应也是简谐规律的周期运动，其复数形式为

$$F(t)=F_0\mathrm{e}^{\mathrm{i}\omega t},\tag{2.2.15}$$

其实部和虚数部分分别为余弦激励和正弦激励。方程为

$$m\ddot{x}+c\dot{x}+kx=F_0\mathrm{e}^{\mathrm{i}\omega t},\tag{2.2.16}$$

将方程（2.2.16）各项除以 m，写作

$$\ddot{x}+2\omega_n\zeta\dot{x}+\omega_n^2x=Z\omega_n^2\mathrm{e}^{\mathrm{i}\omega t},\tag{2.2.17}$$

其中

$$\omega_n = \sqrt{\frac{k}{m}}, \zeta = \frac{c}{2\sqrt{km}}, Z = \frac{F_0}{k}, \tag{2.2.18}$$

设特解为

$$x_p(t) = X e^{i\omega t}, \tag{2.2.19}$$

其中，X 为稳态响应的复振幅。将式（2.2.19）代入方程（2.2.17），导出

$$x_p(t) = \frac{\omega_n}{-\omega^2 + 2i\zeta\omega_n\omega + \omega_n^2} Z e^{i\omega t}, \tag{2.2.20}$$

即

$$X = H(\omega) F_0, \tag{2.2.21}$$

其中，$H(\omega)$ 为激励频率 ω 的复函数，称为复频响应函数

$$H(\omega) = \frac{1}{k - m\omega^2 + ic\omega}, \tag{2.2.22}$$

由式（2.2.16）可以看出，$H(\omega)$ 就是系统对频率为 ω 的单位谐干扰力的复响应的振幅。

令 $1-\Omega^2+2i\zeta\Omega=Ce^{i\varphi}$，确定 C 和 φ 后代入式（2.2.16）得

$$x_p(t) = \frac{F_0/k}{\sqrt{(1-\Omega^2)^2+(2\zeta\Omega)^2}} e^{i(\omega t-\varphi)} = \beta Z e^{i(\omega t-\varphi)} = X e^{i(\omega t-\varphi)}, \tag{2.2.23}$$

分别取式（2.2.21）的实部和虚部就是对应的余弦和正弦激励的稳态响应。

由式（2.2.20）可写出激励频率 Ω 函数

$$\beta(\Omega) = \frac{1}{\sqrt{(1-\Omega^2)^2+(2\zeta\Omega)^2}}, \varphi(\Omega) = \arctan\left(\frac{2\zeta\Omega}{1-\Omega^2}\right), \tag{2.2.24}$$

其中，β 称为振幅放大因子，φ 为响应与激励之间的相位差。式（2.2.22）表示函数 $\beta(\Omega)$ 和 $\varphi(\Omega)$ 分别为系统的幅频特性和相频特性，复频响应函数综合表达了这两种特性。

无阻尼系统的受迫振动为 $\zeta=0$ 时的特例，其稳态响应为

$$x_p(t) = \left(\frac{Z}{1-\Omega^2}\right) e^{i\omega t}. \tag{2.2.25}$$

2.2.1.3 稳态响应分析

为了分析稳态响应，以 ζ 为变量，作出如图 2.11 所示的 β—Ω 曲线，称为幅频特性曲线（Amplitude Frequency Curve ），表示阻尼和激励频率对响应幅值的影响。作出图 2.12 所示的 φ—Ω 曲线，称为相频特性曲线（Phase Frequency Curve），表示了阻尼和激振频率对响应相位差的影响。从图中可归纳出简谐激励作用下稳态响应的如下特征：

稳态响应是与激励力频率相同的简谐振动。

（1）振幅 $X=\beta Z$ 和相位差 φ 均由系统本身和激励力的物理性质确定，与初始条件无关。

（2）当 $\lim\limits_{\Omega\to 0}\beta(\Omega)=1$ 时，即响应幅值近似等于激振力幅值 F_0 所引起的静位移

F_0/k。

（3）当$\lim\limits_{\Omega\to\infty}\beta(\Omega)=0$时，$X\approx\dfrac{F_0}{k\Omega^2}=\dfrac{F_0}{m\omega^2}$，可见振幅的大小主要决定于系统的惯性。

（4）当$\lim\limits_{\Omega\to1}\beta(\Omega)=\infty$，即振幅增大，这种情况称为共振（Resonance）。图 2.11 还表明，振幅大小与阻尼的关系极为密切，当$\zeta\to0$时振幅X趋于无限大。但共振并不发生在$\Omega=1$处，由式（2.2.24）不难看出分母在$\Omega^2=1-2\zeta^2$处具有极小值$2\zeta\sqrt{1-\zeta^2}$，也就是说，当$\omega=\sqrt{1-2\zeta^2}\,\omega_n$时，$\beta$取极大值$\beta_{\max}=\dfrac{1}{2\zeta\sqrt{1-\zeta^2}}$。

（5）图 2.12 可以看出，当$\lim\limits_{\Omega\to0}\varphi(\Omega)=0$，$\lim\limits_{\Omega\to\infty}\varphi(\Omega)=\pi$，$\lim\limits_{\Omega\to1}\varphi(\Omega)=\pi/2$，表明在低频范围内受迫振动的响应与激励力同相，在高频范围内反相。阻尼越小，同相和反相现象越明显。增大阻尼，相位差逐渐向$\pi/2$趋近。共振时的相位差为$\pi/2$，与阻尼无关。

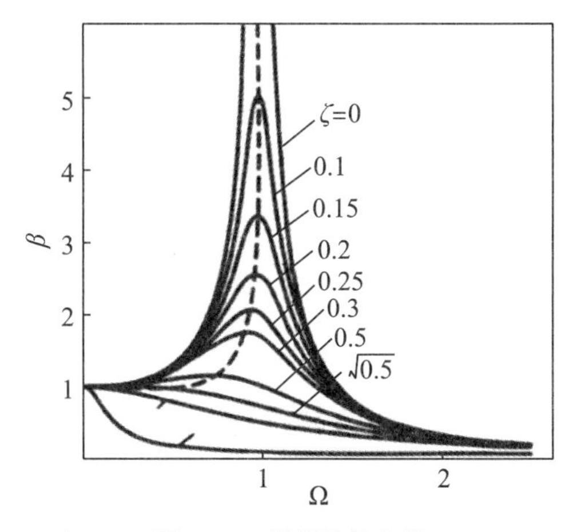

图 2.11　幅频特性曲线

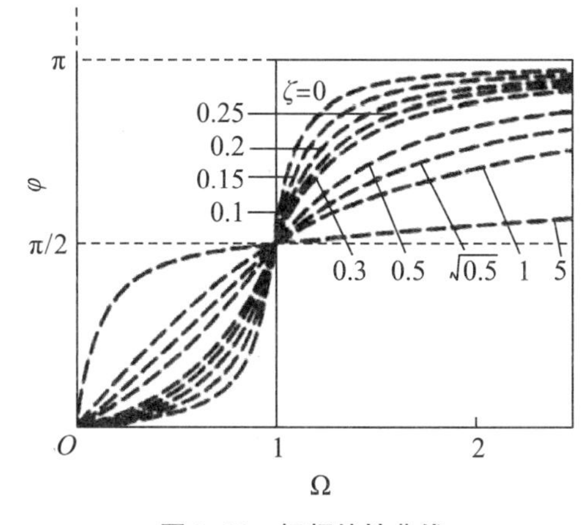

图 2.12　相频特性曲线

例 2.2.1　试求图 2.13 所示系统的振动微分方程，并求其稳态响应。

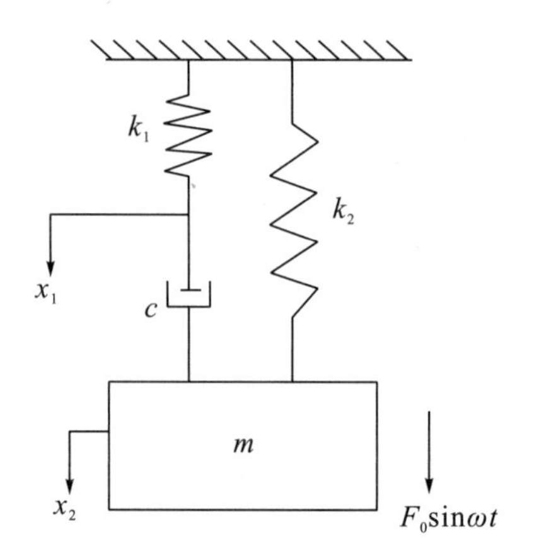

图 2.13　有阻尼振动系统

解：取坐标如图 2.13 所示，由牛顿定律得

$$m\ddot{x}-c(\dot{x}_1-\dot{x})+k_2x=F_0\sin\omega t, \tag{a}$$

$$k_1x_1+c(\dot{x}_1-\dot{x})=0, \tag{b}$$

将这两个方程求导得到 $c\dot{x}_1$ 和 $c\ddot{x}_1$，从而消去 x_1 得：

$$m\dddot{x}+\left(\frac{mk_1}{c}\right)\ddot{x}+(k_1+k_2)\dot{x}+\left(\frac{k_1k_2}{c}\right)x=F_0\left(\omega\cos\omega t+\frac{k_1}{c}\sin\omega t\right), \tag{c}$$

令 $F_0\sin\omega t=F_0e^{i\omega t}$，$x=Be^{i(\omega t-\varphi)}$，代入上式解得

$$B=F_0\sqrt{\frac{k_1^2+c^2\omega^2}{k_1^2(k_2-m\omega^2)^2+c^2\omega^2(k_1+k_2-m\omega^2)^2}}, \tag{d}$$

$$\varphi=\arctan\frac{c\omega k_1^2}{k_1^2(k_2-m\omega^2)+c^2\omega^2(k_1+k_2-m\omega^2)}, \tag{e}$$

稳态响应为 $x=B\sin(\omega t-\varphi)$。令 $\omega_n^2=\frac{k_2}{m}$，$\zeta=\frac{c}{2\sqrt{k_2m}}$，$\omega=\omega_n$，可得共振振幅

$$B=F_0\sqrt{\frac{k_1^2+c^2\omega^2}{c\omega k_1}}=\frac{F_0}{k_2}\frac{1}{2\zeta}\sqrt{1+4\left(\frac{k_2}{k_1}\right)^2\zeta^2}, \tag{f}$$

$$\varphi=\arctan\left(\frac{k_1}{c\omega}\right)=\arctan\left(\frac{k_1}{2\zeta k_2}\right), \tag{g}$$

这说明阻尼器接地的一端，如果串联弹簧 k_1，将降低阻尼器的作用效果，其影响程度取决于比值$\frac{k_2}{k_1}$的大小。

2.2.2　任意周期激励下的强迫振动

设质量—弹簧系统受到任意周期力 $F(t)$ 的激励，激励力频率为 ω。将任意周期力利用傅里叶级数分解为一系列不同频率的简谐激励，然后求出系统对各个频率的简谐激励的响应，再根据线性系统的叠加原理，将各个响应叠加起来，即可得到系统对周期激励的响应。

假设黏性阻尼系统受到的周期激励力为 $F(t)=F(t+T)$，其中 T 为周期，记基

频 $\omega_0=\frac{2\pi}{T}$，将 $F(t)$ 通过傅里叶级数展开，则可写为

$$F(t)=\frac{a_0}{2}+\sum_{n=1}^{\infty}(a_n\cos n\omega_0 t+b_n\sin n\omega_0 t),\tag{2.2.26}$$

式中

$$\begin{aligned}a_0&=\frac{2}{T}\int_{\tau}^{\tau+T}x(t)\mathrm{d}t,\\a_n&=\frac{2}{T}\int_{\tau}^{\tau+T}x(t)\cos n\omega_0 t\,\mathrm{d}t,\\b_n&=\frac{2}{T}\int_{\tau}^{\tau+T}x(t)\sin n\omega_0 t\,\mathrm{d}t,\end{aligned}\tag{2.2.27}$$

且 τ 为任一时刻。记

$$c_n=\sqrt{a_n^2+b_n^2},\varphi=\arctan\frac{a_n}{b_n},\tag{2.2.28}$$

则式（2.2.26）又可写为

$$F(t)=\frac{a_0}{2}+\sum_{n=1}^{\infty}c_n\sin(n\omega_0 t+\varphi_n),\tag{2.2.29}$$

其中，$\frac{a_0}{2}$表示周期振动 $F(x)$ 的平均值，级数的每一项都是简谐振动。可见，通过傅里叶级数展开，周期振动被简化成一系列频率为基频整倍数的简谐振动（或称谐波）的叠加，c_n 及 φ_n 即频率为 $n\omega_0$ 的简谐运动的振幅及相位角。

由此，系统的运动微分方程则为

$$m\ddot{x}+c\dot{x}+kx=\frac{a_0}{2}+\sum_{n=1}^{\infty}(a_n\cos n\omega_0 t+b_n\sin n\omega_0 t),\tag{2.2.30}$$

由线性叠加原理，系统的稳态响应为

$$x(t)=\frac{a_0}{2k}+\sum_{n=1}^{\infty}\frac{a_n\cos(n\omega_0 t-\varphi_n)+b_n\sin(n\omega_0 t-\varphi_n)}{k\sqrt{(1-n^2\Omega^2)^2+(2\zeta n\Omega)^2}},\tag{2.2.31}$$

其中，

$$\begin{aligned}\Omega&=\frac{\omega_0}{\omega_n},\omega_n=\sqrt{\frac{k}{m}},\zeta=\frac{c}{2m\omega_n},\\\varphi_n&=\arctan\left(\frac{2\zeta n\Omega}{1-n^2\Omega^2}\right),\end{aligned}\tag{2.2.32}$$

当阻尼不计时，稳态响应为

$$x(t)=\frac{a_0}{2k}+\sum_{n=1}^{\infty}\frac{a_n\cos n\omega_0 t+b_n\sin n\omega_0 t}{k(1-n^2\Omega^2)}.\tag{2.2.33}$$

例 2.2.2　设质量—弹簧系统受到如图 2.14 所示的周期方波激励，表示为

$$F(t)=\begin{cases}F_0 & 0<t<\frac{T}{2}\\-F_0 & \frac{T}{2}<t<T\end{cases},$$

试求此系统的响应，令 $\Omega=1/6$，$\zeta=0.1$，作出频谱图。

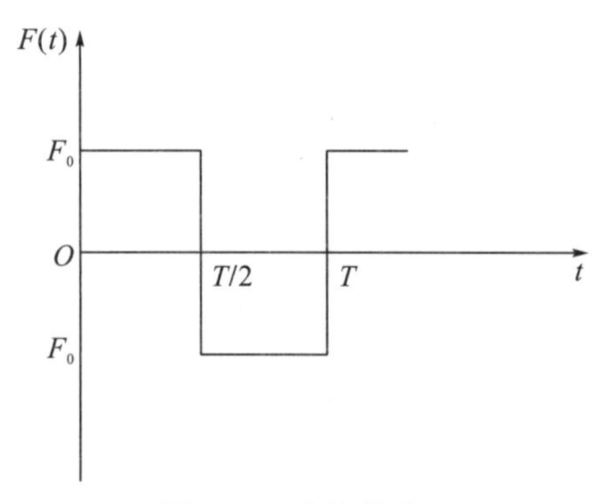

图 2.14　方波激励力

解：将 $F(t)$ 展成傅里叶级数

$$F(t)=\frac{4F_0}{\pi}\left[\sin\omega t+\frac{1}{3}\sin 3\omega t+\cdots+\frac{1}{2n-1}\sin(2n-1)\omega t+\cdots\right], \tag{a}$$

参照式（2.3.33），导出

$$x=\frac{4F_0}{\pi k}\sum_{n=1}^{\infty}\beta_n\sin[(2n-1)\omega t-\varphi_n], \tag{b}$$

其中

$$\beta_n=\frac{1}{(2n-1)\sqrt{(1-\Omega_n^2)^2+(2\zeta\Omega_n)^2}},\varphi_n=\arctan\left(\frac{2\zeta\Omega_n}{1-\Omega_n^2}\right),\Omega_n=\frac{(2n-1)\omega}{\omega_n}, \tag{c}$$

β_n 和 φ_n 的频谱图在图 2.15 中给出。

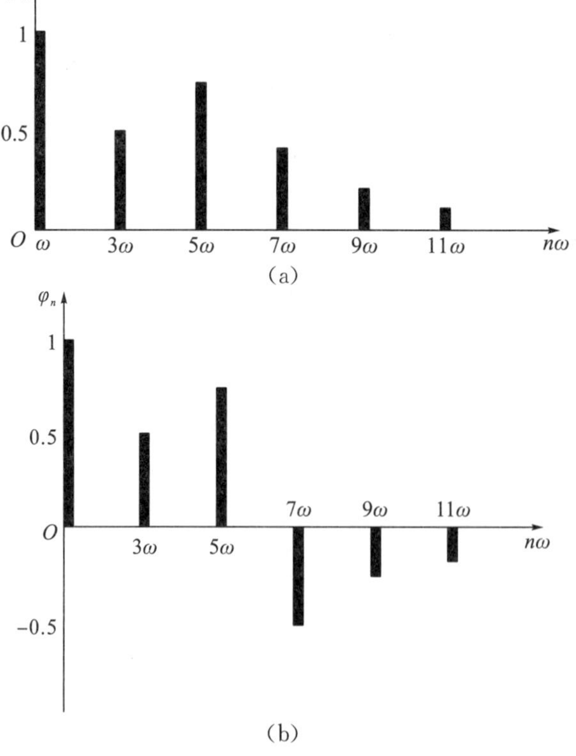

图 2.15　方波激励的响应频谱图

2.2.3　任意激励下的强迫振动

2.2.3.1　单位脉冲响应

δ 函数又称单位脉冲函数，是为了便于数学上描述脉冲力而引入的，它可以定义为

$$\delta(t-\tau)=\begin{cases}\infty & t=\tau\\ 0 & t\neq\tau\end{cases},\tag{2.2.34}$$

且

$$\int_{-\infty}^{\infty}\delta(t-\tau)\mathrm{d}t=1,\tag{2.2.35}$$

$\delta(t-\tau)$ 的图像用位于时刻 τ、长度为 1 的有向线段表示，如图 2.16 所示。

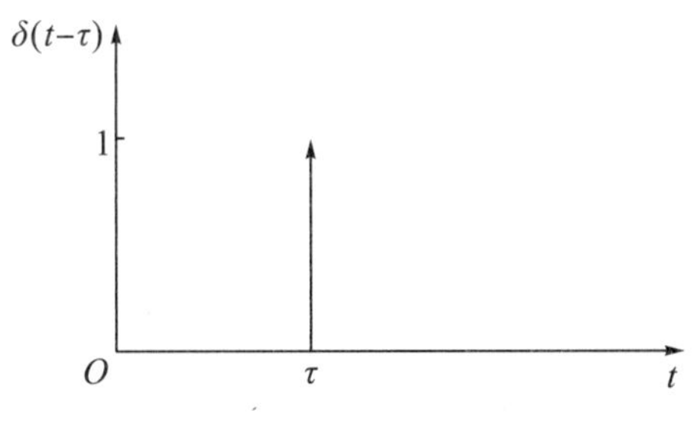

图 2.16　单位脉冲函数图

因此冲量为 U 的脉冲力可借助 δ 函数表示为 $P(t)=U\delta(t)$，当 $U=1$ 时，称为单位脉冲力。因此，单位脉冲响应即是处于零初始条件下的系统对单位脉冲力的响应，简称脉冲响应。记 0^-、0^+ 分别为单位脉冲力作用瞬间前后的时刻。

系统的运动微分方程及初始条件合写为

$$\left.\begin{aligned}m\ddot{x}+c\dot{x}+kx&=\delta(t)\\ x(0)=0,\dot{x}(0)&=0\end{aligned}\right\},\tag{2.2.36}$$

则在 $\Delta t=\varepsilon$ 极短的时间内，对式（2.2.36）两端进行积分得

$$\lim_{\varepsilon\to0}\int_0^{\varepsilon}(m\ddot{x}+c\dot{x}+kx)\mathrm{d}t=\lim_{\varepsilon\to0}\int_0^{\varepsilon}\delta(t)\mathrm{d}t=1,\tag{2.2.37}$$

而

$$\lim_{\varepsilon\to0}\int_0^{\varepsilon}m\ddot{x}\mathrm{d}t=\lim_{\varepsilon\to0}(m\dot{x})\big|_0^{\varepsilon}=m\dot{x}(0^+),\tag{2.2.38}$$

$$\lim_{\varepsilon\to0}\int_0^{\varepsilon}c\dot{x}\mathrm{d}t=cx(0^+)=0,\tag{2.2.39}$$

$$\lim_{\varepsilon\to0}\int_0^{\varepsilon}kx\mathrm{d}t=0,\tag{2.2.40}$$

因此

$$\dot{x}(0^+)=\frac{1}{m},\tag{2.2.41}$$

可见在单位脉冲力的作用下，系统的速度发生了突变，但在这一瞬间位移则来不及

改变，即有 $x(0^+) = x(0^-)$，又当 $t > 0^+$ 时，脉冲力作用结束，所以 $t > 0^+$ 时，有

$$\left.\begin{aligned} m\ddot{x} + c\dot{x} + kx &= 0 \\ x(0^+) = 0, \dot{x}(0^+) &= \frac{1}{m} \end{aligned}\right\}, \tag{2.2.42}$$

可见，系统的脉冲响应即初始位移为零而初始速度为 $\frac{1}{m}$ 的自由振动，将它记为 $h(t)$，由式（2.1.29）可得

$$h(t) = \frac{1}{m\omega_d} e^{-\zeta\omega_n t} \sin\omega_d t, \tag{2.2.43}$$

对无阻尼系统有

$$h(t) = \frac{1}{m\omega_n} \sin\omega_n t, \tag{2.2.44}$$

如果单位脉冲力不是作用在 $t=0$ 时刻，而是作用在 $t=\tau$，那么响应也将滞后时间 τ，即

$$h(t-\tau) = \frac{1}{m\omega_d} e^{-\zeta\omega_n (t-\tau)} \sin\omega_d (t-\tau)(t > \tau). \tag{2.2.45}$$

2.2.3.2 杜哈梅积分

当处于零初始条件的系统受到任意激振力作用时，可以将激振力 $P(t)$ 看作一系列脉冲力的叠加，如图 2.17 所示。

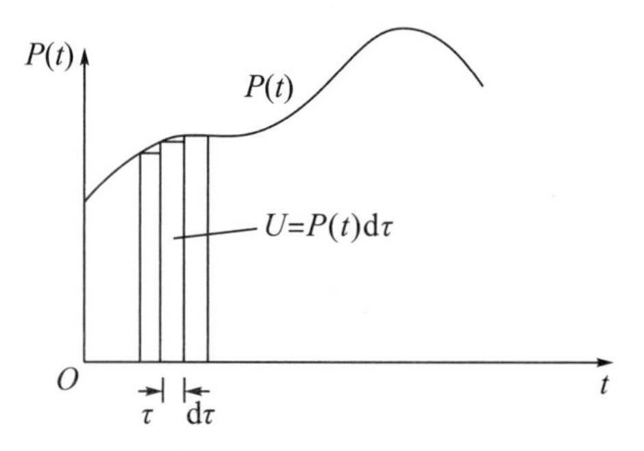

图 2.17　单位脉冲函数图

对于时刻 $t=\tau$ 的脉冲力，其冲量为 $U=P(\tau)\,d\tau$，系统的脉冲响应为

$$dx = P(\tau)h(t-\tau)d\tau, \tag{2.2.46}$$

由线性叠加原理，系统对任意激励力的响应等于系统在时间区间 $0 \leqslant \tau \leqslant t$ 内各个脉冲响应的总和，即

$$x(t) = \int_0^t P(\tau)h(t-\tau)d\tau, \tag{2.2.47}$$

由数学概念可知，式（2.2.47）为 $P(t)$ 和 $h(t)$ 的卷积，称为杜哈梅积分。

将式（2.2.45）代入式（2.2.47）即得

$$x(t) = \frac{1}{m\omega_d}\int_0^t P(\tau) e^{-\zeta\omega_n (t-\tau)} \sin\omega_d (t-\tau) d\tau, \tag{2.2.48}$$

这就是系统对任意干扰力 $P(t)$ 的零初值响应。若同时考虑非零初值的响应，则系

统对任意激励的响应为

$$
\begin{aligned}
x(t) = & \mathrm{e}^{-\zeta\omega_n t}\left(x_0\cos\omega_d t + \frac{\dot{x}_0 + \zeta\omega_n x_0}{\omega_n\sqrt{1-\zeta^2}}\sin\omega_d t\right) + \\
& \frac{1}{m\omega_d}\int_0^t P(\tau)\mathrm{e}^{-\zeta\omega_n(t-\tau)}\sin\omega_d(t-\tau)\mathrm{d}\tau.
\end{aligned} \tag{2.2.49}
$$

2.2.3.3　传递函数

零初始条件的系统受任意激励时的运动微分方程为

$$
\left.\begin{aligned} m\ddot{x} + c\dot{x} + kx = P(t) \\ x(0) = 0, \dot{x}(0) = 0 \end{aligned}\right\}, \tag{2.2.50}
$$

对方程两边作拉普拉斯变换，得

$$
(ms^2 + cs + k)x(s) = P(s), \tag{2.2.51}
$$

其中，s 是复变量，$x(s)$、$P(s)$ 分别是 $x(t)$ 及 $P(t)$ 的拉氏变换，为方便起见，变换后的函数仍沿用原来的符号，记 $G(s)$ 为系统的传递函数，由定义知

$$
G(s) = \frac{x(s)}{P(s)} = \frac{1}{ms^2 + cs + k}, \tag{2.2.52}
$$

从式（2.2.52）可以看出，系统的传递函数 $G(s)$ 为输出的拉氏变换 $x(s)$ 与输入的拉氏变换$P(s)$之比。

由上式得

$$
x(s) = P(s)G(s), \tag{2.2.53}
$$

记 $f(t) = L^{-1}[G(s)]$，对方程（2.2.53）两边作拉氏逆变换，得到如下卷积公式

$$
x(t) = \int_0^t P(\tau)f(t-\tau)\mathrm{d}\tau, \tag{2.2.54}
$$

比较式（2.2.54）与式（2.2.48），可知

$$
h(t) = L^{-1}[G(s)], \tag{2.2.55}
$$

即单位脉冲响应是传递函数的拉氏逆变换。而式（2.2.52）又可写为

$$
\begin{aligned}
G(s) &= \frac{1}{m(s^2 + 2\zeta\omega_n s + \omega_n^2)} \\
&= \frac{1}{m[s-(-\zeta\omega_n - \mathrm{i}\omega_d)][s-(-\zeta\omega_n + \mathrm{i}\omega_d)]} \\
&= \frac{1}{m\omega_d}\frac{\omega_d}{(s+\zeta\omega_n)^2 + \omega_d^2},
\end{aligned} \tag{2.2.56}
$$

在式（2.2.52）中令复变量 $s = \mathrm{i}\omega$，并记

$$
H(\omega) = G(s)\big|_{s=\mathrm{i}\omega}, \tag{2.2.57}
$$

可得

$$
H(\omega) = \frac{x(\omega)}{P(\omega)} = \frac{1}{k - m\omega^2 + \mathrm{i}c\omega}, \tag{2.2.58}
$$

即为系统的复频响应函数，由式（2.2.58）可以看出，系统受任意激励时，复频响应函数定义为输出的傅氏变换与输入的傅氏变换之比。

根据式（2.2.57）给出的复频响应函数与传递函数之间的关系，可得出

$$x(\omega)=P(\omega)H(\omega),\tag{2.2.59}$$

上式表示为输出的频谱函数等于输入的频谱函数与复频响应函数的乘积。

若对式（2.2.59）两端作傅氏逆变换，得

$$x(t)=\frac{1}{2\pi}\int_{-\infty}^{\infty}P(\omega)H(\omega)e^{i\omega t}\,d\omega,\tag{2.2.60}$$

当激励力为单位脉冲力时，系统响应 $x(t)=h(t)$，则

$$P(\omega)=F[(\delta(t))]=1,\tag{2.2.61}$$

代入式（2.2.59）后可得

$$F[(h(t))]=H(\omega),\tag{2.2.62}$$

即复频响应函数是单位脉冲响应的傅氏变换或频谱函数。

图 2.18 和图 2.19 为单位脉冲力及单位脉冲响应的频谱图（右半平面），由图可以看出，虽然单位脉冲力的频谱包含着频率从零到∞并且幅值相同的各种简谐分量，但是脉冲响应的频谱中不同频率的简谐分量具有不同的幅值。当阻尼较小时，系统固有频率附近单位内的简谐分量较大，说明系统对频率接近固有频率的激励的响应是最强烈的。

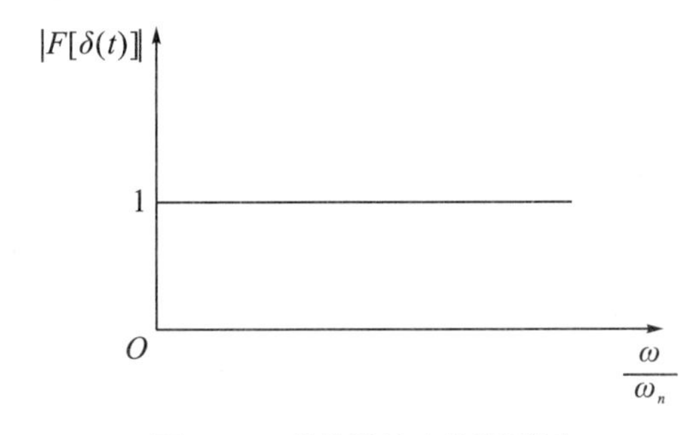

图 2.18　单位脉冲力的频谱图

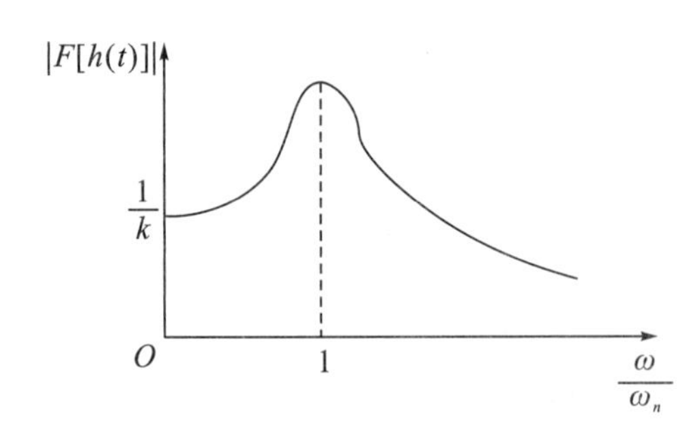

图 2.19　单位脉冲响应的频谱图

2.2.3.4　阶跃响应

单位阶跃函数，如图 2.20 所示。

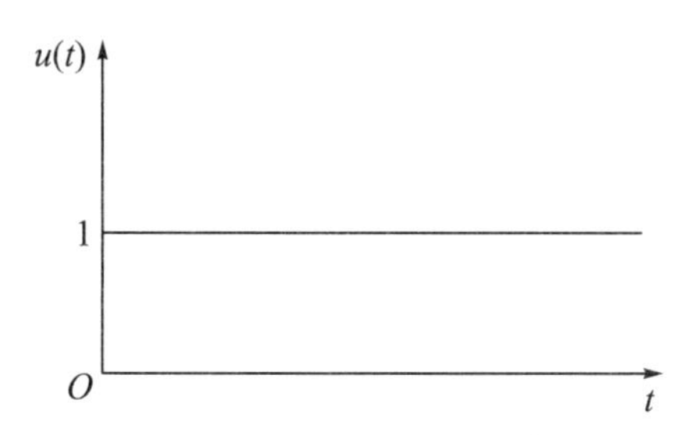

图 2.20　阶跃函数

阶跃函数的表达式为

$$u(t)=\begin{cases}0 & t<0\\ 1 & t\geqslant 0\end{cases},\tag{2.2.63}$$

阶跃力是指突然施加在系统上的常力，阶跃力则可以表示为 $P_0u(t)$，阶跃响应就是求处于零初始条件的系统对单位阶跃力的响应。系统的运动微分方程及初始条件可合写为

$$\left.\begin{array}{l}m\ddot{x}+c\dot{x}+kx=u(t)\\ x(0)=0,\ \dot{x}(0)=0\end{array}\right\},\tag{2.2.64}$$

阶跃响应可以利用杜哈梅积分求得，但注意到激振力是一个突加常力，可以先设立新坐标 $x_1=x-\dfrac{1}{k}$，代入上述方程后得

$$\left.\begin{array}{l}m\ddot{x}_1+c\dot{x}_1+kx_1=0\\ x_1(0)=-\dfrac{1}{k},\dot{x}_1(0)=0\end{array}\right\},\tag{2.2.65}$$

由式（2.1.29），上述方程的解是如下的自由振动：

$$x_1(t)=-\frac{1}{k}\mathrm{e}^{-\zeta\omega_n t}\left(\cos\omega_d t+\frac{\zeta\omega_n}{\omega_d}\sin\omega_d t\right),\tag{2.2.66}$$

记 $g(t)$ 为系统的阶跃响应，它等于

$$g(t)=x_1(t)+\frac{1}{k}=\frac{1}{k}\left[1-\mathrm{e}^{-\zeta\omega_n t}\left(\cos\omega_d t+\frac{\zeta\omega_n}{\omega_d}\sin\omega_d t\right)\right],\tag{2.2.67}$$

或者表示为

$$g(t)=\frac{1}{k}\left[1-\frac{\mathrm{e}^{-\zeta\omega_n t}}{\sqrt{1-\zeta^2}}\cos(\omega_d t-\varphi)\right],\tag{2.2.68}$$

其中

$$\varphi=\arctan\left(\frac{\zeta}{\sqrt{1-\zeta^2}}\right),\tag{2.2.69}$$

由此可见，阶跃响应是平衡位置平移了$\dfrac{1}{k}$的自由振动。

对于无阻尼系统，阶跃响应为

$$g(t)=\frac{1}{k}(1-\cos\omega_n t),\tag{2.2.70}$$

已知单位脉冲力与单位阶跃力有如下关系：

$$\delta(t)=\frac{\mathrm{d}u(t)}{\mathrm{d}t},\tag{2.2.71}$$

当激振力为单位阶跃力时，式（2.2.59）则为

$$F[g(t)]=F[u(t)]H(\omega),\tag{2.2.72}$$

根据式（2.2.63）可以把 $u(t)$ 表示成下面的极限形式：

$$u(t)=\lim_{\beta\to 0}u(t)\mathrm{e}^{-\beta t}\quad(\beta>0),\tag{2.2.73}$$

则 $u(t)\ \mathrm{e}^{-\beta t}$ 的傅氏变换为

$$\begin{aligned}F[u(t)\mathrm{e}^{-\beta t}]&=\int_{-\infty}^{\infty}u(t)\mathrm{e}^{-\beta t}\mathrm{e}^{-\mathrm{i}\omega t}\mathrm{d}t\\&=\int_{0}^{\infty}\mathrm{e}^{-(\beta+\mathrm{i}\omega)t}\mathrm{d}t\\&=\frac{1}{s},\end{aligned}\tag{2.2.74}$$

其中 $s=\beta+\mathrm{i}\omega$，这样即可得阶跃函数的广义傅氏变换

$$\begin{aligned}F[u(t)]&=\lim_{\beta\to 0}F[u(t)\mathrm{e}^{-\beta t}]\\&=\lim_{\beta\to 0}\frac{1}{\beta+\mathrm{i}\omega}\\&=\frac{1}{\mathrm{i}\omega},\end{aligned}\tag{2.2.75}$$

将式（2.2.62）代入式（2.2.72），可得到

$$F[h(t)]=\mathrm{i}\omega F[g(t)],\tag{2.2.76}$$

对式（2.2.76）两端进行傅氏逆变换，即可得

$$h(t)=\frac{\mathrm{d}g(t)}{\mathrm{d}t},\tag{2.2.77}$$

由式（2.2.77）可知，脉冲响应与阶跃响应的关系同单位脉冲力与单位阶跃力的关系一致。

因此，可用阶跃函数表示杜哈梅积分，假设激振力 $P(t)$ 如图 2.21 所示，

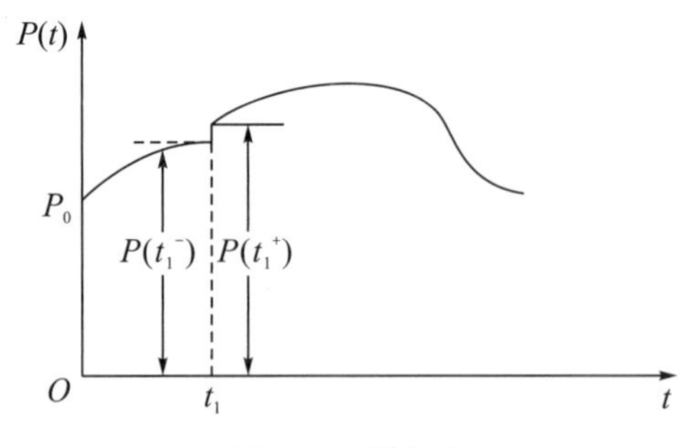

图 2.21　激振力

在 $t=0$ 及 $t=t_1$ 两处力幅有阶跃变化，记 $P(t_1^-)$ 及 $P(t_1^+)$ 为时刻 t_1 前后瞬间的力幅，式（2.2.54）可写为

$$x(t)=\int_0^t P(\tau)h(t-\tau)\mathrm{d}\tau$$

$$
\begin{aligned}
&= -\int_0^t P(\tau)\frac{\mathrm{d}g(t-\tau)}{\mathrm{d}\tau}\mathrm{d}\tau \\
&= -\left[\int_0^{t_1} P(\tau)\mathrm{d}g(t-\tau) + \int_{t_1}^{t} P(\tau)\mathrm{d}g(t-\tau)\right] \\
&= -\left[P(\tau)g(t-\tau)\big|_0^{t_1} + P(\tau)g(t-\tau)\big|_{t_1}^{t} + \int_0^t \dot{P}(\tau)g(t-\tau)\mathrm{d}\tau\right] \\
&= P(0)g(t) + \Delta P(t_1)g(t-t_1) + \int_0^t \dot{P}(\tau)g(t-\tau)\mathrm{d}\tau,
\end{aligned} \tag{2.2.78}
$$

其中 $\Delta P(t_1) = P(t_1^+) - P(t_1^-)$，如果在时刻 $t=t_2$ 力幅也有阶跃变化，则只需在式（2.2.78）中添加一项 $\Delta P(t_2)\ g(t-t_2)$ 即可。

例 2.2.3　求无阻尼系统在如图 2.22 所示的三角形波干扰力作用下的零初值响应。

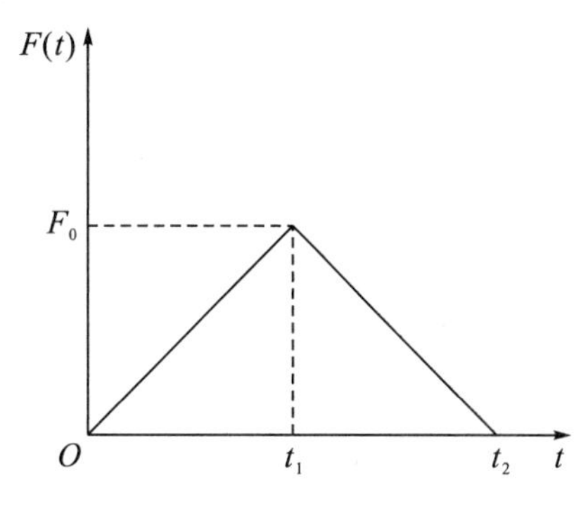

图 2.22　三角形波激励力

解：图 2.22 所示的激振力

$$
F(t) = \begin{cases} \dfrac{F_0}{t_1}t & [0, t_1] \\ \dfrac{t-t_2}{t_1-t_2}F_0 & [t_1, t_2]. \\ 0 & [t_2, \infty) \end{cases} \tag{a}
$$

$$
F(t) = \frac{F_0}{t_1}t - \frac{F_0 t_2(t-t_1)}{t_1(t_2-t_1)}H_0(t-t_1) + \frac{F_0(t-t_2)}{(t_2-t_1)}H_0(t-t_2)(t>0). \tag{b}
$$

利用叠加原理及斜坡函数的响应 $x(t) = \dfrac{a}{k}\left[t - \dfrac{1}{\omega_n}\sin(\omega_n t)\right]$，可得

$$
\begin{aligned}
x(t) = &\frac{F_0}{t_1 k}\left[t - \frac{1}{\omega_n}\sin(\omega_n t)\right] - \frac{F_0 t_2}{t_1(t_2-t_1)k}\left[(t-t_1) - \frac{1}{\omega_n}\sin\omega_n(t-t_1)\right]H_0(t-t_1) + \\
&\frac{F_0}{(t_2-t_1)k}\left[(t-t_2) - \frac{1}{\omega_n}\sin\omega_n(t-t_2)\right]H_0(t-t_2)\ (t>0).
\end{aligned} \tag{c}
$$

此外，本题也可以直接用杜哈梅积分求出各时间段的响应。

例 2.2.4　求如图 2.23 所示的无阻尼振动系统斜坡阶跃激励的零初值响应。

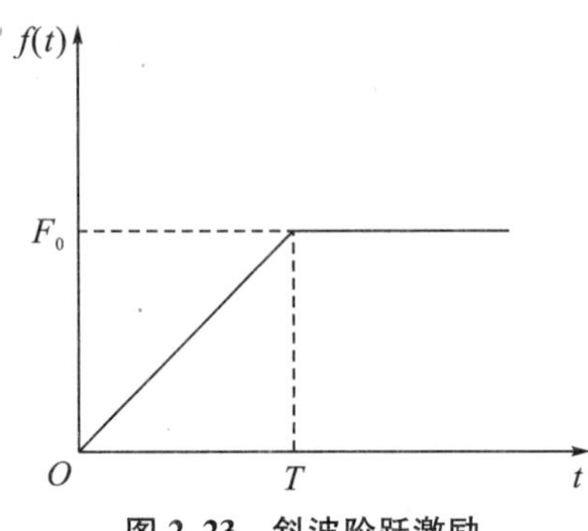

图 2.23 斜波阶跃激励

解：系统激励为

$$F(t)=\begin{cases}F_0\dfrac{t}{T}(0\leqslant t\leqslant T)\\F_0(t>T)\end{cases}=\begin{cases}F_0\dfrac{t}{T}(0\leqslant t\leqslant T)\\F_0\left(\dfrac{t}{T}-\dfrac{t-T}{T}\right)(t>T)\end{cases}. \tag{a}$$

取拉普拉斯变换得

$$F(s)=L[f(t)]=\begin{cases}F_0\dfrac{1}{Ts^2}(0\leqslant t\leqslant T)\\F_0\left(\dfrac{1}{Ts^2}-\dfrac{e^{-Ts}}{Ts^2}\right)(t>T)\end{cases}. \tag{b}$$

由式（2.2.52）和式（2.2.53）得

$$X(s)=G(s)F(s)=\begin{cases}\dfrac{F_0}{Tm}\left[\dfrac{1}{s^2(s^2+\omega_n^2)}\right](0\leqslant t\leqslant T)\\\dfrac{F_0}{Tm}\left(\dfrac{1-e^{-Ts}}{s^2(s^2+\omega_n^2)}\right)(t>T)\end{cases}. \tag{c}$$

查拉普拉斯变换表得

$$x(t)=L^{-1}[X(s)]=\begin{cases}\dfrac{F_0}{Tk\omega_n}[\omega_n t-\sin\omega_n t](0\leqslant t\leqslant T)\\\dfrac{F_0}{Tk\omega_n}\{\omega_n t-\sin\omega_n t-[\omega_n(t-T)-\sin\omega_n(t-T)]\}(t>T)\end{cases}$$

$$=\begin{cases}\dfrac{F_0}{Tk\omega_n}[\omega_n t-\sin\omega_n t](0\leqslant t\leqslant T)\\\dfrac{F_0}{Tk\omega_n}[\omega_n T-\sin\omega_n t+\sin\omega_n(t-T)](t>T)\end{cases}. \tag{d}$$

2.2.4 基础（支承）运动引起的强迫振动

在实际工程中，系统受到基础运动（或支撑的运动）引起的振动被称为支承强迫振动。例如，固定在机器上的仪器受环境影响的振动，车辆在波形路面上行驶时的振动，建筑物由于地震引起的振动等都是支承运动引起的强迫振动。

如图 2.24 所示，设基础的位移为 y，则系统的运动方程为

$$m\ddot{x}+c\dot{x}+kx=ky+c\dot{y}, \tag{2.2.79}$$

令相对位移 $x_1=x-y$，上式转化为

$$m\ddot{x}_1+c\dot{x}_1+kx_1=-m\ddot{y}, \tag{2.2.80}$$

下面用复数解法讨论基础运动 $y=Y\sin\omega t$ 引起的响应。将 y 写为 $y=Y\mathrm{e}^{\mathrm{i}\omega t}$，则式(2.5.1) 变为

$$m\ddot{x}+c\dot{x}+kx=(k+\mathrm{i}c\omega)Y\mathrm{e}^{\mathrm{i}\omega t}, \tag{2.2.81}$$

利用式（2.2.23）得系统的复数响应

$$x_p(t)=\frac{1+\mathrm{i}2\zeta\Omega}{\sqrt{(1-\Omega^2)^2+(2\zeta\Omega)^2}}Y\mathrm{e}^{\mathrm{i}(\omega t-\varphi)}, \tag{2.2.82}$$

令 $1+\mathrm{i}2\zeta\Omega=C\mathrm{e}^{\mathrm{i}\alpha}$，则 $C=\sqrt{1+(2\zeta\Omega)^2}$，$\tan\alpha=2\zeta\Omega$，则式（2.2.82）可写为

$$x_p(t)=X\mathrm{e}^{\mathrm{i}(\omega t-\varphi+\alpha)}, \tag{2.2.83}$$

取其虚部，即系统的稳态响应

$$x(t)=X\sin(\omega t-\varphi+\alpha), \tag{2.2.84}$$

式中

$$X=Y\sqrt{\frac{1+(2\zeta\Omega)^2}{(1-\Omega^2)^2+(2\zeta\Omega)^2}},\varphi=\tan\left(\frac{2\zeta\Omega}{1-\Omega^2}\right),\alpha=\arctan(2\zeta\Omega). \tag{2.2.85}$$

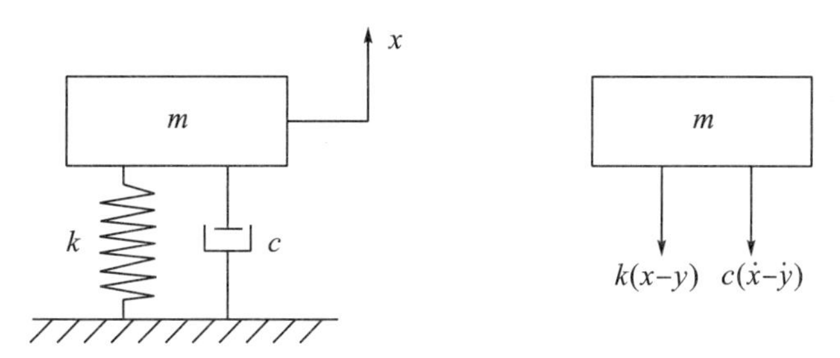

图 2.24　基础运动

习　题

2.1　确定图 2.1 的系统中弹簧的静态挠度。

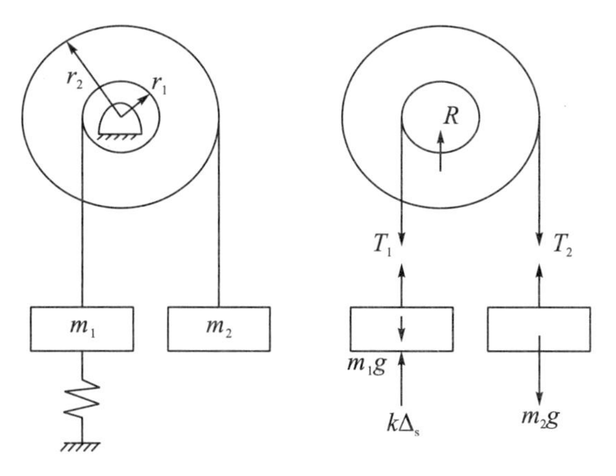

题图 2.1

答：

$$\Delta_s = \frac{m_1 g r_1 - m_2 g r_2}{k r_1}.$$

2.2 将质量为 500 kg 的发动机安装在等效刚度为 7×105 N/m 的弹性基础上，确定系统的固有频率。

答：

$$\omega_n = \sqrt{\frac{k}{m}} = \sqrt{\frac{7\times10^5\ \mathrm{N/m}}{500\ \mathrm{kg}}} = 37.4\ \mathrm{rad/s}.$$

2.3 装配厂使用提升机来举起和操纵大型物体。图 2.2 中所示的提升机是一个挂在横梁上的绞车，可以沿着轨道移动。当提升机在 9 m 的缆绳上提升 800 kg 重的机械部件时，确定系统的频率。

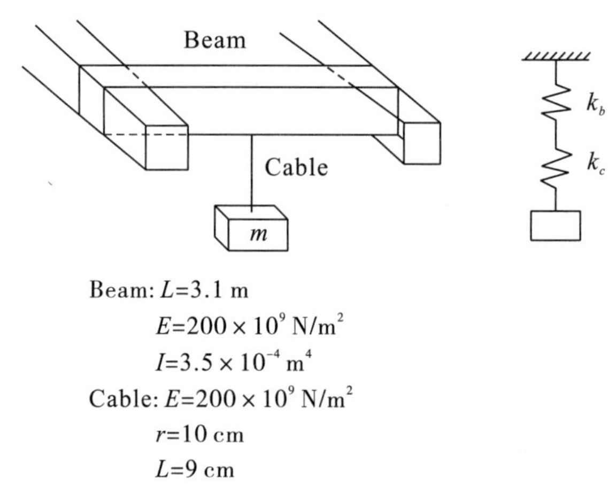

题图 2.2

答：缆索的刚度是

$$k_c = \frac{AE}{L} = \frac{\pi(0.1\ \mathrm{m})^2(200\times10^9\ \mathrm{N/m^2})}{9\ \mathrm{m}} = 6.98\times10^8\ \mathrm{N/m}.$$

梁和缆索作为弹簧串联，其等效刚度为

$$k_{eq} = \frac{1}{\dfrac{1}{k_b}+\dfrac{1}{k_c}} = \frac{1}{\dfrac{1}{1.13\times10^8\ \mathrm{N/m}}+\dfrac{1}{6.98\times10^8\ \mathrm{N/m}}} = 9.71\times10^7\ \mathrm{N/m}.$$

系统的固有频率是

$$\omega_n = \sqrt{\frac{k_{eq}}{m}} = \sqrt{\frac{9.71\times10^7\ \mathrm{N/m}}{800\ \mathrm{kg}}} = 3.48\times10^2\ \mathrm{rad/s}.$$

2.4 在初始条件 $x(0)=0.01$ m 和 $v(0)=1$ m/s 的条件下，计算系统的响应

$$3\ddot{x}(t)+6\dot{x}(t)+12x(t)=3\delta(t)-\delta(t-1).$$

答：

$$\omega_n = \sqrt{\frac{12}{3}} = 2\ \mathrm{rad/s},\ \zeta = \frac{6}{2\times2\times3} = 0.5,\ \omega_d = 2\sqrt{1-0.5^2} = 1.73\ \mathrm{rad/s}.$$

因此系统处于欠阻尼状态。接下来计算这两种冲动的响应：

$$x_1(t)=\frac{m\omega_d}{}\mathrm{e}^{-\zeta\omega_n t}\sin\omega_d t=\frac{3}{3(1.73)}\mathrm{e}^{-(t-1)}\sin 1.73(t-1)=0.577\mathrm{e}^{-t}\sin 1.73t(t>0).$$

$$x_2(t)=\frac{m\omega_d}{}\mathrm{e}^{-\zeta\omega_n(t-1)}\sin\omega_d(t-1)=\frac{1}{3(1.73)}\mathrm{e}^{-t}\sin 1.73t$$
$$=0.193\mathrm{e}^{-(t-1)}\sin 1.73(t-1)(t>1).$$

现计算方程对初始条件的响应

$$x_h(t)=A\mathrm{e}^{-\zeta\omega_n t}\sin(\omega_d t+\varphi),$$

$$A=\sqrt{\frac{(v_0+\zeta\omega_n x_0)^2+(x_0\omega_d)^2}{\omega_d^2}},\varphi=\arctan\left(\frac{x_0\omega_d}{v_0+\omega_n x_0}\right)=0.785\ \mathrm{rad},$$

即

$$x_h(t)=0.583\mathrm{e}^{-t}\sin(t+0.017),$$

利用阶跃函数可得总响应为

$$x(t)=0.577\mathrm{e}^{-t}\sin 1.73t+0.583\mathrm{e}^{-t}\sin(t+0.017)+0.193\mathrm{e}^{-(t-1)}\sin 1.73(t-1).$$

2.5　在一个长 1.8 m 的悬臂钢梁（$E=210\times10^9\ \mathrm{N/m^2}$）的末端装置一个重 200 kg 的机器，该机器以 21 Hz 的固有频率振动。求这个梁的横截面关于它的中轴线的惯性矩是多大?

答：对悬臂梁末端的质量来说，梁的等效刚度是

$$k_{eq}=m\omega_n^2=\frac{3EI}{L^3},$$

因此

$$I=\frac{k_{eq}L^3}{3E}=3.22\times10^5\ \mathrm{m^4}.$$

2.6　一个 200 kg 的物块连接有一个刚度是 50000 N/m 弹簧，同时并联一个黏性阻尼器，这个系统的自由振动周期为 0.471 s。系统的阻尼系数是多少?

答：$1.91\times10^3\ \mathrm{N\cdot s/m}$.

2.7　质量 185 kg 的机器放置在长度为 1.5 m 的简支梁的中央，梁的弹性模量为 $210\times10^9\ \mathrm{N/m^2}$，横截面积惯性矩为 $3\times10^{-6}\ \mathrm{m^4}$。当机器受到一个大小为 4×10^4 N，频率为 125 rad/s 的谐波激励时，它的稳态振幅是多少?

答：6.95 mm.

第 3 章　分析动力学

牛顿法称作矢量力学，它是运用牛顿定律处理力学问题的方法，着重于分析力、动量、速度、加速度、角动量等矢量，在宏观低速状态下有广泛的应用，但随着实际问题变得越来越复杂，其在求解力学问题时就显得捉襟见肘。通常实际的机械动力系统往往存在诸多约束，而约束又取决于运动状况，而机械动力系统与运动状态相互耦合，使得机械系统的受力状态非常复杂，难以分析，此时再用牛顿法解决这类问题就有诸多不便。

为了克服牛顿法的缺点，法国数学理学家拉格朗日建立了分析动力学。分析动力学是数学和力学研究者为克服上述困难所取得的成果，一定程度上解决了上述问题，具体来说，分析动力学是通过分析机械系统的动能和势能，然后利用哈密顿原理、第二类拉格朗日方程、虚位移原理等变分原理推导出机械动力学系统在一般性广义坐标下具有不变形式的动力学方程组。此外，分析动力学注重的物理量不再是力和加速度，而是功与能。数学上，处理对象从矢量变为标量，处理方法也从几何方法变为数学分析方法。从新的观点和方法处理动力学问题，是力学发展的一个更高阶段。

表 3.1　牛顿法与能量法的对比

牛顿法	能量法
自由体	能量（包括动能和势能）和虚功
向量	标量
外部力和内部力	约束力和主动力

3.1　约束与广义坐标

3.1.1　约束的概念

约束就是限制物体运动的条件，几乎所有的力学系统都存在着约束，如图 3.1 所示。例如刚体内任意两点间距离不变，两个刚体用铰链连接，轮子无滑动的滚动，两个

质点用不可伸长的绳子连接等。对状态的约束也就是对力学系统内各质点的位置和速度加以约束，其数学表达式是

$$f_r(x_1,y_1,z_1,\cdots,x_n,y_n,z_n;\dot{x}_1,\dot{y}_1,\dot{z}_1,\cdots,\dot{x}_n,\dot{y}_n,\dot{z}_n,t)=0\ (r=1,2,\cdots,s),\tag{3.1.1}$$

其中，约束方程中不含 $\dot{x}_1$，$\dot{y}_1$，$\dot{z}_1$，…，$\dot{x}_n$，$\dot{y}_n$，$\dot{z}_n$ 时，称为几何约束（完整约束），反之为非完整约束。约束方程中不含时间 t 时为定常约束，反之为非定常约束。运动约束可积分的称为完整约束，不可积分的称为非完整约束。比如，纯滚动的圆轮和几何约束称为完整约束；碰撞系统和摩擦系统称非完整约束。

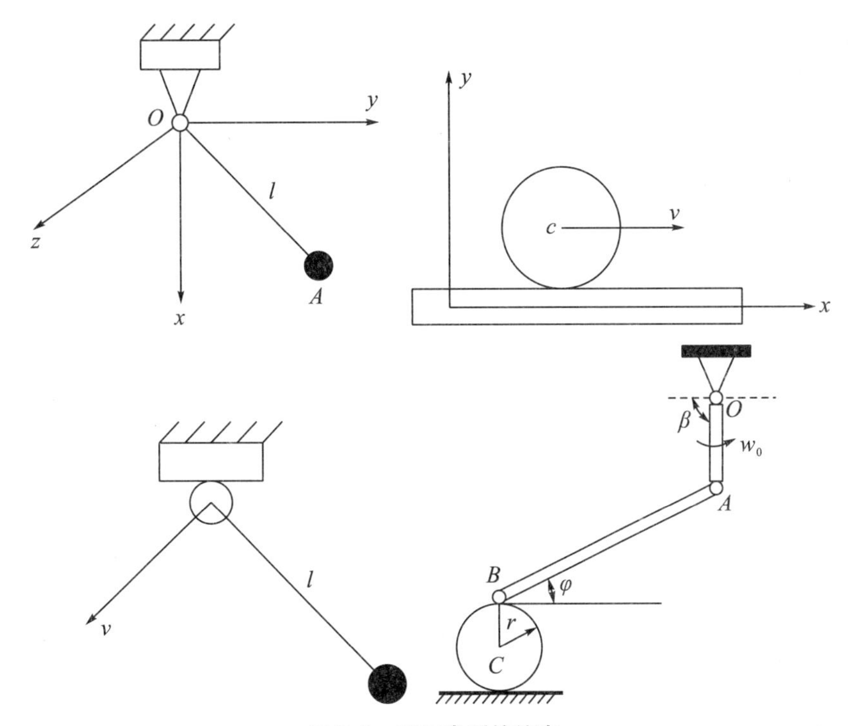

图 3.1　不同类型的约束

3.1.2　约束力

根据牛顿定律，一切影响质点机械运动的因素都归结为力。因此，约束作用也可归结于为力。约束力的大小随力学系统违背约束的趋势的不同而自动调节，使约束条件总是得以满足。一般将作用于第 i 个质点的约束力记为 R_i，而把作用于同一质点的其余力称为主动力，记作 F_i。有的资料把约束力称为约束反力，因为这种力是体现约束条件的实体跟违背约束趋势对抗的反作用力。

3.1.3　自由度

自由度是唯一确定质点系空间位置的独立参变量个数。自由度数定义为质点系解除

约束时的坐标数减去约束方程数。空间质点：$k=3n-s$；平面质点：$k=2n-s$。

例 3.1.1 如图 3.2 所示，试求长度为 l 的单摆在空间中的自由度数。

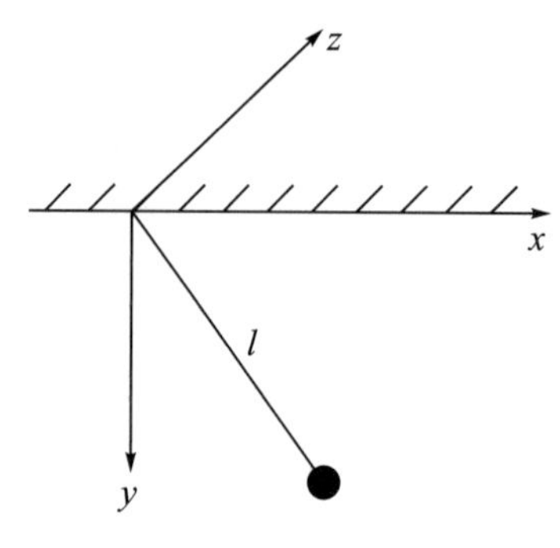

图 3.2 单摆

解：约束方程：$x^2+y^2+z^2=l^2$；

自由度：$3\times1-1=2$.

例 3.1.2 如图 3.3 所示，简单的刚体由 4 个质点和 6 根刚杆组成的几何不变体系（形如四面体），试求该系统的自由度和每增加一个节点所需的杆件数量。

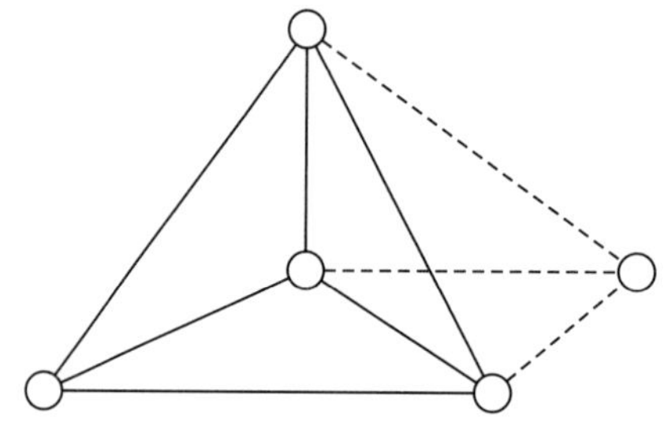

图 3.3 简单刚体

解：自由度：$k=3\times4-4=6$；

此后每增加一个质点就增加了 3 根刚杆，连接质点的杠杆数为：$3n-6$.

3.1.4 广义坐标

广义坐标是用以确定质点系位置的独立参变量，与自由度相对应的独立坐标就是广义坐标。假设 n 个质点，自由度为 k，取广义坐标 q_1，q_2，…，q_k。

$$
\begin{aligned}
x_i &= x_i(q_1,q_2,\cdots,q_k,t) \quad (\mathrm{i}=1,2,\cdots,n),\\
y_i &= y_i(q_1,q_2,\cdots,q_k,t) \quad (\mathrm{i}=1,2,\cdots,n),\\
z_i &= z_i(q_1,q_2,\cdots,q_k,t) \quad (\mathrm{i}=1,2,\cdots,n).
\end{aligned} \tag{3.1.2}
$$

简写为

$$
r_i = r_i(q_1,q_2,\cdots,q_k,t) \quad (i=1,2,\cdots,n). \tag{3.1.3}
$$

系统的运动可表达为广义坐标 q_1，q_2，…，q_k，随着时间的变化，即有

$$
q_k = q_k(t) \qquad (k=1,2,\cdots,k). \tag{3.1.4}
$$

其随时间的变化率称为广义速度。

例 3.1.3　如图 3.4 所示，附带刚杆的质量块被弹簧连接，杆长 l，试求该系统的自由度和广义坐标。

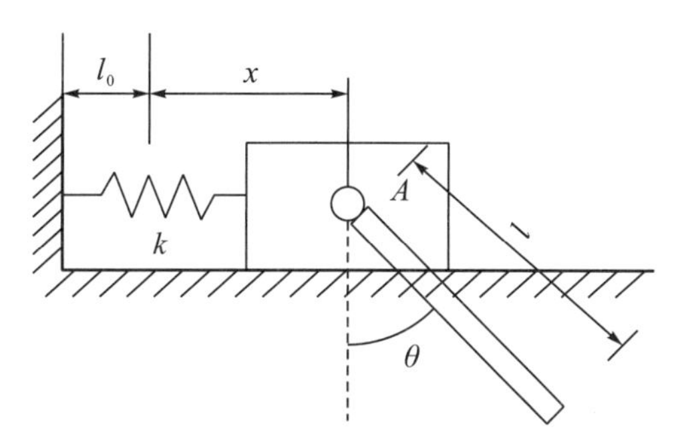

图 3.4　弹簧连接的质点刚体

解： 广义坐标：$q_1 = x$；$q_2 = \theta$；

自由度：$k = 2$；

约束方程：

$y_A = 0$；

$x_B = x_A + l\cos\theta$；

$y_B = l\sin\theta$.

约束刚体的自由度与广义坐标根据其运动形式的不同有所减小，下表给出刚体在不同运动形式的广义坐标数。

表 3.2　刚体在不同运动形式的广义坐标数

刚体约束情况	自由度	广义坐标
刚体上一轴被约束（定轴转动）	1	φ
刚体上一点被约束（定点转动）	3	θ，φ，ψ
刚体被限制作平面平行运动（自由）	3	x_0，y_0，θ
刚体被限制作平行移动（平移）	3	x_0，y_0，z_0

3.2　虚功原理

3.2.1　虚位移与实位移

质点由于运动实际发生的位移叫作实位移。质点在约束许可情况下发生的可能位移叫作虚位移。虚位移决定于质点在此时的位置和加在它上面的约束，而不是由于时间变化所引起的。实位移于虚位移的区别在于实位移要满足运动方程，而虚位移只需要满足约束条件。

设有 N 个质点的系统，存在 m 个完整约束，其约束方程为

$$f_i(r_1,r_2,\cdots,r_n,t)=0 \quad (i=1,2,\cdots,m), \tag{3.2.1}$$

设 δr_1，δr_2，…，δr_n 是满足约束条件的虚位移，则

$$f_i(r_1+\delta r_1,r_2+\delta r_2,\cdots,r_n+\delta r_n,t)=0 \quad (i=1,2,\cdots,m), \tag{3.2.2}$$

对式（3.2.2）泰勒展开，略去二次以上的项，得到

$$\sum_{i=1}^{n}\nabla_i f_j(r_1,r_2,\cdots,r_n,t)\cdot\delta r_i=0\ (j=1,2,\cdots,m). \tag{3.2.3}$$

满足一组式（3.2.3）的 δr_i 就是虚位移。而真实的位移 $\mathrm{d}r_i$ 是一个在时间 $\mathrm{d}t$ 间隔中完成的位移，为使其满足约束条件，必须有

$$f_i(r_1+\mathrm{d}r_1,r_2+\mathrm{d}r_2,\cdots,r_n+\mathrm{d}r_n,t+\mathrm{d}t)=0\ (i=1,2,\cdots,m). \tag{3.2.4}$$

将式（3.2.4）泰勒展开得到

$$\sum_{i=1}^{n}\nabla_i f_j\cdot\mathrm{d}r_i+\partial f_i/\partial t\cdot\mathrm{d}t=0\ (j=1,2,\cdots,m). \tag{3.2.5}$$

式（3.2.4）是约束对真实位移的限制条件，即时间不被“冻结”的虚位移应满足的条件。如 $\partial f_i/\partial t=0$，则虚位移和实位移等价。

3.2.2　虚功和理想约束

作用在质点上的力在任意虚位移 δr 中做的功叫作虚功。如果作用在一个力学系统上所有作用反力在任意虚位移中所作的虚功之和为零，即

$$\sum_{i=1}^{n}R_i\cdot\delta r_i=0, \tag{3.2.6}$$

那么系统受到的约束叫作理想约束，比如，一切光滑接触都是理想约束。

例 3.2.1　求虚功举例：如图 3.5 所示，质点沿固定的光滑曲面运动，约束方程为

$$f(x,y,z)=0, \tag{a}$$

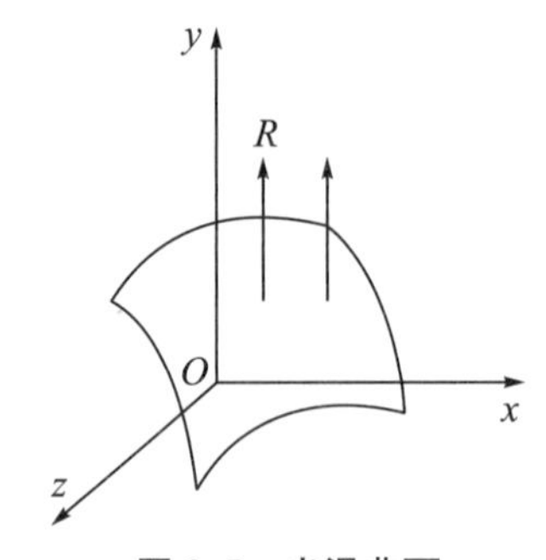

图 3.5　光滑曲面

质点的虚位移应满足

$$\frac{\partial f(x,y,z)}{\partial x}\delta x+\frac{\partial f(x,y,z)}{\partial y}\delta y+\frac{\partial f(x,y,z)}{\partial z}\delta z=0, \tag{b}$$

即虚位移垂直于曲面的法向 $\nabla f(x,y,z)=\left(\frac{\partial f}{\partial x},\frac{\partial f}{\partial y},\frac{\partial f}{\partial z}\right)$。由于约束面是光滑

的，约束力沿曲面的法向，即

$$R = \lambda\left(\frac{\partial f(x,y,z)}{\partial x},\frac{\partial f(x,y,z)}{\partial y},\frac{\partial f(x,y,z)}{\partial z}\right), \tag{c}$$

因此，虚功为

$$\delta W = R \cdot \delta r = \lambda \frac{\partial f(x,y,z)}{\partial x}\delta x + \frac{\partial f(x,y,z)}{\partial y}\delta y + \frac{\partial f(x,y,z)}{\partial z}\delta z = 0. \tag{d}$$

3.2.3　虚功原理

虚功是指虚位移所做的功。当系统处于平衡状态时，系统每一质点都处于平衡状态。此时，作用于第 i 个质点的主动力 F 和约束力 R 的合力应当为零，即

$$F_i + R_i = 0, \tag{3.2.7}$$

于是，作用在第 i 质点所有各力的虚功之和为零，

$$\begin{gathered} F_i \cdot \delta r + R_i \cdot \delta r = 0, \\ \Rightarrow \sum_{i=1}^{n} F_i \cdot \delta r + \sum_{i=1}^{n} R_i \cdot \delta r = 0, \end{gathered} \tag{3.2.8}$$

在理想约束条件下，根据理想约束定义，由式（3.2.6）可得，如果系统处于平衡状态，则其平衡条件为

$$\delta W = \sum_{i=1}^{N} F_i \delta r_i = 0$$

即

$$\sum_{i=1}^{n} (F_{ix}\delta x_i + F_{iy}\delta y_i + F_{iz}\delta z_i) = 0. \tag{3.2.9}$$

这称为虚功原理。显然，当一个只有理想约束的系统处于平衡状态时，作用于该系统的所有主动力的虚功之和为零。

例 3.2.2　如图 3.6 所示，两刚性杆用被光滑铰链连接，上杆长 l_1，质量为 m_1，下杆长 l_2，质量为 m_2，在下杆下端施加水平力 F。试用虚功原理求平衡时两杆各自同竖直线的夹角 θ_1 和 θ_2。

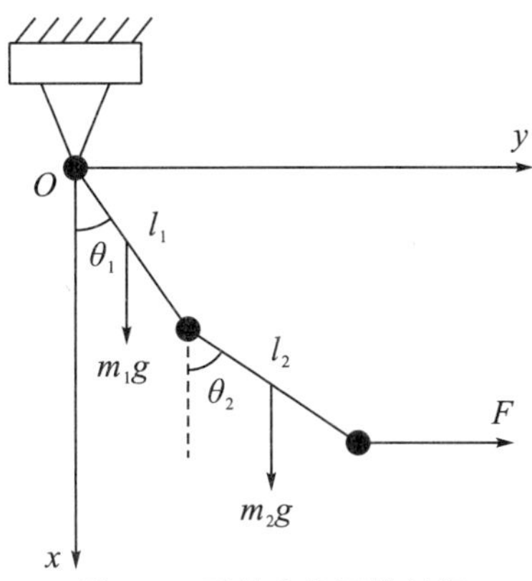

图 3.6　受外力作用的链杆

解：取广义坐标 θ_1 和 θ_2，按照虚功原理，所有外力在虚位移上所作的功为零，可得

$$m_1 g\delta x_1 + m_2 g\delta x_2 + F\delta x_3 = 0, \tag{a}$$

其中，坐标分别为

$$\begin{aligned} x_1 &= \frac{1}{2}l_1\cos\theta_1, \\ x_2 &= \frac{1}{2}l_2\cos\theta_2 + l_1\cos\theta_1, \\ x_3 &= l_2\sin\theta_2 + l_1\sin\theta_1, \end{aligned} \tag{b}$$

代入式（a）得

$$\left(F\cos\theta_1 - \frac{1}{2}m_1 g\sin\theta_1 - m_2 g\sin\theta_1\right)l_1\delta\theta_1 + \left(F\cos\theta_2 - \frac{1}{2}m_2 g\sin\theta_2\right)l_2\delta\theta_2 = 0, \tag{c}$$

因为自由度 θ_1 和 θ_2 是独立的，所以

$$\begin{aligned} F\cos\theta_1 - \frac{1}{2}m_1 g\sin\theta_1 - m_2 g\sin\theta_1 &= 0, \\ F\cos\theta_2 - \frac{1}{2}m_2 g\sin\theta_2 &= 0, \end{aligned} \tag{d}$$

由此解得

$$\tan\theta_1 = \frac{2F}{(m_1 + 2m_2)g}, \tan\theta_2 = \frac{2F}{m_2 g}. \tag{e}$$

3.3 达朗贝尔原理

达朗贝尔原理是以牛顿定律加上理想约束假定作为逻辑推理的出发点推导的。从这个基本法出发再利用约束对虚位移的限制关系式，可以导出力学系统的动力学方程，从而概括了力学系统的运动规律。当存在非理想约束时，达朗贝尔原理也适用，它可以表述为：主动力和非理想约束力及惯性力的虚功之和。对于完整约束和非完整约束都普遍适用，因此可以称它为分析动力学的普遍原理。

如图 3.7 所示，按照牛顿运动规律，力学系统的第 i 质点的运动方程是

$$F_i + f_i = m_i\ddot{r}_i, \tag{3.3.1}$$

其中，F_i 为主动力，f_i 为约束反力。只要把最后一项理解为一种力，式（3.3.1）就变成平衡方程的类型。

$$m_i\ddot{r}_i - F_i - f_i = 0, \tag{3.3.2}$$

对平衡方程求变分

$$(m_i\ddot{r}_i - F_i - f_i)\delta r_i = 0\ (i = 1,2,\cdots,n), \tag{3.3.3}$$

对式（3.3.3）求和

$$\sum_{i=1}^{n}(m_i\ddot{r}_i - F_i - f_i)\delta r_i = 0, \tag{3.3.4}$$

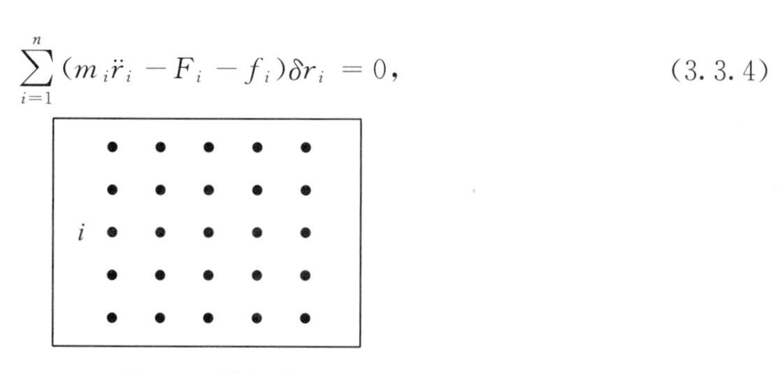

图 3.7　质点系

假设

$$\sum_{i=1}^{n} f_i\delta r_i = 0, \tag{3.3.5}$$

则根据虚功原理，式（3.3.4）为

$$\sum_{i=1}^{n}(m_i\ddot{r}_i - F_i)\delta r_i = 0. \tag{3.3.6}$$

如果 $\ddot{r}_i = 0$，那么 $\sum_{i=1}^{n} F_i\delta r_i = 0$。事实上，研究第 i 个质点的运动时，若选用跟随这个质点一同平动的参考系统，这个质点显然就是（相对）静止的，它应当遵守平衡方程，只要把惯性项 $m_i\ddot{r}_i$ 理解为一种力，则惯性力与主动力、约束反力在形式上组成了平衡力系，这就叫作达朗贝尔原理。

例 3.3.1　如图 3.8 所示，球磨粉碎机的滚筒以匀角速度 ω 绕水平轴 O 转动，使钢球被带到一定高度，然后沿抛物线轨迹自由落下，从而击碎物料。假设球磨粉碎机滚筒内壁半径为 r，试用达朗贝尔原理求钢球的脱离角 α。

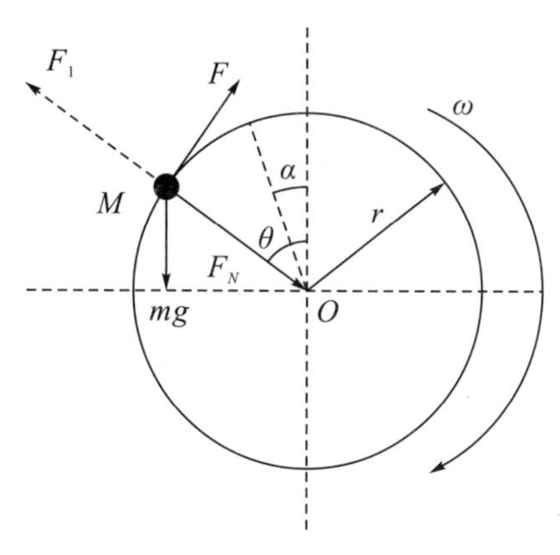

图 3.8　球磨粉碎机原理

解：以某一尚未脱离筒壁的钢球为研究对象，受力如图 3.8 所示，钢球未脱离筒壁前做圆周运动，其加速度为

$$\alpha_\tau = 0，\alpha_n = r\omega^2, \tag{a}$$

假想地加上惯性力 $F_1 = mr\omega^2$，由达朗贝尔原理得

$$
\begin{aligned}
&F_N + mg\cos\theta - F_1 = 0,\\
&F_N = mg\left(\frac{r\omega^2}{g} - \cos\theta\right),
\end{aligned} \tag{b}
$$

这就是钢球在任一位置 θ 时所受的法向反力，显然当钢球脱离筒壁时，$F_N=0$，由此可求出其脱离角 α 为

$$
\alpha = \arccos\left(\frac{r\omega^2}{g}\right). \tag{c}
$$

3.4 哈密顿原理

哈密顿原理是利用变分法推导运动方程的方法。哈密顿原理可以表述为：在相同的初始时刻、初末位置和完整约束条件下，保守系统的真实运动对应于作用量的极值。哈密顿原理不但适用于有限自由度的质点系，而且适用于无限自由度的连续介质。此外，除了精确解法，哈密顿原理特别适合近似解法，所以在连续介质力学和结构力学中的应用极为广泛。本节将通过达朗贝尔原理推导哈密顿原理。

根据变分法，求导可得

$$
\begin{aligned}
\frac{\mathrm{d}}{\mathrm{d}t}(\dot{r}_i \cdot \delta r_i) &= \ddot{r}_i \cdot \delta r_i + \dot{r}_i \cdot \frac{\mathrm{d}}{\mathrm{d}t}(\delta r_i)\\
&= \ddot{r}_i \cdot \delta r_i + \dot{r}_i \cdot \delta\dot{r}_i,
\end{aligned} \tag{3.4.1}
$$

其中，

$$
\ddot{r}_i \cdot \delta r_i = \frac{\mathrm{d}}{\mathrm{d}t}(\dot{r}_i \cdot \delta r_i) - \dot{r}_i \cdot \delta\dot{r}_i, \tag{3.4.2}
$$

$$
\dot{r}_i \cdot \delta\dot{r}_i = \delta\left(\frac{1}{2}\dot{r}_i \cdot \dot{r}_i\right) = \frac{1}{2}\delta\dot{r}_i \cdot \dot{r}_i + \frac{1}{2}\dot{r}_i \cdot \delta\dot{r}_i = \delta\dot{r}_i \cdot \dot{r}_i, \tag{3.4.3}
$$

因此，

$$
\ddot{r}_i \cdot \delta r_i = \frac{\mathrm{d}}{\mathrm{d}t}(\dot{r}_i \cdot \delta r_i) - \delta\left(\frac{1}{2}\dot{r}_i \cdot \dot{r}_i\right), \tag{3.4.4}
$$

则

$$
\begin{aligned}
&m_i\ddot{r}_i \cdot \delta r_i = m_i\frac{\mathrm{d}}{\mathrm{d}t}(\dot{r}_i \cdot \delta r_i) - \delta\left(\frac{1}{2}m_i\dot{r}_i \cdot \dot{r}_i\right) \ (i = 1,2,\cdots,n)\\
&\sum_{i=1}^{n} m_i\ddot{r}_i \cdot \delta r_i = \sum_{i=1}^{n} m_i\frac{\mathrm{d}}{\mathrm{d}t}(\dot{r}_i \cdot \delta r_i) - \delta\left(\sum_{i=1}^{n}\frac{1}{2}m_i\dot{r}_i \cdot \dot{r}_i\right),
\end{aligned} \tag{3.4.5}
$$

令动能 $T = \sum_{i=1}^{n}\frac{1}{2}m_i\dot{r}_i \cdot \dot{r}_i$，式（3.4.5）可表示为

$$
\sum_{i=1}^{n} m_i\ddot{r}_i \cdot \delta r_i = \sum_{i=1}^{n} m_i\frac{\mathrm{d}}{\mathrm{d}t}(\dot{r}_i \cdot \delta r_i) - \delta T, \tag{3.4.6}
$$

代入达朗贝尔原理，可以得到

$$\sum_{i=1}^{n} m_i \frac{\mathrm{d}}{\mathrm{d}t}(\dot{r}_i \cdot \delta r_i) - \delta T - \delta W = 0, \tag{3.4.7}$$

两端在（t_1，t_2）积分，可得

$$\begin{aligned}\int_{t_1}^{t_2}(\delta T + \delta W)\mathrm{d}t &= \int_{t_1}^{t_2}\sum_{i=1}^{n} m_i \frac{\mathrm{d}}{\mathrm{d}t}(\dot{r}_i \cdot \delta r_i)\mathrm{d}t \\ &= \int_{t_1}^{t_2}\sum_{i=1}^{n} m_i \mathrm{d}(\dot{r}_i \cdot \delta r_i) \\ &= \sum_{i=1}^{n} m_i \dot{r}_i \cdot \delta r_i \Big|_{t=t_1}^{t=t_2},\end{aligned} \tag{3.4.8}$$

其中，t_1 和 t_2 是任意的时间常数。因为，在 t_1 和 t_2 时间段内虚位移为零，即 $\delta r_i = 0$，那么

$$\int_{t_1}^{t_2}(\delta T + \delta W)\mathrm{d}t = 0, \tag{3.4.9}$$

如果作用力为保守力，那么 $\delta W = -\delta V$，其中，V 代表势能

$$\int_{t_1}^{t_2}(\delta T - \delta V)\mathrm{d}t = 0, \tag{3.4.10}$$

式（3.4.10）又可表示为将拉格朗日函数 $L = T - V$ 的形式，此时由于该系统为保守系统，然后变分符号可以提到积分号外，即

$$\delta\int_{t_1}^{t_2} L\,\mathrm{d}t = \int_{t_1}^{t_2}(\delta T - \delta V)\mathrm{d}t = 0, \tag{3.4.11}$$

这被称为哈密顿原理。

此外，如果施加的力不全是保守力，则

$$\delta W = \delta W_{nc} + \delta W_c = \delta W_{nc} - \delta V, \tag{3.4.12}$$

将其代入哈密顿原理，可得广义的哈密顿原理

$$\int_{t_1}^{t_2}(\delta T - \delta V + \delta W_{nc})\mathrm{d}t = 0. \tag{3.4.13}$$

注意，这时变分号不能提到积分号外。哈密顿原理是变分原理的一种，与牛顿法相比，它不仅能够推导出系统的运动方程，而且还能获得相应的边界条件，在复杂问题的建模中有显著的优势。

例 3.4.1　如图 3.9 所示，用哈密顿原理推导质量为 m 单摆的运动方程。

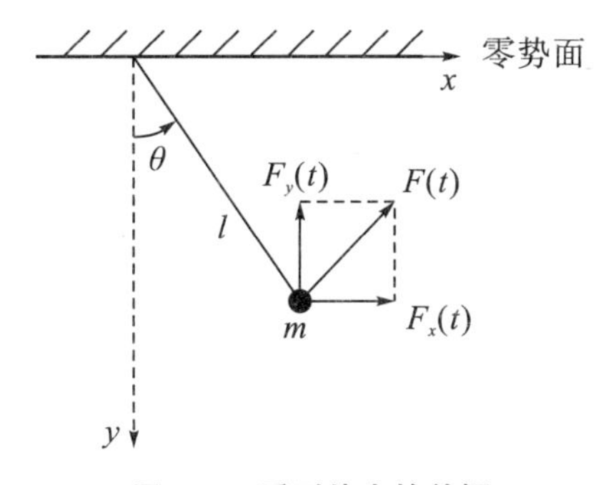

图 3.9　受到外力的单摆

解：

自由度：2－1＝1。

根据哈密顿原理

$$\int_{t_1}^{t_2}(\delta T-\delta V+\delta W_{nc})\mathrm{d}t=0, \tag{a}$$

$$\int_{t_1}^{t_2}(\delta T+\delta W)\mathrm{d}t=0, \tag{b}$$

其中，$\delta W=\delta W_p+\delta W_{nc}$，$\delta W_p=-\delta V$。

动能：

$$T=\frac{1}{2}m\,(l\dot{\theta})^2=\frac{1}{2}ml^2\dot{\theta}^2, \tag{c}$$

势能：

$$V=-mgl\cos\theta, \tag{d}$$

虚功：

$$\delta Wnc=\underset{\sim}{F}\cdot\delta\underset{\sim}{r}=(F_x,F_y)\cdot(\delta_x,\delta_y)=F_x\delta_x+F_y\delta y, \tag{e}$$

将动能势能和虚功代入哈密顿原理

$$\int_{t_1}^{t_2}[ml^2\dot{\theta}\delta\dot{\theta}+mgl(-\sin\theta)\delta\theta+F_x\delta_x+F_y\delta_y]\mathrm{d}t=0, \tag{f}$$

其中，坐标为

$$\begin{aligned}x&=l\sin\theta,\delta_x=l\cos\theta\cdot\delta\theta,\\y&=l\cos\theta,\delta_y=-l\sin\theta\cdot\delta\theta,\end{aligned} \tag{g}$$

根据微分和变分运算顺序互换的原则，

$$\delta\dot{\theta}=\delta\left(\frac{\mathrm{d}\theta}{\mathrm{d}t}\right)=\frac{\mathrm{d}\delta\theta}{\mathrm{d}t}, \tag{h}$$

$$\begin{aligned}\int_{t_1}^{t_2}ml^2\dot{\theta}\frac{\mathrm{d}\delta\theta}{\mathrm{d}t}\mathrm{d}t&=\int_{t_1}^{t_2}ml^2\dot{\theta}\mathrm{d}\delta\theta\\&=ml^2\dot{\theta}\delta\theta\,|_{t_1}^{t_2}-\int_{t_1}^{t_2}\delta\theta\frac{\mathrm{d}}{\mathrm{d}t}(ml^2\dot{\theta})\mathrm{d}t\\&=-\int_{t_1}^{t_2}ml^2\ddot{\theta}\delta\theta\mathrm{d}t,\end{aligned} \tag{i}$$

经计算

$$\int_{t_1}^{t_2}(-ml^2\ddot{\theta}\delta\theta-mgl\sin\theta\delta\theta+F_xl\cos\theta\cdot\delta\theta-F_yl\sin\theta\cdot\delta\theta)\mathrm{d}t=0,$$

$$\Rightarrow\int_{t_1}^{t_2}(-ml^2\ddot{\theta}-mgl\sin\theta+F_xl\cos\theta-F_yl\sin\theta)\delta\theta\mathrm{d}t=0, \tag{j}$$

因为 $\delta\theta$ 是任意的，所以运动方程为

$$-ml\ddot{\theta}-mgl\sin\theta+F_xl\cos\theta-F_yl\sin\theta=0. \tag{k}$$

例 3.4.2 如图 3.10 所示，附带刚性杆件的小车被弹簧所连接，用哈密顿原理求该系统的运动方程。

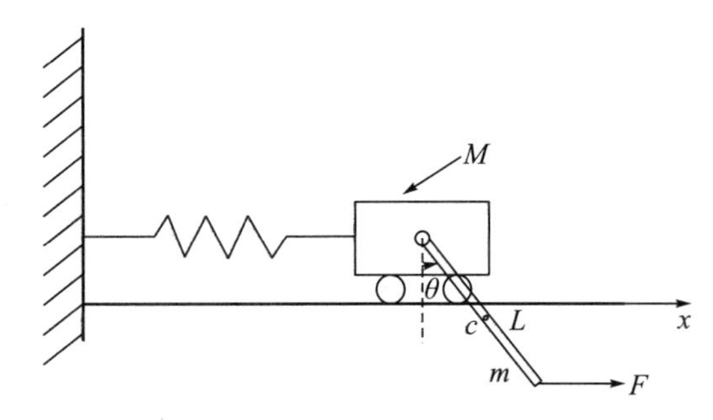

图 3.10　附带刚体的弹簧小车

解：根据哈密顿原理

$$\int_{t_1}^{t_2}(\delta T-\delta V+\delta Wnc)\mathrm{d}t=0, \tag{a}$$

系统动能：

$$\begin{aligned}T&=\frac{1}{2}Mx^2+\frac{1}{2}mV_c^2+\frac{1}{2}I\dot{\theta}^2\\&=\frac{1}{2}\left[(M+m)\dot{x}^2+mL\dot{x}\dot{\theta}\cos\theta+\frac{1}{3}mL^2\dot{\theta}^2\right],\end{aligned} \tag{b}$$

系统势能：

$$V=\frac{1}{2}kx^2-mgL\cos\theta, \tag{c}$$

非保守力所作的功为

$$\delta W_{nc}=F\delta x+FL\cos\theta\cdot\delta\theta. \tag{d}$$

将动能、势能和非保守力做功代入哈密顿原理，可得运动方程

$$\begin{aligned}&\int_{t_1}^{t_2}\left\{\left[(M+m)\dot{x}\delta\dot{x}+\frac{1}{2}mL\delta\dot{x}\dot{\theta}\cos\theta+\frac{1}{2}mL\dot{x}\delta\dot{\theta}\cos\theta-\frac{1}{2}mL\dot{x}\dot{\theta}\sin\theta\cdot\delta\theta+\right.\right.\\&\left.\left.\frac{1}{3}mL^2\dot{\theta}\delta\dot{\theta}\right]-(kx\delta x+mgl\sin\theta\cdot\delta\theta+F\delta x+FL\cos\theta\delta\theta)\right\}\mathrm{d}t=0.\end{aligned} \tag{e}$$

3.5　拉格朗日方程

对受完整约束的多自由度质点系的动力学问题，根据功能原理，采用广义坐标，推导出与自由度相同的一组独立运动微分方程。这种用广义坐标表示的动力学普遍方程，称为拉格朗日方程。拉格朗日方程是标量方程，是以动能为方程的基本变量，应用时只需计算系统的动能和广义力；对于保守系统，只需计算系统的动能和势能，具有形式简洁，普遍适用的优点。本节将介绍达朗贝尔原理、哈密顿原理、拉格朗日方程的关系以及利用哈密顿原理推导拉格朗日方程。

广义坐标是描述系统位形所需要的独立参数或者最少参数，其数目 N 等于完整系统的自由度。假设有广义坐标

$$r_i=r_i(q_1(t),q_2(t),\cdots,q_n(t),t), \tag{3.5.1}$$

将其对时间 t 求导，可得

$$\dot{r}_i = \frac{\partial r_i}{\partial q_1}\dot{q}_1 + \frac{\partial r_i}{\partial q_2}\dot{q}_2 + \cdots + \frac{\partial r_i}{\partial q_n}\dot{q}_n + \frac{\partial r_i}{\partial t} = \sum_{r=1}^{n} \frac{\partial r_i}{\partial q_r}\dot{q}_r + \frac{\partial r_i}{\partial t}, \tag{3.5.2}$$

系统动能可表示为

$$\begin{aligned} T &= \frac{1}{2}\sum_{i=1}^{N} m_i r_i \cdot r_i \\ &= \frac{1}{2}\sum_{i=1}^{N} m_i \left(\sum_{r=1}^{n} \frac{\partial r_i}{\partial q_r}\dot{q}_r + \frac{\partial r_i}{\partial t}\right)\cdot\left(\sum_{s=1}^{n} \frac{\partial r_i}{\partial q_s}\dot{q}_s + \frac{\partial r_i}{\partial t}\right) \\ &= \frac{1}{2}\sum_{i=1}^{N} m_i \left[\sum_{r=1}^{n}\sum_{s=1}^{n} \frac{\partial r_i}{\partial q_r}\cdot\frac{\partial r_i}{\partial q_s}\dot{q}_r \cdot \dot{q}_s + 2\frac{\partial r_i}{\partial t}\sum_{r=1}^{n}\frac{\partial r_i}{\partial q_r}\dot{q}_r + \frac{\partial r_i}{\partial t}\cdot\frac{\partial r_i}{\partial t}\right], \end{aligned} \tag{3.5.3}$$

简写为

$$T = T(q_1, q_2, \cdots, q_n, \dot{q}_1, \dot{q}_2, \cdots, \dot{q}_n, t), \tag{3.5.4}$$

利用变分原理，对系统动能 T 求变分，可得

$$\delta T = \sum_{k=1}^{n} \frac{\partial T}{\partial q_k}\delta q_k + \sum_{k=1}^{n} \frac{\partial T}{\partial \dot{q}_k}\delta \dot{q}_k, \tag{3.5.5}$$

将 δT 在（t_1，t_2）积分，可得

$$\int_{t_1}^{t_2} \delta T \mathrm{d}t = \sum_{k=1}^{n} \int_{t_1}^{t_2} \frac{\partial T}{\partial q_k}\delta q_k \mathrm{d}t + \sum_{k=1}^{n} \int_{t_1}^{t_2} \frac{\partial T}{\partial \dot{q}_k}\delta \dot{q}_k \mathrm{d}t, \tag{3.5.6}$$

其中，

$$\begin{aligned} \int_{t_1}^{t_2} \frac{\partial T}{\partial \dot{q}_k}\delta \dot{q}_k \mathrm{d}t &= \int_{t_1}^{t_2} \frac{\partial T}{\partial \dot{q}_k}\delta\left(\frac{\mathrm{d}q_k}{\mathrm{d}t}\right)\mathrm{d}t = \int_{t_1}^{t_2} \frac{\partial T}{\partial \dot{q}_k}\left(\frac{\mathrm{d}\delta q_k}{\mathrm{d}t}\right)\mathrm{d}t \\ &= \frac{\partial T}{\partial \dot{q}_k}\delta q_k \Big|_{t_1}^{t_2} - \int_{t_1}^{t_2} \delta q_k \frac{\mathrm{d}}{\mathrm{d}t}\left(\frac{\partial T}{\partial \dot{q}_k}\right)\mathrm{d}t \\ &= -\int_{t_1}^{t_2} \frac{\mathrm{d}}{\mathrm{d}t}\left(\frac{\partial T}{\partial \dot{q}_k}\right)\delta q_k \mathrm{d}t, \end{aligned} \tag{3.5.7}$$

将其代入式（3.5.6），可得

$$\int_{t_1}^{t_2} \delta T \mathrm{d}t = -\sum_{k=1}^{n} \int_{t_1}^{t_2} \left[\frac{\mathrm{d}}{\mathrm{d}t}\left(\frac{\partial T}{\partial \dot{q}_k}\right) - \frac{\partial T}{\partial q_k}\right]\delta q_k \mathrm{d}t, \tag{3.5.8}$$

根据虚功原理，可得

$$\delta W = \sum_{j=1}^{N} \int_{t_1}^{t_2} [F_j \cdot \delta r_j], \tag{3.5.9}$$

其中，

$$\delta r_j = \frac{\partial r_j}{\partial q_1} q_1 + \frac{\partial r_j}{\partial q_2} q_2 + \cdots + \frac{\partial r_j}{\partial q_n} q_n, \tag{3.5.10}$$

其中，δW 为虚位移所做的功，F_j 代表力，δr_j 是虚位移。

$$\begin{aligned} \delta W &= \sum_{j=1}^{N} \int_{t_1}^{t_2} F_j \cdot \left(\frac{\partial r_j}{\partial q_1}\delta q_1 + \frac{\partial r_j}{\partial q_2}\delta q_2 + \cdots + \frac{\partial r_j}{\partial q_n}\delta q_n\right) \\ &= \sum_{j=1}^{N} \int_{t_1}^{t_2} \left(F_j \cdot \frac{\partial r_j}{\partial q_1}\right)\delta q_1 + \left(F_j \cdot \frac{\partial r_j}{\partial q_2}\right)\delta q_2 + \cdots + \left(F_j \cdot \frac{\partial r_j}{\partial q_n}\right)\delta q_n, \end{aligned} \tag{3.5.11}$$

广义力定义为虚功与虚位移的比值，大小等于虚功对广义坐标的偏导数，有势力为势能对广义坐标的偏导数的相反数（负梯度）。令广义力

$$Q_k = \sum_{j=1}^{N} F_j \cdot \frac{\partial r_j}{\partial q_k}, \tag{3.5.12}$$

则广义力在虚位移所作的功为

$$\delta W = \sum_{k=1}^{n} Q_k \delta q_k, \tag{3.5.13}$$

将式（3.5.8）和式（3.5.13）代入哈密顿原理，可得

$$\int_{t_1}^{t_2} (\delta T + \delta W)\mathrm{d}t = 0, \tag{3.5.14}$$

展开为

$$\begin{aligned} \int_{t_1}^{t_2} (\delta T + \delta W)\mathrm{d}t &= -\sum_{k=1}^{n} \int_{t_1}^{t_2} \left[\frac{\mathrm{d}}{\mathrm{d}t}\left(\frac{\partial T}{\partial \dot{q}_k}\right) - \frac{\partial T}{\partial q_k}\right]\delta q_k \mathrm{d}t + \sum_{k=1}^{n} \int_{t_1}^{t_2} Q_k \delta q_k \mathrm{d}t \\ &= -\sum_{k=1}^{n} \int_{t_1}^{t_2} \left[\frac{\mathrm{d}}{\mathrm{d}t}\left(\frac{\partial T}{\partial \dot{q}_k}\right) - \frac{\partial T}{\partial q_k} - Q_k\right]\delta q_k \mathrm{d}t = 0, \end{aligned} \tag{3.5.15}$$

对于完整约束，δq_k 是任意独立的，因此可得拉格朗日方程

$$\frac{\mathrm{d}}{\mathrm{d}t}\left(\frac{\partial T}{\partial \dot{q}_k}\right) - \frac{\partial T}{\partial q_k} - Q_k = 0\ (k = 1,2,\cdots,n), \tag{3.5.16}$$

物体所受的力等于保守力加上非保守力

$$F_j = F_{jc} + F_{jnc}(j = 1,2,\cdots,n), \tag{3.5.17}$$

其中，F_{jc} 为保守力，F_{jnc} 为非保守力。根据式（3.5.12）保守力所做的虚功为

$$\begin{aligned} \delta W_c &= \sum_{j=1}^{N} F_{jc} \cdot \delta r_j \\ &= \sum_{j=1}^{N} F_{jc}\left[\frac{\partial r_j}{\partial q_1} \cdot \delta q_1 + \frac{\partial r_j}{\partial q_2} \cdot \delta q_2 + \cdots + \frac{\partial r_j}{\partial q_n} \cdot \delta q_n\right] \\ &= \sum_{j=1}^{N} \left[\left(F_{jc} \cdot \frac{\partial r_j}{\partial q_1}\right) \cdot \delta q_1 + \left(F_{jc} \cdot \frac{\partial r_j}{\partial q_2}\right) \cdot \delta q_2 + \cdots + \left(F_{jc} \cdot \frac{\partial r_j}{\partial q_n}\right) \cdot \delta q_n\right], \end{aligned} \tag{3.5.18}$$

令

$$Q_{kc} = \sum_{j=1}^{N} F_{jc} \cdot \frac{\partial r_j}{\partial q_k} \cdot \delta q_k (k = 1,2,\cdots,n), \tag{3.5.19}$$

则式（3.5.18）可简写为

$$\delta W_c = Q_{1c} \cdot \delta q_1 + Q_{2c} \cdot \delta q_2 + \cdots + Q_{nc} \cdot \delta q_n, \tag{3.5.20}$$

当主动力全是保守力时，存在势能函数

$$V = V(q_1, q_2, \cdots, q_n), \tag{3.5.21}$$

使得

$$\begin{aligned} \delta W_c = Q_{1c} \cdot \delta q_1 + Q_{2c} \cdot \delta q_2 + \cdots + Q_{nc} \cdot \delta q_n &= -\delta V \\ &= -\frac{\partial V}{\partial q_1}\delta q_1 - \frac{\partial V}{\partial q_2}\delta q_2 - \cdots - \frac{\partial V}{\partial q_n}\delta q_n \end{aligned}$$

$$=-\sum_{k=1}^{n}\frac{\partial V}{\partial q_k}\delta q_k, \tag{3.5.22}$$

因为

$$\begin{aligned}Q_k&=Q_{kc}+Q_{knc}\\&=\sum_{j=1}^{N}F_{jc}\cdot\frac{\partial r_j}{\partial q_k}+\sum_{j=1}^{N}F_{jnc}\cdot\frac{\partial r_j}{\partial q_k}\\&=-\frac{\partial V}{\partial q_k}+Q_{knc},\end{aligned} \tag{3.5.23}$$

那么，拉格朗日方程又可表示为

$$\frac{\mathrm{d}}{\mathrm{d}t}\left(\frac{\partial T}{\partial \dot{q}_k}\right)-\frac{\partial T}{\partial q_k}=-\frac{\partial V}{\partial q_k}+Q_{knc}, \tag{3.5.24}$$

$$\frac{\mathrm{d}}{\mathrm{d}t}\left(\frac{\partial (T-V)}{\partial \dot{q}_k}\right)-\frac{\partial (T-V)}{\partial q_k}=Q_{knc}, \tag{3.5.25}$$

其中，$T-V$ 代表拉格朗日函数 L 的动能 T 和势能 V 之差。可得拉格朗日方程

$$\frac{\mathrm{d}}{\mathrm{d}t}\left(\frac{\partial L}{\partial \dot{q}_k}\right)-\frac{\partial L}{\partial q_k}=Q_{knc}, \tag{3.5.26}$$

对于保守系统，因为

$$F_{jnc}=0,\ Q_{knc}=0, \tag{3.5.27}$$

则

$$\frac{\mathrm{d}}{\mathrm{d}t}\left(\frac{\partial L}{\partial \dot{q}_k}\right)-\frac{\partial L}{\partial q_k}=0. \tag{3.5.28}$$

其中，L 叫作拉格朗日函数。拉格朗日力学与牛顿力学完全等效，其优势在于：第一，只需写出系统的动能和势能，就可由简单求导得到完整的动力学微分方程而无须进行受力分析；第二，方程的形式不随广义坐标的选取而改变。

例 3.5.1 如图 3.11 所示，附带刚体杆件小球被弹簧连接，试运用拉格朗日法推导该系统的运动方程。

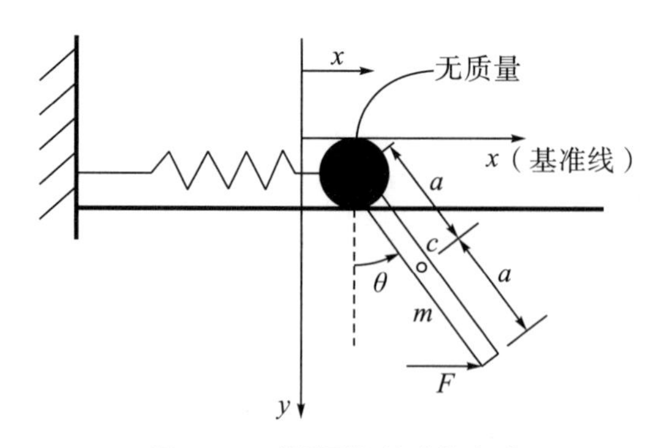

图 3.11 附带刚杆的弹簧小球

解：自由度：3－1＝2

动能：

$$T=\frac{1}{2}mV_c^2+\frac{1}{2}I\theta^2, \tag{a}$$

其中，

$$I=\frac{1}{12}m\ (2a)^2=\frac{1}{3}ma^2$$
$$=m\rho^2. \tag{b}$$

选取坐标为

$$x_c=x+a\sin\theta,$$
$$y_c=a\cos\theta, \tag{c}$$

$$V_c^2=x_c^2+y_c^2$$
$$=(\dot{x}+a\cos\theta\cdot\dot{\theta})^2+[a(-\sin\theta)\dot{\theta}]^2 \tag{d}$$
$$=x^2+2a\dot{x}\cos\theta\cdot\dot{\theta}+a^2\theta^2.$$

动能可表示为

$$T=\frac{1}{2}m(\dot{x}^2+a^2\theta^2+2a\dot{x}\dot{\theta}\cos\theta)+\frac{1}{6}ma^2\dot{\theta}^2$$
$$=\frac{1}{2}m(\dot{x}^2+2a\dot{x}\cos\theta\cdot\dot{\theta})+\frac{2}{3}ma^2\dot{\theta}^2, \tag{e}$$

势能可表示为

$$V=-mga\cos\theta+\frac{1}{2}kx^2, \tag{f}$$

方法1：

$$\delta W=\underset{\sim}{F}\cdot\delta\underset{\sim}{r}_D$$
$$=(F,0)\cdot(\delta x_D,\delta y_D)$$
$$=F\delta x_D \tag{g}$$
$$=F\delta x+2aF\cos\theta\cdot\delta\theta,$$

其中，

$$x_D=x+2a\sin\theta,$$
$$\delta x_D=\delta x+2a\cos\theta\cdot\delta\theta. \tag{h}$$

方法2：

$$x_D=x+2a\sin\theta,$$
$$q_1=x,q_2=\theta. \tag{i}$$

广义力

$$Q_k=\sum_{j=1}^{N}\underset{\sim}{F}jnc\cdot\frac{\partial\underset{\sim}{r}_j}{\partial q_k},$$
$$Q_1=\underset{\sim}{F}\cdot\frac{\partial x_D}{\partial q_k}=(\underset{\sim}{F},0)\cdot\left(\frac{\partial x_D}{\partial q_k},\frac{\partial y_D}{\partial q_k}\right) \tag{j}$$
$$=\underset{\sim}{F}\cdot\frac{\partial x_D}{\partial q_1}=\underset{\sim}{F}\cdot\frac{\partial x_D}{\partial x}$$
$$=F.$$

$$Q_2=\underset{\sim}{F}\cdot\frac{\partial\underset{\sim}{r}_D}{\partial q_2}=(\underset{\sim}{F},0)\cdot\left(\frac{\partial x_D}{\partial q_2},\frac{\partial y_D}{\partial q_2}\right)=\underset{\sim}{F}\cdot\frac{\partial x_D}{\partial q_2}$$

$$= 2aF\cos\theta. \tag{k}$$

根据拉格朗日方程

$$\frac{\mathrm{d}}{\mathrm{d}t}\left(\frac{\partial T}{\partial \dot{q}_k}\right)+\frac{\partial V}{\partial q_k}-\frac{\partial T}{\partial q_k}=Q_{knc}, \tag{l}$$

有

$$\begin{aligned}
&\frac{\partial T}{\partial \dot{q}_1}=\frac{\partial T}{\partial x}=m\dot{x}+ma\cos\theta\cdot\dot{\theta},\\
&\frac{\mathrm{d}}{\mathrm{d}t}\left(\frac{\partial T}{\partial \dot{q}_1}\right)=m\ddot{x}+ma\cos\theta\cdot\ddot{\theta}-ma\sin\theta\cdot\dot{\theta}^2,\\
&\frac{\partial T}{\partial x}=0,\\
&\frac{\partial V}{\partial x}=kx.
\end{aligned} \tag{m}$$

$$\begin{aligned}
&\frac{\partial T}{\partial \dot{q}_2}=\frac{\partial T}{\partial \dot{\theta}}=ma\cos\theta\cdot\dot{x}+\frac{4}{3}ma^2\dot{\theta},\\
&\frac{\mathrm{d}}{\mathrm{d}t}\left(\frac{\partial T}{\partial \dot{\theta}}\right)=ma\cos\theta\cdot\ddot{x}-masin\dot{\theta}\cdot\dot{\theta}\cdot x^2+\frac{4}{3}ma^2\ddot{\theta},\\
&\frac{\partial T}{\partial \theta}=-ma\cdot\dot{x}\sin\theta\cdot\dot{\theta},\\
&\frac{\partial V}{\partial \theta}=mga\sin\theta.
\end{aligned} \tag{n}$$

将其代入拉格朗日方程，可得

$$\begin{cases} m\ddot{x}+ma\cos\theta\cdot\ddot{\theta}-ma\sin\theta\cdot\dot{\theta}^2+kx=F \\ ma\cos\theta\ddot{x}+\dfrac{4}{3}ma^2\ddot{\theta}+mga\sin\theta=2aF\cos\theta^{\cdot} \end{cases} \tag{o}$$

例 3.5.2 如图 3.12 所示，杆件 AB 可以绕 A 端的铰链在平面内转动，A 端的滑轮与刚度为 k 的弹簧相连，并可在滑槽内上下滑动，假设杆件质量为 m 长度为 l，试用拉格朗日法求系统的微分方程。

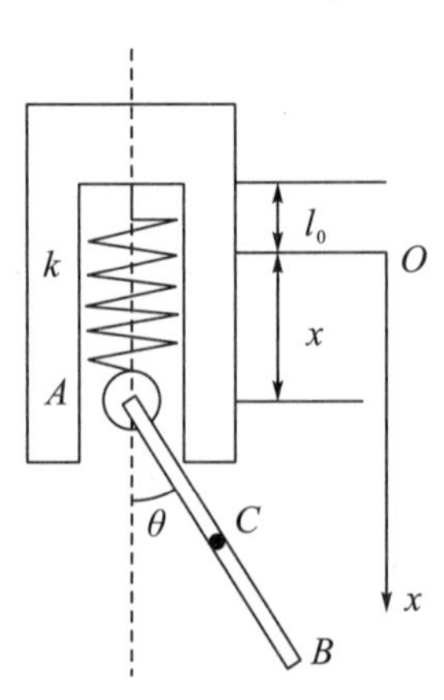

图 3.12 滑槽弹簧刚杆

解：系统动能：

$$T = \frac{1}{2}mv_c^2 + \frac{1}{2}J_c\dot{\theta}^2, \tag{a}$$

选取坐标：

$$x_c = x + \frac{1}{2}\cos\theta,\ \dot{x}_c = \dot{x} - \frac{1}{2}\dot{\theta}\sin\theta. \tag{b}$$

$$y_c = \frac{1}{2}\sin\theta,\ \dot{y}_c = \frac{1}{2}\dot{\theta}\cos\theta. \tag{c}$$

动能：

$$\begin{aligned} T &= \frac{1}{2}m\left[(\dot{x} - \frac{1}{2}\dot{\theta}\sin\theta)^2 + \left(\frac{1}{2}\dot{\theta}\cos\theta\right)^2\right] + \frac{1}{2}J_c\dot{\theta}^2 \\ &= \frac{1}{2}m(\dot{x}^2 - \dot{x}\dot{\theta}\sin\theta + \frac{1}{3}l^2\dot{\theta}^2). \end{aligned} \tag{d}$$

势能：

$$V = \frac{1}{2}kx^2 - mg(x + \frac{l}{2}\cos\theta). \tag{e}$$

代入拉格朗日函数，可得

$$\begin{aligned} L &= T - V \\ &= \frac{1}{2}m(\dot{x}^2 - \dot{x}\dot{\theta}l\sin\theta + \frac{1}{3}l^2\dot{\theta}^2) - \frac{1}{2}kx^2 + mg(x + \frac{l}{2}\cos\theta). \end{aligned} \tag{f}$$

代入拉格朗日方程

$$\frac{\mathrm{d}}{\mathrm{d}t}\left(\frac{\partial L}{\partial \dot{q}_k}\right) - \frac{\partial L}{\partial q_k} = 0. \tag{g}$$

得

$$\begin{aligned} &\frac{\partial L}{\partial x} = -kx + mgx,\ \frac{\partial L}{\partial \dot{x}} = m\dot{x} - \frac{1}{2}m\dot{\theta}l\sin\theta, \\ &\frac{\mathrm{d}}{\mathrm{d}t}\left(\frac{\partial L}{\partial \dot{x}}\right) = m\ddot{x} - \frac{1}{2}m\ddot{\theta}l\sin\theta - \frac{1}{2}m\dot{\theta}^2l\cos\theta, \\ &\frac{\partial L}{\partial \theta} = -\frac{1}{2}m\dot{x}\dot{\theta}l\cos\theta - \frac{1}{2}mgl\sin\theta, \\ &\frac{\partial L}{\partial \dot{\theta}} = \frac{1}{3}ml^2\theta - \frac{1}{2}ml\dot{x}\sin\theta, \\ &\frac{\mathrm{d}}{\mathrm{d}t}\left(\frac{\partial L}{\partial \dot{\theta}}\right) = \frac{ml^2}{3}\ddot{\theta} - \frac{1}{2}m\ddot{x}l\sin\theta - \frac{1}{2}m\dot{x}\dot{\theta}l\cos\theta. \end{aligned} \tag{h}$$

动力学方程为

$$\begin{aligned} &m\ddot{x} - \frac{1}{2}ml\ddot{\theta}\sin\theta - \frac{1}{2}ml\dot{\theta}^2\cos\theta + kx - mg = 0, \\ &\frac{1}{3}\ddot{\theta} - \frac{1}{2}\ddot{x}\sin\theta + \frac{1}{2}g\sin\theta = 0. \end{aligned} \tag{i}$$

例 3.5.3　如图 3.13 所示，质量均为 m 的质点被刚度为 k 的弹簧连接，可沿半径为 r 的竖直固定圆环无摩擦滑动，弹簧长度为 r，试用拉格朗日法求系统的运动微分方程。

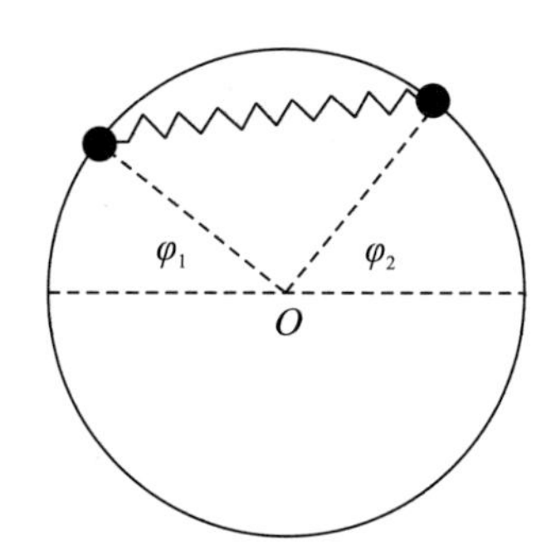

图 3.13 滑槽弹簧刚杆

解：系统的自由度为 2，取 φ_1 和 φ_2 为广义坐标动能.

$$T = \frac{1}{2}mr^2(\dot{\varphi}_1^2 + \dot{\varphi}_2^2), \tag{a}$$

势能：

$$V = mgr(\sin\varphi_1 + \sin\varphi_2) + \frac{1}{2}kr^2(2\cos\frac{\varphi_1+\varphi_2}{2} - 1), \tag{b}$$

系统的拉格朗日函数为

$$L = T - V = \frac{1}{2}mr^2(\dot{\varphi}_1^2 + \dot{\varphi}_2^2) - (\sin\varphi_1 + \sin\varphi_2) - \frac{1}{2}kr^2\left(2\cos\frac{\varphi_1+\varphi_2}{2} - 1\right)^2, \tag{c}$$

$$\begin{aligned} \frac{\partial L}{\partial \dot{\varphi}_1} &= mr^2\dot{\varphi}_1, \ \frac{\mathrm{d}}{\mathrm{d}t}\left(\frac{\partial L}{\partial \dot{\varphi}_1}\right) = mr^2\ddot{\varphi}_1. \\ \frac{\partial L}{\partial \dot{\varphi}_2} &= mr^2\dot{\varphi}_2, \ \frac{\mathrm{d}}{\mathrm{d}t}\left(\frac{\partial L}{\partial \dot{\varphi}_2}\right) = mr^2\ddot{\varphi}_2. \end{aligned} \tag{d}$$

$$\begin{aligned} \frac{\partial L}{\partial \varphi_1} &= -mgr\cos\varphi_1 + kr^2(2\cos\frac{\varphi_1+\varphi_2}{2} - 1)\sin\frac{\varphi_1+\varphi_2}{2}, \\ \frac{\partial L}{\partial \varphi_2} &= -mgr\cos\varphi_2 + kr^2(2\cos\frac{\varphi_1+\varphi_2}{2} - 1)\sin\frac{\varphi_1+\varphi_2}{2}. \end{aligned} \tag{e}$$

代入拉格朗日方程

$$\frac{\mathrm{d}}{\mathrm{d}t}\left(\frac{\partial L}{\partial \dot{q}_k}\right) - \frac{\partial L}{\partial q_k} = 0. \tag{f}$$

可得系统的运动微分方程

$$\begin{aligned} mr^2\ddot{\varphi}_1 + mgr\cos\varphi_1 - kr^2(2\cos\frac{\varphi_1+\varphi_2}{2} - 1)\sin\frac{\varphi_1+\varphi_2}{2} &= 0, \\ mr^2\ddot{\varphi}_2 + mgr\cos\varphi_2 - kr^2(2\cos\frac{\varphi_1+\varphi_2}{2} - 1)\sin\frac{\varphi_1+\varphi_2}{2} &= 0. \end{aligned} \tag{g}$$

习　题

3.1　滑槽内的小球 A 和 B 被刚性杆件所连接，建立如下坐标系，试求该系统的动力学方程。

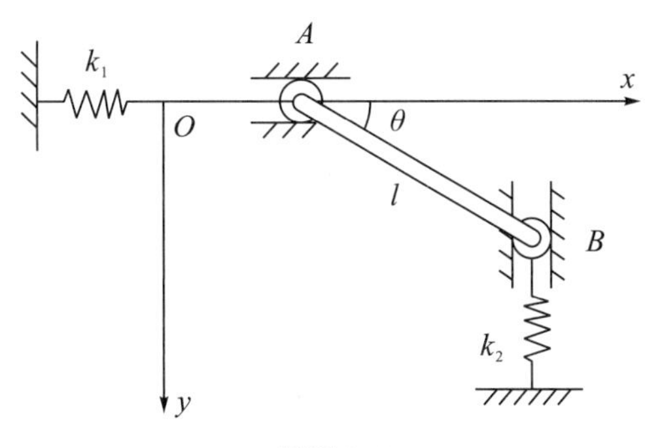

题图 3.1

答：

$$\frac{1}{3}m\ddot{\theta}+k_1(1-\cos\theta)\sin\theta+k_2\sin\theta\cos\theta-\frac{mg}{2l}\cos\theta=0.$$

3.2　如图所示的系统由一个质量为 m，长度为 L 的均匀连杆铰接在刚度为 k 的线性弹簧的上端，使用拉格朗日方程或哈密顿原理推导运动方程。

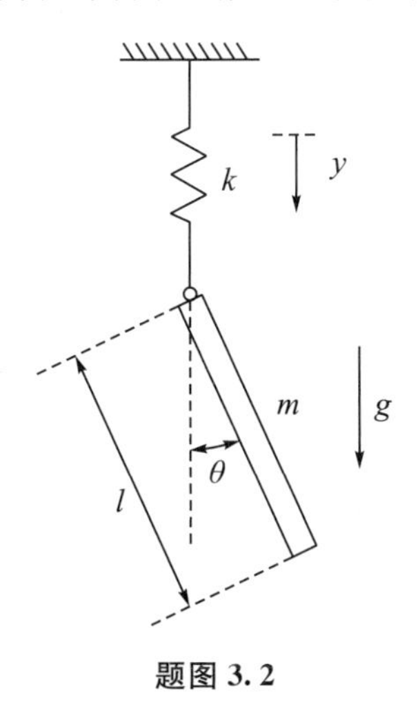

题图 3.2

答：略

3.3　两个定滑轮和一个动滑轮被柔性绳子绕过，滑轮下悬挂质量为 m_1、m_2 和 m_3 的质量块，试求该系统的拉格朗日方程。

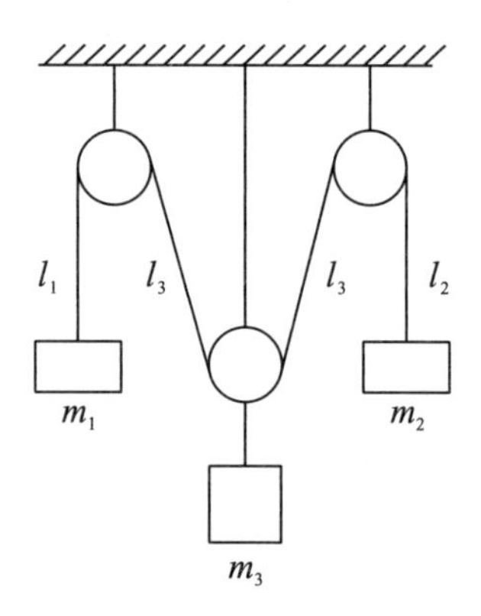

题图 3.3

答：

$$\begin{cases}\dfrac{\mathrm{d}}{\mathrm{d}t}\left[\left(m_1+\dfrac{1}{4}m_3\right)i_1+\dfrac{1}{4}m_3 i_2\right]-\left(m_1-\dfrac{1}{2}m_3\right)g=0\\ \dfrac{\mathrm{d}}{\mathrm{d}t}\left[\left(m_2+\dfrac{1}{4}m_3\right)i_2+\dfrac{1}{4}m_3 i_1\right]-\left(m_2-\dfrac{1}{2}m_3\right)g=0\end{cases}$$

3.4 物体 A 和 B 用不计质量的杆件连接，若两物体的质量为 m_1 和 m_2，试求该系统的动力学方程。

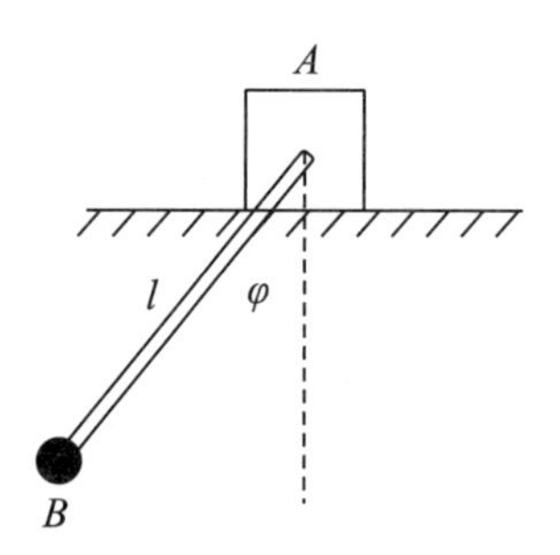

题图 3.4

答：

$$(m_1+m_2)\ddot{x}+m_2 l\cos\varphi\ddot{\varphi}-m_2 l\dot{\varphi}\sin\varphi=0,$$

$$m_2 l\cos\varphi\ddot{x}+m_2 l^2\ddot{\varphi}-m_2 l\dot{x}\dot{\varphi}\sin\varphi+m_2 g l\sin\varphi=0.$$

3.5 质量为 m 的小车与弹簧和阻尼相连，试用拉格朗日方程、达朗贝尔和哈密顿原理推导其动力学方程。

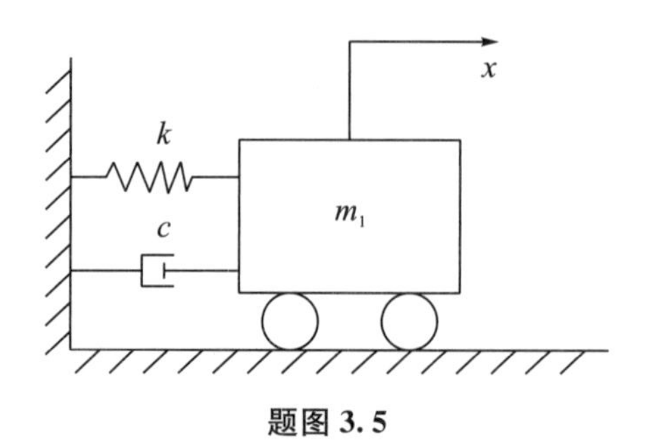

题图 3.5

答：

$$m\ddot{x} + c\dot{x} + kx = F(t).$$

3.6　用拉格朗日方程求单摆的动力学方程。

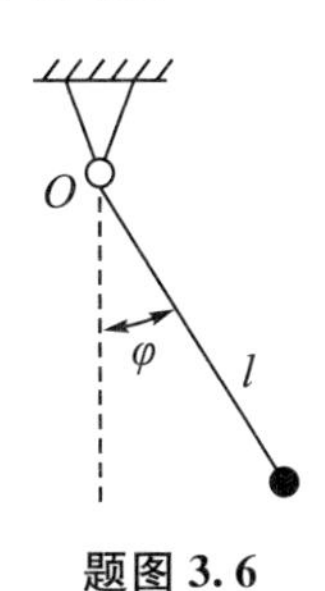

题图 3.6

答：

$$\ddot{\varphi} + \sqrt{\frac{g}{l}}\sin\varphi = 0.$$

3.7　试求由拉格朗日函数 $L = t\sqrt{1+x^2}$ 所决定的点的运动规律。

答：

$$x = c_1 \arctan\frac{t}{c_1} + c_2.$$

3.8　一质量为 m 的质点，挂在一条线上，线的另一端绕在半径为 r 的固定圆柱体上，设在平衡位置时线长 l，在不计线的质量条件下，试列写质点摆动的运动方程。

答：

$$(l + r\theta)\ddot{\theta} + r^2\theta^2 + g\sin\theta = 0.$$

第 4 章　多自由度系统的振动

通常工程振动问题都比较复杂，大多数不宜简化为单自由度系统来处理，而且单自由度系统计算不能反映结构的某些动力学特性，因此更符合实际情况的多自由度系统的振动理论应运而生。一个具有 n 个自由度的系统，它在任一瞬时的运动形态要用 n 个独立的广义坐标来描述，系统的运动微分方程一般是 n 个相互耦合的二阶常微分方程组成的方程组。线性多自由度系统存在与之自由度相等的 n 个固有频率。每个固有频率对应系统特定的振型。系统以任一固有频率所作的振动称为主振动。系统作主振动时所具有的振动形态称为主振型，或称为模态。利用振型矩阵进行坐标变换后的新坐标称为主坐标。应用主坐标能使多自由度系统的振动转化为 n 个独立的主振动的叠加，这种分析方法叫作振型叠加法。本章将分析多自由度系统的固有振动及讨论求解系统响应的振型叠加法。

4.1　多自由度系统的动力学方程

一般来说，一个 n 自由度的振动系统，其位移可以用 n 个独立坐标来描述，其运动规律通常可用 n 个二阶常微分方程来确定。

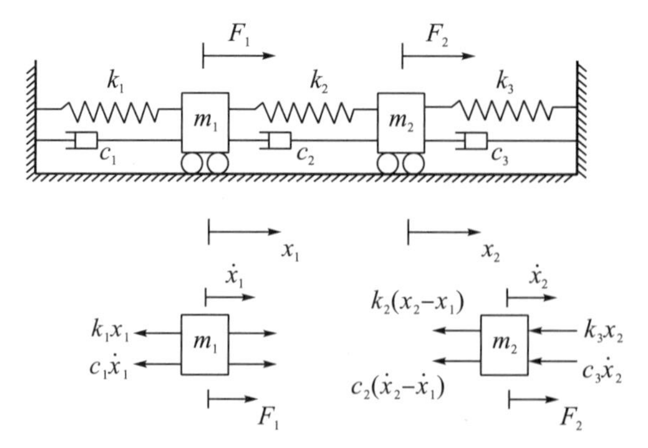

图 4.1　两自由度系统的力学模型

以两自由度系统为例，如图 4.1 所示，设振动质量的位移为 x_1 和 x_2，坐标原点选

在静平衡位置，对 m_1

$$m_1\ddot{x}_1 = F_1(t) - k_1x_1 - c_1\dot{x}_1 + k_2(x_2 - x_1) + c_2(\dot{x}_2 - \dot{x}_1), \tag{4.1.1}$$

对 m_2

$$m_2\ddot{x}_2 = F_2(t) - k_3x_2 - c_3\dot{x}_2 - k_2(x_2 - x_1) - c_2(\dot{x}_2 - \dot{x}_1), \tag{4.1.2}$$

将上述方程（4.1.1）和方程（4.1.2）表示为矩阵形式

$$\begin{bmatrix} m_1 & 0 \\ 0 & m_2 \end{bmatrix}\begin{bmatrix} \ddot{x}_1 \\ \ddot{x}_2 \end{bmatrix} + \begin{bmatrix} c_1 + c_2 & -c_2 \\ -c_2 & c_2 + c_3 \end{bmatrix}\begin{bmatrix} \dot{x}_1 \\ \dot{x}_2 \end{bmatrix} + \begin{bmatrix} k_1 + k_2 & -k_2 \\ -k_2 & k_2 + k_3 \end{bmatrix}\begin{bmatrix} x_1 \\ x_2 \end{bmatrix} = \begin{bmatrix} F_1 \\ F_2 \end{bmatrix}, \tag{4.1.3}$$

即

$$\boldsymbol{M}\ddot{x} + \boldsymbol{C}\dot{x} + \boldsymbol{K}\boldsymbol{x} = \boldsymbol{F}, \tag{4.1.4}$$

其中，$\dot{x}$ 和 $\ddot{x}$ 为 x 对时间的一、二阶导数，$\boldsymbol{M}$ 称为系统的质量矩阵或惯性矩阵，$\boldsymbol{K}$ 称为系统的刚度矩阵，$\boldsymbol{C}$ 称为系统的阻尼矩阵，$\boldsymbol{x}$ 为系统的位移列向量，$\boldsymbol{F}$ 为系统的外激励列向量。

对于 n 自由度振动系统，运动方程仍为式（4.1.4），此时 $\boldsymbol{M}$、$\boldsymbol{K}$、$\boldsymbol{C}$ 为 n 阶方阵，$\boldsymbol{x}$ 和 $\boldsymbol{F}$ 为 n 阶列向量。

利用拉格朗日方程也可求图 4.1 所示系统的振动方程，取静平衡位置为坐标原点和零势能位置，则动能和势能为

$$T = \frac{1}{2}(m_1\dot{x}_1^2 + m_2\dot{x}_2^2) = \frac{1}{2}(\dot{x}_1 \quad \dot{x}_2)\begin{bmatrix} m_1 & 0 \\ 0 & m_2 \end{bmatrix}\begin{bmatrix} \dot{x}_1 \\ \dot{x}_2 \end{bmatrix} = \frac{1}{2}\dot{x}^{\mathrm{T}}\boldsymbol{M}\dot{x}, \tag{4.1.5}$$

$$\begin{aligned} V &= \frac{1}{2}k_1x_1^2 + \frac{1}{2}k_2(x_1 - x_2)^2 + \frac{1}{2}k_3x_2^2 \\ &= \frac{1}{2}(x_1 \quad x_2)\begin{bmatrix} k_1 + k_2 & -k_2 \\ -k_2 & k_2 + k_3 \end{bmatrix}\begin{bmatrix} x_1 \\ x_2 \end{bmatrix} = \frac{1}{2}\boldsymbol{x}^{\mathrm{T}}\boldsymbol{K}\boldsymbol{x}. \end{aligned} \tag{4.1.6}$$

同单自由度一样，弹簧的静变形和重力的影响可以相互抵消，所以无论用什么方法建立振动方程，当取静平衡位置为坐标原点和零势能点时，可以不考虑引起弹簧静变形的重力和弹簧静变形的影响。

4.2　多自由度系统的自由振动

4.2.1　无阻尼系统的自由振动

无外力作用的多自由度系统受到初始扰动后，即产生自由振动。由式（4.1.4）可写作

$$\boldsymbol{M}\ddot{x} + \boldsymbol{K}\boldsymbol{x} = 0, \tag{4.2.1}$$

令方程的特解为 $\boldsymbol{x} = \boldsymbol{x}e^{\lambda t} = \boldsymbol{x}e^{i\omega t}$，代入式（4.2.1）得

$$-\omega^2\boldsymbol{M}\boldsymbol{x}e^{i\omega t} + \boldsymbol{K}\boldsymbol{x}e^{i\omega t} = 0, \tag{4.2.2}$$

化简得

$$(\boldsymbol{K}-\omega^2\boldsymbol{M})\boldsymbol{x}=0, \tag{4.2.3}$$

其中，$\boldsymbol{x}$ 为各坐标振幅组成的 n 阶列阵，上式则为矩阵 $\boldsymbol{K}$ 和 $\boldsymbol{M}$ 的广义特征值问题。以两自由度系统为例，设 $k_1=k_2=k_3=k$，$m_1=m_2=m$，则频率方程为

$$\begin{vmatrix} 2k-m\omega^2 & -k \\ -k & 2k-m\omega^2 \end{vmatrix}=0, \tag{4.2.4}$$

解上述方程可得系统固有频率

$$\omega_1^2=\frac{k}{m},\omega_2^2=\frac{3k}{m}, \tag{4.2.5}$$

设 ω_1 对应的主振型为x_1，ω_2 对应的主振型为x_2，式（4.2.3）可分解为两个特征值问题，第一个特征值问题为

$$(\boldsymbol{K}-\omega_1^2\boldsymbol{M})\boldsymbol{x}_1=0. \tag{4.2.6}$$

其中，一阶固有频率为 $\omega=\sqrt{k/m}$，得

$$\begin{bmatrix} 2k-\omega_1^2 m & -k \\ -k & 2k-\omega_1^2 m \end{bmatrix}\begin{bmatrix} x_{11} \\ x_{12} \end{bmatrix}=\begin{bmatrix} 0 \\ 0 \end{bmatrix}, \tag{4.2.7}$$

上式化简为

$$\begin{bmatrix} k & -k \\ -k & k \end{bmatrix}\begin{bmatrix} x_{11} \\ x_{12} \end{bmatrix}=\begin{bmatrix} 0 \\ 0 \end{bmatrix}, \tag{4.2.8}$$

解上述方程可得 $x_{11}=1$，$x_{12}=1$。设$\begin{bmatrix} x_{11} \\ x_{12} \end{bmatrix}=a\begin{bmatrix} 1 \\ 1 \end{bmatrix}$，其中 a 为任意常数。同理，第二个特征值问题也可同样求解

$$(\boldsymbol{K}-\omega_2^2\boldsymbol{M})\boldsymbol{x}_2=0, \tag{4.2.9}$$

上式化简为

$$\begin{bmatrix} k & -k \\ -k & k \end{bmatrix}\begin{bmatrix} x_{21} \\ x_{22} \end{bmatrix}=\begin{bmatrix} 0 \\ 0 \end{bmatrix}, \tag{4.2.10}$$

解上述方程可得 $x_{21}=1$，$x_{21}=1$。设$\begin{bmatrix} x_{21} \\ x_{22} \end{bmatrix}=b\begin{bmatrix} 1 \\ 1 \end{bmatrix}$，其中 b 为任意常数，则可得方程的解为

$$\boldsymbol{x}=a\begin{bmatrix} 1 \\ 1 \end{bmatrix}e^{i\sqrt{\frac{k}{m}t}}+b\begin{bmatrix} 1 \\ 1 \end{bmatrix}e^{-i\sqrt{\frac{k}{m}t}}+c\begin{bmatrix} 1 \\ -1 \end{bmatrix}e^{i\sqrt{\frac{3k}{m}t}}+d\begin{bmatrix} 1 \\ -1 \end{bmatrix}e^{-i\sqrt{\frac{3k}{m}t}}, \tag{4.2.11}$$

上式可化为

$$\begin{aligned}\boldsymbol{x}=&a\begin{bmatrix} 1 \\ 1 \end{bmatrix}\left(\cos\sqrt{\frac{k}{m}t}+i\sin\sqrt{\frac{k}{m}t}\right)+b\begin{bmatrix} 1 \\ 1 \end{bmatrix}\left(\cos\sqrt{\frac{k}{m}t}-i\sin\sqrt{\frac{k}{m}t}\right)+\\ &c\begin{bmatrix} 1 \\ -1 \end{bmatrix}\left(\cos\sqrt{\frac{3k}{m}t}+i\sin\sqrt{\frac{3k}{m}t}\right)+d\begin{bmatrix} 1 \\ -1 \end{bmatrix}\left(\cos\sqrt{\frac{3k}{m}t}-i\sin\sqrt{\frac{3k}{m}t}\right),\end{aligned} \tag{4.2.12}$$

式（4.2.3）中是 2 个二阶常微分方程组，其一般解应包含 4 个特定常数，这 4 个待定常数的数值，由系统运动的初始条件决定。设在初始时刻，质点的位移和速度分

别为

$$t=0:x_1(0)=x_2(0)=a, \tag{4.2.13}$$

$$t=0:\dot{x}_1(0)=\dot{x}_2(0)=0, \tag{4.2.14}$$

则

$$\boldsymbol{x}(0)=A_1\begin{bmatrix}1\\1\end{bmatrix}\cos\varphi_1+A_2\begin{bmatrix}1\\-1\end{bmatrix}\cos\varphi_2=\begin{bmatrix}a\\a\end{bmatrix}, \tag{4.2.15}$$

$$\dot{\boldsymbol{x}}(0)=-A_1\sqrt{\frac{k}{m}}\begin{bmatrix}1\\1\end{bmatrix}\sin\varphi_1-A_2\sqrt{\frac{3k}{m}}\begin{bmatrix}1\\-1\end{bmatrix}\sin\varphi_2=\begin{bmatrix}0\\0\end{bmatrix}, \tag{4.2.16}$$

解得

$$A_1\cos\varphi_1=a,A_2\cos\varphi_2=0, \tag{4.2.17}$$

$$A_1\sin\varphi_1=0,A_2\sin\varphi_2=0, \tag{4.2.18}$$

即

$$A_1=a,A_2=0, \tag{4.2.19}$$

$$\varphi_1=0,\varphi_2=C, \tag{4.2.20}$$

其中，C 为任意值，因此两自由度系统自由振动的解为

$$\boldsymbol{x}=a\begin{bmatrix}1\\1\end{bmatrix}\cos\left(\sqrt{\frac{k}{m}}t\right). \tag{4.2.21}$$

4.2.2　主振型的正交性

在前面以两自由度系统为例，分析了无阻尼系统自由振动的一般性质，指出了两个自由度的系统具有两个固有频率及两组主振型。现在我们来研究两组振型之间的关系。已知对应于固有频率 ω_1 及 ω_2 的主振型 $\boldsymbol{x}_1$ 及 $\boldsymbol{x}_2$ 分别满足下述两个方程式：

$$\boldsymbol{K}\boldsymbol{x}_1=\omega_1^2\boldsymbol{M}\boldsymbol{x}_1, \tag{4.2.22}$$

$$\boldsymbol{K}\boldsymbol{x}_2=\omega_2^2\boldsymbol{M}\boldsymbol{x}_2, \tag{4.2.23}$$

将式（4.2.22）左乘 $\boldsymbol{x}_2$的转置矩阵 $\boldsymbol{x}_2^{\mathrm{T}}$，另外将式（4.2.21）两端转置，然后右乘 $\boldsymbol{x}_1$，得

$$\boldsymbol{x}_2^{\mathrm{T}}\boldsymbol{K}\boldsymbol{x}_1=\omega_1^2\boldsymbol{x}_2^{\mathrm{T}}\boldsymbol{M}\boldsymbol{x}_1, \tag{4.2.24}$$

$$\boldsymbol{x}_2^{\mathrm{T}}\boldsymbol{K}\,\boldsymbol{x}_1=\omega_2^2\boldsymbol{x}_2^{\mathrm{T}}\boldsymbol{M}\boldsymbol{x}_1, \tag{4.2.25}$$

将式（4.2.24）减去式（4.2.25），得

$$(\omega_1^2-\omega_2^2)\boldsymbol{x}_2^{\mathrm{T}}\boldsymbol{M}\boldsymbol{x}_1=0. \tag{4.2.26}$$

若 $\omega_1^2\neq\omega_2^2$，则有

$$\boldsymbol{x}_2^{\mathrm{T}}\boldsymbol{M}\boldsymbol{x}_1=0, \tag{4.2.27}$$

将式（4.2.27）代入式（4.2.26），得

$$\boldsymbol{x}_2^{\mathrm{T}}\boldsymbol{K}\boldsymbol{x}_1=0, \tag{4.2.28}$$

式（4.2.27）、式（4.2.28）表示不相等的固有频率的两个主振型之间，既存在着对质量矩阵 $\boldsymbol{M}$ 的正交性，又存在着对刚度矩阵 $\boldsymbol{K}$ 的正交性，统称主振型的正交性。将式（4.2.22）两边左乘 $\boldsymbol{x}_1^{\mathrm{T}}$，得

$$\boldsymbol{x}_1^{\mathrm{T}}\boldsymbol{K}\boldsymbol{x}_1=\omega_1^2\boldsymbol{x}_1^{\mathrm{T}}\boldsymbol{M}\boldsymbol{x}_1,\tag{4.2.29}$$

由于质量矩阵是正定矩阵，则可令

$$\boldsymbol{x}_1^{\mathrm{T}}\boldsymbol{M}\boldsymbol{x}_1=\boldsymbol{M}_{1,2},\tag{4.2.30}$$

$\boldsymbol{M}_{1,2}$是一个正实数，称为第1、2阶主质量。对正定系统来说，刚度矩阵$\boldsymbol{K}$是正交的，则令

$$\boldsymbol{x}_1^{\mathrm{T}}\boldsymbol{K}\boldsymbol{x}_1=\boldsymbol{K}_{1,2},\tag{4.2.31}$$

$\boldsymbol{K}_{1,2}$也是一个正实数，称为1、2阶主刚度。将式（4.2.27）两边除以$\boldsymbol{x}_1^{\mathrm{T}}\boldsymbol{M}\boldsymbol{x}_1$后，得

$$\omega_{1,2}^2=\frac{\boldsymbol{x}_1^{\mathrm{T}}\boldsymbol{K}\boldsymbol{x}_1}{\boldsymbol{x}_1^{\mathrm{T}}\boldsymbol{M}\boldsymbol{x}_1}=\frac{\boldsymbol{K}_{1,2}}{\boldsymbol{M}_{1,2}},\tag{4.2.32}$$

即特征值$\omega_{1,2}^2$等于第1、2阶主刚度$\boldsymbol{K}_{1,2}$与第1、2阶主质量$\boldsymbol{M}_{1,2}$的比值。

4.2.3 振型矩阵和正则振型矩阵

把两个阶次的固有振型$\boldsymbol{x}_{1,2}$组成的方阵称为振型矩阵或模态矩阵，即

$$\boldsymbol{\Phi}=[\boldsymbol{x}_1,\quad \boldsymbol{x}_2].\tag{4.2.33}$$

由式（4.2.30）和式（4.2.31）可得

$$\boldsymbol{M}_p=\boldsymbol{\Phi}^{\mathrm{T}}\boldsymbol{M}\boldsymbol{\Phi}=\begin{bmatrix}\boldsymbol{M}_1 & \boldsymbol{0}\\ \boldsymbol{0} & \boldsymbol{M}_2\end{bmatrix},\tag{4.2.34}$$

$$\boldsymbol{K}_p=\boldsymbol{\Phi}^{\mathrm{T}}\boldsymbol{K}\boldsymbol{\Phi}=\begin{bmatrix}\boldsymbol{K}_1 & \boldsymbol{0}\\ \boldsymbol{0} & \boldsymbol{K}_2\end{bmatrix},\tag{4.2.35}$$

其中，$\boldsymbol{M}_p$和$\boldsymbol{K}_p$分别称为主质量矩阵（模态质量）和主刚度矩阵（模态刚度）。它们的主对角线元素分别对应振动系统的各阶主质量和主刚度，其他元素为零。由式（4.2.34)和式（4.2.35）还可得到以下关系

$$\boldsymbol{\Phi}^{-1}=\boldsymbol{M}_p^{-1}\boldsymbol{\Phi}^{\mathrm{T}}\boldsymbol{M}=\boldsymbol{K}_p^{-1}\boldsymbol{\Phi}^{\mathrm{T}}\boldsymbol{K}.\tag{4.2.36}$$

将固有振型正则化，得到

$$\boldsymbol{\Phi}_N^1=\frac{\boldsymbol{x}_1}{\alpha},\boldsymbol{\Phi}_N^2=\frac{\boldsymbol{x}_2}{\beta},\tag{4.2.37}$$

其中，$\alpha^2=\boldsymbol{x}_1^{\mathrm{T}}\boldsymbol{M}\boldsymbol{x}_1$，$\beta^2=\boldsymbol{x}_2^{\mathrm{T}}\boldsymbol{M}\boldsymbol{x}_2$，因此，由式（4.2.37）可以得到

$$(\boldsymbol{\Phi}_N^1)^{\mathrm{T}}\boldsymbol{M}\boldsymbol{\Phi}_N^1=\boldsymbol{I},\tag{4.2.38}$$

$$(\boldsymbol{\Phi}_N^2)^{\mathrm{T}}\boldsymbol{M}\boldsymbol{\Phi}_N^2=\boldsymbol{I},\tag{4.2.39}$$

由正则化振型$\boldsymbol{\Phi}_N^1$和$\boldsymbol{\Phi}_N^2$组成的矩阵$\boldsymbol{\Phi}_N=[\boldsymbol{\Phi}_N^1,\boldsymbol{\Phi}_N^2]$称为正规化的振型矩阵。对方程（4.2.22）两端左乘$\boldsymbol{\Phi}_N^{\mathrm{T}}$，得

$$\boldsymbol{\Phi}_N^{\mathrm{T}}\boldsymbol{K}(\boldsymbol{\Phi}_N^{1;2})=\omega_{1,2}^2,\tag{4.2.40}$$

即

$$\boldsymbol{\Phi}_N^{\mathrm{T}}\boldsymbol{K}\boldsymbol{\Phi}_N=\begin{bmatrix}\omega_1^2 & 0\\ 0 & \omega_2^2\end{bmatrix}=\boldsymbol{\Lambda}.\tag{4.2.41}$$

同理，对于质量矩阵采取相同操作可得

$$\boldsymbol{\Phi}_N^{\mathrm{T}}\boldsymbol{M}\,\boldsymbol{\Phi}_N = \boldsymbol{E} = \boldsymbol{I}, \tag{4.2.42}$$

4.2.4　主坐标和正则坐标

若用正则振型矩阵$\boldsymbol{\Phi}_N=[\boldsymbol{\Phi}_N^1,\boldsymbol{\Phi}_N^2]$对方程（4.2.1）进行变换，即令

$$\boldsymbol{x} = \boldsymbol{\Phi}_N\,\boldsymbol{q}_N, \tag{4.2.43}$$

利用式（4.2.41）和式（4.2.42），方程变为

$$\ddot{q}_{Ni} + \omega_i^2 q_{Ni} = 0\ (i = 1,2). \tag{4.2.44}$$

这组广义坐标q_N 称为主坐标或正则坐标。由此可见，通过主坐标表示，耦合振动系统已经解耦为多个独立的单自由度振动系统，可以利用单自由度方法进行求解。

4.2.5　振型叠加法

上一节，先把描述系统运动的广义坐标变换到模态坐标（主坐标或正则坐标），得到解耦的 n 个独立方程，可求出模态坐标下的响应，然后再通过坐标变换得到系统在广义坐标下的响应。这种坐标变换实际上是将振型进行组合叠加，因此称为振型叠加法或模态分析法。为确定待定常数，由原坐标的初始条件

$$t = 0: \boldsymbol{x}(0) = \boldsymbol{x}_0, \dot{\boldsymbol{x}}(0) = \dot{\boldsymbol{x}}_0, \tag{4.2.45}$$

由式（4.2.43）坐标变换得

$$\boldsymbol{x}(0) = \boldsymbol{x}_0 = \boldsymbol{\Phi}\boldsymbol{q}(0), \tag{4.2.46}$$

$$\dot{\boldsymbol{x}}(0) = \dot{\boldsymbol{x}}_0 = \boldsymbol{\Phi}\dot{\boldsymbol{q}}(0), \tag{4.2.47}$$

方程组（4.2.44）满足初始条件（4.2.49）和（4.2.50）的解为

$$\begin{cases} q_1(t) = q_1(0)\cos\omega_1 t + \dfrac{\dot{q}_1(0)}{\omega_1}\sin\omega_1 t \\ q_2(t) = q_2(0)\cos\omega_2 t + \dfrac{\dot{q}_2(0)}{\omega_2}\sin\omega_2 t \end{cases}, \tag{4.2.48}$$

即得

$$\begin{aligned} \boldsymbol{x} &= [\boldsymbol{\varphi}_1 \quad \boldsymbol{\varphi}_2]\begin{bmatrix} q_1(t) \\ q_2(t) \end{bmatrix} = q_1(t)\boldsymbol{\varphi}_1 + q_2(t)\boldsymbol{\varphi}_2 \\ &= A_1\cos(\omega_1 t + \theta_1)\boldsymbol{\varphi}_1 + A_2\cos(\omega_2 t + \theta_2)\boldsymbol{\varphi}_2. \end{aligned} \tag{4.2.49}$$

4.2.6　特征方程的零根

特征方程

$$|\boldsymbol{K} - \omega^2\boldsymbol{M}| = 0 \tag{4.2.50}$$

有零根时，对应的固有频率为零。设 $\omega_1=0$，则有

$$|\boldsymbol{K}|=0, \tag{4.2.51}$$

可见，刚度矩阵的奇异性是零固有频率存在的充分必要条件。由此可判断系统是半正定的。

令动力学方程（4.2.44）中的第一个方程中的 $\omega_1=0$，化作 $\ddot{q}_{N1}=0$，积分得到

$$q_{N1}=at+b, \tag{4.2.52}$$

即主振型转化为随时间 t 无线增大的刚体位移。这说明系统沿主坐标运动时只有一个刚体运动，没有发生弹性变形，这称为刚体模态或零固有频率模态。对于刚体模态，整个系统如同一个刚体一样运动。有一个或者几个固有频率等于零的系统称半正定系统或者退化系统。当系统的质量矩阵和刚度矩阵都是正定矩阵时，不会出现零固有频率的现象；而当刚度矩阵为半正定矩阵时，系统为半正定系统。

例 4.2.1 如图 4.2 所示，水平面上一物块 m_1 以速度 v 与物块 m_2 发生完全弹性碰撞，已知 $m_1=m_2=m_3=m$，求碰撞后系统的响应。

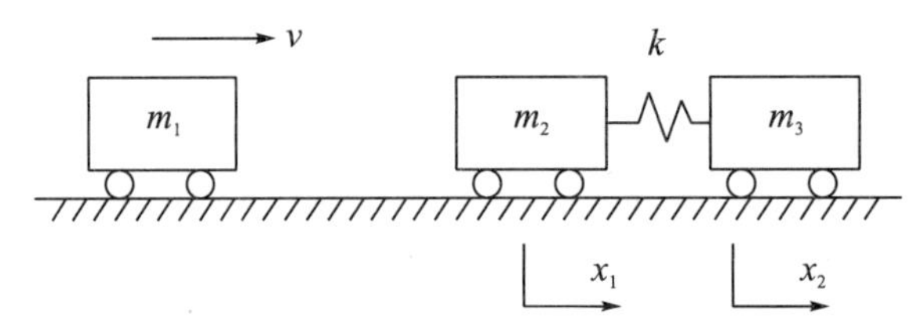

图 4.2 两自由度系统的力学模型

解：碰撞后 m_2 的速度为 v，然后 m_2 和 m_3 组成的系统开始作自由振动。质量矩阵和刚度矩阵为

$$\boldsymbol{M}=\begin{bmatrix} m & 0 \\ 0 & m \end{bmatrix}, \boldsymbol{K}=\begin{bmatrix} k & -k \\ -k & k \end{bmatrix}, \tag{a}$$

频率方程为

$$|\boldsymbol{K}-\omega^2\boldsymbol{M}|=\begin{vmatrix} k-m\omega^2 & -k \\ -k & k-m\omega^2 \end{vmatrix}=(k-m\omega^2)^2-k^2=0, \tag{b}$$

由式（b）可得固有频率得

$$\omega_1=0, \omega_2=\sqrt{\frac{2k}{m}}, \tag{c}$$

ω_1 对应刚体运动，即刚体模态为 $At+B$。ω_2 对应的振型为

$$\boldsymbol{u}_1=\begin{bmatrix} 1 \\ -1 \end{bmatrix}, \tag{d}$$

主振动为

$$\boldsymbol{U}_1=\begin{bmatrix} 1 \\ -1 \end{bmatrix}(C\cos\omega_1+D\sin\omega_2 t), \tag{e}$$

根据模态叠加法，总响应为

$$\boldsymbol{x}=\boldsymbol{A}t+\boldsymbol{B}+\begin{bmatrix} 1 \\ -1 \end{bmatrix}(C\cos\omega_1+D\sin\omega_2 t). \tag{f}$$

4.3　多自由度系统的强迫振动

4.3.1　无阻尼系统的强迫振动

n 自由度无阻尼系统的强迫振动方程为

$$\boldsymbol{M}\ddot{\boldsymbol{x}} + \boldsymbol{K}\boldsymbol{x} = \boldsymbol{F}(t), \tag{4.3.1}$$

其中，$\boldsymbol{F}(t)$ 是如下任意激振力向量：

$$\boldsymbol{F}(t) = [F_1(t),\quad F_2(t),\quad \cdots\quad, F_n(t)]^{\mathrm{T}}, \tag{4.3.2}$$

作坐标变换，得

$$\boldsymbol{M}\,\boldsymbol{\Phi}_N\,\ddot{\boldsymbol{q}}_N + \boldsymbol{K}\,\boldsymbol{\Phi}_N\,\boldsymbol{q}_N = \boldsymbol{F}(t), \tag{4.3.3}$$

上式两端左乘$\boldsymbol{\Phi}_N^{\mathrm{T}}$，得

$$\boldsymbol{\Phi}_N^{\mathrm{T}}\boldsymbol{M}\,\boldsymbol{\Phi}_N\,\ddot{\boldsymbol{q}}_N + \boldsymbol{\Phi}_N^{\mathrm{T}}\boldsymbol{K}\,\boldsymbol{\Phi}_N\,\boldsymbol{q}_N = \boldsymbol{\Phi}_N^{\mathrm{T}}\boldsymbol{F}(t), \tag{4.3.4}$$

上式可写成

$$\boldsymbol{I}\,\ddot{\boldsymbol{q}}_N + \boldsymbol{\Lambda}\,\boldsymbol{q}_N = \boldsymbol{R}(t), \tag{4.3.5}$$

其中，$\boldsymbol{R}(t)$ 是正则坐标下的激振力，为

$$\boldsymbol{R}(t) = \begin{bmatrix} R_1(t) \\ R_2(t) \\ \vdots \\ R_n(t) \end{bmatrix} = \boldsymbol{\Phi}_N^{\mathrm{T}}\boldsymbol{F}(t) = \begin{bmatrix} \boldsymbol{\Phi}_{N1}^{\mathrm{T}}\boldsymbol{F}(t) \\ \boldsymbol{\Phi}_{N2}^{\mathrm{T}}\boldsymbol{F}(t) \\ \vdots \\ \boldsymbol{\Phi}_{Nn}^{\mathrm{T}}\boldsymbol{F}(t) \end{bmatrix}, \tag{4.3.6}$$

式（4.3.5）的 n 个方程已经解耦，其中第 i 个方程为

$$\ddot{q}_{Ni} + q_{Ni} = R_i(t)\ (i = 1,2,\cdots,n). \tag{4.3.7}$$

假定系统有式（4.2.45）所示的初始条件，由单自由度系统的振动理论，得知系统在第 i 个正则坐标的响应是

$$q_{Ni}(t) = q_{Ni}(0)\cos\omega_i t + \frac{\dot{q}_{Ni}(0)}{\omega_i}\sin\omega_i t + \frac{1}{\omega_i}\int_0^t R_i(\tau)\sin\omega_i(t-\tau)\mathrm{d}\tau, \tag{4.3.8}$$

最后将各个正则坐标响应代入式（4.2.45），由叠加便得到物理坐标下系统对任意激励的响应。

$$\boldsymbol{x}(t) = \boldsymbol{\Phi}_N\,\boldsymbol{q}_N(t) = [\Phi_{N1},\quad \Phi_{N2},\quad \cdots,\quad \Phi_{Nn}]\begin{bmatrix} q_{N1}(t) \\ q_{N2}(t) \\ \vdots \\ q_{Nn}(t) \end{bmatrix} = \sum_{i=1}^{n}\Phi_{Ni}q_{Ni}(t), \tag{4.3.9}$$

如果以一般振型矩阵 $\boldsymbol{\Phi} = [\varphi_1,\ \varphi_2,\ \cdots,\ \varphi_n]$取代正则振型矩阵$\boldsymbol{\Phi}_N$，作坐标变换，则主坐标 q 下的强迫振动方程为

$$\boldsymbol{\Phi}^{\mathrm{T}}\boldsymbol{M}\boldsymbol{\Phi}\ddot{q} + \boldsymbol{\Phi}^{\mathrm{T}}\boldsymbol{K}\boldsymbol{\Phi}q = \boldsymbol{\Phi}^{\mathrm{T}}\boldsymbol{F}(t), \tag{4.3.10}$$

或写成

$$\boldsymbol{M}_p\ddot{q}+\boldsymbol{K}_p q=\boldsymbol{Q}(t), \tag{4.3.11}$$

其中，$\boldsymbol{Q}(t)$ 是主坐标下的激励力，为

$$\boldsymbol{Q}(t)=\begin{bmatrix}Q_1(t)\\Q_2(t)\\\vdots\\Q_n(t)\end{bmatrix}=\boldsymbol{\Phi}^{\mathrm{T}}\boldsymbol{F}(t)=\begin{bmatrix}\boldsymbol{\Phi}_1^{\mathrm{T}}\boldsymbol{F}(t)\\\boldsymbol{\Phi}_2^{\mathrm{T}}\boldsymbol{F}(t)\\\vdots\\\boldsymbol{\Phi}_n^{\mathrm{T}}\boldsymbol{F}(t)\end{bmatrix}, \tag{4.3.12}$$

由于主质量阵$\boldsymbol{M}_p$和主刚度阵$\boldsymbol{K}_p$都是对角阵，n 个方程已解耦，其中第 i 个方程是

$$M_{pi}\ddot{q}_i+K_{pi}q_i=Q_i(t)\ (i=1,2,\cdots,n), \tag{4.3.13}$$

这里 M_{pi} 和 K_{pi} 分别为主质量阵$\boldsymbol{M}_p$和主刚度阵$\boldsymbol{K}_p$的对角元素，式（4.3.13）也可写为

$$\ddot{q}_i+\omega_i^2 q_i=\frac{1}{M_{pi}}Q_i(t), \tag{4.3.14}$$

由式（4.2.43）所示的初始条件得系统在第 i 个主坐标得响应为

$$q_i(t)=q_i(0)\cos\omega_i t+\frac{\dot{q}_i(0)}{\omega_i}\sin\omega_i t+\frac{1}{M_{pi}\omega_i}\int_0^t Q_i(\tau)\sin\omega_i(t-\tau)\mathrm{d}\tau, \tag{4.3.15}$$

其中，

$$q_i(0)=\frac{1}{M_{pi}}\boldsymbol{\varphi}_i^{\mathrm{T}}\boldsymbol{M}\boldsymbol{x}_0,\dot{q}_i(0)=\frac{1}{M_{pi}}\boldsymbol{\varphi}_i^{\mathrm{T}}\boldsymbol{M}\dot{\boldsymbol{x}}_0. \tag{4.3.16}$$

最后将式（4.3.15）代入式（4.2.43），便得到以物理坐标描述的系统对任意激励力的响应。

4.3.2 有阻尼系统的强迫振动

有阻尼的 n 自由度系统的强迫振动方程可以表示成

$$\boldsymbol{M}\ddot{\boldsymbol{x}}+\boldsymbol{C}\dot{\boldsymbol{x}}+\boldsymbol{K}\boldsymbol{x}=\boldsymbol{F}(t). \tag{4.3.17}$$

其中，n 阶方阵$\boldsymbol{C}$ 称为阻尼矩阵，当 $\boldsymbol{C}=\boldsymbol{0}$ 时，该系统退化为无阻尼系统。假设已经得到它的振型矩阵 $\boldsymbol{\Phi}$ 和谱矩阵 $\boldsymbol{\Lambda}$，对式（4.3.17）做坐标变换得到

$$\boldsymbol{\Phi}^{\mathrm{T}}\boldsymbol{M}\boldsymbol{\Phi}\ddot{\boldsymbol{q}}+\boldsymbol{\Phi}^{\mathrm{T}}\boldsymbol{C}\boldsymbol{\Phi}\dot{\boldsymbol{q}}+\boldsymbol{\Phi}^{\mathrm{T}}\boldsymbol{K}\boldsymbol{\Phi}\boldsymbol{q}=\boldsymbol{\Phi}^{\mathrm{T}}\boldsymbol{F}(t), \tag{4.3.18}$$

或写为

$$\boldsymbol{M}_p\ddot{\boldsymbol{q}}+\boldsymbol{C}_p\dot{\boldsymbol{q}}+\boldsymbol{K}_p\boldsymbol{q}=\boldsymbol{Q}(t), \tag{4.3.19}$$

其中，n 阶方阵 $\boldsymbol{C}_p$ 为

$$\boldsymbol{C}_p=\boldsymbol{\Phi}^{\mathrm{T}}\boldsymbol{C}\boldsymbol{\Phi}. \tag{4.3.20}$$

虽然主质量矩阵$\boldsymbol{M}_p$和主刚度矩阵$\boldsymbol{K}_p$是对角矩阵，但$\boldsymbol{C}_p$一般不能通过坐标变换转化为对角矩阵，即方程不能解耦。本节只讨论$\boldsymbol{C}_p$能够解耦的情况，即实模态分析，复模态分析将在下章介绍。

如果阻尼矩阵 $\boldsymbol{C}$ 是质量矩阵 $\boldsymbol{M}$ 和刚度矩阵 $\boldsymbol{K}$ 的线性组合，则称为比例阻尼或模态

阻尼，设

$$\boldsymbol{C}=\alpha\boldsymbol{M}+\beta\boldsymbol{K}. \tag{4.3.21}$$

其中，α 和 β 为常数。对阻尼矩阵进行正则变换后得

$$\boldsymbol{\Phi}_N^{\mathrm{T}}\boldsymbol{C}\,\boldsymbol{\Phi}_N=\alpha\boldsymbol{I}+\beta\boldsymbol{\Lambda}. \tag{4.3.22}$$

对方程进行正则变换得

$$\boldsymbol{\Phi}_N^{\mathrm{T}}\boldsymbol{M}\,\boldsymbol{\Phi}_N\,\ddot{\boldsymbol{q}}_N+\boldsymbol{\Phi}_N^{\mathrm{T}}\boldsymbol{C}\,\boldsymbol{\Phi}_N\,\dot{\boldsymbol{q}}_N+\boldsymbol{\Phi}_N^{\mathrm{T}}\boldsymbol{K}\,\boldsymbol{\Phi}_N\,\boldsymbol{q}_N=\boldsymbol{\Phi}_N^{\mathrm{T}}\boldsymbol{F}(t). \tag{4.3.23}$$

上式可写为

$$\ddot{\boldsymbol{q}}_N+(\alpha\boldsymbol{I}+\beta\boldsymbol{\Lambda})\,\dot{\boldsymbol{q}}_N+\boldsymbol{\Lambda}\,\boldsymbol{q}_N=\boldsymbol{F}_N(t), \tag{4.3.24}$$

或

$$\ddot{q}_{Ni}+(\alpha+\beta\omega_i^2)\dot{q}_{Ni}+\omega_i^2q_{Ni}=F_{Ni}(t)\ (i=1,2,\cdots,n). \tag{4.3.25}$$

其中，$\boldsymbol{F}_N(t)$ 为正则坐标下的激励力。相应的第 i 阶阻尼和阻尼比可写为

$$c_i=\alpha+\beta\omega_i^2,\zeta_i=\frac{\alpha+\beta\omega_i^2}{2\omega_i}, \tag{4.3.26}$$

由于方程已解耦，则可求得正则坐标下的稳态响应

$$q_{Ni}=\frac{1}{\omega_i\sqrt{1-\zeta_i^2}}\int_0^t \mathrm{e}^{-\zeta_i\omega_i(t-\tau)}F_{Ni}(\tau)\sin\left[\omega_i\sqrt{1-\zeta_i^2}(t-\tau)\right]\mathrm{d}\tau(i=1,2,\cdots,n). \tag{4.3.27}$$

比例阻尼是使矩阵 $\boldsymbol{C}$ 成为对角矩阵的一种特殊情况，那么要使方程（4.3.17）解耦的充分必要条件是矩阵（$\boldsymbol{M}^{-1}\boldsymbol{C}$）和（$\boldsymbol{M}^{-1}\boldsymbol{K}$）乘法可交换，即

$$(\boldsymbol{M}^{-1}\boldsymbol{C})(\boldsymbol{M}^{-1}\boldsymbol{K})=(\boldsymbol{M}^{-1}\boldsymbol{K})(\boldsymbol{M}^{-1}\boldsymbol{C}). \tag{4.3.28}$$

由线性代数中的知识可证明，假设 $\boldsymbol{\Phi}^{\mathrm{T}}\boldsymbol{C}\boldsymbol{\Phi}$ 是对角阵，那么

$$(\boldsymbol{\Phi}^{\mathrm{T}}\boldsymbol{C}\boldsymbol{\Phi})\boldsymbol{\Lambda}=\boldsymbol{\Lambda}(\boldsymbol{\Phi}^{\mathrm{T}}\boldsymbol{C}\boldsymbol{\Phi}), \tag{4.3.29}$$

等价于

$$(\boldsymbol{\Phi}^{\mathrm{T}}\boldsymbol{C}\boldsymbol{\Phi})(\boldsymbol{\Phi}^{\mathrm{T}}\boldsymbol{K}\boldsymbol{\Phi})=(\boldsymbol{\Phi}^{\mathrm{T}}\boldsymbol{K}\boldsymbol{\Phi})(\boldsymbol{\Phi}^{\mathrm{T}}\boldsymbol{C}\boldsymbol{\Phi}). \tag{4.3.30}$$

又由于 $\boldsymbol{\Phi}^{\mathrm{T}}\boldsymbol{M}\boldsymbol{\Phi}=\boldsymbol{I}$ 可得 $\boldsymbol{M}^{-1}=\boldsymbol{\Phi}\,\boldsymbol{\Phi}^{\mathrm{T}}$，即上式转化为

$$\boldsymbol{\Phi}^{\mathrm{T}}\boldsymbol{C}\boldsymbol{M}^{-1}\boldsymbol{K}\boldsymbol{\Phi}=\boldsymbol{\Phi}^{\mathrm{T}}\boldsymbol{K}\boldsymbol{M}^{-1}\boldsymbol{C}\boldsymbol{\Phi}, \tag{4.3.31}$$

则

$$\boldsymbol{C}\boldsymbol{M}^{-1}\boldsymbol{K}=\boldsymbol{K}\boldsymbol{M}^{-1}\boldsymbol{C}, \tag{4.3.32}$$

式（4.3.32）两边左乘 $\boldsymbol{M}^{-1}$，得

$$(\boldsymbol{M}^{-1}\boldsymbol{C})(\boldsymbol{M}^{-1}\boldsymbol{K})=(\boldsymbol{M}^{-1}\boldsymbol{K})(\boldsymbol{M}^{-1}\boldsymbol{C}), \tag{4.3.33}$$

即 $\boldsymbol{\Phi}^{\mathrm{T}}\boldsymbol{C}\boldsymbol{\Phi}$ 是对角阵是矩阵（$\boldsymbol{M}^{-1}\boldsymbol{C}$）和（$\boldsymbol{M}^{-1}\boldsymbol{K}$）乘法可交换的充分条件。若令

$$\boldsymbol{A}=\boldsymbol{\Phi}^{\mathrm{T}}\boldsymbol{C}\boldsymbol{\Phi}=\begin{bmatrix}a_{11} & a_{12} & \cdots & a_{1n}\\ a_{21} & a_{22} & \cdots & a_{2n}\\ \vdots & \vdots & & \vdots\\ a_{n1} & a_{n1} & \cdots & a_{nn}\end{bmatrix}, \tag{4.3.34}$$

已知

$$\boldsymbol{\Lambda}=\begin{bmatrix}\omega_1^2 & 0 & \cdots & 0\\ 0 & \omega_2^2 & \cdots & 0\\ \vdots & \vdots & & \vdots\\ 0 & 0 & \cdots & \omega_n^2\end{bmatrix}, \tag{4.3.35}$$

则

$$\boldsymbol{A\Lambda}=\begin{bmatrix}a_{11}\omega_1^2 & a_{12}\omega_2^2 & \cdots & a_{1n}\omega_n^2\\ a_{21}\omega_1^2 & a_{22}\omega_2^2 & \cdots & a_{2n}\omega_n^2\\ \vdots & \vdots & & \vdots\\ a_{n1}\omega_1^2 & a_{n1}\omega_2^2 & \cdots & a_{nn}\omega_n^2\end{bmatrix}, \tag{4.3.36}$$

$$\boldsymbol{\Lambda A}=\begin{bmatrix}a_{11}\omega_1^2 & a_{12}\omega_1^2 & \cdots & a_{1n}\omega_1^2\\ a_{21}\omega_2^2 & a_{22}\omega_2^2 & \cdots & a_{2n}\omega_2^2\\ \vdots & \vdots & & \vdots\\ a_{n1}\omega_n^2 & a_{n1}\omega_n^2 & \cdots & a_{nn}\omega_n^2\end{bmatrix}. \tag{4.3.37}$$

从上式可看出 $a_{12}\omega_2^2=a_{12}\omega_1^2$ 等价于 a_{12}（$\omega_2^2-\omega_1^2$）$=0$，由 $\omega_2^2\neq\omega_1^2$ 可得 $a_{12}=0$，同理可得 $a_{21}=0$，即$\boldsymbol{\Phi}^{\mathrm{T}}\boldsymbol{C\Phi}$是对角阵是矩阵（$\boldsymbol{M}^{-1}\boldsymbol{C}$）和（$\boldsymbol{M}^{-1}\boldsymbol{K}$）乘法可交换的必要条件。

此情况下所得到的对角矩阵$\boldsymbol{\Phi}^{\mathrm{T}}\boldsymbol{C\Phi}$称为主阻尼矩阵，这时主坐标下的强迫振动方程已解耦，由式（4.3.19）可得其中第 i 个方程为

$$M_{pi}\ddot{q}_i+C_{pi}\dot{q}_i+K_{pi}q_i=Q_i(t). \tag{4.3.38}$$

根据单自由度系统得振动理论，得上式的解为

$$q_i(t)=\mathrm{e}^{-\zeta_i\omega_i t}\left[q_i(0)\cos\omega_{di}t+\frac{\dot{q}_i(0)+\zeta_i\omega_i q_i(0)}{\omega_{di}}\sin\omega_{di}t\right]+\frac{1}{M_{pi}\omega_{di}}\int_0^t Q_i(\tau)\mathrm{e}^{-\zeta_i\omega_i(t-\tau)}\sin\omega_{di}(t-\tau)\mathrm{d}\tau, \tag{4.3.39}$$

其中，ω_{di}是第 i 阶阻尼固有频率，等于

$$\omega_{di}=\omega_i\sqrt{1-\zeta_i}. \tag{4.3.40}$$

将式（4.3.39）代入式（4.3.40），便得到系统对任意激励的响应。

例 4.3.1 如图 4.3 所示的两自由度系统，$m_1=m_2=1$ kg，$k_1=k_3=1$ N/m，$k_2=2$ N/m，$c_1=c_3=0.1$ N·s/m，$c_2=0.2$ N·s/m，激振力 $F_1(t)=2\delta(t)$，设初始激励为$x(0)=0$，$\dot{x}(0)=0$，求系统的响应。

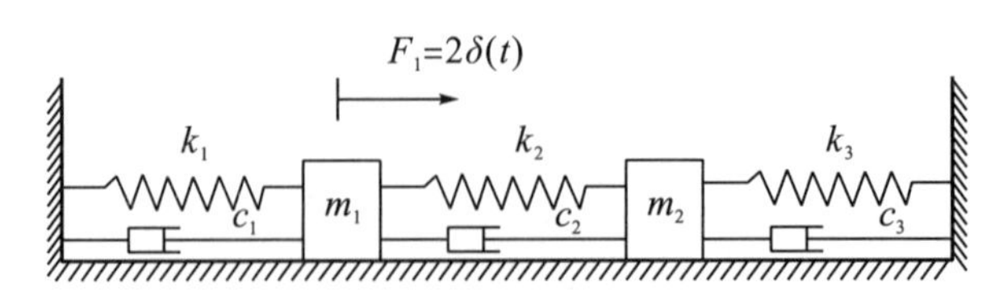

图 4.3　两自由度系统的振动

解：(1) 确定质量矩阵、刚度矩阵、阻尼矩阵。

$$\begin{bmatrix}1 & 0\\0 & 1\end{bmatrix}\ddot{x}+\begin{bmatrix}0.3 & -0.2\\-0.2 & 0.3\end{bmatrix}\dot{x}+\begin{bmatrix}3 & -2\\-2 & 3\end{bmatrix}x=\begin{bmatrix}2\delta(t)\\0\end{bmatrix},\tag{a}$$

可看出阻尼矩阵是质量矩阵和刚度矩阵的线性组合，即

$$\boldsymbol{C}=0.1\boldsymbol{K},\tag{b}$$

（2）求固有频率和固有振型。系统频率方程为

$$|\boldsymbol{K}-\omega^2\boldsymbol{M}|=0,\tag{c}$$

求解方程（c）可得

$$\omega_1^2=1,\omega_2^2=5,\tag{d}$$

即

$$\omega_1=1\ \mathrm{rad/s},\omega_2=\sqrt{5}\ \mathrm{rad/s},\tag{e}$$

将固有频率代入（$\boldsymbol{K}-\omega^2\boldsymbol{M}$）$\boldsymbol{x}=0$，得固有振型为

$$\boldsymbol{\Phi}_1=\frac{1}{\sqrt{2}}\begin{bmatrix}1\\1\end{bmatrix},\boldsymbol{\Phi}_2=\frac{1}{\sqrt{2}}\begin{bmatrix}1\\-1\end{bmatrix},\tag{f}$$

则振型矩阵为

$$\boldsymbol{\Phi}=[\boldsymbol{\Phi}_1\quad\boldsymbol{\Phi}_2]=\frac{1}{\sqrt{2}}\begin{bmatrix}1 & 1\\1 & -1\end{bmatrix},\tag{g}$$

进行坐标变得

$$\boldsymbol{\Phi}^{\mathrm{T}}\boldsymbol{F}(t)=\frac{1}{\sqrt{2}}\begin{bmatrix}1 & 1\\1 & -1\end{bmatrix}\begin{bmatrix}2\delta(t)\\0\end{bmatrix}=\sqrt{2}\begin{bmatrix}\delta(t)\\\delta(t)\end{bmatrix},\tag{h}$$

由初始条件知

$$\boldsymbol{\Phi}^{\mathrm{T}}\boldsymbol{M}x(0)=q(0)=0,\tag{i}$$

$$\boldsymbol{\Phi}^{\mathrm{T}}\boldsymbol{M}\dot{x}(0)=\dot{q}(0)=0,\tag{j}$$

即方程转化为

$$\ddot{q}_1(t)+0.1\dot{q}_1(t)+q(t)=\sqrt{2}\delta(t),\tag{k}$$

$$\ddot{q}_2(t)+0.5\dot{q}_2(t)+q(t)=\sqrt{2}\delta(t),\tag{l}$$

初始条件为

$$q_1(0)=0,\dot{q}_1(0)=0,\tag{m}$$

$$q_1(0)=0,\dot{q}_1(0)=0,\tag{n}$$

解得

$$\boldsymbol{x}=\boldsymbol{\Phi}\begin{bmatrix}q_1(t)\\q_2(t)\end{bmatrix}=\boldsymbol{\Phi}_1q_1(t)+\boldsymbol{\Phi}_2q_2(t)=\begin{bmatrix}\mathrm{e}^{-0.05t}\sin t+\dfrac{1}{2.22}\mathrm{e}^{-0.25t}\sin 2.22t\\\mathrm{e}^{-0.05t}\sin t-\dfrac{1}{2.22}\mathrm{e}^{-0.25t}\sin 2.22t\end{bmatrix}=\begin{bmatrix}x_1(t)\\x_2(t)\end{bmatrix}.\tag{o}$$

例 4.3.2　如图 4.4 所示，$m_2=2m_1=2m$，$k_1=k_2=k_3=k$，激振力 $F_1(t)=PH_0(t)$，设初始激励为 $x_{01}=x_{02}=0$，$\dot{x}_{01}=v_0$，$\dot{x}_{02}=0$，求系统的响应。

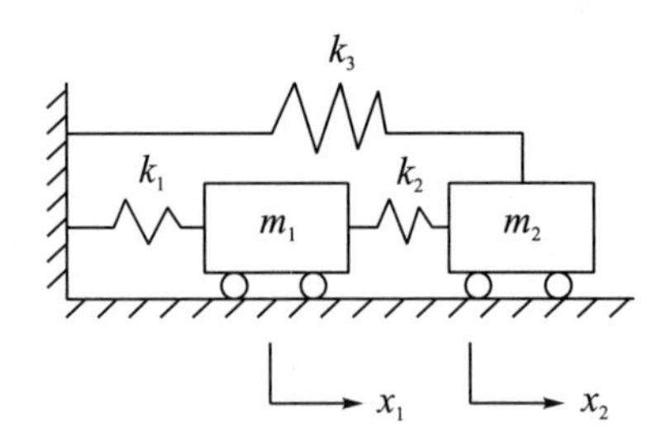

图 4.4　两自由度系统的振动

解：确定质量矩阵和刚度矩阵。取 x_1 和 x_2 为广义坐标，系统的动能和势能为

$$T=\frac{1}{2}(m_1\dot{x}_1^2+m_2\dot{x}_2^2)=\frac{1}{2}m(\dot{x}_1^2+\dot{x}_2^2),\tag{a}$$

$$V=\frac{1}{2}k_1x_1^2+\frac{1}{2}k_2(x_1-x_2)^2+\frac{1}{2}k_3x_2^2=\frac{1}{2}k(2x_1^2-2x_1x_2+2x_2^2).\tag{b}$$

得到系统的质量矩阵和刚度矩阵

$$\boldsymbol{M}=m\begin{bmatrix}1&0\\0&2\end{bmatrix},\boldsymbol{K}=k\begin{bmatrix}2&-1\\-1&2\end{bmatrix}.\tag{c}$$

系统频率方程为

$$|\boldsymbol{K}-\omega^2\boldsymbol{M}|=\begin{vmatrix}2k-m\omega^2&-k\\-k&2k-m\omega^2\end{vmatrix}=0,\tag{d}$$

求得固有频率

$$\omega_1=\sqrt{\frac{3}{2}\left(1-\frac{1}{\sqrt{3}}\right)\frac{k}{m}}=0.796\sqrt{\frac{k}{m}},\tag{e}$$

$$\omega_2=\sqrt{\frac{3}{2}\left(1+\frac{1}{\sqrt{3}}\right)\frac{k}{m}}=1.538\sqrt{\frac{k}{m}},\tag{f}$$

固有振型

$$\boldsymbol{u}_1=\begin{bmatrix}1\\1.366\end{bmatrix},\boldsymbol{u}_2=\begin{bmatrix}1\\-0.366\end{bmatrix},\tag{g}$$

主质量

$$\boldsymbol{M}_1=\boldsymbol{u}_1^{\mathrm{T}}\boldsymbol{M}\boldsymbol{u}_1=4.732\boldsymbol{m},\tag{h}$$

同理

$$\boldsymbol{M}_2=\boldsymbol{u}_2^{\mathrm{T}}\boldsymbol{M}\boldsymbol{u}_2=1.268\boldsymbol{m},\tag{i}$$

正则振型矩阵

$$\boldsymbol{u}_N=\frac{1}{\sqrt{m}}\begin{bmatrix}0.458&0.888\\0.628&-0.325\end{bmatrix},\tag{j}$$

对初始条件正则化

$$q_{N0}=\boldsymbol{u}_N^{\mathrm{T}}\boldsymbol{M}x_0=\begin{bmatrix}0\\0\end{bmatrix},\tag{k}$$

$$\dot{q}_{N0}=\boldsymbol{u}_N^{\mathrm{T}}\boldsymbol{M}\dot{x}_0=\sqrt{m}v_0\begin{bmatrix}0.458\\0.888\end{bmatrix}.\tag{l}$$

计算正则坐标下初始激励的响应

$$q_{N1}=q_{N10}\cos\omega_1 t+\frac{\dot{q}_{N10}}{\omega_1}\sin\omega_1 t=0.577\frac{mv_0}{\sqrt{k}}\sin 0.796\sqrt{\frac{k}{m}}t, \tag{m}$$

$$q_{N2}=q_{N20}\cos\omega_2 t+\frac{\dot{q}_{N20}}{\omega_2}\sin\omega_2 t=0.577\frac{mv_0}{\sqrt{k}}\sin 1.538\sqrt{\frac{k}{m}}t. \tag{n}$$

对外激励正则化

$$\boldsymbol{F}_N(t)=\boldsymbol{u}_N^{\mathrm{T}}\boldsymbol{F}(t)=\frac{1}{\sqrt{m}}\begin{bmatrix}0.458 & 0.888\\0.628 & -0.325\end{bmatrix}^{\mathrm{T}}\begin{bmatrix}P\\0\end{bmatrix}=\frac{P}{\sqrt{m}}\begin{bmatrix}0.458\\0.888\end{bmatrix}. \tag{o}$$

计算外激励的正则坐标响应

$$\begin{aligned}q_{N1}&=\frac{1}{\omega_1}\int_0^t F_{N1}(\tau)\sin[\omega_1(t-\tau)]\mathrm{d}\tau\\&=\frac{1}{\omega_1}\int_0^t\frac{P}{\sqrt{m}}\sin[\omega_1(t-\tau)]\mathrm{d}\tau\\&=0.726\frac{P\sqrt{m}}{k}(1-\cos\omega_1 t),\end{aligned} \tag{p}$$

$$\begin{aligned}q_{N2}&=\frac{1}{\omega_2}\int_0^t F_{N2}(\tau)\sin[\omega_2(t-\tau)]\mathrm{d}\tau\\&=0.375\frac{P\sqrt{m}}{k}(1-\cos\omega_2 t).\end{aligned} \tag{q}$$

由振型叠加法得到广义坐标下的响应为

$$\begin{aligned}\boldsymbol{x}=\boldsymbol{u}_N\boldsymbol{q}_N&=\frac{1}{\sqrt{m}}\begin{bmatrix}0.458 & 0.888\\0.628 & -0.325\end{bmatrix}\left[\frac{P\sqrt{m}}{k}\begin{Bmatrix}0.726(1-\cos\omega_1 t)\\0.375(1-\cos\omega_2 t)\end{Bmatrix}+\right.\\&\qquad\left.0.577\frac{mv_0}{\sqrt{k}}\begin{Bmatrix}\sin 0.796\sqrt{\frac{k}{m}}t\\\sin 1.538\sqrt{\frac{k}{m}}t\end{Bmatrix}\right]\\&=v_0\sqrt{\frac{m}{k}}\begin{bmatrix}0.265\\0.363\end{bmatrix}\sin 0.796\sqrt{\frac{k}{m}}t+v_0\sqrt{\frac{m}{k}}\begin{bmatrix}0.513\\-0.188\end{bmatrix}\sin 1.538\sqrt{\frac{k}{m}}t+\\&\qquad\frac{P}{k}\begin{bmatrix}0.677-0.334\cos\omega_1 t-0.333\cos\omega_2 t\\0.333-0.455\cos\omega_1 t-0.122\cos\omega_2 t\end{bmatrix}.\end{aligned} \tag{r}$$

例 4.3.3　若例 4.3.2 的激振力 $F_1(t)=0$，$F_2(t)=F\sin\omega t$，求强迫振动响应。

解：对激励正则化

$$\boldsymbol{F}_N(t)=\boldsymbol{u}_N^{\mathrm{T}}\boldsymbol{F}(t)=\frac{1}{\sqrt{m}}\begin{bmatrix}0.458 & 0.888\\0.628 & -0.325\end{bmatrix}^{\mathrm{T}}\begin{bmatrix}0\\P\sin\omega t\end{bmatrix}=\frac{P}{\sqrt{m}}\begin{bmatrix}0.628\\-0.325\end{bmatrix}\sin\omega t. \tag{a}$$

计算外激励正则坐标响应

$$q_{N1}=0.628\frac{P}{\sqrt{m}(\omega_1^2-\omega^2)}\sin\omega t, \tag{b}$$

$$q_{N2}=-0.325\frac{P}{\sqrt{m}\,(\omega_2^2-\omega^2)}\sin\omega t\,, \tag{c}$$

计算广义坐标下的强迫响应

$$\begin{aligned}\boldsymbol{x}=\boldsymbol{u}_N\boldsymbol{q}_N&=\frac{1}{\sqrt{m}}\begin{bmatrix}0.458 & 0.888\\ 0.628 & -0.325\end{bmatrix}\begin{bmatrix}q_{N1}\\ q_{N2}\end{bmatrix}\\ &=\frac{P}{m}\begin{bmatrix}0.288 & -0.289\\ 0.394 & 0.106\end{bmatrix}\begin{bmatrix}\dfrac{1}{\omega_1^2-\omega^2}\sin\omega t\\ \dfrac{1}{\omega_2^2-\omega^2}\sin\omega t\end{bmatrix}.\end{aligned} \tag{d}$$

习　题

4.1　用拉格朗日方程建立如图 4.1 所示系统运动的微分方程，用 x_1，x_2，x_3 作为广义坐标。写出矩阵形式的微分方程。

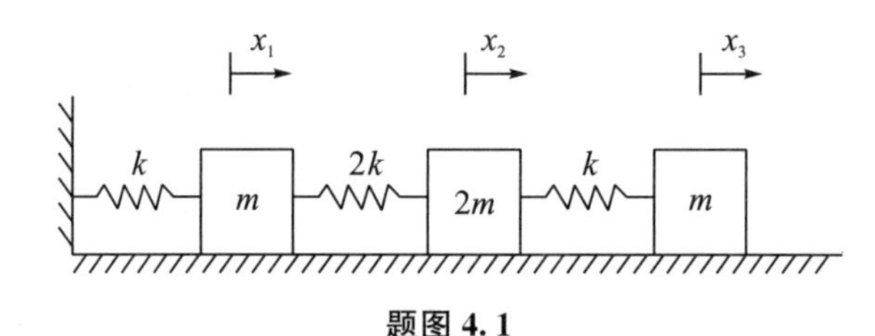

题图 4.1

答：

$$\begin{bmatrix}m & 0 & 0\\ 0 & 2m & 0\\ 0 & 0 & 2m\end{bmatrix}\begin{bmatrix}\ddot{x}_1\\ \ddot{x}_2\\ \ddot{x}_3\end{bmatrix}+\begin{bmatrix}3k & -2k & 0\\ 2k & 3k & k\\ 0 & -k & k\end{bmatrix}\begin{bmatrix}x_1\\ x_2\\ x_3\end{bmatrix}=\begin{bmatrix}0\\ 0\\ 0\end{bmatrix}.$$

4.2　两自由度系统运动的微分方程为

$$\begin{bmatrix}m & 0\\ 0 & m\end{bmatrix}\begin{bmatrix}\ddot{x}_1\\ \ddot{x}_2\end{bmatrix}+\begin{bmatrix}2k & -k\\ -k & 3k\end{bmatrix}\begin{bmatrix}x_1\\ x_2\end{bmatrix}=\begin{bmatrix}0\\ 0\end{bmatrix}.$$

求该系统的固有频率。

答：固有频率确定为

$$m^2\omega^4-5km\omega^2+5k^2=0,$$

即得

$$\omega_1=1.176\sqrt{\frac{k}{m}},\ \omega_2=1.902\sqrt{\frac{k}{m}}.$$

4.3　当 c 为何值时，图 4.2 中系统的二自由度模型为欠阻尼系统？

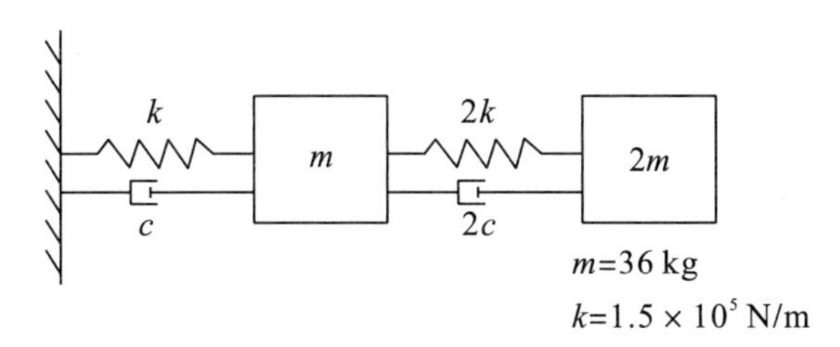

题图 4.2

答：图 4.2 所示系统的运动微分方程为

$$\begin{bmatrix} m & 0 \\ 0 & 2m \end{bmatrix}\begin{bmatrix} \ddot{x}_1 \\ \ddot{x}_2 \end{bmatrix}+\begin{bmatrix} 3c & -2c \\ -2c & 2c \end{bmatrix}\begin{bmatrix} \dot{x}_1 \\ \dot{x}_2 \end{bmatrix}+\begin{bmatrix} 3k & -2k \\ -2k & 2k \end{bmatrix}\begin{bmatrix} x_1 \\ x_2 \end{bmatrix}=\begin{bmatrix} 0 \\ 0 \end{bmatrix}.$$

即得

$$\omega_1 = 0.5177\sqrt{\frac{k}{m}},\omega_2 = 1.932\sqrt{\frac{k}{m}}.$$

故

$$c < 1.035\sqrt{mk} = 1.035\sqrt{(1.3\times 10^5\ \text{N/m})(36\ \text{kg})} = 2.24\times 10^3\ \text{N}\cdot\text{s/m}.$$

4.4　求图 4.3 中系统的一般自由振动的响应。

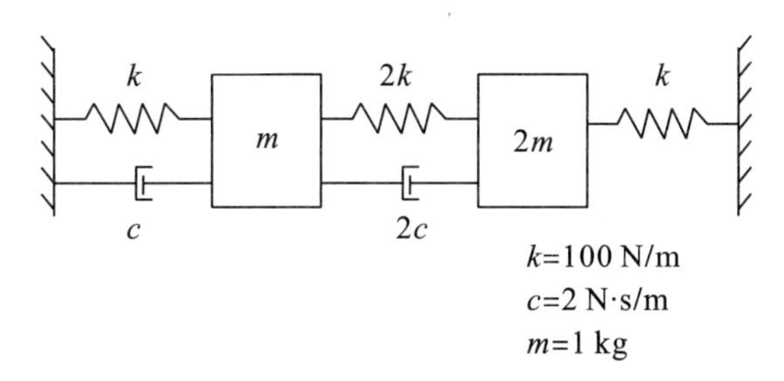

题图 4.3

答：

$$\mathrm{e}^{-0.268t}\left\{C_1\begin{bmatrix} 0.732 \\ 1 \end{bmatrix}\cos 7.96t + C_2\begin{bmatrix} 0.732 \\ 1 \end{bmatrix}\sin 7.96t\right\}+$$

$$\mathrm{e}^{-0.323t}\left\{C_3\begin{bmatrix} -2.73 \\ 1 \end{bmatrix}\cos 14.92t + C_4\begin{bmatrix} -2.73 \\ 1 \end{bmatrix}\sin 14.92t\right\}.$$

4.5　图 4.4 中的质量块 $m/2$ 给出了初始位移 δ，而其他块体处于平衡位置，然后释放系统。系统的反应是什么？

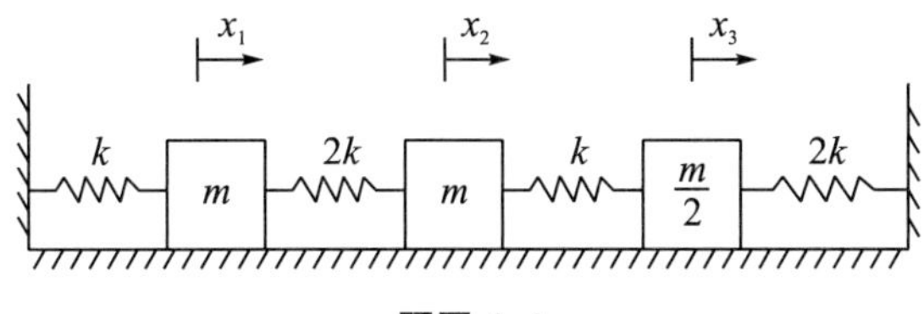

题图 4.4

答：

$$\begin{bmatrix} x_1(t) \\ x_2(t) \\ x_3(t) \end{bmatrix} = \delta \left\{ \begin{bmatrix} 0.0920 \\ 0.101 \\ 0.0389 \end{bmatrix} \sin\left(0.893\sqrt{\frac{k}{m}}t + \frac{\pi}{2}\right) + \begin{bmatrix} -0.239 \\ 0.174 \\ 0.224 \end{bmatrix} \sin\left(2.110\sqrt{\frac{k}{m}}t + \frac{\pi}{2}\right) + \begin{bmatrix} 0.147 \\ -0.275 \\ 0.736 \end{bmatrix} \sin\left(2.597\sqrt{\frac{k}{m}}t + \frac{\pi}{2}\right) \right\}.$$

第 5 章　复模态分析

任何工程系统都存在阻尼，在阻尼力较小或激励频率远离系统固有频率的情况下，可以忽略阻尼的存在，近似当作无阻尼系统。当激励的频率接近系统的固有频率，且时间又不是很短的情况下，阻尼是不能忽略的。一般情况下，可将各种类型的阻尼化作等效黏性阻尼，则阻尼可近似表示为广义速度的线性函数。这时阻尼是一种比例阻尼，即阻尼可写为阻尼矩阵和刚度矩阵的线性组合形式。对有阻尼系统进行的振型分析是实模态分析，实模态分析已经在第 4 章中详细阐述过。但是，实际工程中的阻尼往往是非比例阻尼，且并不能通过实模态分析将阻尼矩阵对角化，这时我们应该通过复模态分析对这种非比例阻尼系统进行处理。本章主要讨论非比例阻尼振动系统的复模态分析。

5.1　复模态理论

5.1.1　对称阻尼矩阵

有阻尼的 n 自由度系统为

$$\boldsymbol{M}\ddot{\boldsymbol{x}}+\boldsymbol{C}\dot{\boldsymbol{x}}+\boldsymbol{K}\boldsymbol{x}=\boldsymbol{F} \tag{5.1.1}$$

假设无阻尼系统的模态矩阵为 $\boldsymbol{\Phi}$，设

$$\boldsymbol{x}=\boldsymbol{\Phi}\boldsymbol{\eta} \tag{5.1.2}$$

将式（5.1.2）代入式（5.1.1），可得

$$\boldsymbol{\Phi}^{\mathrm{T}}\boldsymbol{M}\boldsymbol{\Phi}\ddot{\boldsymbol{\eta}}+\boldsymbol{\Phi}^{\mathrm{T}}\boldsymbol{C}\boldsymbol{\Phi}\dot{\boldsymbol{\eta}}+\boldsymbol{\Phi}^{\mathrm{T}}\boldsymbol{K}\boldsymbol{\Phi}\boldsymbol{\eta}=\boldsymbol{\Phi}^{\mathrm{T}}\boldsymbol{F} \tag{5.1.3}$$

化简得

$$\boldsymbol{M}_p\ddot{\boldsymbol{\eta}}+\boldsymbol{C}_p\dot{\boldsymbol{\eta}}+\boldsymbol{K}_p\boldsymbol{\eta}=\boldsymbol{Q} \tag{5.1.4}$$

式中，$\boldsymbol{M}_p=\boldsymbol{\Phi}^{\mathrm{T}}\boldsymbol{M}\boldsymbol{\Phi}$，$\boldsymbol{C}_p=\boldsymbol{\Phi}^{\mathrm{T}}\boldsymbol{C}\boldsymbol{\Phi}$，$\boldsymbol{K}_p=\boldsymbol{\Phi}^{\mathrm{T}}\boldsymbol{K}\boldsymbol{\Phi}$ 分别表示主质量、模态阻尼和主刚度矩阵。即使$\boldsymbol{M}_p=\boldsymbol{\Phi}^{\mathrm{T}}\boldsymbol{M}\boldsymbol{\Phi}$ 与$\boldsymbol{K}_p=\boldsymbol{\Phi}^{\mathrm{T}}\boldsymbol{K}\boldsymbol{\Phi}$ 是对角矩阵，即系统的质量矩阵和刚度矩阵可以解耦的情况，但$\boldsymbol{C}_p=\boldsymbol{\Phi}^{\mathrm{T}}\boldsymbol{C}\boldsymbol{\Phi}$ 通常为非对角阵，因此系统的强迫振动方程依然存在耦合。

例 5.1.1　如图 5.1 所示，三自由度系统由弹簧和阻尼连接，试求主质量、模态阻尼和主刚度矩阵。

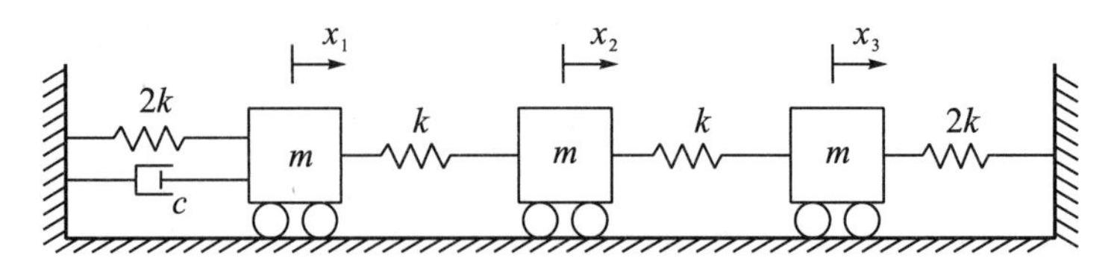

图 5.1　带阻尼的三自由度系统

解：

写出质量、刚度、阻尼矩阵：

$$\boldsymbol{M}=\begin{bmatrix} m & 0 & 0 \\ 0 & m & 0 \\ 0 & 0 & m \end{bmatrix},\boldsymbol{K}=\begin{bmatrix} 3k & -k & 0 \\ -k & 2k & -k \\ 0 & -k & 3k \end{bmatrix},\boldsymbol{C}=\begin{bmatrix} c & 0 & 0 \\ 0 & 0 & 0 \\ 0 & 0 & 0 \end{bmatrix}. \tag{a}$$

模态矩阵为：
$$\boldsymbol{\Phi}=\begin{bmatrix} -1 & -1 & 1 \\ 2 & 0 & -1 \\ 1 & 1 & 1 \end{bmatrix} \tag{b}$$

利用模态矩阵可以写出主质量、主刚度、模态阻尼矩阵分别为：

$$\boldsymbol{\Phi}^{\mathrm{T}}\boldsymbol{M}\boldsymbol{\Phi}=\begin{bmatrix} 6m & 0 & 0 \\ 0 & 2m & 0 \\ 0 & 0 & 3m \end{bmatrix},\boldsymbol{\Phi}^{\mathrm{T}}\boldsymbol{K}\boldsymbol{\Phi}=\begin{bmatrix} 6k & -k & 0 \\ -k & 6k & -k \\ 0 & -k & 12k \end{bmatrix},$$

$$\boldsymbol{C}_p=\boldsymbol{\Phi}^{\mathrm{T}}\boldsymbol{C}\boldsymbol{\Phi}=\begin{bmatrix} c & -c & c \\ -c & c & -c \\ c & -c & c \end{bmatrix} \tag{c}$$

此时，模态阻尼矩阵$\boldsymbol{C}_p$非对角矩阵，前面介绍的方法都不再适用，振动分析将变得十分复杂，通常采用如下方法解决这个问题。

（1）将阻尼矩阵$\boldsymbol{C}_p$中的非对角元素全部略去，可得简化后的对角矩阵：

$$\boldsymbol{C}_p=\begin{bmatrix} C_{p1} & & \\ & \ddots & \\ & & C_{pn} \end{bmatrix} \tag{5.1.5}$$

从而使动力学方程解耦。其中，C_{pi}代表第i阶主振动的阻尼系数。

（2）假定原坐标的阻尼矩阵$\boldsymbol{C}$与质量矩阵$\boldsymbol{M}$和刚度矩阵$\boldsymbol{K}$之间存在比例关系：

$$\boldsymbol{C}=a\boldsymbol{M}+b\boldsymbol{K}. \tag{5.1.6}$$

式中，a和b为常值比例系数，代入阻尼矩阵$\boldsymbol{C}_p=\boldsymbol{\Phi}^{\mathrm{T}}\boldsymbol{C}\boldsymbol{\Phi}$中，可得矩阵

$$\boldsymbol{C}_p=\boldsymbol{\Phi}^{\mathrm{T}}(a\boldsymbol{M}+b\boldsymbol{K})\boldsymbol{\Phi}=a\boldsymbol{M}_p+b\boldsymbol{K}_p=\mathrm{diag}(C_{p1}\cdots C_{pn}). \tag{5.1.7}$$

此时，$\boldsymbol{C}_p$为对角矩阵。

5.1.2　复振型

实际上，对于通过实分析无法对角化的阻尼矩阵，直接忽略对角元素是不合理的。为了应对这种情况，对以下多自由度系统的自由振动方程进行讨论：

$$\boldsymbol{M}\ddot{\boldsymbol{x}} + \boldsymbol{C}\dot{\boldsymbol{x}} + \boldsymbol{K}\boldsymbol{x} = \boldsymbol{0} \tag{5.1.8}$$

假设方程的特解为

$$\boldsymbol{x} = \boldsymbol{X}\mathrm{e}^{\lambda t} \tag{5.1.9}$$

代入得

$$(\boldsymbol{M}\lambda^2 + \boldsymbol{C}\lambda + \boldsymbol{K})\boldsymbol{X} = \boldsymbol{0} \tag{5.1.10}$$

方程（5.1.10）有非零解的充分必要条件为

$$|\boldsymbol{M}\lambda^2 + \boldsymbol{C}\lambda + \boldsymbol{K}| = 0 \tag{5.1.11}$$

式（5.1.11）是该自由振动系统的频率方程，其为 λ 的 $2n$ 次多项式，求解该多项式得 $2n$ 个特征值 λ_j（$j=1$，2，…，$2n$），这些特征值可为实数，也可为共轭复数，与 n 对共轭复数特征值对应的共轭复数特征向量 $\boldsymbol{X}_j$（$j=1$，2，…，$2n$）称为复振型。阻尼使系统的自由振动衰减，该衰减振动的频率和衰减系数由特征值的虚、实部确定，但复振型已没有实际的物理意义，并不能反映各坐标振幅的相对比值。

5.1.3　解耦变化

对于有阻尼多自由度系统：

$$\boldsymbol{M}\ddot{\boldsymbol{x}} + \boldsymbol{C}\dot{\boldsymbol{x}} + \boldsymbol{K}\boldsymbol{x} = \boldsymbol{F}, \tag{5.1.12}$$

式中，$\boldsymbol{M}$，$\boldsymbol{C}$，$\boldsymbol{K}$ 是对称矩阵，且 $\boldsymbol{M}>\boldsymbol{0}$。令 $\boldsymbol{y}=[\boldsymbol{x}，\dot{\boldsymbol{x}}]^{\mathrm{T}}$，可将原动力学方程表示为状态空间形式：

$$\begin{bmatrix} -\boldsymbol{K} & \boldsymbol{0} \\ \boldsymbol{0} & \boldsymbol{M} \end{bmatrix}\dot{\boldsymbol{y}} + \begin{bmatrix} \boldsymbol{0} & \boldsymbol{K} \\ \boldsymbol{K} & \boldsymbol{C} \end{bmatrix}\boldsymbol{y} = \begin{bmatrix} \boldsymbol{0} \\ \boldsymbol{F} \end{bmatrix} \tag{5.1.13}$$

简写为

$$\boldsymbol{S}\dot{\boldsymbol{y}} + \boldsymbol{R}\boldsymbol{y} = \boldsymbol{Q} \tag{5.1.14}$$

式中，

$$\boldsymbol{S} = \begin{bmatrix} -\boldsymbol{K} & \boldsymbol{0} \\ \boldsymbol{0} & \boldsymbol{M} \end{bmatrix}, \boldsymbol{R} = \begin{bmatrix} \boldsymbol{0} & \boldsymbol{K} \\ \boldsymbol{K} & \boldsymbol{C} \end{bmatrix}, \boldsymbol{Q} = \begin{bmatrix} \boldsymbol{0} \\ \boldsymbol{F} \end{bmatrix} \tag{5.1.15}$$

在式（5.1.15）中，矩阵 $\boldsymbol{S}$，$\boldsymbol{R}$，$\boldsymbol{Q}$ 均为 $2n$ 阶方阵。当系统做自由振动时，$\boldsymbol{F}=\boldsymbol{0}$，$\boldsymbol{Q}=\boldsymbol{0}$，因此得到

$$\boldsymbol{S}\dot{\boldsymbol{y}} + \boldsymbol{R}\boldsymbol{y} = \boldsymbol{0} \tag{5.1.16}$$

设方程的解为

$$y = \eta\mathrm{e}^{\lambda t} \tag{5.1.17}$$

代入得

$$\lambda\boldsymbol{S}\eta\mathrm{e}^{\lambda t} + \boldsymbol{R}\eta\mathrm{e}^{\lambda t} = \boldsymbol{0} \tag{5.1.18}$$

两端同时除以 $\mathrm{e}^{\lambda t}$，合并得特征值问题为

$$(\lambda\boldsymbol{S} + \boldsymbol{R})\eta = \boldsymbol{0} \tag{5.1.19}$$

该特征值问题的特征方程为

$$|\lambda\boldsymbol{S} + \boldsymbol{R}| = 0 \tag{5.1.20}$$

求解该特征方程可得 $2n$ 个实根或共轭复根，假设 λ_r 和 λ_s 为第 r 和第 s 个特征根，

$\boldsymbol{\eta}_r$和$\boldsymbol{\eta}_s$为λ_r和λ_s的特征向量，那么由式（5.1.19）可得

$$\lambda_r \boldsymbol{S}\boldsymbol{\eta}_r + \boldsymbol{R}\boldsymbol{\eta}_r = \boldsymbol{0} \tag{5.1.21}$$

$$\lambda_s \boldsymbol{S}\boldsymbol{\eta}_s + \boldsymbol{R}\boldsymbol{\eta}_s = \boldsymbol{0} \tag{5.1.22}$$

对式（5.1.22）求转置：

$$\lambda_s \boldsymbol{\eta}_s^{\mathrm{T}} \boldsymbol{S}^{\mathrm{T}} + \boldsymbol{\eta}_s^{\mathrm{T}} \boldsymbol{R}^{\mathrm{T}} = \boldsymbol{0} \tag{5.1.23}$$

因为对称矩阵 $\boldsymbol{S}$ 和 $\boldsymbol{R}$ 求转置后不变，将式（5.1.23）各项右乘$\boldsymbol{\eta}_r$

$$\lambda_r \boldsymbol{\eta}_s^{\mathrm{T}} \boldsymbol{S}\boldsymbol{\eta}_r + \boldsymbol{\eta}_s^{\mathrm{T}} \boldsymbol{R}\boldsymbol{\eta}_r = \boldsymbol{0} \tag{5.1.24}$$

将式（5.1.21）左乘$\boldsymbol{\eta}_s^{\mathrm{T}}$

$$\lambda_s \boldsymbol{\eta}_s^{\mathrm{T}} \boldsymbol{S}\boldsymbol{\eta}_r + \boldsymbol{\eta}_s^{\mathrm{T}} \boldsymbol{R}\boldsymbol{\eta}_r = \boldsymbol{0} \tag{5.1.25}$$

将式（5.1.24）和式（5.1.25）相减得

$$(\lambda_r - \lambda_s) \boldsymbol{\eta}_s^{\mathrm{T}} \boldsymbol{S}\boldsymbol{\eta}_r = \boldsymbol{0} \tag{5.1.26}$$

如果$\lambda_r \neq \lambda_s$，则

$$\boldsymbol{\eta}_s^{\mathrm{T}} \boldsymbol{S}\boldsymbol{\eta}_r = \boldsymbol{0} \tag{5.1.27}$$

又因为式（5.1.24），可得

$$\boldsymbol{\eta}_s^{\mathrm{T}} \boldsymbol{R}\boldsymbol{\eta}_r = \boldsymbol{0} \tag{5.1.28}$$

如果 $r=s$，则

$$\alpha_r = \boldsymbol{\eta}_s^{\mathrm{T}} \boldsymbol{R}\boldsymbol{\eta}_s \tag{5.1.29}$$

式中，α_r 既可能是实数，也可能是复数。将 $2n$ 个复振型$\boldsymbol{\Phi}_{(i)}$（$i=1$，2，…，$2n$）列成 $2n\times 2n$ 的复振型矩阵$\boldsymbol{\Phi}$：

$$\boldsymbol{\Phi} = [\boldsymbol{\eta}_1, \boldsymbol{\eta}_2, \cdots, \boldsymbol{\eta}_{2n}] \tag{5.1.30}$$

讨论受迫振动时对 y 做变量置换，令

$$\boldsymbol{y}(t) = \boldsymbol{\Phi}\boldsymbol{\zeta}(t) \tag{5.1.31}$$

代入式（5.1.14），可得

$$\boldsymbol{S}\boldsymbol{\Phi}\dot{\boldsymbol{\zeta}}(t) + \boldsymbol{R}\boldsymbol{\Phi}\boldsymbol{\zeta}(t) = \boldsymbol{Q} \tag{5.1.32}$$

在各项左端乘 $\boldsymbol{\Phi}^{\mathrm{T}}$，导出变量为 $\zeta=(\zeta_j)$ 的状态方程

$$\boldsymbol{\Phi}^{\mathrm{T}}\boldsymbol{S}\boldsymbol{\Phi}\dot{\boldsymbol{\zeta}}(t) + \boldsymbol{\Phi}^{\mathrm{T}}\boldsymbol{R}\boldsymbol{\Phi}\boldsymbol{\zeta}(t) = \boldsymbol{z} \tag{5.1.33}$$

式中，$\boldsymbol{z} = \boldsymbol{\Phi}^{\mathrm{T}} \boldsymbol{Q} = [z_1, z_2, \cdots, z_n]^{\mathrm{T}}$。为方便起见，式（5.1.33）中的$\boldsymbol{\Phi}^{\mathrm{T}}\boldsymbol{S}\boldsymbol{\Phi}$ 和 $\boldsymbol{\Phi}^{\mathrm{T}}\boldsymbol{R}\boldsymbol{\Phi}$ 称为类主质量阵和类主刚度阵，与实模态分析中的主质量阵和主刚度阵相对应，它们均是 $2n$ 阶对角阵。如果矩阵 $\boldsymbol{\Phi}$ 中的向量 $\boldsymbol{\eta}$ 没有归一化，则类主质量阵$\boldsymbol{\Phi}^{\mathrm{T}}\boldsymbol{S}\boldsymbol{\Phi}$ 为

$$\boldsymbol{\Phi}^{\mathrm{T}}\boldsymbol{S}\boldsymbol{\Phi} = \begin{bmatrix} \alpha_1 & & & \\ & \alpha_2 & & \\ & & \ddots & \\ & & & \alpha_{2n} \end{bmatrix} \tag{5.1.34}$$

类主刚度阵$\boldsymbol{\Phi}^{\mathrm{T}}\boldsymbol{R}\boldsymbol{\Phi}$ 为

$$\boldsymbol{\Phi}^{\mathrm{T}}\boldsymbol{R}\boldsymbol{\Phi} = \begin{bmatrix} -\lambda_1\alpha_1 & & & \\ & -\lambda_2\alpha_2 & & \\ & & \ddots & \\ & & & -\lambda_{2n}\alpha_{2n} \end{bmatrix} \tag{5.1.35}$$

式中，类主质量阵的对角元素为

$$\alpha_r = \boldsymbol{\eta}_r^{\mathrm{T}} \boldsymbol{S} \boldsymbol{\eta}_r \tag{5.1.36}$$

类主刚度阵的对角元素为

$$-\lambda_r \alpha_r = \boldsymbol{\eta}_r^{\mathrm{T}} \boldsymbol{R} \boldsymbol{\eta}_r \tag{5.1.37}$$

如果归一化，则类主质量阵为

$$\boldsymbol{\Phi}^{\mathrm{T}} \boldsymbol{S} \boldsymbol{\Phi} = \begin{bmatrix} 1 & & & \\ & 1 & & \\ & & \ddots & \\ & & & 1 \end{bmatrix} \tag{5.1.38}$$

类主刚度阵为

$$\boldsymbol{\Phi}^{\mathrm{T}} \boldsymbol{R} \boldsymbol{\Phi} = \begin{bmatrix} -\lambda_1 & & & \\ & -\lambda_2 & & \\ & & \ddots & \\ & & & -\lambda_{2n} \end{bmatrix} \tag{5.1.39}$$

将式（5.1.34）和式（5.1.35）代入式（5.1.33）可得

$$\alpha_i \dot{\zeta}_i - \lambda_i \alpha_i \zeta_i = z_i (i = 1,2,\cdots,2n) \tag{5.1.40}$$

各项同时除以 α_i，可得

$$\dot{\zeta}_i - \lambda_i \zeta_i = \frac{z_i}{\alpha_i} \tag{5.1.41}$$

如果向量归一化，则方程可简化为

$$\dot{\zeta}_i - \lambda_i \zeta_i = z_i \tag{5.1.42}$$

初始条件

$$\boldsymbol{y}(0) = \boldsymbol{\Phi} \boldsymbol{\zeta}(0) \tag{5.1.43}$$

$$\boldsymbol{\Phi}^{\mathrm{T}} \boldsymbol{S} \boldsymbol{\Phi} = \boldsymbol{I} \tag{5.1.44}$$

式中，$\boldsymbol{\Phi}^{\mathrm{T}} \boldsymbol{S} = \boldsymbol{\Phi}^{-1}$，$\boldsymbol{I}$ 为单位矩阵。代入式（5.1.43），可得

$$\boldsymbol{\zeta}(0) = \boldsymbol{\Phi}^{\mathrm{T}} \boldsymbol{S} \boldsymbol{y}(0) \tag{5.1.45}$$

通过求解解耦后的微分方程（5.1.42），可得复模态空间的解：

$$\zeta_i(t) = \zeta_i(0) \mathrm{e}^{\lambda_i t} + \int_0^t \mathrm{e}^{\lambda_i (t-\tau)} z_i(\tau) \mathrm{d}\tau \tag{5.1.46}$$

最后，由复模态空间返回物理空间，可得系统的受迫振动解为

$$\boldsymbol{y} = \boldsymbol{\Phi} \boldsymbol{\zeta} = [\eta_1 \eta_2 \cdots \eta_{2n}] \begin{bmatrix} \zeta_1 \\ \zeta_2 \\ \vdots \\ \zeta_{2n} \end{bmatrix} = \sum_{i=1}^{2n} \zeta_i(t) \eta_i \tag{5.1.47}$$

例 5.1.2　如图 5.2 所示，振动系统由弹簧和阻尼连接的 2 个质量块组成，试求该有阻尼两自由度振动系统的响应。

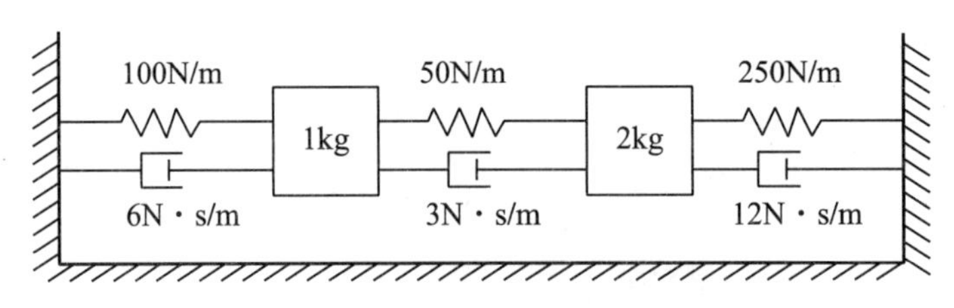

图 5.2　带阻尼的弹簧质量块

解：动力学方程为

$$\boldsymbol{M}\ddot{\boldsymbol{x}}+\boldsymbol{C}\dot{\boldsymbol{x}}+\boldsymbol{K}\boldsymbol{x}=0 \tag{a}$$

式中，

$$\boldsymbol{M}=\begin{bmatrix}1 & 0\\ 0 & 2\end{bmatrix},\ \boldsymbol{C}=\begin{bmatrix}9 & -3\\ -3 & 15\end{bmatrix},\ \boldsymbol{K}=\begin{bmatrix}150 & -50\\ -50 & 300\end{bmatrix} \tag{b}$$

初始条件为

$$\boldsymbol{x}(0)=\boldsymbol{x}_0=\begin{bmatrix}0.01\\ 0\end{bmatrix},\ \dot{\boldsymbol{x}}(0)=\dot{\boldsymbol{x}}_0=\begin{bmatrix}0\\ 2\end{bmatrix} \tag{c}$$

方程（a）写成状态方程的形式为

$$\underbrace{\begin{bmatrix}-\boldsymbol{K} & 0\\ 0 & \boldsymbol{M}\end{bmatrix}}_{\boldsymbol{S}}\cdot\dot{\boldsymbol{y}}+\underbrace{\begin{bmatrix}0 & \boldsymbol{K}\\ \boldsymbol{K} & 0\end{bmatrix}}_{\boldsymbol{R}}\cdot y=\begin{bmatrix}0\\ 0\end{bmatrix} \tag{d}$$

式中，

$$\boldsymbol{S}=\begin{bmatrix}-150 & 50 & 0 & 0\\ 50 & -300 & 0 & 0\\ 0 & 0 & 1 & 0\\ 0 & 0 & 0 & 2\end{bmatrix},\ \boldsymbol{R}=\begin{bmatrix}0 & 0 & 150 & -50\\ 0 & 0 & -50 & 300\\ 150 & -50 & 9 & -3\\ -50 & 300 & -3 & 15\end{bmatrix} \tag{e}$$

令

$$\boldsymbol{y}=\boldsymbol{\eta}\mathrm{e}^{\lambda t} \tag{f}$$

代入动力学方程得如下特征值问题：

$$(\lambda\boldsymbol{S}+\boldsymbol{R})\boldsymbol{\eta}=0 \tag{g}$$

该特征值问题的特征值方程为

$$|\lambda\boldsymbol{S}+\boldsymbol{R}|=0 \tag{h}$$

求解方程（h）可得 4 个共轭复根：

$$\begin{aligned}\lambda_1&=-3.0609+10.3033\mathrm{i}\\ \lambda_2&=-3.0609-10.3033\mathrm{i}\\ \lambda_3&=-5.1891+12.5305\mathrm{i}\\ \lambda_4&=-5.1891-12.5305\mathrm{i}\end{aligned} \tag{i}$$

该 4 个特征值的实部为阻尼（damping），虚部为频率，可以看到该两自由度系统只有 2 个阻尼和 2 个频率。将公式（i）所对应的 4 个特征值代入公式（g）可得 4 个特征值对应的特征向量为

$$\boldsymbol{\eta}_1=\begin{Bmatrix}0.0319+0.0810\mathrm{i}\\0.0103+0.0656\mathrm{i}\\-0.9293+0.0707\mathrm{i}\\-0.7076-0.0949\mathrm{i}\end{Bmatrix},\quad \boldsymbol{\eta}_2=\begin{Bmatrix}0.0319-0.0810\mathrm{i}\\0.0103-0.0656\mathrm{i}\\-0.9293-0.0707\mathrm{i}\\-0.7076+0.0949\mathrm{i}\end{Bmatrix},\tag{j}$$

$$\boldsymbol{\eta}_3=\begin{Bmatrix}-0.0203-0.0649\mathrm{i}\\0.0226+0.0360\mathrm{i}\\0.918+0.0820\mathrm{i}\\-0.5682+0.0961\mathrm{i}\end{Bmatrix},\quad \boldsymbol{\eta}_4=\begin{Bmatrix}-0.0203+0.0649\mathrm{i}\\0.0226-0.0360\mathrm{i}\\0.918-0.0820\mathrm{i}\\-0.5682-0.0961\mathrm{i}\end{Bmatrix}$$

注意，在实模态分析中，两自由度系统对应的特征值只有2个，这2个特征值是振动的频率，其所对应的特征向量也只有2个，为两自由度系统的2个实模态。但是，在本例的复模态分析过程中却有4个特征向量，即4个复模态，这4个复模态代表的物理意义是什么？这是一个值得探讨的问题。具体来说，$\boldsymbol{\eta}_1$ 和 $\boldsymbol{\eta}_2$ 都表示一阶模态，但它们之间有一个相位差，如果将 $\boldsymbol{\eta}_1$ 和 $\boldsymbol{\eta}_2$ 中的共轭复数表示为指数形式 $r\mathrm{e}^{\mathrm{i}\theta}$，其中，$r$ 代表幅值，θ 代表幅角，那么可以发现 $\boldsymbol{\eta}_1$ 和 $\boldsymbol{\eta}_2$ 中的复数的幅角是不同的，其物理意义是质量块 m_1 和 m_2 之间存在一个相位差，并不是一起振动。但是，实模态并不存在相位差。同理，$\boldsymbol{\eta}_3$ 和 $\boldsymbol{\eta}_4$ 表示二阶模态，它们之间也存在一个相位差。进行归一化操作可得

$$\boldsymbol{\eta}_1^{\mathrm{T}}\cdot\boldsymbol{S}\cdot\boldsymbol{\eta}_1=\alpha_1=3.4431-0.7327\mathrm{i}$$

$$\boldsymbol{\eta}_1'=\frac{1}{\sqrt{\alpha_1}}\cdot\boldsymbol{\eta}_1=\begin{bmatrix}-0.0119-0.0447\mathrm{i}\\-0.0018-0.0354\mathrm{i}\\0.4965+0.0144\mathrm{i}\\0.3698+0.0898\mathrm{i}\end{bmatrix}\tag{k-1}$$

$$\boldsymbol{\eta}_2^{\mathrm{T}}\cdot\boldsymbol{S}\cdot\boldsymbol{\eta}_2=\alpha_2=3.4431+0.7327\mathrm{i}$$

$$\sqrt{\alpha_2}=1.8659+0.1963\mathrm{i}$$

$$\boldsymbol{\eta}_2'=\frac{1}{\sqrt{\alpha_2}}\boldsymbol{\eta}_2=\begin{bmatrix}0.0119-0.0447\mathrm{i}\\0.0018-0.0354\mathrm{i}\\-0.4965+0.0144\mathrm{i}\\-0.3698+0.0898\mathrm{i}\end{bmatrix}\tag{k-2}$$

$$\boldsymbol{\eta}_3^{\mathrm{T}}\cdot\boldsymbol{S}\cdot\boldsymbol{\eta}_3=\alpha_3=2.4556-1.1701\mathrm{i}$$

$$\sqrt{\alpha_3}=-1.6087+0.3637\mathrm{i}$$

$$\boldsymbol{\eta}_3'=\frac{1}{\sqrt{\alpha_3}}\boldsymbol{\eta}_3=\begin{bmatrix}0.0033+0.0411\mathrm{i}\\-0.0085-0.0243\mathrm{i}\\-0.5320-0.1712\mathrm{i}\\0.3489+0.0191\mathrm{i}\end{bmatrix}\tag{k-3}$$

$$\boldsymbol{\eta}_4^{\mathrm{T}} \cdot \boldsymbol{S} \cdot \boldsymbol{\eta}_4 = \alpha_4 = 2.4556 + 1.1701\mathrm{i}$$

$$\sqrt{\alpha_4} = 1.6087 + 0.3637\mathrm{i}$$

$$\boldsymbol{\eta}_4' = \frac{1}{\sqrt{\alpha_4}}\boldsymbol{\eta}_4 = \begin{bmatrix} -0.0033 + 0.0411\mathrm{i} \\ 0.0085 - 0.0243\mathrm{i} \\ 0.5320 - 0.1712\mathrm{i} \\ -0.3489 + 0.0191\mathrm{i} \end{bmatrix} \tag{k-4}$$

将归一化的向量组成正则振型矩阵：

$$\boldsymbol{\Phi} = [\boldsymbol{\eta}_1', \boldsymbol{\eta}_2', \boldsymbol{\eta}_3', \boldsymbol{\eta}_4'] \tag{l}$$

令

$$\boldsymbol{y} = \boldsymbol{\Phi} \cdot \boldsymbol{\zeta} \tag{m}$$

代入

$$\boldsymbol{S} \cdot \dot{\boldsymbol{y}} + \boldsymbol{R} \cdot \boldsymbol{y} = \boldsymbol{0} \tag{n}$$

可得

$$\boldsymbol{S} \cdot \boldsymbol{\Phi} \cdot \dot{\boldsymbol{\zeta}} + \boldsymbol{R} \cdot \boldsymbol{\Phi} \cdot \boldsymbol{\zeta} = \boldsymbol{0} \tag{o}$$

各项左乘 $\boldsymbol{\Phi}^{\mathrm{T}}$

$$\underbrace{\boldsymbol{\Phi}^{\mathrm{T}} \cdot \boldsymbol{S} \cdot \boldsymbol{\Phi}}_{\boldsymbol{I}} \cdot \dot{\boldsymbol{\zeta}} + \underbrace{\boldsymbol{\Phi}^{\mathrm{T}} \cdot \boldsymbol{R} \cdot \boldsymbol{\Phi}}_{\boldsymbol{\Lambda}} \cdot \boldsymbol{\zeta} = \boldsymbol{0} \tag{p}$$

式中，$\boldsymbol{I}$ 为单位矩阵，$\boldsymbol{\Lambda}$ 为特征值对角矩阵：

$$\boldsymbol{\Lambda} = \begin{bmatrix} -\lambda_1 & & & \\ & -\lambda_2 & & \\ & & -\lambda_3 & \\ & & & -\lambda_4 \end{bmatrix} \tag{q}$$

根据初始条件

$$\boldsymbol{y}(0) = \boldsymbol{\Phi} \cdot \boldsymbol{\zeta}(0) = \begin{bmatrix} 0.01 \\ 0 \\ 0 \\ 2 \end{bmatrix} \tag{r}$$

式中，

$$\boldsymbol{\zeta}(0) = \boldsymbol{\Phi}^{\mathrm{T}} \cdot \boldsymbol{S} \cdot \boldsymbol{y}(0) = \begin{bmatrix} 1.4959 + 0.4085\mathrm{i} \\ -1.4959 + 0.4085\mathrm{i} \\ 1.3862 + 0.0028\mathrm{i} \\ -1.3862 + 0.0028\mathrm{i} \end{bmatrix} \tag{s}$$

因此，解耦后的状态空间方程的解为

$$\zeta_i(t) = \zeta_i(0)\mathrm{e}^{\lambda i t} (i = 1,2,3,4) \tag{t}$$

即

$$\boldsymbol{\zeta}=\begin{bmatrix}(1.4959+0.4085\mathrm{i})\mathrm{e}^{(-3.0629+10.3033\mathrm{i})t}\\(-1.4959+0.4085\mathrm{i})\mathrm{e}^{(-3.0629-10.3033\mathrm{i})t}\\(1.3862+0.0028\mathrm{i})\mathrm{e}^{(-5.1891+12.5305\mathrm{i})t}\\(-1.3862+0.0028\mathrm{i})\mathrm{e}^{(-5.1891-12.5305\mathrm{i})t}\end{bmatrix} \tag{u}$$

由模态叠加法，可得系统的响应为

$$\begin{aligned}\boldsymbol{y}=\boldsymbol{\Phi}\cdot\boldsymbol{\zeta}&=[\boldsymbol{\eta}_1'\quad\boldsymbol{\eta}_2'\quad\boldsymbol{\eta}_3'\quad\boldsymbol{\eta}_4']\begin{Bmatrix}\zeta_1\\\zeta_2\\\zeta_3\\\zeta_4\end{Bmatrix}\\&=\underbrace{\boldsymbol{\eta}_1'\cdot\zeta_1(t)+\boldsymbol{\eta}_2'\cdot\zeta_2(t)}_{\text{一阶模态响应}}+\underbrace{\boldsymbol{\eta}_3'\cdot\zeta_3(t)+\boldsymbol{\eta}_4'\cdot\zeta_4(t)}_{\text{二阶模态响应}}\end{aligned} \tag{v}$$

由于 $\boldsymbol{y}=(\boldsymbol{x},\ \dot{\boldsymbol{x}})^{\mathrm{T}}=(x_1,\ \dot{x}_1,\ x_2,\ \dot{x}_2)^{\mathrm{T}}$，因此可得两自由度系统响应为

$$\begin{aligned}x_1=&(-0.0119-0.0447\mathrm{i})(1.495+0.4085\mathrm{i})\mathrm{e}^{-3.0609t}[\cos10.3033t+\mathrm{i}\cdot\sin10.3033t]+\\&(0.0119-0.0447\mathrm{i})(-1.495+0.4085\mathrm{i})\mathrm{e}^{-3.0609t}[\cos10.3033t-\mathrm{i}\cdot\sin10.3033t]+\\&(0.0033+0.0411\mathrm{i})(1.3862+0.0028\mathrm{i})\mathrm{e}^{-5.1891t}[\cos12.5305t+\mathrm{i}\cdot\sin12.5305t]+\\&(-0.0033+0.0411\mathrm{i})(-1.3862+0.0028\mathrm{i})\mathrm{e}^{-5.1891t}[\cos12.5305t-\mathrm{i}\cdot\sin12.5305t]\\=&2\mathrm{e}^{-3.0609t}(0.0005\cos10.3033t+0.0717\sin10.3033t)+\\&2\mathrm{e}^{-5.1891t}(0.0045\cos12.5305t-0.0570\sin12.5305t)\\=&2\mathrm{e}^{-3.0609t}0.0717\cos(10.3033t-\underbrace{1.5638}_{89.6^\circ})+2\mathrm{e}^{-5.1891t}0.0572\cos(12.5305t+\underbrace{1.4920}_{85.48^\circ})\end{aligned} \tag{w}$$

$$x_2=2\mathrm{e}^{-3.0609t}0.0550\cos(10.3033t-\underbrace{1.3545}_{77.61^\circ})+2\mathrm{e}^{-5.1891t}0.0356\cos(12.5305t-\underbrace{1.9050}_{109.15^\circ}) \tag{x}$$

将 x_1 和 x_2 写成指数形式 $\boldsymbol{X}_1$ 和 $\boldsymbol{X}_2$ 可得

$$\boldsymbol{X}_1=\begin{bmatrix}0.0867\mathrm{e}^{\mathrm{i}69.12^\circ}\\0.0664\mathrm{e}^{\mathrm{i}81.08^\circ}\end{bmatrix} \tag{a-a}$$

由公式（a－d）可知，振幅比 *Amp-ratio* 和相位差 *Phase-diff* 分别为

$$Amp\text{-}ratio=\frac{0.0867}{0.0664}=1.3 \tag{a-b}$$

$$Phase\text{-}diff=69.12^\circ-81.08^\circ=-11.96^\circ \tag{a-c}$$

同理，

$$\boldsymbol{X}_2=\begin{bmatrix}0.068\mathrm{e}^{\mathrm{i}252.63^\circ}\\0.0425\mathrm{e}^{\mathrm{i}57.88^\circ}\end{bmatrix} \tag{a-d}$$

振幅比 *Amp-ratio* 和相位差 *Phase-diff* 分别为

$$Amp\text{-}ratio=\frac{0.068}{0.0425}=1.6 \tag{a-e}$$

$$Phase\text{-}diff=194.75^\circ \tag{a-f}$$

将式（f）代入式（a），导出特征方程

$$\lambda^2 + 2\zeta_1\omega_{n1}\lambda + \omega_{n1}^2 = 0 \tag{a-g}$$

假设方程（a−g）的两个复特征根可表示为

$$\begin{aligned} \lambda_1 &= -\sigma_1 + \omega_{d1}\mathrm{i} \\ \lambda_2 &= -\sigma_1 - \omega_{d1}\mathrm{i} \end{aligned} \tag{a-h}$$

式中，σ_1 表示阻尼项，$\omega_{d1}\mathrm{i}$ 表示频率项，特征值在复平面 $\sigma_1-\omega_{d1}\mathrm{i}$ 上可表示为图 5.3。

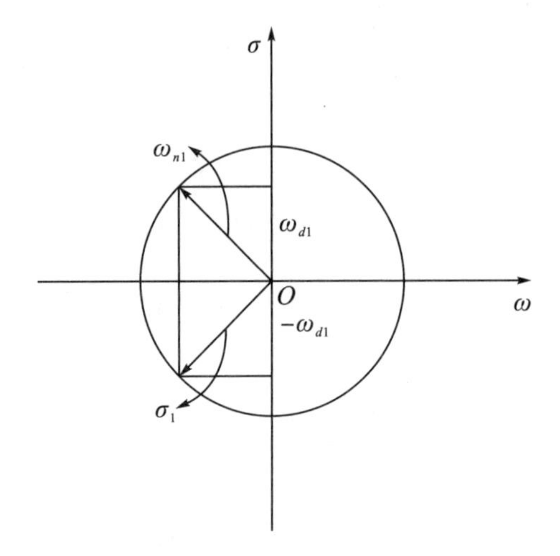

图 5.3　复平面上的特征值

二元一次方程（a−g）的解为

$$\begin{aligned} \lambda_1 &= -\zeta_1\omega_{n1} + \omega_{d1}\mathrm{i} \\ \lambda_2 &= -\zeta_1\omega_{n1} - \omega_{d1}\mathrm{i} \end{aligned} \tag{a-i}$$

式中，阻尼因子

$$\sigma_1 = \zeta_1 \cdot \omega_{n1} \tag{a-j}$$

这里

$$\omega_{d1} = \omega_{n1}\sqrt{1-\zeta_1^2} \tag{a-k}$$

模态阻尼比为

$$\zeta_1 = \frac{\sigma_1}{\omega_{n1}} = \frac{\sigma\mathrm{i}}{\sqrt{\sigma_1^2 + \omega_{d1}^2}} \tag{a-l}$$

复模态的特点：一般黏性阻尼系统以某阶主振动做自由振动时，每个物理坐标的初相位不仅与该阶主振动有关，还与物理坐标有关，即各物理坐标初相位不同。每个物理坐标的振动并不同时到达平衡位置和最大位置，即主振型节点是变化的。其幅值或振动形态与实模态不同，它不能保持与模态矢量相同的状态，即不具备模态保持性，主振型不再是驻波形式，而是行波形式，这是复模态系统的特点。简支梁实、复模态系统二阶模态变化如图 5.4 所示。

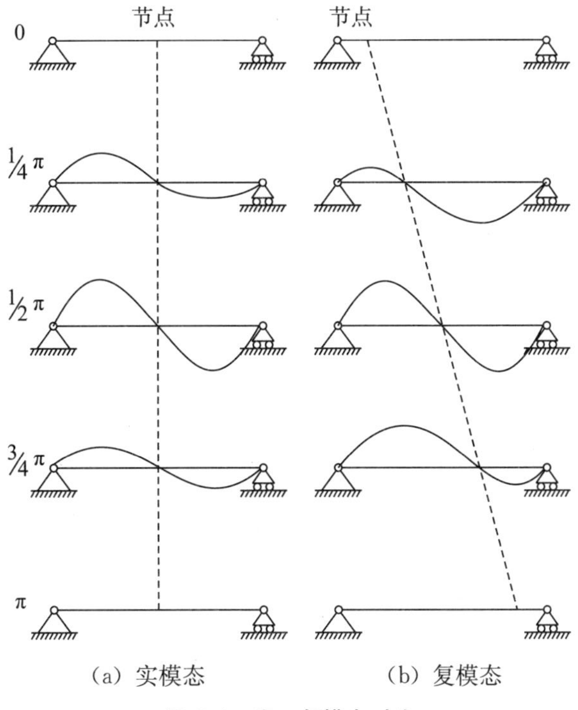

(a) 实模态　　(b) 复模态

图 5.4　实、复模态对比

5.2　复模态响应分析

5.2.1　稳态谐波响应

5.1 小节主要讨论非结构阻尼多自由度自由振动问题的复特征值及其对应的复模态。本节主要讨论有阻尼多自由度强迫振动问题，对于结构阻尼的情况，其系统方程为

$$\boldsymbol{M}\ddot{\boldsymbol{x}} + \boldsymbol{C}\dot{\boldsymbol{x}} + \boldsymbol{K}\boldsymbol{x} = \boldsymbol{F} \tag{5.2.1}$$

式中，$\boldsymbol{M}$，$\boldsymbol{C}$，$\boldsymbol{K}$ 为广义矩阵，$\boldsymbol{F} = \boldsymbol{F}_0 \cos\omega t$。用复数形式表示为

$$\boldsymbol{M}\ddot{\boldsymbol{x}} + \boldsymbol{C}\dot{\boldsymbol{x}} + \boldsymbol{K}\boldsymbol{x} = \boldsymbol{F}_0 \mathrm{e}^{\mathrm{i}\omega t} \tag{5.2.2}$$

设方程（5.2.2）的解为

$$\boldsymbol{x} = \boldsymbol{Z}\mathrm{e}^{\mathrm{i}\omega t} \tag{5.2.3}$$

将式（5.2.3）代入式（5.2.2）得

$$-\omega^2 \boldsymbol{M}\boldsymbol{Z}\mathrm{e}^{\mathrm{i}\omega t} + \mathrm{i}\omega \boldsymbol{C}\boldsymbol{Z}\mathrm{e}^{\mathrm{i}\omega t} + \boldsymbol{K}\boldsymbol{Z}\mathrm{e}^{\mathrm{i}\omega t} = \boldsymbol{F}_0 \mathrm{e}^{\mathrm{i}\omega t} \tag{5.2.4}$$

各项除以 $\mathrm{e}^{\mathrm{i}\omega t}$，并整理得

$$(-\omega^2 \boldsymbol{M} + \mathrm{i}\omega \boldsymbol{C} + \boldsymbol{K})\boldsymbol{Z} = \boldsymbol{F}_0 \tag{5.2.5}$$

令复频响应矩阵为

$$\boldsymbol{G}(\omega) = (-\omega^2 \boldsymbol{M} + \mathrm{i}\omega \boldsymbol{C} + \boldsymbol{K})^{-1} \tag{5.2.6}$$

则复振幅

$$\boldsymbol{Z} = \boldsymbol{G}(\omega) F_0 \tag{5.2.7}$$

式中，

$$\boldsymbol{F}_0 = \begin{bmatrix} 0 \\ \vdots \\ F_j \\ \vdots \\ 0 \end{bmatrix}, \quad \boldsymbol{Z} = \begin{bmatrix} z_1 \\ z_2 \\ \vdots \\ z_i \\ \vdots \\ z_n \end{bmatrix}, \tag{5.2.8}$$

如图 5.5 所示，假设在第 j 点施加外激励，并测量第 i 点的响应。

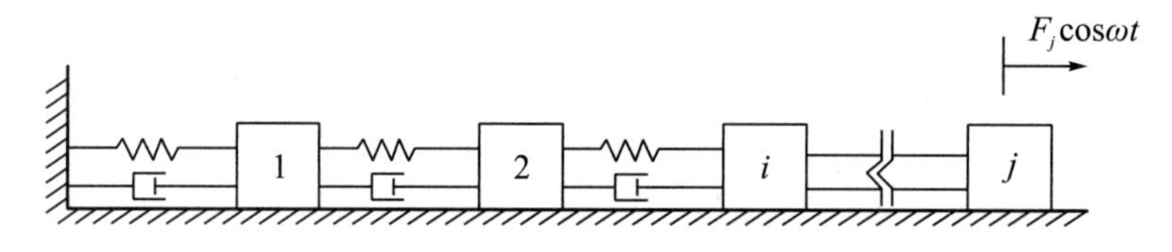

图 5.5　激励与响应的关系

用矩阵可表示为

$$\begin{bmatrix} z_1 \\ z_2 \\ \vdots \\ z_i \\ \vdots \\ z_n \end{bmatrix} = \boldsymbol{Z}_i = \begin{bmatrix} G_{11} & \cdots & G_{1j} & \cdots \\ \vdots & \vdots & \vdots & \vdots \\ G_{i1} & \cdots & G_{ij} & \cdots \\ \vdots & \vdots & \vdots & \vdots \\ G_{n1} & \cdots & G_{nn} & \end{bmatrix} \begin{bmatrix} 0 \\ \vdots \\ F_j \\ \vdots \\ 0 \end{bmatrix} \tag{5.2.9}$$

式中，

$$z_i = G_{ij} F_j \,, G_{ij} = \frac{z_i}{F_j} \tag{5.2.10}$$

如果 $\boldsymbol{M}^{-1}\boldsymbol{C}$ 和 $\boldsymbol{M}^{-1}\boldsymbol{K}$ 可以交换，则

$$G(\omega) = \sum_{k=1}^{n} \frac{\boldsymbol{\eta}_k \cdot \boldsymbol{\eta}_k^{\mathrm{T}}}{\omega_k^2 \cdot \omega^2 + 2\zeta_k \cdot \omega_k \cdot \omega_i} \tag{5.2.11}$$

式中，ζ_k 为模态阻尼比，ω_k 为固有频率，$\boldsymbol{\eta}_k$ 为归一化的特征向量模态振型。令

$$\boldsymbol{x} = \boldsymbol{\Phi} \boldsymbol{q}, \tag{5.2.12}$$

式中，

$$\boldsymbol{\Phi} = [\boldsymbol{\eta}_1 \quad \boldsymbol{\eta}_2 \quad \cdots \quad \boldsymbol{\eta}_n] \tag{5.2.13}$$

为无阻尼系统的归一化特征向量。求得系统的主质量矩阵为

$$\boldsymbol{\Phi}^{\mathrm{T}} \boldsymbol{M} \boldsymbol{\Phi} = \boldsymbol{I}, \tag{5.2.14}$$

主刚度矩阵为

$$\boldsymbol{\Phi}^{\mathrm{T}} \boldsymbol{K} \boldsymbol{\Phi} = \boldsymbol{\Lambda} = \begin{bmatrix} \omega_1^2 & & & \\ & \omega_2^2 & & \\ & & \ddots & \\ & & & \omega_n^2 \end{bmatrix} \tag{5.2.15}$$

模态阻尼矩阵为

$$\boldsymbol{\Phi}^{\mathrm{T}}\boldsymbol{C}\boldsymbol{\Phi}=\boldsymbol{C}^{*}=\begin{bmatrix}c_1 & & & \\ & c_2 & & \\ & & \ddots & \\ & & & c_n\end{bmatrix}=\begin{bmatrix}2\zeta_1\omega_1 & & & \\ & 2\zeta_2\omega_2 & & \\ & & \ddots & \\ & & & 2\zeta_n\omega_n\end{bmatrix} \tag{5.2.16}$$

式中，$\zeta_i=\dfrac{c_i}{2\omega_i}$，$i=1$，2，…，$n$ 是模态阻尼比。因为 $\boldsymbol{\Phi}^{\mathrm{T}}\boldsymbol{M}\boldsymbol{\Phi}=\boldsymbol{I}$，则

$$\boldsymbol{\Phi}^{-\mathrm{T}}\boldsymbol{\Phi}^{\mathrm{T}}\boldsymbol{M}\boldsymbol{\Phi}\boldsymbol{\Phi}^{-1}=\boldsymbol{\Phi}^{-\mathrm{T}}\boldsymbol{\Phi}^{-1} \tag{5.2.17}$$

可推导质量矩阵为

$$\boldsymbol{M}=\boldsymbol{\Phi}^{-\mathrm{T}}\boldsymbol{\Phi}^{-1} \tag{5.2.18}$$

同理，因为 $\boldsymbol{\Phi}^{\mathrm{T}}\boldsymbol{K}\boldsymbol{\Phi}=\boldsymbol{\Lambda}$，则

$$\boldsymbol{\Phi}^{-\mathrm{T}}\boldsymbol{\Phi}^{\mathrm{T}}\boldsymbol{K}\boldsymbol{\Phi}\boldsymbol{\Phi}^{-1}=\boldsymbol{\Phi}^{-\mathrm{T}}\boldsymbol{\Lambda}\boldsymbol{\Phi}^{-1} \tag{5.2.19}$$

可得刚度矩阵

$$\boldsymbol{K}=\boldsymbol{\Phi}^{-\mathrm{T}}\boldsymbol{\Lambda}\boldsymbol{\Phi}^{-1} \tag{5.2.20}$$

阻尼矩阵

$$\boldsymbol{C}=\boldsymbol{\Phi}^{-\mathrm{T}}\boldsymbol{C}^{*}\boldsymbol{\Phi}^{-1} \tag{5.2.21}$$

将式（5.2.18）、式（5.2.20）和式（5.2.21）代入式（5.2.6），得

$$\begin{aligned}\boldsymbol{G}(\omega)&=(-\omega^2\boldsymbol{\Phi}^{-\mathrm{T}}\boldsymbol{\Phi}^{-1}+\mathrm{i}\omega\boldsymbol{\Phi}^{-\mathrm{T}}\boldsymbol{C}^{*}\boldsymbol{\Phi}^{-1}+\boldsymbol{\Phi}^{-\mathrm{T}}\boldsymbol{\Lambda}\boldsymbol{\Phi}^{-1})^{-1}\\&=[\boldsymbol{\Phi}^{-\mathrm{T}}(-\omega^2\boldsymbol{I}+\mathrm{i}\omega\boldsymbol{C}^{*}+\boldsymbol{\Lambda})\boldsymbol{\Phi}^{-1}]^{-1}\\&=\boldsymbol{\Phi}(-\omega^2\boldsymbol{I}+\mathrm{i}\omega\boldsymbol{C}^{*}+\boldsymbol{\Lambda})^{-1}\boldsymbol{\Phi}^{\mathrm{T}}\end{aligned} \tag{5.2.22}$$

写成向量形式，可得复频响应矩阵为

$$\begin{aligned}\boldsymbol{G}(\omega)&=[\eta_1\quad\eta_2\quad\cdots\quad\eta_n]\begin{bmatrix}\dfrac{1}{-\omega^2+\mathrm{i}\omega\cdot 2\zeta_1\cdot\omega_1^2} & & & \\ & \dfrac{1}{-\omega^2+\mathrm{i}\omega\cdot 2\zeta_2\cdot\omega_2^2} & & \\ & & \ddots & \\ & & & \dfrac{1}{-\omega^2+\mathrm{i}\omega\cdot 2\zeta_n\cdot\omega_n^2}\end{bmatrix}\begin{bmatrix}\boldsymbol{\eta}_1^{\mathrm{T}}\\ \boldsymbol{\eta}_2^{\mathrm{T}}\\ \vdots\\ \boldsymbol{\eta}_n^{\mathrm{T}}\end{bmatrix}\\&=[\boldsymbol{\eta}_1\quad\boldsymbol{\eta}_2\quad\cdots\quad\boldsymbol{\eta}_n]\begin{bmatrix}\dfrac{\boldsymbol{\eta}_1^{\mathrm{T}}}{-\omega^2+\omega_1^2+2\zeta_1\cdot\omega\cdot\omega_1\cdot\mathrm{i}}\\ \dfrac{\boldsymbol{\eta}_2^{\mathrm{T}}}{-\omega^2+\omega_2^2+2\zeta_2\cdot\omega\cdot\omega_2\cdot\mathrm{i}}\\ \vdots\\ \dfrac{\boldsymbol{\eta}_n^{\mathrm{T}}}{-\omega^2+\omega_n^2+2\zeta_n\cdot\omega\cdot\omega_n\cdot\mathrm{i}}\end{bmatrix}\\&=\sum_{k=1}^{n}\frac{\boldsymbol{\eta}_k\cdot\boldsymbol{\eta}_k^{\mathrm{T}}}{-\omega^2+\omega_k^2+2\zeta_k\cdot\omega\cdot\omega_k\cdot\mathrm{i}}\end{aligned} \tag{5.2.23}$$

图 5.6 为频率响应曲线，虚线表示曲线的峰值位置。

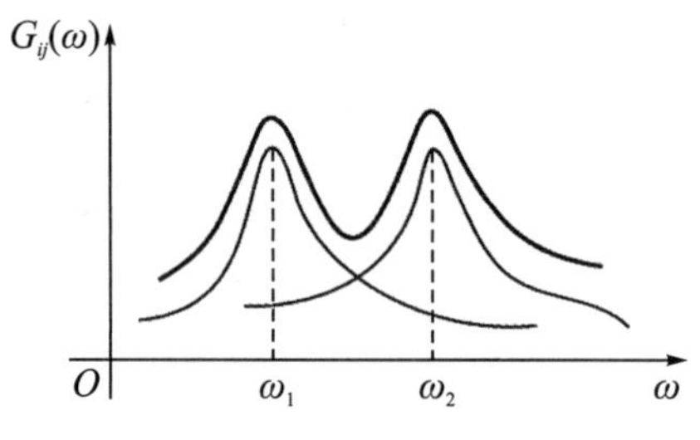

图 5.6　频率响应曲线

5.2.2　非结构阻尼系统的频率响应函数矩阵

如果 $\boldsymbol{M}^{-1}\boldsymbol{C}$ 和 $\boldsymbol{M}^{-1}\boldsymbol{K}$ 不可交换，那么对于以下非结构阻尼多自由振动方程

$$\boldsymbol{M}\ddot{\boldsymbol{x}}+\boldsymbol{C}\dot{\boldsymbol{x}}+\boldsymbol{K}\boldsymbol{x}=\boldsymbol{F}_0\mathrm{e}^{\mathrm{i}\omega t} \tag{5.2.24}$$

令 $\boldsymbol{y}=[\boldsymbol{x},\ \dot{\boldsymbol{x}}]^{\mathrm{T}}$，可将原动力学方程表示为

$$\boldsymbol{S}\dot{\boldsymbol{y}}+\boldsymbol{R}\boldsymbol{y}=\begin{bmatrix}\boldsymbol{0}\\ \boldsymbol{F}_0\end{bmatrix}\mathrm{e}^{\mathrm{i}\omega t} \tag{5.2.25}$$

式中，

$$\boldsymbol{S}=\begin{bmatrix}-\boldsymbol{K} & \boldsymbol{0}\\ \boldsymbol{0} & \boldsymbol{M}\end{bmatrix},\ \boldsymbol{R}=\begin{bmatrix}\boldsymbol{0} & \boldsymbol{K}\\ \boldsymbol{K} & \boldsymbol{C}\end{bmatrix} \tag{5.2.26}$$

令 $\boldsymbol{y}=\boldsymbol{\eta}\mathrm{e}^{\mathrm{i}\omega t}$，其中 $\boldsymbol{\eta}$ 为 $2n\times 1$ 的向量，代入式（5.2.25）得

$$\mathrm{i}\omega\boldsymbol{S}\boldsymbol{\eta}\mathrm{e}^{\mathrm{i}\omega t}+\boldsymbol{R}\boldsymbol{\eta}\mathrm{e}^{\mathrm{i}\omega t}=\begin{bmatrix}\boldsymbol{0}\\ \boldsymbol{F}_0\end{bmatrix}\mathrm{e}^{\mathrm{i}\omega t} \tag{5.2.27}$$

化简得

$$(\mathrm{i}\omega\boldsymbol{S}+\boldsymbol{R})\boldsymbol{\eta}=\begin{bmatrix}\boldsymbol{0}\\ \boldsymbol{F}_0\end{bmatrix} \tag{5.2.28}$$

对特征向量归一化得

$$\boldsymbol{\eta}_r'=\frac{\boldsymbol{\eta}_r}{\sqrt{\alpha_r}}\ (r=1,2,\cdots,2n) \tag{5.2.29}$$

由归一化向量组成的正则矩阵为

$$\boldsymbol{\Phi}=[\boldsymbol{\eta}'_1,\ \boldsymbol{\eta}'_2,\cdots,\boldsymbol{\eta}'_{2n}] \tag{5.2.30}$$

因此，主刚度矩阵为

$$\boldsymbol{\Phi}^{\mathrm{T}}\boldsymbol{S}\boldsymbol{\Phi}=\boldsymbol{I} \tag{5.2.31}$$

式中，$\boldsymbol{I}$ 代表单位阵。主质量矩阵为

$$\boldsymbol{\Phi}^{\mathrm{T}}\boldsymbol{R}\boldsymbol{\Phi}=-\boldsymbol{\Lambda}=-\begin{bmatrix}\lambda_1 & & & \\ & \lambda_1 & & \\ & & \ddots & \\ & & & \lambda_{2n}\end{bmatrix} \tag{5.2.32}$$

在式（5.2.31）和式（5.2.32）左端乘$\boldsymbol{\Phi}^{-\mathrm{T}}$，右端乘$\boldsymbol{\Phi}^{-1}$，则

$$\boldsymbol{S}=\boldsymbol{\Phi}^{-\mathrm{T}}\boldsymbol{I}\boldsymbol{\Phi}^{-1}=\boldsymbol{\Phi}^{-\mathrm{T}}\boldsymbol{\Phi}^{-1} \tag{5.2.33}$$

$$\boldsymbol{R}=-\boldsymbol{\Phi}^{-\mathrm{T}}\boldsymbol{\Lambda}\boldsymbol{\Phi}^{-1} \tag{5.2.34}$$

将式（5.2.33）和式（5.2.34）代入式（5.2.28），得

$$\begin{aligned}
\boldsymbol{\eta}&=(\mathrm{i}\omega\boldsymbol{S}+\boldsymbol{R})^{-1}\begin{bmatrix}\boldsymbol{0}\\ \boldsymbol{F}_0\end{bmatrix}=[\boldsymbol{\Phi}^{-\mathrm{T}}(\mathrm{i}\omega\boldsymbol{I}-\boldsymbol{\Lambda})\boldsymbol{\Phi}^{-1}]^{-1}\begin{bmatrix}\boldsymbol{0}\\ \boldsymbol{F}_0\end{bmatrix}\\
&=\boldsymbol{\Phi}\begin{bmatrix}\frac{1}{\mathrm{i}\omega-\lambda_1} & & & \\ & \frac{1}{\mathrm{i}\omega-\lambda_2} & & \\ & & \ddots & \\ & & & \frac{1}{\mathrm{i}\omega-\lambda_{2n}}\end{bmatrix}\boldsymbol{\Phi}^{\mathrm{T}}\begin{bmatrix}\boldsymbol{0}\\ \boldsymbol{F}_0\end{bmatrix}\\
&=[\boldsymbol{\eta}_1'\ \boldsymbol{\eta}_2'\cdots\boldsymbol{\eta}_{2n}']\begin{bmatrix}\frac{1}{\mathrm{i}\omega-\lambda_1} & & & \\ & \frac{1}{\mathrm{i}\omega-\lambda_2} & & \\ & & \ddots & \\ & & & \frac{1}{\mathrm{i}\omega-\lambda_{2n}}\end{bmatrix}\begin{bmatrix}\boldsymbol{\eta}_1'^{\mathrm{T}}\\ \boldsymbol{\eta}_2'^{\mathrm{T}}\\ \vdots\\ \boldsymbol{\eta}_{2n}'^{\mathrm{T}}\end{bmatrix}\begin{bmatrix}\boldsymbol{0}\\ \boldsymbol{F}_0\end{bmatrix}\\
&=[\boldsymbol{\eta}_1'\ \boldsymbol{\eta}_2'\cdots\boldsymbol{\eta}_{2n}']\begin{bmatrix}\frac{\boldsymbol{\eta}_1'^{\mathrm{T}}}{\mathrm{i}\omega-\lambda_1}\\ \frac{\boldsymbol{\eta}_2'^{\mathrm{T}}}{\mathrm{i}\omega-\lambda_2}\\ \cdots\\ \frac{\boldsymbol{\eta}_{2n}'^{\mathrm{T}}}{\mathrm{i}\omega-\lambda_{2n}}\end{bmatrix}\begin{bmatrix}\boldsymbol{0}\\ \boldsymbol{F}_0\end{bmatrix}\\
&=\sum_{k=1}^{2n}\frac{\boldsymbol{\eta}_k'\boldsymbol{\eta}_k'^{\mathrm{T}}}{\mathrm{i}\omega-\lambda_k}\begin{bmatrix}\boldsymbol{0}\\ \boldsymbol{F}_0\end{bmatrix}
\end{aligned} \tag{5.2.35}$$

因为$\boldsymbol{y}=\boldsymbol{\eta}\mathrm{e}^{\mathrm{i}\omega t}$，令

$$\boldsymbol{\eta}_k'=\begin{bmatrix}\boldsymbol{X}_k\\ \lambda_k\boldsymbol{X}_k\end{bmatrix} \tag{5.2.36}$$

则

$$\begin{aligned}
\boldsymbol{\eta}_k'\boldsymbol{\eta}_k'^{\mathrm{T}}&=\begin{bmatrix}\boldsymbol{X}_k\\ \lambda_k\boldsymbol{X}_k\end{bmatrix}[\boldsymbol{X}_k^{\mathrm{T}}\quad\lambda_k\boldsymbol{X}_k^{\mathrm{T}}]\\
&=\begin{bmatrix}\boldsymbol{X}_k\boldsymbol{X}_k^{\mathrm{T}} & \lambda_k\boldsymbol{X}_k\boldsymbol{X}_k^{\mathrm{T}}\\ \lambda_k\boldsymbol{X}_k\boldsymbol{X}_k^{\mathrm{T}} & \lambda_k^2\boldsymbol{X}_k\boldsymbol{X}_k^{\mathrm{T}}\end{bmatrix}\\
&=\sum_{k=1}^{2n}\frac{1}{\mathrm{i}\omega-\lambda_k}\begin{bmatrix}\lambda_k\boldsymbol{X}_k\boldsymbol{X}_k^{\mathrm{T}}\boldsymbol{F}_0\\ \lambda_k^2\boldsymbol{X}_k\boldsymbol{X}_k^{\mathrm{T}}\boldsymbol{F}_0\end{bmatrix}\mathrm{e}^{\mathrm{i}\omega t}.
\end{aligned} \tag{5.2.37}$$

将式（5.2.37）代入式（5.2.35），得

$$
\begin{aligned}
\boldsymbol{y}=\begin{bmatrix}\boldsymbol{x}\\ \dot{\boldsymbol{x}}\end{bmatrix}=\boldsymbol{\eta}\mathrm{e}^{\mathrm{i}\omega t}&=\sum_{k=1}^{2n}\frac{1}{\mathrm{i}\omega-\lambda_k}\begin{bmatrix}\boldsymbol{X}_k\boldsymbol{X}_k^{\mathrm{T}} & \lambda_k\boldsymbol{X}_k\boldsymbol{X}_k^{\mathrm{T}}\\ \lambda_k\boldsymbol{X}_k\boldsymbol{X}_k^{\mathrm{T}} & \lambda_k^2\boldsymbol{X}_k\boldsymbol{X}_k^{\mathrm{T}}\end{bmatrix}\begin{bmatrix}\boldsymbol{0}\\ \boldsymbol{F}_0\end{bmatrix}\mathrm{e}^{\mathrm{i}\omega t}\\
&=\sum_{k=1}^{2n}\frac{1}{\mathrm{i}\omega-\lambda_k}\begin{bmatrix}\lambda_k\boldsymbol{X}_k\boldsymbol{X}_k^{\mathrm{T}}\boldsymbol{F}_0\\ \lambda_k^2\boldsymbol{X}_k\boldsymbol{X}_k^{\mathrm{T}}\boldsymbol{F}_0\end{bmatrix}\mathrm{e}^{\mathrm{i}\omega t}
\end{aligned}
\tag{5.2.38}
$$

因此，非结构阻尼多自由度强迫振动系统的解为

$$
\begin{aligned}
\boldsymbol{x}&=\sum_{k=1}^{2n}\frac{1}{\mathrm{i}\omega-\lambda_k}\lambda_k\boldsymbol{X}_k\boldsymbol{X}_k^{\mathrm{T}}\boldsymbol{F}_0\mathrm{e}^{\mathrm{i}\omega t}\\
&=\boldsymbol{G}(\mathrm{i}\omega)\boldsymbol{F}_0\mathrm{e}^{\mathrm{i}\omega t}
\end{aligned}
\tag{5.2.39}
$$

式中，$\boldsymbol{G}(\mathrm{i}\omega)=\sum_{k=1}^{2n}\frac{\lambda_k\boldsymbol{X}_k\boldsymbol{X}_k^{\mathrm{T}}}{\mathrm{i}\omega-\lambda_k}$ 称为频率响应函数矩阵，其可以表示为

$$
\boldsymbol{G}(\mathrm{i}\omega)=\sum_{k=1}^{2n}\frac{\lambda_k\boldsymbol{X}_k\boldsymbol{X}_k^{\mathrm{T}}}{\mathrm{i}\omega-\lambda_k}=\sum_{k=1}^{n}\left(\frac{\lambda_k\boldsymbol{X}_k\boldsymbol{X}_k^{\mathrm{T}}}{\mathrm{i}\omega-\lambda_k}+\frac{\lambda_k^*\boldsymbol{X}_k^*\boldsymbol{X}_k^{*\mathrm{T}}}{\mathrm{i}\omega-\lambda_k^*}\right)
\tag{5.2.40}
$$

习　题

5.1　已知弹簧和阻尼连接的质量块，质量块 $m_1=m_2=1$ kg，$k_1=k_2=k_3=1$ N/m，求该系统的响应。

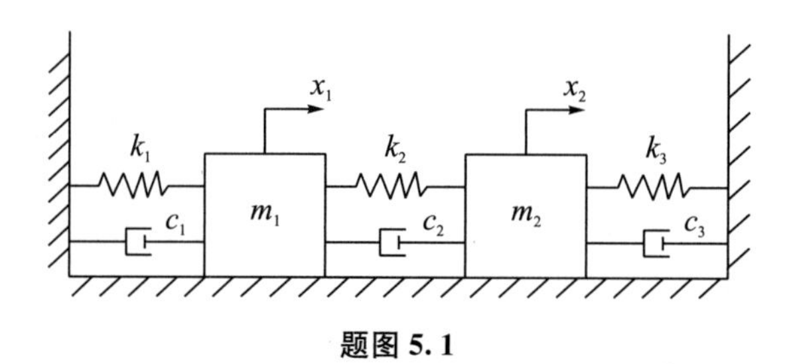

题图 5.1

答：

$$
\boldsymbol{Z}_1=\begin{Bmatrix}0.725\mathrm{e}^{57.25^\circ\mathrm{i}}\\ 0.6983\mathrm{e}^{51.10^\circ\mathrm{i}}\end{Bmatrix}\Leftrightarrow\begin{Bmatrix}2\times0.2785\cos(0.9861t+1.54^\circ)\\ 2\times0.268\cos(0.9861t-5.09^\circ)\end{Bmatrix}
$$

$$
\frac{0.725}{0.6983}=\frac{0.2785}{0.268}=1.038,\ 57.25^\circ-51.10^\circ=1.54^\circ+5.09^\circ=6.65^\circ,
$$

$$
\boldsymbol{Z}_2=\begin{Bmatrix}0.4841\mathrm{e}^{240.99^\circ\mathrm{i}}\\ 0.6983\mathrm{e}^{71.73^\circ\mathrm{i}}\end{Bmatrix}\Leftrightarrow\begin{Bmatrix}2\times0.259\cos(1.5826t-31.16^\circ)\\ 2\times0.285\cos(1.5826t+159.59^\circ)\end{Bmatrix}
$$

$$
\frac{0.4841}{0.6983}=\frac{0.259}{0.285}=0.908,\ 240.99^\circ-71.73^\circ=-31.16^\circ-159.59^\circ=190.75^\circ
$$

5.2　已知弹簧和阻尼连接的质量块，质量块 $m_1=m_2=1$ kg，$k_1=k_2=k_3=1$ N/m，$c_1=1/4$ N/(m·s)，$c_2=c_3=1/2$，求该系统的响应。

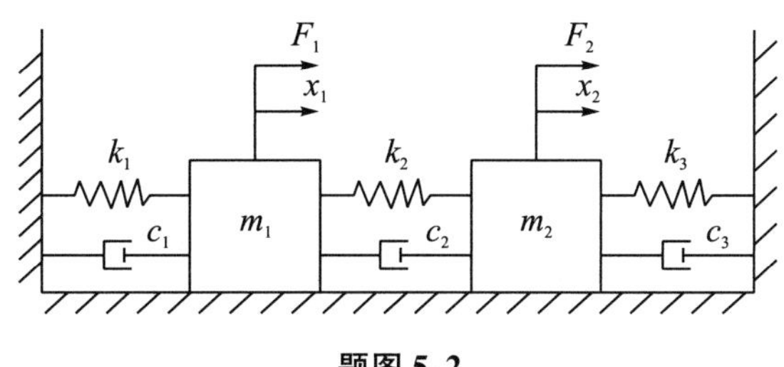

题图 5.2

答：

$$\mathrm{Re}\begin{bmatrix}0.1381\mathrm{e}(3t-148.1969^\circ)\\0.1364\mathrm{e}(3t+37.0716^\circ)\end{bmatrix}=\begin{bmatrix}0.1381\cos(3t-148.1969^\circ)\\0.1364\mathrm{e}(3t+37.0716^\circ)\end{bmatrix}$$

5.3　三个阻尼器的阻尼系数相同为 $c=0.5\sqrt{km}$，已知初始条件 $x_1(0)=x_2(0)=\dot{x}_1(0)=0$，$x_2(0)=v$，试用复模态分析法求系统的自由振动。

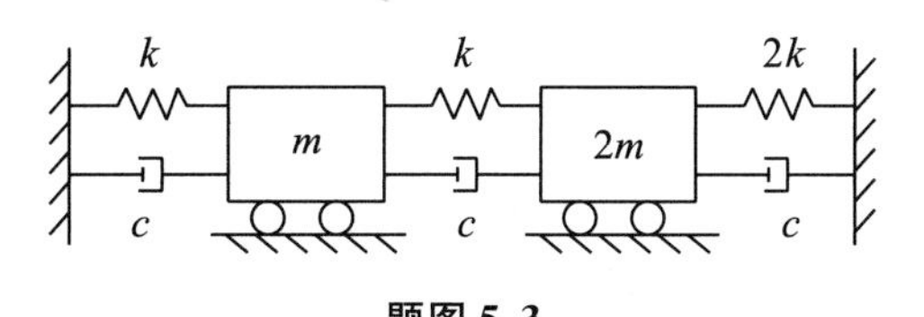

题图 5.3

答：

$$x_1(t)=0.665v\sqrt{\frac{m}{k}}\mathrm{e}^{-0.1657\sqrt{\frac{k}{m}}t}\sin\left(0.9904\sqrt{\frac{k}{m}}t+0.1025\right)-\sin\left(1.4622\sqrt{\frac{k}{m}}t+0.2880\right),$$

$$x_2(t)=0.7047\sqrt{\frac{m}{k}}\mathrm{e}^{-0.1657\sqrt{\frac{k}{m}}t}\sin\left(0.9904\sqrt{\frac{k}{m}}t+0.2520\right)+$$

$$0.1822v\sqrt{\frac{m}{k}}\mathrm{e}^{-0.5843\sqrt{\frac{k}{m}}t}\sin\left(1.4622\sqrt{\frac{k}{m}}t+0.0609\right)$$

5.4　一多自由系统的阻尼矩阵具有 $\boldsymbol{C}=\boldsymbol{M}\sum_{I=1}^{n-1}a_i(\boldsymbol{M}^{-1}\boldsymbol{K})^i$ 的形式，试证明模态阻尼矩阵 $\boldsymbol{\Phi}^{\mathrm{T}}\boldsymbol{C}\boldsymbol{\Phi}$ 为对角矩阵。

答：略。

5.5　在两自由度系统中，$m_1=100\mathrm{kg}$，$m_2=5\mathrm{kg}$，$k_1=10000\mathrm{N/m}$，$k_2=500\mathrm{N/m}$，$c=1\ \mathrm{N/(m\cdot s)}$，$F(t)=F\mathrm{e}^{\mathrm{i}\omega t}$，求：

(1) 物理坐标下的振动微分方程；

(2) 频响函数矩阵；

(3) 模态参数（复模态质量、复模态刚度、复模态阻尼）；

(4) 固有频率和阻尼固有频率。

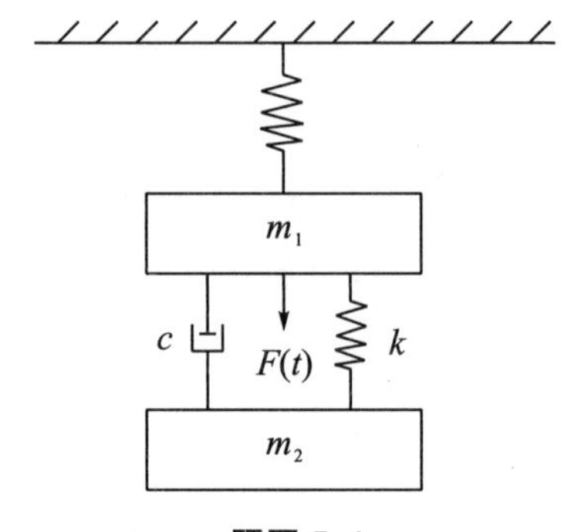

题图 5.4

答：

（1）运动微分方程：

$$\begin{bmatrix}100 & 0\\0 & 5\end{bmatrix}\begin{bmatrix}\ddot{x}_1\\\ddot{x}_2\end{bmatrix}+\begin{bmatrix}1 & -1\\-1 & 1\end{bmatrix}\begin{bmatrix}\dot{x}_1\\\dot{x}_2\end{bmatrix}+\begin{bmatrix}10500 & -500\\-500 & 500\end{bmatrix}\begin{bmatrix}x_1\\x_2\end{bmatrix}=\begin{bmatrix}F_1\\0\end{bmatrix}$$

（2）频响函数矩阵：

$$\boldsymbol{H}(\omega)=\begin{bmatrix}10500-100\omega^2+j\omega & -500-j\omega\\-500-j\omega & 500-5\omega^2+j\omega\end{bmatrix}^{-1}$$

（3）模态参数：

复模态质量：

$$\mathrm{diag}[m_i]=\begin{bmatrix}225 & 0\\0 & 180\end{bmatrix}$$

复模态刚度：

$$\mathrm{diag}[k_i]=\begin{bmatrix}22500 & 0\\0 & 18000\end{bmatrix}$$

复模态阻尼：

$$\mathrm{diag}[c_i]=\begin{bmatrix}-63.3042 & 0\\0 & -48.7206\end{bmatrix}$$

（4）固有频率：

$$\omega_{n1}\approx 8.9453\text{Hz}$$
$$\omega_{n2}\approx 11.1791\text{Hz}$$

阻尼固有频率：

$$\omega_{d1}=8.9452\text{Hz}$$
$$\omega_{d2}\approx 11.1789\text{Hz}$$

第 6 章　连续体系统的振动

前面各章讨论的系统均为包含理想化的质量、刚度、阻尼等的离散系统，而实际的振动系统都是弹性体，是由具有分布质量、分布刚度、分布阻尼等的物体组成，这种具有连续分布质量和弹性的系统称为连续系统或分布参量系统。连续系统具有无限多个自由度，它的振动要用时间和空间坐标的函数来描述，因此其运动方程为偏微分方程。

本章将讨论弹性体的一维振动，包括弦、杆、轴的振动，以及梁的弯曲振动。由于本章只考虑线性的连续系统，故作如下基本假设：

（1）材料均匀连续且各向同性；

（2）在弹性范围内服从胡克定律；

（3）任一点的变形皆是微小的且满足连续条件。

6.1　弦和杆的振动

6.1.1　弦的横向振动

图 6.1（a）是一根两端固定、以张力 $T(x, t)$ 拉紧的细弦，在分布力作用下做横向振动。建立如图所示的 xOy 坐标系，设 $y(x, t)$ 是弦上距原点 x 处的截面在时刻 t 的横向位移，$p(x, t)$ 是作用在单位长度弦上的分布力。

记 $\rho(x)$ 为单位长度弦的质量，图 6.1（b）画出了微段 $\mathrm{d}x$ 的受力情况，由于考虑的是微振动，因此弦内张力可近似认为保持不变。

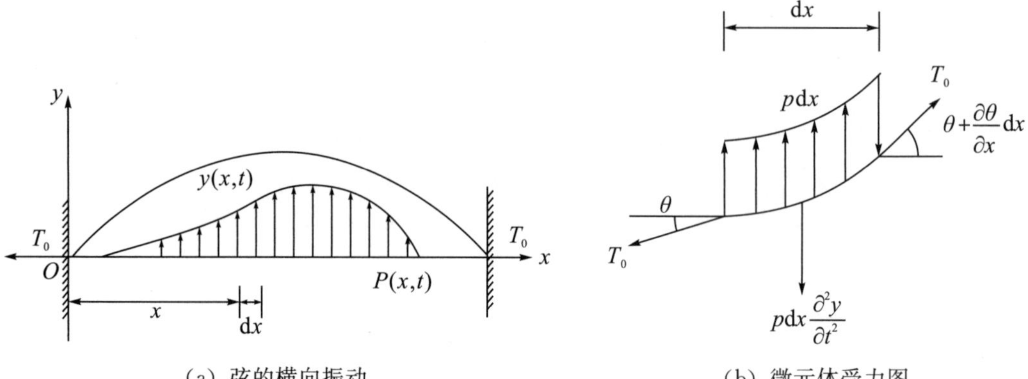

(a) 弦的横向振动　　(b) 微元体受力图

图 6.1　弦的横向振动

由达朗贝尔原理得

$$\rho(x)\mathrm{d}x\,\frac{\partial^2 y}{\partial t^2}=T(x+\mathrm{d}x,t)\,\frac{\partial y(x+\mathrm{d}x,t)}{\partial x}-T(x,t)\,\frac{\partial y(x,t)}{\partial x}+p(x,t)\mathrm{d}x \tag{6.1.1}$$

将变形关系 $\theta=\frac{\partial y}{\partial x}$代入上式，则

$$T(x+\mathrm{d}x,t)=T(x,t)+\frac{\partial T(x,t)}{\partial x}\mathrm{d}x \tag{6.1.2}$$

$$\frac{\partial y(x+\mathrm{d}x,t)}{\partial x}=\frac{\partial y(x,t)}{\partial x}+\frac{\partial^2 y(x,t)}{\partial x^2}\mathrm{d}x \tag{6.1.3}$$

即式（6.1.1）可化简为

$$\frac{\partial}{\partial x}\left[T(x,t)\,\frac{\partial y(x,t)}{\partial x}\right]+p(x,t)=\rho(x)\,\frac{\partial^2 y}{\partial t^2} \tag{6.1.4}$$

式（6.1.4）即弦的横向强迫振动方程。若令 $a=\sqrt{\frac{T(x,\ t)}{\rho(x)}}$，则上式可表示为

$$\frac{\partial^2 y(x,t)}{\partial t^2}=a^2\,\frac{\partial^2 y(x,t)}{\partial x^2}+\frac{1}{\rho(x)}p(x,t) \tag{6.1.5}$$

式中，常数 a 在物理上表示弹性横波的纵向传播速度。设初始条件为

$$y_t(x,0)=y_0(x),y'_t(x,0)=\dot{y}_0(x) \tag{6.1.6}$$

两端固定边界条件为

$$y(x,0)=y(l,x)=0,y'_t(x,0)=\dot{y}_0(x) \tag{6.1.7}$$

由广义的哈密顿原理可知

$$\int_{t_1}^{t_2}(\delta T-\delta V+\delta\bar{W}_{nc})\mathrm{d}t=0 \tag{6.1.8}$$

式中，$\bar{W}_{nc}$ 为保守力所做的功，如图 6.2 所示。

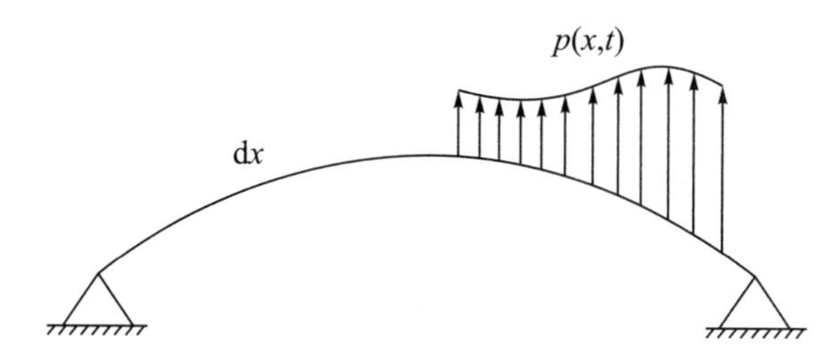

图 6.2　受力示意图

计算动能，势能和保守力所做的功分别为

$$T=\int_0^l \frac{1}{2}\rho(x)\mathrm{d}x\left(\frac{\partial y(x,t)}{\partial t}\right)^2=\int_0^l \frac{1}{2}\rho(x)y_t^2\mathrm{d}x \tag{6.1.9}$$

$$V=\int_0^l \mathrm{d}V=\int_0^l \frac{1}{2}T(x,t)\left(\frac{\partial y}{\partial x}\right)^2\mathrm{d}x \tag{6.1.10}$$

$$\delta\bar{W}_{nc}=\int_0^l p(x,t)\mathrm{d}x\delta y(x,t) \tag{6.1.11}$$

将上式代入式（6.1.8）得

$$\begin{aligned}
&\int_{t_1}^{t_2}\int_0^l[\rho(x)y_t\delta y_t-Ty_x\delta y_x+p\delta y]\mathrm{d}x\mathrm{d}t\\
&=\int_0^l\left[\int_{t_1}^{t_2}\rho(x)y_t\frac{\mathrm{d}}{\mathrm{d}t}(\delta y)\mathrm{d}t\right]\mathrm{d}x-\int_{t_1}^{t_2}\left[\int_0^l Ty_x\frac{\mathrm{d}}{\mathrm{d}x}(\delta y)\mathrm{d}x\right]\mathrm{d}t+\int_{t_1}^{t_2}\int_0^l p\delta y\mathrm{d}x\mathrm{d}t\\
&=-\int_0^l\int_{t_1}^{t_2}\rho(x)y_{tt}\delta y\mathrm{d}t\mathrm{d}x+\int_{t_1}^{t_2}\int_0^l\delta y(T_xy_x+Ty_{xx})\mathrm{d}x\mathrm{d}t+\int_{t_1}^{t_2}\int_0^l p\delta y\mathrm{d}x\mathrm{d}t\\
&=\int_{t_1}^{t_2}\int_0^l[-\rho(x)y_{tt}+T_xy_x+Ty_{xx}+p]\delta y\mathrm{d}x\mathrm{d}t-\int_{t_1}^{t_2}Ty_x\delta y\big|_0^l\mathrm{d}t\\
&=0
\end{aligned} \tag{6.1.12}$$

通过分部积分计算整理可得

$$-\int_{t_1}^{t_2}T(l,t)y_x(l,t)\delta y(l,t)\mathrm{d}t+\int_{t_1}^{t_2}T(0,t)y_x(0,t)\delta y(0,t)\mathrm{d}t=0 \tag{6.1.13}$$

代入边界条件，得

$$\begin{cases}
\dfrac{\partial}{\partial x}\left[T(x,t)\dfrac{\partial y(x,t)}{\partial x}\right]+p(x,t)-\rho(x)\dfrac{\partial^2 y}{\partial t^2}=0\\
x=l,\ T(l,t)\dfrac{\partial y}{\partial x}(l,t)\delta y(l,t)=0\\
x=0,\ T(0,t)\dfrac{\partial y}{\partial x}(l,t)\delta y(0,t)=0
\end{cases} \tag{6.1.14}$$

由哈密顿原理得

$$
\begin{aligned}
&\int_{t_1}^{t_2}\int_0^l\left[-\rho(x)y_{tt}+\frac{\partial}{\partial x}(Ty_x)+p(x,t)\right]\delta y(x,t)\mathrm{d}x\mathrm{d}t+\\
&\quad\int_{t_1}^{t_2}T(l,t)y_x(l,t)\delta y(l,t)\mathrm{d}t-\\
&\quad\int_{t_1}^{t_2}T(0,t)y_x(0,t)\delta y(0,t)\mathrm{d}t\\
&=0
\end{aligned}
\tag{6.1.15}
$$

假设在 $x=0$ 时 $\delta y=0$ 或 $Ty_x=0$，在 $x=l$ 时 $\delta y=0$ 或 $Ty_x=0$，那么

$$\int_{t_1}^{t_2}\int_0^l\left[-\rho(x)y_{tt}+\frac{\partial}{\partial x}(Ty_x)+p(x,t)\right]\delta y(x,t)\mathrm{d}x\mathrm{d}t=0 \tag{6.1.16}$$

由于 δy 是 $0<x<l$ 中的任意值，那么

$$-\rho(x)y_{tt}+\frac{\partial}{\partial x}(Ty_x)+p(x,t)=0 \tag{6.1.17}$$

因此由式（6.1.15）可得

$$\int_{t_1}^{t_2}T(l,t)y_x(l,t)\delta y(l,t)\mathrm{d}t-\int_{t_1}^{t_2}T(0,t)y_x(0,t)\delta y(0,t)\mathrm{d}t=0 \tag{6.1.18}$$

假设当 $x=0$ 时，$\delta y=0$ 或 $Ty_x=0$，那么

$$\int_{t_1}^{t_2}T(l,t)y_x(l,t)\delta y(l,t)\mathrm{d}t=0 \tag{6.1.19}$$

若 $T(l,\ t)\ y_x(l,\ t)\ =0$ 或 $\delta y(l,\ t)\ =0$，那么

$$T(l,t)y_x(l,t)\delta y(l,t)=0 \tag{6.1.20}$$

即

$$T(0,t)y_x(0,t)\delta y(0,t)=0 \tag{6.1.21}$$

固有频率和弦的振型为

$$-\rho(x)y_{tt}+\frac{\partial}{\partial x}(Ty_x)=0 \tag{6.1.22}$$

由于单位长度质量 $\rho\ (x)$ 和张力 T 为常数，上式可转化为

$$\rho(x)y_{tt}-Ty_{xx}=0 \tag{6.1.23}$$

假设 $y(x,\ t)\ =Y(x)\ \Phi(t)$，则对式（6.1.23）分离变量，得

$$\rho(x)Y(x)\ddot{\Phi}(t)=TY''(x)\Phi(t) \tag{6.1.24}$$

上式可转化为

$$\frac{\rho}{T}\frac{Y(x)}{Y''(x)}=\frac{\ddot{\Phi}(t)}{\Phi(t)}=\mathrm{const}=-\omega^2 \tag{6.1.25}$$

即

$$\ddot{\Phi}+\omega^2\Phi=0 \tag{6.1.26}$$

令

$$\Phi(t)=A\sin(\omega t+\theta) \tag{6.1.27}$$

由式（6.1.24）可得

$$Y''(x)+\omega^2\frac{\rho}{T}Y(x)=0 \tag{6.1.28}$$

令 $\lambda^2=\omega^2\dfrac{\rho}{T}$，则

$$Y''+\lambda^2 Y=0 \tag{6.1.29}$$

根据初始条件 $Y(0)=0$，$Y(l)=0$，设解为

$$Y(x)=B_1\cos\lambda x+B_2\sin\lambda x \tag{6.1.30}$$

代入初始条件得

$$Y(0)=B_1=0 \tag{6.1.31}$$

$$Y(l)=B_2\sin\lambda t=0 \tag{6.1.32}$$

为得到非平凡解，令 $B_2\neq 0$ 且 $\sin\lambda t=0$，可得 $\lambda l=n\pi$，$n=1$，2，…，即 $\lambda=\dfrac{n\pi}{l}$。因此固有频率为

$$\omega_n=\lambda_n\sqrt{\frac{\rho}{T}}=\frac{n\pi}{l}\sqrt{\frac{\rho}{T}},\ n=1,2,\cdots \tag{6.1.33}$$

相应的主振型为

$$Y_n(x)=B_n\sin\left(\frac{n\pi}{l}x\right),\ n=1,2,\cdots \tag{6.1.34}$$

因此弦的固有振动是无穷个主振型的叠加，即

$$\begin{aligned}y(x,t)&=Y(x)\Phi(t)\\&=\sum_{n=1}^{\infty}Y_n(x)\Phi_n(t)\\&=\sum_{n=1}^{\infty}C_n\sin\left(\frac{n\pi}{l}x\right)\sin(\omega_n t+\theta_n)\end{aligned} \tag{6.1.35}$$

图 6.3 画出了两端固定时弦的前 n 阶振型。

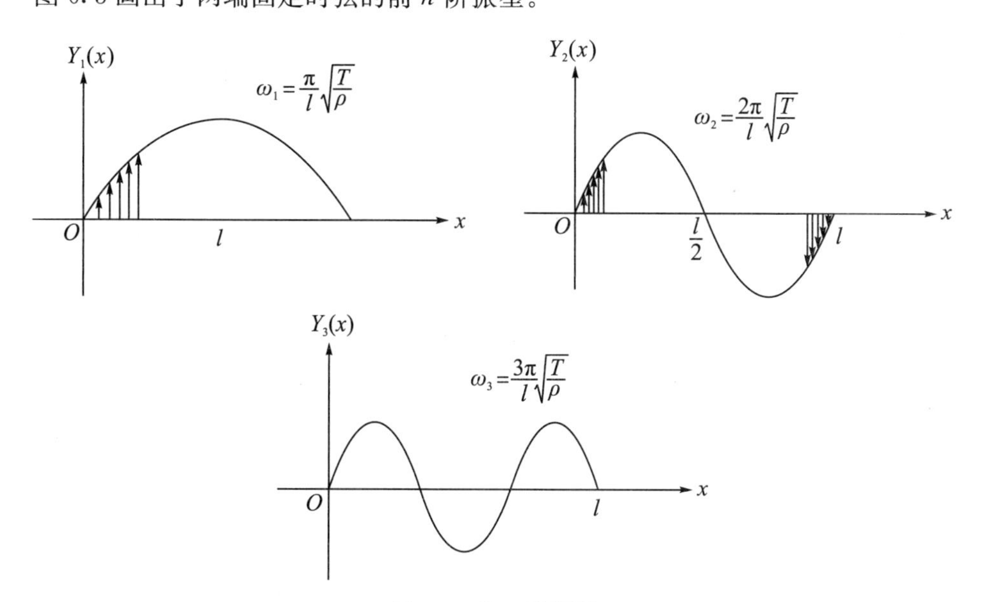

图 6.3　前 n 阶振型

6.1.2 杆的纵向振动

如图 6.4（a）所示，一根细长的等直杆在纵向分布力作用下做纵向振动，假定在振动中杆的横截面保持为平面，并且不计横向变形。以杆的纵向作为 x 轴，设 $u(x,t)$ 是杆上距原点 x 处的截面在时刻 t 的纵向位移，$p(x,t)$ 是单位杆上分布的纵向作用力。

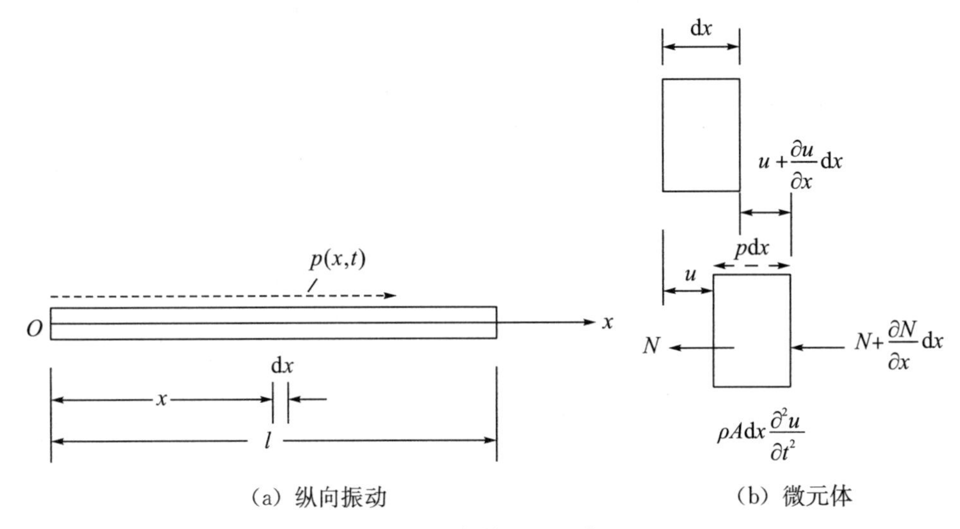

图 6.4 杆的纵向振动

记 $m(x)$ 为单位长度杆的质量，A 是杆的截面面积，E 是材料的弹性模量，N 是截面上的内力，图 6.4（b）画出了微段 $\mathrm{d}x$ 两端截面的位移及受力关系，可见微段的应变为

$$\begin{aligned}\Delta(\mathrm{d}x) &= [u(x+\mathrm{d}x,t) - u(x,t) + \mathrm{d}x] - \mathrm{d}x \\ &= u(x,t) + \frac{\partial u}{\partial x}\mathrm{d}x - u(x,t) \\ &= \frac{\partial u}{\partial x}\mathrm{d}x\end{aligned} \tag{6.1.36}$$

即

$$\varepsilon = \frac{\partial u}{\partial x} \tag{6.1.37}$$

从而截面上的内力为

$$N = EA\varepsilon = EA\frac{\partial u}{\partial x} \tag{6.1.38}$$

由牛顿第二定律得到

$$N(x+\mathrm{d}x,t) - N(x,t) + p(x,t)\mathrm{d}x = m(x)\mathrm{d}x u_{tt}(x,t) \tag{6.1.39}$$

上式化简为

$$\frac{\partial N}{\partial x} + p(x,t) = m(x)u_{tt}(x,t), \tag{6.1.40}$$

将式（6.1.38）代入式（6.1.40）得

$$\frac{\partial}{\partial x}\left(EA\frac{\partial u}{\partial x}\right)+p(x,t)=m(x)u_{tt}(x,t), \tag{6.1.41}$$

式（6.1.41）即杆的纵向强迫振动方程。由哈密顿原理有

$$\int_{t_1}^{t_2}(\delta T-\delta V+\delta \bar{W}_{nc})\mathrm{d}t=0 \tag{6.1.42}$$

计算动能得

$$T=\int_0^l\frac{1}{2}m(x)\left[\frac{\partial u}{\partial x}(x,t)\right]^2\mathrm{d}x \tag{6.1.43}$$

又由

$$\mathrm{d}V=\frac{1}{2}N(x,t)\Delta(\mathrm{d}x)=\frac{1}{2}EA\frac{\partial u}{\partial x}\frac{\partial u}{\partial x}\mathrm{d}x \tag{6.1.44}$$

得势能为

$$V=\int\mathrm{d}V=\int_0^l\frac{1}{2}EA\left(\frac{\partial u}{\partial x}\right)^2\mathrm{d}x \tag{6.1.45}$$

虚功为

$$\delta\bar{W}_{nc}=\int_0^l p(x,t)\mathrm{d}x\delta u(x,t) \tag{6.1.46}$$

综上可得，式（6.1.42）转化为

$$\begin{aligned}&\int_{t_1}^{t_2}(\delta T-\delta V+\delta\bar{W}_{nc})\mathrm{d}t\\&=\int_{t_1}^{t_2}\left[\int_0^l(mu_t\delta u_t-EAu_x\delta u_x+p(x,t)\delta u)\mathrm{d}x\right]\mathrm{d}t\\&=\int_0^l\int_{t_1}^{t_2}mu_t\frac{\mathrm{d}}{\mathrm{d}t}(\delta u)\mathrm{d}t\mathrm{d}x-\int_{t_1}^{t_2}\int_0^l EAu_x\frac{\mathrm{d}}{\mathrm{d}t}(\delta u)\mathrm{d}x\mathrm{d}t+\int_{t_1}^{t_2}\int_0^l p(x,t)\delta u\mathrm{d}x\mathrm{d}t\\&=\int_{t_1}^{t_2}\int_0^l[-mu_{tt}+EAu_{xx}+p(x,t)]\delta u\mathrm{d}x\mathrm{d}t+\int_{t_1}^{t_2}[EAu_x(0,t)]\delta u(0,t)\mathrm{d}t+\\&\int_{t_1}^{t_2}[-EAu_x(l,t)]\delta u(l,t)\mathrm{d}t\end{aligned} \tag{6.1.47}$$

代入边界条件可得

$$\begin{cases}-mu_{tt}+EAu_{xx}+p(x,t)=0\\x=l,\ EA(l)u_x(l,t)\delta u(l,t)=0\\x=0,\ EA(0)u_x(0,t)\delta u(0,t)=0\end{cases} \tag{6.1.48}$$

当 $p(x,t)=0$ 时，得到自由振动方程

$$EA\frac{\partial^2 u}{\partial x^2}=m\frac{\partial^2 u}{\partial t^2} \tag{6.1.49}$$

对于等截面均匀杆，自由振动方程化简为

$$\frac{\partial^2 u}{\partial t^2}=c^2\frac{\partial^2 u}{\partial x^2} \tag{6.1.50}$$

式中，$c=\sqrt{\dfrac{EA}{m}}$，方程（6.1.50）为一维波动方程，c 的量纲与速度的量纲相同，是声波以杆的材料为介质的纵向传播速度。

假设 $u(x,t)=U(x)\Phi(t)$，则式（6.1.49）进行分离变量，得

$$EAU''(x)\Phi(t)=mU(x)\ddot{\Phi}(t) \tag{6.1.51}$$

上式可转化为

$$\frac{EA}{m}\frac{U''(x)}{U(x)}=\frac{\ddot{\Phi}(t)}{\Phi(t)}=-\omega^2 \tag{6.1.52}$$

由上式可得

$$\Phi(t)+\omega^2\Phi(t)=0 \tag{6.1.53}$$

令

$$\Phi(t)=A\sin(\omega t+\theta) \tag{6.1.54}$$

由式（6.1.52）可得

$$U''(x)+\beta^2U(x)=0 \tag{6.1.55}$$

式中，$\beta^2=\omega^2\dfrac{m}{EA}$，设

$$U(x)=C_1\sin\beta x+C_2\cos\beta x, \tag{6.1.56}$$

由左端固定、右端自由的初始条件 $U(0)=0$，$U'(l)=0$，得

$$U(0)=C_2=0 \tag{6.1.57}$$

$$U'(l)=C_1\beta\cos\beta l=0 \tag{6.1.58}$$

令 $C_1\neq0$，$\beta\neq0$，即得

$$\beta l=\frac{\pi(2n-1)}{2},n=1,2,\cdots \tag{6.1.59}$$

则

$$\beta_n=\frac{\pi(2n-1)}{2l},n=1,2,\cdots \tag{6.1.60}$$

解出固有频率为

$$\omega_n=\sqrt{\frac{EA}{m}}\beta_n=\frac{(2n-1)\pi}{2l}\sqrt{\frac{EA}{m}},n=1,2,\cdots \tag{6.1.61}$$

相应的主振型为

$$U_n(x)=C_n\sin\left[\frac{(2n-1)\pi}{2l}x\right],n=1,2,\cdots \tag{6.1.62}$$

6.1.3 轴的扭转振动

如图 6.5（a）所示，一根细长的圆截面等直杆在分布扭矩作用下做扭转振动，假定在振动过程中认为截面保持为平面，以杆的轴心线作为 x 轴，设 $\theta(x,t)$ 是杆上距原点 x 处的截面在时刻 t 的角位移，$p(x,t)$ 是单位长度杆上分布的外力偶矩。

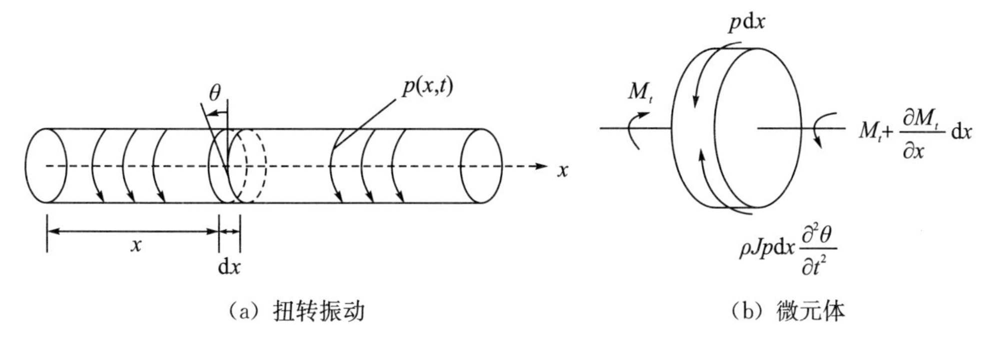

(a) 扭转振动　　　　(b) 微元体

图 6.5　轴的扭转振动

记 $I(x)$ 为单位长度的质量极惯性矩，J_p 是截面的极惯性矩，G 是材料的剪切弹性模量，M_t 是截面上的扭矩。图 6.5（b）画出了微段 $\mathrm{d}x$ 的受力情况，由达朗贝尔原理得

$$-M_t(x,t)+M_t(x+\mathrm{d}x,t)+p(x,t)\mathrm{d}x=I(x)\mathrm{d}x\frac{\partial^2\theta}{\partial t^2} \tag{6.1.63}$$

上式化简为

$$\frac{\partial M_t}{\partial x}+p(x,t)=I(x)\frac{\partial^2\theta}{\partial t^2} \tag{6.1.64}$$

由材料力学知道扭矩

$$M_t=GJ_p\frac{\partial\theta(x,t)}{\partial x} \tag{6.1.65}$$

代入式（6.1.64）后得

$$\frac{\partial}{\partial x}\left(GJ_p\frac{\partial\theta}{\partial x}\right)+p(x,t)=I(x)\frac{\partial^2\theta}{\partial t^2} \tag{6.1.66}$$

上式即圆截面杆的扭转强迫振动方程，对于等直杆，材料的抗扭刚度 GJ_P 是常数，所以上式成为

$$\frac{\partial^2\theta}{\partial t^2}=c^2\frac{\partial^2\theta}{\partial x^2}+\frac{1}{I(x)}p(x,t) \tag{6.1.67}$$

式中，$c=\sqrt{\frac{GJ_p}{I(x)}}$，是剪切弹性波的纵向传播速度。由哈密顿原理有

$$\int_{t_1}^{t_2}(\delta T-\delta V+\delta\bar{W}_{nc})\mathrm{d}t=0 \tag{6.1.68}$$

得动能

$$T=\int_0^l\frac{1}{2}I(x)\left[\frac{\partial\theta}{\partial x}(x,t)\right]^2\mathrm{d}x=\int_0^l\frac{1}{2}I(x)\left(\frac{\partial\theta}{\partial x}\right)^2\mathrm{d}x \tag{6.1.69}$$

势能

$$V=\int\mathrm{d}V=\int_0^l\frac{1}{2}M_t(x,t)\frac{\partial\theta}{\partial x}\mathrm{d}x \tag{6.1.70}$$

虚功

$$\delta\bar{W}_{nc}=\int_0^l p(x,t)\mathrm{d}x\delta\theta(x,t) \tag{6.1.71}$$

当 $p(x, t)=0$ 时，便得到自由振动方程

$$GJ_p \frac{\partial^2\theta}{\partial x^2} = I \frac{\partial^2\theta}{\partial t^2} \tag{6.1.72}$$

假设 $\theta(x, t)=H(x)\Phi(t)$，则式（6.1.72）进行分离变量，得

$$GJ_p H''(x)\Phi(t) = IH(x)\ddot{\Phi}(t) \tag{6.1.73}$$

上式可转化为

$$\frac{GJ_p}{I}\frac{H''(x)}{H(x)} = \frac{\ddot{\Phi}(t)}{\Phi(t)} = -\omega^2 \tag{6.1.74}$$

即得

$$\boldsymbol{G}J_p H''(x) + \omega^2 \boldsymbol{I} H(x) = 0 \tag{6.1.75}$$

上式可写为

$$H''(x) + \beta^2 H(x) = 0 \tag{6.1.76}$$

式中，$\beta^2 = \frac{\omega^2 I}{GJ_p}$。令

$$H(x) = C_1 \sin\beta x + C_2 \cos\beta x \tag{6.1.77}$$

由初始条件 $H(0)=0$，$GJ_pH'(l)=\omega^2 I_D H(l)$，代入上式得

$$H(0) = C_2 = 0 \tag{6.1.78}$$

$$\tan\beta l = \frac{GJ_p\beta}{I_D\omega^2} = \frac{Il}{I_D(\beta l)} \tag{6.1.79}$$

解得固有频率为

$$\omega_n = \sqrt{\frac{GJ_p}{I}}\beta_n \tag{6.1.80}$$

相应的主振型为

$$H_n(x) = C_n \sin\beta_n x, n = 1,2,\cdots \tag{6.1.81}$$

6.2 梁的横向振动

由材料力学可知，当荷载垂直于细长杆的轴线方向作用时（即在 $x-y$ 平面内），如图 6.6 所示，细长杆产生的主要变形为弯曲变形。若使梁在垂直其轴线方向发生振动，则这种振动称为梁的横向振动或梁的弯曲振动。

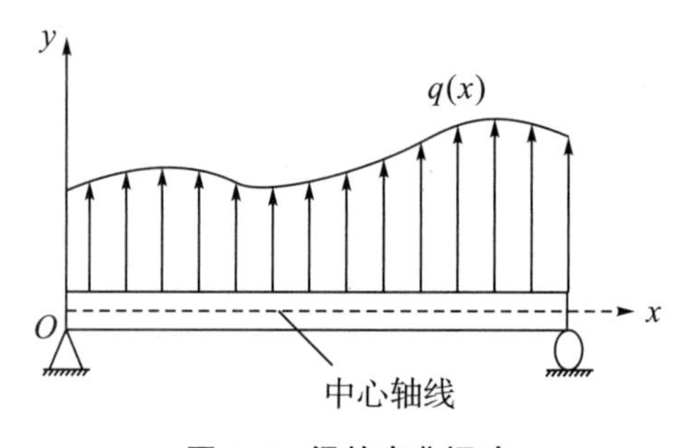

图 6.6 梁的弯曲振动

梁在承受横向荷载时，其所产生的变形主要为弯曲变形，除此之外还存在着剪切变形，有时还需要考虑梁的转动惯量。

在建立梁的振动力学模型时，根据其变形的情况，将梁的力学模型分为以下 3 种：

（1）欧拉－伯努利梁（Eular－Bernoulli beam）。该模型只考虑梁的弯曲变形，不计剪切变形及转动惯量的影响。

（2）瑞利梁（Rayleigh beam）。该模型除考虑梁的弯曲变形外，还考虑转动惯量的影响，但不计剪切变形的影响。

（3）铁木辛柯梁（Timoshenko beam）。该模型既考虑梁的弯曲变形和转动惯量，又考虑其剪切变形。

6.2.1　欧拉－伯努利梁的横向振动微分方程

建立如图 6.7（a）所示的坐标系，设 $y(x, t)$ 是梁上距原点 x 处的截面在时刻 t 的横向位移，$p(x, t)$ 是单位长度梁上分布的外力，$m(x, t)$ 是单位长度梁上分布的外力矩，记单位体积梁的质量为 ρ，梁的横截面积为 A，材料弹性模量为 E，截面对中性轴的惯性矩为 I。

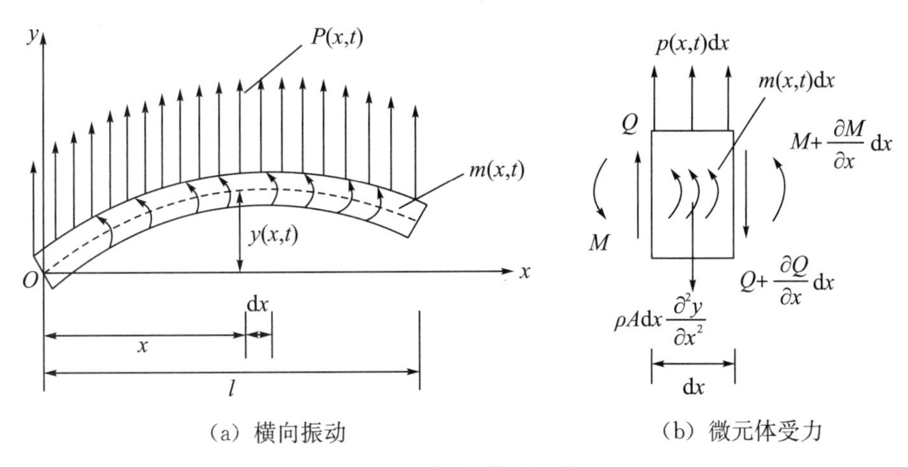

（a）横向振动　　（b）微元体受力

图 6.7　梁的横向振动

图 6.7（b）中画出了微段 $\mathrm{d}x$ 的受力情况，其中 Q，M 分别是截面上的剪力和弯矩，$\rho A\mathrm{d}x\dfrac{\partial^2 y}{\partial t^2}$是微段的惯性力，图中所有的力及力矩都按正方向画出。由力的平衡方程有

$$\rho A\mathrm{d}x\frac{\partial^2 y}{\partial t^2}+(Q+\frac{\partial Q}{\partial t}\mathrm{d}x)-Q-p\mathrm{d}x=0 \tag{6.2.1}$$

或写为

$$\frac{\partial Q}{\partial x}=p-\rho A\frac{\partial^2 y}{\partial t^2} \tag{6.2.2}$$

由力矩平衡方程（略去高阶小量）有

$$M + Q\mathrm{d}x - m\mathrm{d}x - (M + \frac{\partial M}{\partial x}\mathrm{d}x) = 0 \tag{6.2.3}$$

或写为

$$Q = \frac{\partial M}{\partial x} + m \tag{6.2.4}$$

将式（6.2.4）代入式（6.2.2），得

$$\frac{\partial^2 M}{\partial x^2} + \frac{\partial m}{\partial x} = p - \rho A \frac{\partial^2 y}{\partial t^2} \tag{6.2.5}$$

由材料力学的平衡面假设可知，弯矩与挠度的关系为 $M = EI\dfrac{\partial^2 y}{\partial x^2}$，代入式（6.2.5）后得

$$\frac{\partial^2}{\partial x^2}\left(EI\frac{\partial^2 y}{\partial x^2}\right) + \rho A\frac{\partial^2 y}{\partial t^2} = p(x,t) - \frac{\partial}{\partial x}m(x,t) \tag{6.2.6}$$

式（6.2.6）就是欧拉−伯努利梁的横向振动微分方程，对于等截面梁，抗弯刚度 EI 为常数，上式成为

$$EI\frac{\partial^4 y}{\partial x^4} + \rho A\frac{\partial^2 y}{\partial t^2} = p(x,t) - \frac{\partial}{\partial x}m(x,t) \tag{6.2.7}$$

6.2.2 边界条件和初始条件

方程（6.2.7）包含对 x 的四阶偏导数，为使方程成为定界问题，梁的每一端必须给出两个边界条件。下面以左端（$x=0$）为例，列出几种典型的边界条件。

（1）固定端：挠度和横截面的转角均等于零，有

$$y(0,t) = 0, \left.\frac{\partial y(x,t)}{\partial x}\right|_{x=0} = 0 \tag{6.2.8}$$

（2）简支端：挠度和弯矩均等于零，有

$$y(0,t) = 0, EI(x)\left.\frac{\partial^2 y(x,t)}{\partial x^2}\right|_{x=0} = 0 \tag{6.2.9}$$

（3）自由端：弯矩和剪力均等于零，有

$$EI(x)\left.\frac{\partial^2 y(x,t)}{\partial x^2}\right|_{x=0} = 0, \left.\frac{\partial}{\partial x}\left[EI(x)\frac{\partial^2 y(x,t)}{\partial x^2}\right]\right|_{x=0} = 0 \tag{6.2.10}$$

方程（6.2.7）除了给出边界条件，还需要给定初始条件，才能使问题有唯一解。初始条件可表示为

$$y(x,0) = y_0(x), \left.\frac{\partial y(x,t)}{\partial t}\right|_{t=0} = \dot{y}_0(x) \tag{6.2.11}$$

式中，右端项分别为给定的初挠度与初速度。

6.2.3 哈密顿变分原理建模

哈密顿原理是以变分为基础的建模方法，设系统的动能为 T，势能为 V，非保守力

的虚元功为 $\partial \bar{W}_{nc}$ 时，哈密顿原理可以表示为

$$\int_{t_1}^{t_2} (\delta T - \delta V + \delta \bar{W}_{nc}) \mathrm{d}t = 0 \tag{6.2.12}$$

动能

$$T = \int_0^l \frac{1}{2} \rho A \left[\frac{\partial y}{\partial x}(x,t) \right]^2 \mathrm{d}x \tag{6.2.13}$$

因为弯矩 $M = EI \dfrac{\partial^2 y}{\partial x^2}$，得势能

$$V = \int_0^l \frac{1}{2} EI \left(\frac{\partial^2 y}{\partial x^2} \right)^2 \mathrm{d}x \tag{6.2.14}$$

虚功

$$\delta \bar{W}_{nc} = \int_0^l p(x,t) \delta y(x,t) \mathrm{d}x \tag{6.2.15}$$

将式（6.2.13）、式（6.2.14）、式（6.2.15）代入式（6.2.12）可得

$$\frac{\partial^2}{\partial x^2}\left(EI \frac{\partial^2 y}{\partial x^2} \right) + \rho A \frac{\partial^2 y}{\partial t^2} = p(x,t) \tag{6.2.16}$$

又由于抗弯刚度 EI 为常数，单位长度质量 ρA 为常数，令 $p(x, t) = 0$，得到梁的横向自由振动方程为

$$\frac{\partial^2}{\partial x^2}\left(EI \frac{\partial^2 y}{\partial x^2} \right) + \rho A \frac{\partial^2 y}{\partial t^2} = 0 \tag{6.2.17}$$

6.2.4　固有频率和振型函数

已知方程

$$\frac{\partial^2}{\partial x^2}\left(EI \frac{\partial^2 y}{\partial x^2} \right) + \rho A \frac{\partial^2 y}{\partial t^2} = 0$$

将方程的解分离变量，写作

$$y(x,t) = Y(x)\Phi(t) \tag{6.2.18}$$

式中，$Y(x)$ 即主振型或振型函数。将式（6.2.18）代入式（6.2.17），得到

$$EIY''''(x)\Phi(t) + \rho A Y(x) \ddot{\Phi}(t) = 0 \tag{6.2.19}$$

可写为

$$\frac{\ddot{\Phi}(t)}{\Phi(t)} = -\frac{EI}{\rho A} \frac{Y''''(x)}{Y(x)} = -\omega^2 \tag{6.2.20}$$

上式可拆分为

$$\ddot{\Phi}(t) + \omega^2 \Phi(t) = 0 \tag{6.2.21}$$

$$Y''''(x) - \frac{\rho A \omega^2}{EI} Y(x) = 0 \tag{6.2.22}$$

方程（6.2.21）为单自由度线性振动方程，其通解可设为

$$\Phi(t) = A\sin(\omega t + \theta) \tag{6.2.23}$$

由于梁长各处截面面积不相等，一般情况下方程（6.2.22）为变系数微分方程，则

对于均质等截面梁，ρA 为常数，方程（6.2.22）可简化为常系数微分方程

$$Y^{(4)}(x)-\beta^4 Y(x)=0 \tag{6.2.24}$$

式中，参数 β^4 定义为

$$\beta^4=\frac{\rho A}{EI}\omega^2 \tag{6.2.25}$$

式（6.2.24）的通解为

$$Y(x)=D_1\mathrm{e}^{\mathrm{i}\beta x}+D_2\mathrm{e}^{-\mathrm{i}\beta x}+D_3\mathrm{e}^{\beta x}+D_4\mathrm{e}^{-\beta x} \tag{6.2.26}$$

利用简谐函数和双曲函数，上式可写为

$$Y(x)=C_1\cos\beta x+C_2\sin\beta x+C_3\mathrm{ch}\beta x+C_4\mathrm{sh}\beta x \tag{6.2.27}$$

代入式（6.2.18）后得到梁的主振动为

$$y(x,t)=(C_1\cos\beta x+C_2\sin\beta x+C_3\mathrm{ch}\beta x+C_4\mathrm{sh}\beta x)A\sin(\omega t+\theta) \tag{6.2.28}$$

式中，常数 C_1，C_2，C_3，C_4 及固有频率 ω 由边界条件及主振型归一化条件确定，常数 A，θ 则由初始条件确定。

例 6.2.1 确定两端简支的等截面梁的固有频率和主振型。

解：对于等截面梁，两端简支的边界条件为

$$Y(0)=0,Y''(0)=0 \tag{a}$$

$$Y(l)=0,Y''(l)=0 \tag{b}$$

将式（a）代入式（6.2.27）及其二阶导数，得

$$C_1+C_3=0 \tag{c}$$

$$-C_1+C_3=0 \tag{d}$$

从而有

$$C_1=C_3=0 \tag{e}$$

将式（b）代入式（6.2.27）及其二阶导数，得

$$C_2\sin\beta l+C_4\mathrm{sh}\beta l=0 \tag{f}$$

$$-C_2\sin\beta l+C_4\mathrm{sh}\beta l=0 \tag{g}$$

因 $\beta l\neq 0$ 时，有 $\mathrm{sh}\beta l\neq 0$，从而得到 $C_4=0$ 和下列频率方程：

$$\sin\beta l=0 \tag{h}$$

由上式解出

$$\beta_i=\frac{i\pi}{l},i=1,2,\cdots \tag{i}$$

由式（6.2.25）得知固有频率为

$$\omega_i=i^2\pi^2\sqrt{\frac{EI}{\rho A l^4}},i=1,2,\cdots \tag{j}$$

相应的主振型为

$$Y_i(x)=C_i\sin\beta_i x=C_i\sin\frac{i\pi x}{l},i=1,2,\cdots \tag{k}$$

例 6.2.2 确定左端固定、右端自由的等截面梁的固有频率和主振型。

解：对于等截面梁，左端固定、右端自由的边界条件为

$$Y(0)=0,Y'(0)=0 \tag{a}$$

$$Y''(l)=0, Y'''(l)=0 \tag{b}$$

将式（a）代入式（6.2.27）及其一阶导数，得

$$C_1+C_3=0 \tag{c}$$

$$C_2+C_4=0 \tag{d}$$

从而有

$$C_3=-C_1, C_4=-C_2 \tag{e}$$

将式（b）代入式（6.2.27）的二阶导数及三阶导数，由式（c）有

$$\left.\begin{aligned}(\cos\beta l+\text{ch}\beta l)C_1+(\sin\beta l+\text{sh}\beta l)C_2=0\\(\sin\beta l-\text{sh}\beta l)C_1-(\cos\beta l+\text{ch}\beta l)C_2=0\end{aligned}\right\} \tag{f}$$

要有不同时为零的常数 C_1，C_2，则由式（d）必有

$$\begin{vmatrix}\cos\beta l+\text{ch}\beta l & \sin\beta l+\text{sh}\beta l\\ \sin\beta l-\text{sh}\beta l & -(\cos\beta l+\text{ch}\beta l)\end{vmatrix}=0 \tag{g}$$

上式化简后得下列频率方程：

$$\cos\beta l+\text{ch}\beta l=-1 \tag{h}$$

方程（h）的前 4 个根为

$$\beta_1 l=1.875, \beta_2 l=4.694, \beta_3 l=7.855, \beta_4 l=10.996 \tag{i}$$

当 $i\geqslant 3$ 时，可以取

$$\beta_i l\approx\left(i-\frac{1}{2}\right)\pi, i=3,4,\cdots \tag{j}$$

固有频率为

$$\omega_i=(\beta_i l)^2\sqrt{\frac{EI}{\rho A l^4}}, i=1,2,\cdots \tag{k}$$

其中基频为

$$\omega_1=3.515\sqrt{\frac{EI}{\rho A l^4}} \tag{l}$$

令

$$r_i=\left(\frac{C_2}{C_1}\right)_i=-\frac{\cos\beta_i l+\text{ch}\beta_i l}{\sin\beta_i l+\text{sh}\beta_i l}=\frac{\sin\beta_i l-\text{sh}\beta_i l}{\cos\beta_i l+\text{ch}\beta_i l} \tag{m}$$

则主振型为

$$Y_i(x)=C_i[\cos\beta_i x-\text{ch}\beta_i x+r_i(\sin\beta_i x-\text{sh}\beta_i x)], i=1,2,\cdots \tag{n}$$

图 6.8 画出了各种简单边界条件下等截面梁的前 n 阶主振型曲线，相应的频率方程及主振型表达式见表 6.2.1。

两端自由：

两端固定：

两端简支：

左端固定、右端自由：

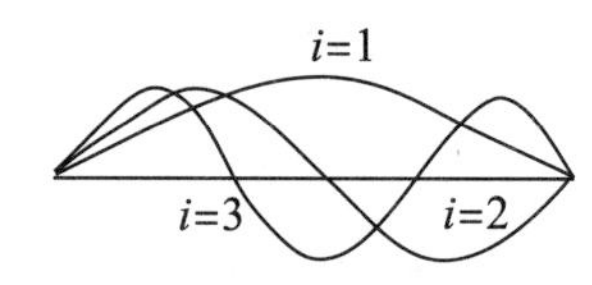

左端固定、右端简支：

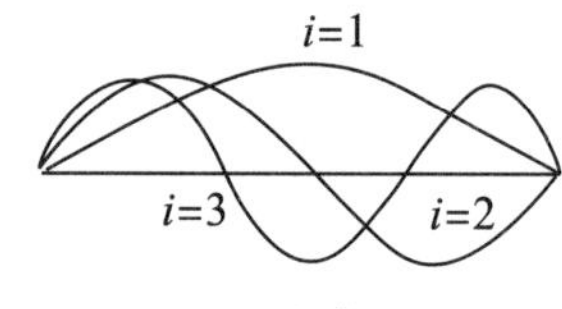

左端自由、右端简支：

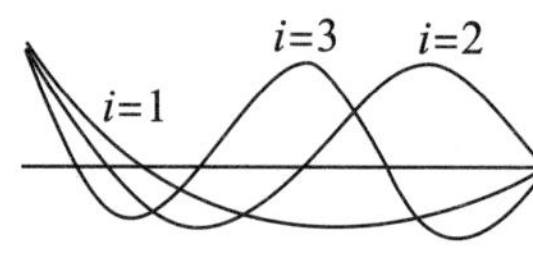

图 6.8　不同边界条件下的模态

表 6.1　等截面梁横向振动频率方程与主振型

边界条件	频率方程与主振型
$Y(0)=Y'(0)=0$ $Y(l)=Y'(l)=0$	(1)$\cos\beta l\,\mathrm{ch}\beta l=1$ (2)$Y_i(x)=C_i[\cos\beta_i x-\mathrm{ch}\beta_i x+r_i(\sin\beta_i x-\mathrm{sh}\beta_i x)]$ $r_i=-\dfrac{\cos\beta_i l-\mathrm{ch}\beta_i l}{\sin\beta_i l-\mathrm{sh}\beta_i l}=\dfrac{\sin\beta_i l+\mathrm{sh}\beta_i l}{\cos\beta_i l-\mathrm{ch}\beta_i l}$
$Y''(0)=Y'''(0)=0$ $Y''(l)=Y'''(l)=0$	(1)$\cos\beta l\,\mathrm{ch}\beta l=1$ (2)$Y_i(x)=C_i[\cos\beta_i x+\mathrm{ch}\beta_i x+r_i(\sin\beta_i x+\mathrm{sh}\beta_i x)]$ $r_i=-\dfrac{\cos\beta_i l-\mathrm{ch}\beta_i l}{\sin\beta_i l-\mathrm{sh}\beta_i l}=\dfrac{\sin\beta_i l+\mathrm{sh}\beta_i l}{\cos\beta_i l-\mathrm{ch}\beta_i l}$
$Y(0)=Y'(0)=0$ $Y(l)=Y''(l)=0$	(1)$\tan\beta l=\mathrm{th}\beta l$ (2)$Y_i(x)=C_i[\cos\beta_i x-\mathrm{ch}\beta_i x+r_i(\sin\beta_i x-\mathrm{sh}\beta_i x)]$ $r_i=-\dfrac{\cos\beta_i l-\mathrm{ch}\beta_i l}{\sin\beta_i l-\mathrm{sh}\beta_i l}=-\dfrac{\cos\beta_i l+\mathrm{ch}\beta_i l}{\sin\beta_i l+\mathrm{sh}\beta_i l}$
$Y(0)=Y''(0)=0$ $Y''(l)=Y'''(l)=0$	(1)$\tan\beta l=\mathrm{th}\beta l$ (2)$Y_i(x)=C_i[\mathrm{sh}\beta_i x+r_i\sin\beta_i x]$ $r_i=\dfrac{\mathrm{sh}\beta_i l}{\sin\beta_i l}=\dfrac{\mathrm{ch}\beta_i l}{\cos\beta_i l}$
$Y(0)=Y''(0)=0$ $Y(l)=Y''(l)=0$	(1)$\sin\beta l=0$ (2)$Y_i(x)=C_i\,\mathrm{sh}\beta_i x$

续表6.1

边界条件	频率方程与主振型
$Y(0)=Y'(0)=0$ $Y''(l)=Y'''(l)=0$	(1) $\cos\beta l\,\mathrm{ch}\beta l=-1$ (2) $Y_i(x)=C_i[\cos\beta_i x-\mathrm{ch}\beta_i x+r_i(\sin\beta_i x-\mathrm{sh}\beta_i x)]$ $r_i=-\dfrac{\cos\beta_i l+\mathrm{ch}\beta_i l}{\sin\beta_i l+\mathrm{sh}\beta_i l}=\dfrac{\sin\beta_i l-\mathrm{sh}\beta_i l}{\cos\beta_i l+\mathrm{ch}\beta_i l}$

6.2.5　主振型的正交性

本小节讨论的是简单边界梁的主振型正交性，梁是可以变截面或非均质的。将式（6.2.22）写为如下形式：

$$(EIY'')''=\omega^2\rho AY \tag{6.2.29}$$

设 $Y_i(x)$，$Y_j(x)$ 分别是对应于固有频率 ω_i 和 ω_j 的主振型，由上式有

$$(EIY_i'')''=\omega_i^2\rho AY_i \tag{6.2.30}$$

$$(EIY_j'')''=\omega_j^2\rho AY_j \tag{6.2.31}$$

式（6.2.30）两边同时乘以 $Y_j(x)$ 并沿梁长对 x 积分，有

$$\int_0^l Y_j\,(EIY_i'')''\mathrm{d}x=\omega_i^2\int_0^l\rho AY_iY_j\,\mathrm{d}x \tag{6.2.32}$$

利用分部积分，上式左边可写为

$$\int_0^l Y_j\,(EIY_i'')''\mathrm{d}x=Y_j\,(EIY_i'')'\big|_0^l-Y_j'(EIY_i'')\big|_0^l+\int_0^l EIY_i''Y_j''\mathrm{d}x \tag{6.2.33}$$

由于在梁的简单边界上，总有挠度或剪力中的一项与转角或弯矩中的一项同时为零，所以上述右边第一、二项等于零，则有

$$\int_0^l Y_j\,(EIY_i'')''\mathrm{d}x=\int_0^l EIY_i''Y_j''\mathrm{d}x \tag{6.2.34}$$

将式（6.2.34）代入式（6.2.32）得

$$\int_0^l EIY_i''Y_j''\mathrm{d}x=\omega_i^2\int_0^l\rho AY_iY_j\,\mathrm{d}x \tag{6.2.35}$$

同理，将式（6.2.31）两边同时乘以 Y_i（x）并沿梁长对 x 积分，可得到

$$\int_0^l EIY_j''Y_i''\mathrm{d}x=\omega_j^2\int_0^l\rho AY_jY_i\,\mathrm{d}x \tag{6.2.36}$$

将式（6.2.35）与式（6.2.36）相减，得

$$(\omega_i^2-\omega_j^2)\int_0^l\rho AY_iY_j\,\mathrm{d}x=0 \tag{6.2.37}$$

若 $i\neq j$ 时 $\omega_i^2\neq\omega_j^2$，上式必有

$$\int_0^l\rho AY_iY_j\,\mathrm{d}x=0 \tag{6.2.38}$$

即式（6.2.38）表示梁的主振型关于质量的正交性，再由式（6.2.36）和式（6.2.34）可得

$$\int_0^l EIY_i''Y_j''\mathrm{d}x=0,\ i\neq j, \tag{6.2.39}$$

$$\int_0^l Y_j\,(EIY_i'')''\mathrm{d}x = 0,\ i \neq j \tag{6.2.40}$$

上面两式即梁的主振型关于刚度的正交性。当 $i=j$ 时，式（6.2.37）总能成立，令

$$\int_0^l \rho AY_j^2\mathrm{d}x = M_{pj} \tag{6.2.41}$$

$$\int_0^l EIY_i''Y_j''\mathrm{d}x = \int_0^l Y_j\,(EIY_i'')''\mathrm{d}x = K_{pj} \tag{6.2.42}$$

常数 M_{pj}，K_{pj} 分别称为第 j 阶主质量和第 j 阶主刚度，由式（6.2.36）得知它们有下列关系：

$$\omega_j^2 = \frac{K_{pj}}{M_{pj}} \tag{6.2.43}$$

如果主振型 $Y_j(x)$ 中的常数 C_j 按下列归一化条件来确定：

$$\int_0^l \rho AY_j^2\mathrm{d}x = M_{pj} = 1,\ j = 1,2,\cdots \tag{6.2.44}$$

则得到的主振型称为正则振型，这时相应的第 j 阶主刚度 K_{pj} 为 ω_j^2。上式与式（6.2.38）可合写为

$$\int_0^l \rho AY_iY_j\mathrm{d}x = \delta_{ij} \tag{6.2.45}$$

由式（6.2.39）、式（6.2.40）和式（6.2.42）可得到

$$\int_0^l EIY_i''Y_j''\mathrm{d}x = \omega_j^2\delta_{ij} \tag{6.2.46}$$

$$\int_0^l Y_j\,(EIY_i'')''\mathrm{d}x = \omega_j^2\delta_{ij} \tag{6.2.47}$$

6.2.6 梁横向振动的强迫响应

如式（6.2.6）所示，梁的横向强迫振动方程为

$$\frac{\partial^2}{\partial x^2}\left(EI\frac{\partial^2 y}{\partial x^2}\right)+\rho A\frac{\partial^2 y}{\partial t^2} = p(x,t) - \frac{\partial}{\partial x}m(x,t) \tag{6.2.48}$$

将梁的挠度按正则振型 $Y_i(x)$ 展开为如下的无穷级数：

$$y(x,t) = \sum_{i=1}^{\infty}Y_i(x)\eta_i(t) \tag{6.2.49}$$

式中，$\eta_i(t)$ 是正则坐标，上式代入式（6.2.44）后得

$$\sum_{i=1}^{\infty}(EIY_i'')''\eta_i + \rho A\sum_{i=1}^{\infty}Y_i\ddot{\eta}_i = p(x,t) - \frac{\partial}{\partial x}m(x,t) \tag{6.2.50}$$

上式两边乘以 $Y_j(x)$ 并沿梁长对 x 积分，有

$$\sum_{i=1}^{\infty}\eta_i\int_0^l Y_j\,(EIY_i'')''\mathrm{d}x + \sum_{i=1}^{\infty}\ddot{\eta}_i\int_0^l \rho AY_iY_j\mathrm{d}x = \int_0^l\left[p(x,t) - \frac{\partial}{\partial x}m(x,t)\right]Y_j\mathrm{d}x \tag{6.2.51}$$

由正交性条件式（6.2.45）和式（6.2.47），上式成为

$$\ddot{\eta}_j + \omega_j^2 \eta_j = q_j(t) \tag{6.2.52}$$

式（6.2.52）即第 j 个正则坐标方程，其中

$$q_j(t) = \int_0^l \left[p(x,t) - \frac{\partial}{\partial x} m(x,t) \right] Y_j \mathrm{d}x \tag{6.2.53}$$

$q_j(t)$ 即第 j 个正则坐标的广义力，由分部积分上式还可写为

$$q_j(t) = \int_0^l [p(x,t)Y_j - m(x,t)Y_j'] \mathrm{d}x \tag{6.2.54}$$

假定梁的初始条件为

$$y(x,0) = f_1(x), \left. \frac{\partial y}{\partial t} \right|_{t=0} = f_2(x) \tag{6.2.55}$$

将式（6.2.49）代入式（6.2.55），有

$$y(x,0) = f_1(x) = \sum_{i=1}^{\infty} y_i(x) \eta_i(0) \tag{6.2.56}$$

$$\left. \frac{\partial y}{\partial t} \right|_{t=0} = f_2(x) = \sum_{i=1}^{\infty} y_i(x) \dot{\eta}_i(0) \tag{6.2.57}$$

上面两式乘以 $\rho A Y_j$（x）并沿梁长对 x 积分，由正交性式（6.2.45）得

$$\eta_j(0) = \int_0^l \rho A f_1(x) Y_j(x) \mathrm{d}x \tag{6.2.58}$$

$$\dot{\eta}_j(0) = \int_0^l \rho A f_2(x) Y_j(x) \mathrm{d}x \tag{6.2.59}$$

式（6.2.58）、式（6.2.59）即第 j 个正则坐标的初始条件，于是式（6.2.52）的解为

$$\eta_j(t) = \eta_j(0) \cos\omega_j t + \frac{\dot{\eta}_j(0)}{\omega_j} \sin\omega_j t + \frac{1}{\omega_j} \int_0^l q_j(\tau) \sin\omega_j(\tau - t) \mathrm{d}\tau \tag{6.2.60}$$

将形如上式的各个正则坐标相应代入式（6.2.49），即得到梁在初始条件下对任意激励的响应。

若是零初始条件，则梁对任意激励的响应为

$$\begin{aligned} y(x,t) &= \sum_{j=1}^{\infty} Y_j(x) \cdot \frac{1}{\omega_j} \int_0^t \int_0^l \left(p - \frac{\partial m}{\partial x} \right) Y_j \sin\omega_j(\tau - t) \mathrm{d}\tau \\ &= \sum_{j=1}^{\infty} \frac{1}{\omega_j} Y_j(x) \int_0^l Y_j(x) \cdot \int_0^t \left[p(x,\tau) - \frac{\partial}{\partial x} m(x,\tau) \right] \sin\omega_j(\tau - t) \mathrm{d}\tau \mathrm{d}x \end{aligned} \tag{6.2.61}$$

如果作用在梁上的载荷不是分布力或分布力矩，而是图 6.9 所示的集中力 $P(t)$ 和集中力矩 $M(t)$，那么利用第 2 章介绍的 $\delta(x)$ 函数，它们可表示为

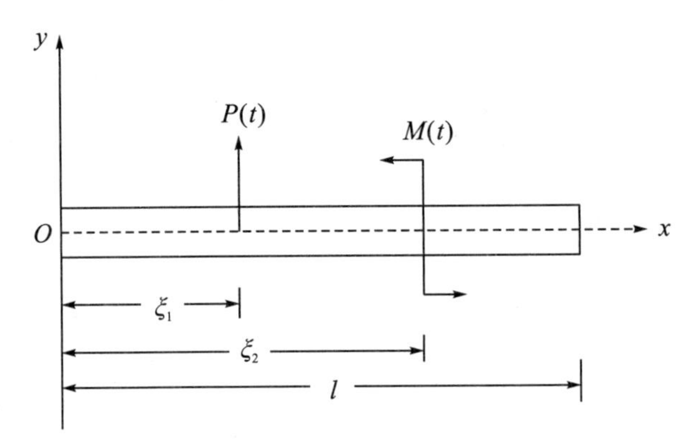

图 6.9　受集中力和集中力矩的梁

$$p(x,t) = P(t)\delta(x-\xi_1) \tag{6.2.62}$$

$$m(x,t) = M(t)\delta(x-\xi_2) \tag{6.2.63}$$

将上面两式代入式（6.2.54）后得到下列正则坐标的广义力：

$$\begin{aligned} q_i(t) &= \int_0^l [P(t)\delta(x-\xi_1)Y_j(x) + M_t\delta(x-\xi_2)Y_j{}'(x)]\mathrm{d}x \\ &= P(t)Y_j(\xi_1) + M_tY_j{}'(\xi_2) \end{aligned} \tag{6.2.64}$$

于是，零初始条件下梁的响应为

$$\begin{aligned} y(x,t) = \sum_{j=1}^{\infty} \frac{1}{\omega_j} Y_j(x) \Big[& Y_j(\xi_1)\int_0^t P(\tau)\sin\omega_j(\tau-t)\mathrm{d}\tau + \\ & Y_j{}'(\xi_2)\int_0^t M(\tau)\sin\omega_j(\tau-t)\mathrm{d}\tau \Big] \end{aligned} \tag{6.2.65}$$

除了用上述振型叠加法求解，还可以用直接求解法求等截面均质梁在简谐激励下的稳态响应。假设在梁上作用有下列简谐激励分布力：

$$p(x,t) = p(x)\sin\omega t \tag{6.2.66}$$

方程（6.2.48）可写为

$$\frac{\partial^4 y}{\partial x^4} + \frac{1}{a^2}\frac{\partial^2 y}{\partial t^2} = \frac{1}{EI}p(x)\sin\omega t \tag{6.2.67}$$

式中，$a^2 = \dfrac{EI}{\rho A}$。设梁的稳态响应为

$$y(x,t) = w(x)\sin\omega t \tag{6.2.68}$$

代入式（6.2.67）后得

$$w^{(4)}(x) - \beta^4 w(x) = \frac{1}{EI}p(x) \tag{6.2.69}$$

式中，$\beta^4 = \dfrac{\omega^2}{a^2}$，相应于上式的齐次方程通解形如式（6.2.27），非齐次特解可用如下方法得到。对上式两边做拉氏变换，得

$$s^4\bar{W}(s) - \beta^4\bar{W}(s) = \frac{1}{EI}\bar{p}(s) \tag{6.2.70}$$

式中，$\bar{W}(s)$，$\bar{p}(s)$ 分别是 $w(x)$ 和 $p(x)$ 的拉氏变换，由上式解出

$$\bar{W}(s) = \frac{\bar{p}(s)}{EI} \cdot \frac{1}{s^4 - \beta^4} \tag{6.2.71}$$

已知$\frac{1}{s^4-\beta^4}$的拉氏逆变换是$\frac{1}{2\beta^3}$（$\mathrm{sh}\beta x - \sin\beta x$），从而根据拉氏变换的卷积性质得到非齐次特解为

$$w(x) = \frac{1}{2EI\beta^3}\int_0^x p(\xi)[\mathrm{sh}\beta(x-\xi) - \sin\beta(x-\xi)]\mathrm{d}\xi \tag{6.2.72}$$

这样方程（6.2.69）的通解为

$$\begin{aligned} w(x) =& C_1\cos\beta x + C_2\sin\beta x + C_3\mathrm{ch}\beta x + C_4\mathrm{sh}\beta x + \\ & \frac{1}{2EI\beta^3}\int_0^x p(\xi)[\mathrm{sh}\beta(x-\xi) - \sin\beta(x-\xi)]\mathrm{d}\xi \end{aligned} \tag{6.2.73}$$

上式中的 4 个常数由两端的边界条件确定，将求出的 w（x）代入式（6.2.68），即得到梁的稳态响应。

例 6.2.3　如图 6.10 所示，一简支梁在其中点受到常力 P 作用而产生静变形，求当力 P 突然移去时梁的响应。

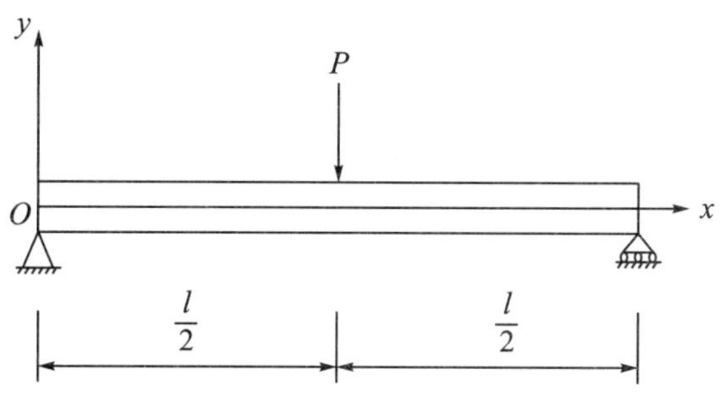

图 6.10　受集中荷载的梁

解：由材料力学得知初始条件为

$$y(x,0) = f_1(x) = \begin{cases} y_{st}\left[3\left(\frac{x}{l}\right) - 4\left(\frac{x}{l}\right)^3\right], 0 \leqslant x \leqslant \frac{l}{2} \\ y_{st}\left[3\left(\frac{l-x}{l}\right) - 4\left(\frac{l-x}{l}\right)^3\right], \frac{l}{2} \leqslant x \leqslant l \end{cases} \tag{a}$$

$$\left.\frac{\partial y}{\partial t}\right|_{t=0} = f_2(x) = 0 \tag{b}$$

式中，$y_{st} = -\frac{Pl^3}{48EI}$为梁的中央静挠度。从例 6.2.1 已知两端简支梁的固有频率及主振型为

$$\omega_i = i^2\pi^2\sqrt{\frac{EI}{\rho Al^4}}, i = 1,2,\cdots \tag{c}$$

$$Y_i(x) = C_i\sin\beta_i x = C_i\sin\frac{i\pi x}{l},\ i = 1,2,\cdots \tag{d}$$

将主振型代入式（6.2.44）的归一化条件，得

$$\int_0^l \rho A\left(C_i\sin\frac{i\pi x}{l}\right)^2\mathrm{d}x = \frac{\rho Al}{2}C_i^2 = 1 \tag{e}$$

从而得知正则振型 $Y_i(x)$ 中的系数 $C_i=\sqrt{\dfrac{2}{\rho Al}}$。由式（6.2.58）、式（6.2.59）算出正则坐标的初始条件为

$$\begin{aligned}\eta_j(0)&=\int_0^{\frac{l}{2}}\rho Ay_{st}\left[3\left(\frac{x}{l}\right)-4\left(\frac{x}{l}\right)^3\right]C_i\sin\frac{i\pi x}{l}\mathrm{d}x+\\&\quad\int_{\frac{l}{2}}^{l}\rho Ay_{st}\left[3\left(\frac{l-x}{l}\right)-4\left(\frac{l-x}{l}\right)^3\right]C_i\sin\frac{i\pi x}{l}\mathrm{d}x\\&=\rho Ay_{st}C_i\cdot\frac{48l}{i^4\pi^4}(-1)^{\frac{i-1}{2}}\\&=-\frac{Pl^4\rho A}{i^4\pi^4EI}C_i(-1)^{\frac{i-1}{2}},\quad i=1,2,\cdots\end{aligned}\tag{f}$$

$$\dot{\eta}_j(0)=0\tag{g}$$

因没有激振力，正则广义力为零，由式（6.2.60）得

$$\eta_i(t)=\eta_i(0)\cos\omega_it\tag{h}$$

于是梁的自由振动为

$$\begin{aligned}y(x,t)&=\sum_{i=1}^{\infty}Y_i(x)\eta_i(t)\\&=\sum_{i=1}^{\infty}C_i\sin\frac{i\pi x}{l}\cdot-\frac{Pl^4\rho A}{i^4\pi^4EI}C_i(-1)^{\frac{i-1}{2}}\cos\omega_it\\&=-\frac{2Pl^3}{\pi^4EI}\sum_{i=1}^{\infty}\frac{(-1)^{\frac{i-1}{2}}}{i^4}\sin\frac{i\pi x}{l}\cos\omega_it\end{aligned}\tag{i}$$

由上式可见，梁在中央受常力作用产生的静变形只激发起对称振型的振动。

6.2.7 轴向荷载对梁弯曲振动的影响

横向振动的梁，如受到轴向荷载作用，则梁微元 $\mathrm{d}x$ 上的力除了弯矩 M 和剪力 Q，还有轴力 P，如图 6.11 所示。

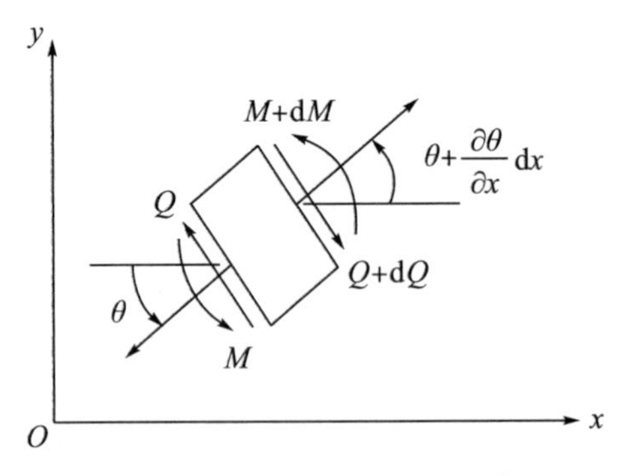

图 6.11 轴向荷载下的微元体

当梁有微小振动时，假定 P 是常数，并且这里不考虑剪切变形和转动惯量的影响。微元的运动微分方程为

$$\rho A\,\frac{\partial^2 w}{\partial t^2}\mathrm{d}x = -\left(Q+\frac{\partial Q}{\partial x}\mathrm{d}x\right)+Q+P\left(\theta+\frac{\partial\theta}{\partial x}\mathrm{d}x\right)-P\theta \tag{6.2.74}$$

将 $\theta=\frac{\partial w}{\partial x}$，$Q=\frac{\partial M}{\partial x}$，$M=EI\,\frac{\partial^2 w}{\partial x^2}$ 等关系式代入上式，化简后即得到轴向力作用下梁自由振动的微分方程：

$$\rho A\,\frac{\partial^2 w}{\partial t^2} = -\frac{\partial}{\partial x^2}\left(EI\,\frac{\partial w^2}{\partial x^2}\right)+P\,\frac{\partial w^2}{\partial x^2} \tag{6.2.75}$$

下面以等截面均匀简支梁为例，讨论轴向力对梁横向振动固有频率的影响。对于简支梁，可假设第 i 阶主振动为

$$w_i(x,t) = \sin\frac{i\pi}{l}x\sin(\omega_i t+\varphi_i) \tag{6.2.76}$$

代入式（6.2.75）可得系统的频率方程为

$$\rho A\omega_i^2 - EI\left(\frac{i\pi}{l}\right)^4 - P\left(\frac{i\pi}{l}\right)^2 = 0 \tag{6.2.77}$$

求得固有频率为

$$\omega_i = \left(\frac{i\pi}{l}\right)^2\sqrt{\frac{EI}{\rho A}}\left[1+\frac{Pl^2}{(i\pi)^2 EI}\right] \tag{6.2.78}$$

与例 6.2.1 讨论的简支梁固有频率相比，轴向拉力的作用使得系统固有频率有所提高，而且随着频率阶次的提高，这种影响将减小。这是由于轴向力的作用将使梁的挠度减小，相当于增大了梁的刚度。

6.3　特征值问题

6.3.1　边值问题

为了找到振动模态，假设解可分离为

$$y(x,t) = Y(x)\Phi(t) \tag{6.3.1}$$

式中 $Y(x)$ 为特征函数或模态函数，$\Phi(t)$ 是随时间变化的位移。由于方程（6.3.1）必须满足控制方程，我们取导数 $y'=Y'\Phi$，$\ddot{y}=Y\ddot{\Phi}$，并将其代入控制方程（6.1.4），当 $p(x,t)=0$ 时，得

$$\frac{\mathrm{d}}{\mathrm{d}x}\left[T(x)Y'(x)\Phi(t)\right]=\rho(x)Y(x)\ddot{\Phi}, \tag{6.3.2}$$

$$\underbrace{\frac{1}{\rho(x)Y(x)}\frac{\mathrm{d}}{\mathrm{d}x}\left[T(x)Y'(x)\right]}_{\mathrm{I}} = \underbrace{\frac{\ddot{\Phi}(t)}{\Phi(t)}}_{\mathrm{II}} = -\omega^2 \tag{6.3.3}$$

在方程（6.3.3）中，时间变量和空间变量被置于等号的两侧。第一部分 Ⅰ 是关于 x 的函数，第二部分 Ⅱ 是关于 t 的函数，由方程（6.3.3）可得

$$\begin{cases}\ddot{\Phi}+\omega^2\Phi=0\\ -\dfrac{\mathrm{d}}{\mathrm{d}x}[T(x)Y'(x)]=\omega^2\rho(x)Y(x)\end{cases} \tag{6.3.4}$$

式（6.3.4）的第二个公式被称为特征值问题。

6.3.2 特征值问题的一般公式

特征值问题的一般公式为

$$L[w]=\lambda M[w] \tag{6.3.5}$$

w（x，y）为一维或二维问题的振动位移，$L[w]$和M为二阶线性齐次微分算子，其中，阶数为$2p$，当$p=1$时，方程（6.3.5）为弦杆、轴和薄膜振动的特征值问题，当$p=2$时，为梁和板模型的特征值问题。M［w］为阶数为$2q$的线性齐次微分算子$q<p$，当$q=0$时为弦、杆、轴和梁模型。

$$L=A_1+A_2\frac{\partial}{\partial x}+A_3\frac{\partial}{\partial y}+A_4\frac{\partial^2}{\partial x^2}+A_5\frac{\partial^2}{\partial x\partial y}+A_6\frac{\partial^2}{\partial y^2}+\cdots \tag{6.3.6}$$

边界条件可表示为

$$B_i[w]=\lambda C_i[w],(i=1,2,\cdots,p), \tag{6.3.7}$$

B_i，C_i为线性齐次微分算子，阶数为$2p-1$，求解式（6.3.5）要选用合适的试函数，试函数包括本征函数、容许函数和比较函数，其中只有本征函数才能产生精确解，任何其他函数都会导致近似解。其中，本征函数是满足控制微分方程和所有边界条件的试函数。如果试函数满足所有几何（位移和坡度）和自然（力和力矩）边界条件，则称为比较函数。如果试函数仅满足几何边界条件，则称其为容许函数。

（1）当边界条件不取决于特征值时，令

$L=\dfrac{\mathrm{d}^2}{\mathrm{d}x^2}\left(EI\dfrac{\mathrm{d}^2}{\mathrm{d}x^2}\right)$，$\lambda=\omega^2$，$M=m$，特征值问题可写为：

$$L[w]=\lambda M[w] \tag{6.3.8}$$

边界条件为$B_i[w]=0$（$i=1$，2，…，p）。

定义：对于任意两个比较函数u和v，若

$$\int_D uL[v]\mathrm{d}D=\int_D vL[u]\mathrm{d}D \tag{6.3.9}$$

$$\int_D uM[v]\mathrm{d}D=\int_D vM[u]\mathrm{d}D \tag{6.3.10}$$

此时特征值问题是自伴随的。

定义：对于任意一个比较函数u，若

$$\int_D uL[u]\mathrm{d}D\geqslant 0 \tag{6.3.11}$$

有且仅有$u\equiv 0$时，$L[w]$是正定的。同理可定义$M[w]$的正定性。

注：如果$L[w]$和$M[w]$都是正定的，那么特征值问题也是正定的；如果$M[w]$是正定的，$L[w]$是半正定的，那么特征值问题是半正定的。对于一个正定系统，

所有的特征值都为正；对于一个半正定系统，即 L 为半正定，M 为正定，存在特征值为零的情况，即 $\lambda=0$ 的情况。

自伴随系统的广义正交性关系证明：

令 $L[w]=\lambda M[w]$，边界条件为 $B_i[w]=0$ $(i=1, 2, \cdots, p)$。

$$L[w_r]=\lambda_r M[w_r] \tag{6.3.13}$$

$$L[w_s]=\lambda_s M[w_s] \tag{6.3.14}$$

式（6.3.13）乘以 w_s 后积分得

$$\int_D w_s L[w_r]\mathrm{d}D=\int_D \lambda_r w_s M[w_r]\mathrm{d}D \tag{6.3.15}$$

式（6.3.14）乘以 w_r 后积分得

$$\int_D w_r L[w_s]\mathrm{d}D=\int_D \lambda_s w_r M[w_s]\mathrm{d}D \tag{6.3.16}$$

由式（6.3.15）减式（6.3.16），利用自伴随的定义得

$$(\lambda_r-\lambda_s)\int_D w_s M[w_r]\mathrm{d}D=0 \tag{6.3.17}$$

当 $\lambda_r\neq\lambda_s$ 时，可得正交性关系，当 $s=r$ 时，得归一化关系，证毕。整个自然模态 w_r 是一个完整的集合，它们可以用作函数空间中的一组基函数。

自伴随系统的展开定理：每个 $L[w]$中的函数 w 满足系统的边界条件，可以在本征函数的空间中展开为收敛级数，即

$$w=\sum_{r=i}^{\infty}C_r w_r \tag{6.3.18}$$

式中，

$$C_r=\int_D w_r M[w]\mathrm{d}D \tag{6.3.19}$$

该展开过程可使用前述模态正交性证明，在此不再赘述。

例 6.3.1　用特征值问题分析两端自由的弦的振动，已知 $-u''=\lambda u$，$T=1$，$\rho=1$，$l=1$，边界条件为 $u'(0)=u'(l)=0$。

解：由题意得：$L=-\dfrac{\mathrm{d}^2}{\mathrm{d}x^2}$，$M=1$，$L$ 为半正定的，M 为正定的，对于任意比较函数可得

$$\begin{aligned}v'(0)&=v'(l)=0\\ w'(0)&=w'(l)=0\end{aligned} \tag{a}$$

又因

$$\int_0^l vL[w]\mathrm{d}x=\int_0^l -vw''\mathrm{d}x=-vw'\big|_0^1+\int_0^l -v'w''\mathrm{d}x=\int_0^l wL[v]\mathrm{d}x \tag{b}$$

$$\int_0^l vM[w]\mathrm{d}x=\int_0^l vw\mathrm{d}x=\int_0^l wL[v]\mathrm{d}x \tag{c}$$

得 $L[w]$和 $M[w]$都是自伴随的。

(2) 对于任意比较函数 v，由分部积分法可得：

$$\int_0^l vL[v]\mathrm{d}x = \int_0^l (v')^2\mathrm{d}x \geqslant 0 \tag{d}$$

$$\int_0^l vM[v]\mathrm{d}x = \int_0^l v^2\mathrm{d}x \geqslant 0 \tag{e}$$

若 $\int_0^l (v')^2\mathrm{d}x = 0$，则 $v'=0$ 可得 $v=\mathrm{const}$，即 $L[w]$是半正定的。若 $\int_0^l v^2\mathrm{d}x = 0$，得 $v=0$，即 $M[w]$是正定的，系统存在刚体运动，存在 0 特征值。

边界条件由特征值决定时，对于在范围 D 上定义的振动方程：

$$L[w] = M\lambda[w] \tag{6.3.20}$$

式中，算子 L 和算子 M 分别是 $2p$ 阶和 $2q$ 阶的线性齐次微分算子，且 $p>q$，令范围 D 的边界为 S 且 $S\notin D$，则在边界 S 上的边界条件为

$$B_i[w] = 0\ (i = 1,2,\cdots,k) \tag{6.3.21}$$

$$B_j[w] = \lambda C_j[w]\ (j = 1,2,\cdots,p-k) \tag{6.3.22}$$

若任意函数 u 和 v 满足式（6.3.21）中的所有边界条件，即

$$\int_D uL[v]\mathrm{d}D + \sum_{j=1}^{l}\int_S uB_j[v]\mathrm{d}S = \int_D vL[u]\mathrm{d}D + \sum_{j=1}^{l}\int_S vB_j[u]\mathrm{d}S \tag{6.3.23}$$

$$\int_D uM[v]\mathrm{d}D + \sum_{j=1}^{l}\int_S uC_j[v]\mathrm{d}S = \int_D vM[u]\mathrm{d}D + \sum_{j=1}^{l}\int_S vC_j[u]\mathrm{d}S \tag{6.3.24}$$

则特征值问题是自伴随的。

若任意函数 u 满足式（6.3.21）中的所有边界条件，即

$$\int_D uL[u]\mathrm{d}D + \sum_{j=1}^{l}\int_S uB_j[u]\mathrm{d}S \geqslant 0 \tag{6.3.25}$$

只有当 $u\equiv 0$ 时，$L[w]$是正定的。同理可定义 $M[w]$，如果 $L[w]$和$M[w]$都是正定的，那么特征值问题为正定的。

模态正交性的一般性证明：

对于带边界条件的特征值问题，有

$$L[w_r] = \lambda_r M[w_r],B_j\ [w_r]' = \lambda_r C_j[w_r] \tag{6.3.26}$$

$$L[w_s] = \lambda_s M[w_s],B_j\ [w_s]' = \lambda_s C_j[w_s] \tag{6.3.27}$$

由以上两式可得

$$\int_D (w_s L[w_r] - w_r L[w_s])\mathrm{d}D = \int_D (\lambda_r w_s M[w_r] - \lambda_s w_r M[w_s])\mathrm{d}D \tag{6.3.28}$$

因为 $L[w]$和$M[w]$是自伴随的，则

$$\int_D w_s L[w_r]\mathrm{d}D + \sum_{j=1}^{l}\int_S w_s B_j[w_r]\mathrm{d}S = \int_D w_r L[w_s]\mathrm{d}D + \sum_{j=1}^{l}\int_S w_r B_j[w_s]\mathrm{d}S \tag{6.3.29}$$

从式（6.3.29）得

$$\int_D (w_s L[w_r] - w_r L[w_s])\mathrm{d}D = \sum_{j=1}^{l}\int_S (w_r B_j[w_s] - w_s B_j[w_r])\mathrm{d}S \tag{6.3.30}$$

同理可得

$$\int_D w_s M[w_r]\mathrm{d}D = \int_D w_r M[w_s]\mathrm{d}D + \sum_{j=1}^{l}\int_S (w_r C_j[w_s] - w_s C_j[w_r])\mathrm{d}S \tag{6.3.31}$$

将式（6.3.30）和式（6.3.31）代入式（6.3.28）得

$$\sum_{j=1}^{l}\int_S (w_r B_j[w_s] - w_s B_j[w_r])\mathrm{d}S = \lambda_r \int_D w_r M[w_s]\mathrm{d}D - \lambda_s \int_D w_r M[w_s]\mathrm{d}D + \lambda_r \sum_{j=1}^{l}\int_S (w_r C_j[w_s] - w_s C_j[w_r])\mathrm{d}S \tag{6.3.32}$$

则

$$(\lambda_r - \lambda_s)\left[\int_D w_r M[w_s]\mathrm{d}D + \sum_{j=1}^{l}\int_S w_r C_j[w_s]\mathrm{d}S\right] = 0 \tag{6.3.33}$$

若 $\lambda_r \neq \lambda_s$，$s \neq r$，则

$$\int_D w_r M[w_s]\mathrm{d}D + \sum_{j=1}^{l}\int_S w_r C_j[w_s]\mathrm{d}S = 0 \tag{6.3.34}$$

归一化的正交关系为

$$\int_D w_r M[w_s]\mathrm{d}D + \sum_{j=1}^{l}\int_S w_r C_j[w_s]\mathrm{d}S = \delta_{rs} \tag{6.3.35}$$

$$\int_D w_r L[w_s]\mathrm{d}D + \sum_{j=1}^{l}\int_S w_r B_j[w_s]\mathrm{d}S = \lambda_s \delta_{rs} \tag{6.3.36}$$

自伴随系统的展开定理：每个 $L[w]$ 和 $M[w]$ 中的函数 w 满足系统的边界条件，可以在本征函数的空间中展开为收敛级数，即

$$w = \sum_{r=1}^{\infty} C_r w_r \tag{6.3.37}$$

上式代入式（6.4.34）得

$$\begin{aligned} &\int_D w_r M[w_s]\mathrm{d}D + \sum_{j=1}^{l}\int_S w_r C_j[w_s]\mathrm{d}S \\ &= \int_D w_r M\left[\sum_{s=1}^{\infty} C_s w_s\right]\mathrm{d}D + \sum_{j=1}^{l}\int_S w_r C_i\left[\sum_{s=1}^{\infty} C_s w_s\right]\mathrm{d}S \\ &= \sum_{s=1}^{\infty} C_s\left[\int_D w_r M[w_s]\mathrm{d}D + \sum_{i=1}^{l}\int_S w_r C_i[w_s]\mathrm{d}S\right] \\ &= \sum_{s=1}^{\infty} C_s \delta_{rs} = C_r \end{aligned} \tag{6.3.38}$$

例 6.3.2　如图 6.12 所示，长为 l 的圆形弹性轴，一端固定，另一端连接一个刚性圆盘，G 为刚度模量，J 为轴的截面极惯性矩，I 为每单位长度轴的质量极惯性矩，I_D 为圆盘绕其中心轴的质量惯性矩，推导运动方程。

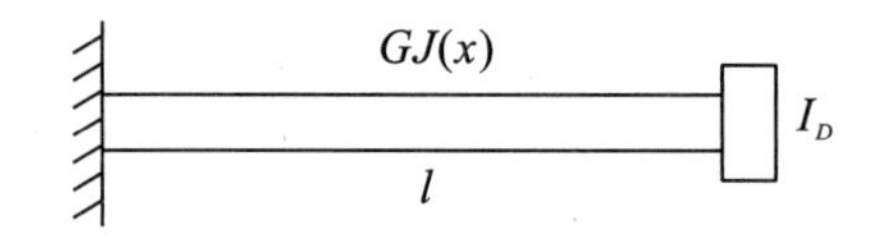

图 6.12 圆形弹性轴

解：由题意得

$$-\frac{\mathrm{d}}{\mathrm{d}x}\left[GJ(x)\frac{\mathrm{d}H(x)}{\mathrm{d}x}\right]=\lambda I(x)H(x) \tag{a}$$

边界条件为

$$x=0: H(0)=0,\ k=1,\ l=0,\ B_1=1,\ C_1=0$$

$$x=l: GJ(l)\frac{\mathrm{d}H(l)}{\mathrm{d}x}=\lambda I_D H(l),\ k=0,\ l=1,\ B_1=GJ(l)\frac{\mathrm{d}}{\mathrm{d}x},\ C_1=I_D \tag{b}$$

则 $L=-\frac{\mathrm{d}}{\mathrm{d}x}\left[GJ(x)\frac{\mathrm{d}}{\mathrm{d}x}\right]$，$M=I(x)$，$p=1$，$q=0$。

对于自伴随系统，任意两个函数 u 和 v 满足 $x=0$ 处边界条件（a），则有

$$\int_0^l uL[v]\mathrm{d}x+uB_1[v]|_{x=l}=\int_0^l vL[u]\mathrm{d}x+vB_1[u]|_{x=l} \tag{d}$$

即 L 和 M 是自伴随的。

由（d）可知

$$\begin{aligned}&\int_0^l u\left\{-\frac{\mathrm{d}}{\mathrm{d}x}[GJ(x)v']\right\}\mathrm{d}x+u(l)GJ(x)\frac{\mathrm{d}v(l)}{\mathrm{d}x}\\&=\int_0^l v\left\{-\frac{\mathrm{d}}{\mathrm{d}x}[GJ(x)u']\right\}\mathrm{d}x+v(l)GJ(x)\frac{\mathrm{d}u(l)}{\mathrm{d}x}\end{aligned} \tag{e}$$

则上式的左端值为

$$-uGJ(x)v'|_0^l+\int_0^l GJ(x)u'v'\mathrm{d}x+u(l)GJ(x)\frac{\mathrm{d}v(l)}{\mathrm{d}x}=\int_0^l GJ(x)u'v'\mathrm{d}x \tag{f}$$

右端值为

$$-vGJ(x)u'|_0^l+\int_0^l GJ(x)v'u'\mathrm{d}x+v(l)GJ(x)\frac{\mathrm{d}u(l)}{\mathrm{d}x}=\int_0^l GJ(x)u'v'\mathrm{d}x \tag{g}$$

当 $u=v$ 时，则左端值 $\int_0^l GJ(x)(u')^2\mathrm{d}x\geqslant 0$，且当 $\int_0^l GJ(x)(u')^2\mathrm{d}x=0$ 时，则 $u'=0$，可得出 $u=\mathrm{const}$，即 $u=u(0)=0$，$u\equiv 0$。可以证明，自伴随系统的特征值 λ 是实数。如果 L 和 M 是正定的，那么所有的特征值都是正的。如果 L 是半正定的，那么所有的特征值都是非负的。

6.4 连续系统的无阻尼响应

6.4.1 连续系统无阻尼的特征值问题

由前面小节得，连续系统无阻尼特征值问题为

$$L[w(p,t)]+M(p)\frac{\partial^2 w(p,t)}{\partial t^2}=f(p,t)+\sum_{j=1}^{l}F_j(t)\delta(p-p_j) \tag{6.4.1}$$

式中，$f(p,t)$ 为分布力，$\sum_{j=1}^{l}F_j(t)\delta(p-p_j)$ 为集中力，边界 $B_i[w(p,t)]=0$ $(i=1,2,\cdots,p)$。左端的边界条件 $w(p,0)$ 和 $w_t(p,0)$ 已知，则特征值问题为

$$L[w]=\lambda Mw \tag{6.4.2}$$

且 $B_i=0$。令 $w_r(p)$ 为特征函数，归一化关系为

$$\int_D w_r(p)w(p)w_s(p)\mathrm{d}D=\delta_{rs} \tag{6.4.3}$$

$$\int_D w_r(p)L[w_s(p)]\mathrm{d}D=\omega_s^2\delta_{rs} \tag{6.4.4}$$

运用特征函数展开定理进行模态分析，令

$$w(p,t)=\sum_{r=1}^{\infty}w_r(p)\eta_r(t) \tag{6.4.5}$$

$$w=\sum_{r=1}^{\infty}w_rC_r \tag{6.4.6}$$

将上式代入式（6.4.1）得

$$L\left[\sum_{r=1}^{\infty}w_r(p)\eta_r(t)\right]+M(p)\frac{\partial^2}{\partial t^2}\sum_{r=1}^{\infty}w_r(p)\eta_r(t)=f(p,t)+\sum_{j=1}^{l}F_j(t)\delta(p-p_j) \tag{6.4.7}$$

将上式乘以 $w_s(p)$ $(s=1,2,\cdots)$，并在区域 D 上进行积分得

$$\begin{aligned}&\sum_{r=1}^{\infty}\eta_r(t)\int_D w_s(p)L[w_r(p)]\mathrm{d}D+\sum_{r=1}^{\infty}\ddot{\eta}_r\int_D w_s(p)M(p)w_r(p)\mathrm{d}D\\&=\int_D w_s(p)f(p,t)\mathrm{d}D+\sum_{j=1}^{l}\int_D F_j(t)w_s(p)\delta(p-p_j)\mathrm{d}D\end{aligned} \tag{6.4.8}$$

上式左端的值为

$$\sum_{r=1}^{\infty}\eta_r(t)\delta_{rs}\lambda_r+\sum_{r=1}^{\infty}\ddot{\eta}_r(t)\delta_{rs} \tag{6.4.9}$$

即

$$\begin{aligned}\omega^2\eta_s(t)+\ddot{\eta}_s(t)&=\int_D w_s(p)f(p,t)\mathrm{d}D+\\&\sum_{j=1}^{l}\int_D F_j(t)w_s(p)\delta(p-p_j)\mathrm{d}D,\ s=1,2,\cdots\end{aligned} \tag{6.4.10}$$

即

$$\ddot{\eta}_s+w_s^2\eta_s=N_s(t),s=1,2,\cdots \tag{6.4.11}$$

其中

$$N_s(t)=\int_D w_s(p)f(p,t)\mathrm{d}D+\sum_{j=1}^{p}w_s(p_j)F_j(t) \tag{6.4.12}$$

若已知初始条件 $w(p,0)$ 和 $w_t(p,0)$，即初始位移和速度，根据展开定理得：

$$\begin{cases} w(p,0) = \sum_{r=1}^{\infty} w_r(p)\eta_r(0) \\ w_t(p,0) = \sum_{r=1}^{\infty} w_r(p)\dot{\eta}_r(0) \end{cases} \tag{6.4.13}$$

在式（6.4.13）中，$w(p, 0)$ 表达了两边乘以 $w_s(p)$ $M(p)$ 并在 D 上积分得到

$$\int_D M(p)w_s(p)w(p,0)\mathrm{d}D = \int_D \sum_{r=1}^{\infty} w_s(p)w_r(p)M(p)\eta_r(0)\mathrm{d}D \tag{6.4.14}$$

根据模态正交性关系可得

$$\begin{cases} \int_D M(p)w_s(p)w_r(p)\mathrm{d}D = \delta_{rs} \\ \eta_s(0) = \int_D M(p)w_s(p)w(p,0)\mathrm{d}D, s = 1,2,\cdots, \\ \dot{\eta}_s(0) = \int_D M(p)w_s(p)w_t(p,0)\mathrm{d}D \end{cases} \tag{6.4.15}$$

由式（6.4.12）和式（6.4.15）可得式（6.4.11）的解为：

$$\eta_s(t) = \eta_s(0)\cos w_s t + \dot{\eta}_s(0)\frac{\sin w_s t}{w_s} + \frac{1}{w_s}\int_0^t N_s(\tau)\sin w_s(t-\tau)\mathrm{d}t \tag{6.4.16}$$

进一步得到式（6.4.1）的解为

$$w(p,t) = \sum_{s=1}^{\infty} w_s(p)\eta_s(t) \tag{6.4.17}$$

例 6.4.1 如图 6.13 所示，求末端力作用下的无约束杆的振动响应。假设杆的抗拉刚度 EA 和质量 m 为常数。

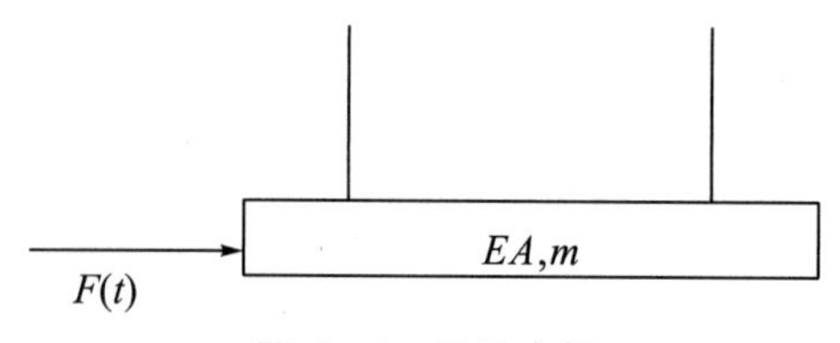

图 6.13 无约束杆

解：由题意得振动方程为

$$-EA\frac{\partial^2 u}{\partial x^2} + m\frac{\partial^2 u}{\partial t^2} = F(t)\delta(x) \tag{a}$$

边界条件为

$$\frac{\partial u(0,t)}{\partial x} = \frac{\partial(l,t)}{\partial x} = 0 \tag{b}$$

可得求解（u）的自由振动问题，两端自由杆的模态为

$$U_0(x) = \sqrt{\frac{1}{mL}}, Omega\_0 = 0 \tag{c}$$

$$U_r(x) = \sqrt{\frac{2}{mL}}\cos\frac{r\pi x}{L}, Omega\_r = \pi r\sqrt{\frac{EA}{mL^2}} \tag{d}$$

由展开定理

$$u(x,t) = \sum_{r=0}^{\infty} U_r(x)\eta_r(t) \tag{e}$$

其中

$$\eta_r(t) = \frac{1}{w_r}\int_0^t N_r(t)\sin w_r(t-\tau)\mathrm{d}\tau \tag{f}$$

由式（6.4.12）可知，仅有集中力，可得：

$$N_r(t) = U_r(0)F(t) \tag{g}$$

将式（g）代入式（f）得

$$\eta_r(t) = \frac{U_r(0)}{w_r}\int_0^t F(t)\sin w_r(t-\tau)\mathrm{d}\tau \tag{h}$$

将式（h）代入式（e）得

$$u(x,t) = \sum_{r=0}^{\infty} \frac{U_r(0)U_r(x)}{w_r}\int_0^t F(t)\sin w_r(t-\tau)\mathrm{d}t \tag{i}$$

当边界条件与时间有关时的情况，已知振动方程为

$$L[w(x,t)]+M(x)\frac{\partial^2 w(x,t)}{\partial t^2} = F(x,t) \tag{6.4.18}$$

边界条件为

$$\begin{aligned} B_i[w(x,t)]|_{x=0} &= e_i(t), i = 1,2,\cdots,p \\ B_j[w(x,t)]|_{x=\rho} &= f_j(t), j = 1,2,\cdots,p \end{aligned} \tag{6.4.19}$$

其中，$e_i(t)$ 和 $f_j(t)$ 已知，令

$$w(x,t) = v(x,t) + \sum_{i=1}^{p} g_i(x)e_i(t) + \sum_{j=1}^{p} h_j(x)f_j(t) \tag{6.4.20}$$

式中，v（x，t）是新的独立变量，由齐次边界条件。决定将式（6.4.20）代入式（6.4.19）得

$$\begin{aligned} B_r\,[w(x,t)]_{x=0} &= B_r\,[v(x,t)]_{x=0} + \sum_{i=1}^{p} e_i(t)\,B_r[g_i(x)]|_{x=0} + \sum_{j=1}^{p} f_j(t)\,B_r[h_j(x)]|_{x=0} \\ &= e_r(t) \end{aligned} \tag{6.4.21}$$

式中，$B_r[g_i(x)]|_{x=0} = \delta_{ir}$，$B_r[h_j(x)]|_{x=0} = 0$。同理

$$\begin{aligned} & B_s\,[w(x,t)]_{x=\rho} \\ &= B_s\,[v(x,t)]_{x=\rho} + \sum_{i=1}^{p} e_i(t)\,B_s[g_i(x)]|_{x=\rho} + \sum_{j=1}^{p} f_j(t)\,B_s[h_j(x)]|_{x=\rho} \\ &= f_s(t) \end{aligned} \tag{6.4.22}$$

式中，$B_s[g_i(x)]|_{x=\rho} = 0$，$B_s[h_j(x)]|_{x=\rho} = \delta_{js}$。

将式（6.4.20）代入控制方程（6.4.18）得

$$\begin{aligned} L[v(x,t)]+M(x)\frac{\partial^2 v}{\partial t^2} = F(x,t) - \sum_{i=1}^{p}\{e_i(t)L[g_i(x)]+\ddot{e}_i M(x)g_i(x)\} - \\ \sum_{j=1}^{p}\{f_j(t)L[h_j(x)]+\ddot{f}_j M(x)h_j(x)\} \end{aligned} \tag{6.4.23}$$

其边界条件为

$$B_i[v(x,t)]|_{x=0}=0,B_j[v(x,t)]|_{x=\rho}=0,i,j=1,2,\cdots,p \tag{6.4.24}$$

初始条件为：

$$w(x,0)=v(x,0)+\sum_{i=1}^{p}e_i(0)g_i(x)+\sum_{j=1}^{p}h_j(x)f_j(0) \tag{6.4.25}$$

$$v(x,0)=w(x,0)-\sum_{i=1}^{p}g_i(x)e_i(0)-\sum_{j=1}^{p}h_j(x)f_j(0) \tag{6.4.26}$$

$$v_t(x,0)=w_t(x,0)-\sum_{i=1}^{p}g_i(x)\ddot{e}_i(0)-\sum_{j=1}^{p}h_j(x)\ddot{f}_j(0) \tag{6.4.27}$$

即可根据展开定理求得解

$$v(x,t)=\sum_{r=1}^{\infty}V_r(x)\eta_r(t) \tag{6.4.28}$$

其中，$V_r(x)$ 为式（6.4.23）齐次问题的模态。

例 6.4.2 如图 6.14 所示，求末端力 $f(t)=e\sin\alpha t$ 作用下左端简支、右端自由的杆与时间有关的边界条件。

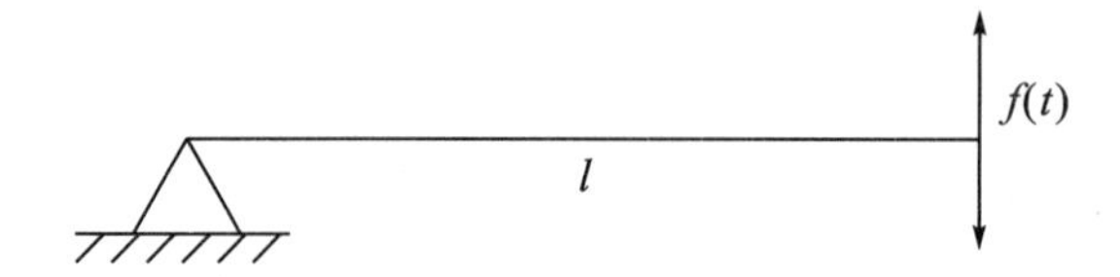

图 6.14 左端简支、右端自由的杆

解：假设初始条件为零，则杆的振动方程为

$$-TU_{xx}+mU_{tt}=0$$

解的形式为

$$u(x,t)=v(x,t)+h(x)\underbrace{e\sin\alpha t}_{f(t)}$$

即边界条件为

$$\left.\begin{aligned}u(0,t)&=\underbrace{v(0,t)}_{=0}+h(0)e\sin\alpha t=0\Rightarrow h(0)=0\\ u(1,t)&=\underbrace{v(1,t)}_{=0}+h(1)e\sin\alpha t=e\sin\alpha t\Rightarrow h(1)=1\end{aligned}\right\}\Rightarrow h(x)=x$$

例 6.4.3 如图 6.15 所示，求末端力 $f(t)=e\sin\alpha t$ 作用下左端简支、右端约束的杆与时间有关的边界条件。

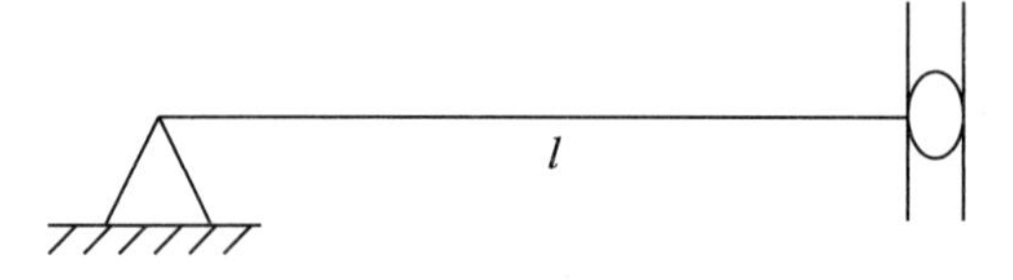

图 6.15 左端简支、右端约束的杆

解：杆的振动方程为

$$-TU_{xx}+mU_{tt}=0 \tag{a}$$

边界条件为

$$u(0,t)=0, u(1,t)=e\sin\alpha t \tag{b}$$

初始条件为

$$u(x,0)=a(x)=0, u_t(x,0)=b(x)=0 \tag{c}$$

设解的形式为

$$u(x,t)=v(x,t)+xe\sin\alpha t \tag{d}$$

将式（d）代入控制方程（a）得

$$-TV_{xx}+mV_{tt}-mx\alpha^2 e\sin\alpha t=0$$

$$-TV_{xx}+mV_{tt}=mx\alpha^2 e\sin\alpha t \tag{e}$$

将式（d）代入式（b）得

$$u(0,t)=v(0,t)=0$$

$$u(1,t)=v(1,t)+e\sin\alpha t=e\sin\alpha t\Rightarrow v(1,t)=0 \tag{f}$$

将式（d）代入式（c）得

$$u(x,0)=v(x,0)=0$$

$$u_t(x,0)=v_t(x,0)+xe\alpha\cos\alpha t\big|_{t=0}=0\Rightarrow v_t(x,0)=-xe\alpha \tag{g}$$

所以使用模态分析法可求得 v（x，t）。

习　题

6.1　确定图中梁的前4个固有频率。

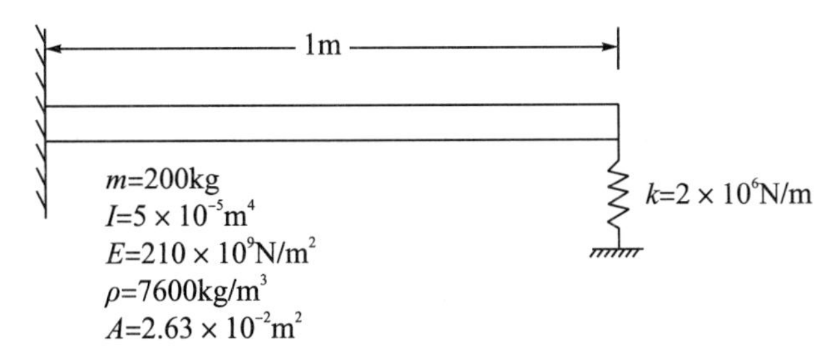

题图6.1

答：当无量纲固有频率时，求解特征方程的λ值的平方根：

$$\omega=\sqrt{\lambda\frac{EI}{\rho AL^4}}=229.1\sqrt{\lambda}$$

即得

$$\omega_1=829.2\text{rad/s}, \omega_2=5.05\times10^3\text{rad/s}$$

$$\omega_3=1.41\times10^4\text{rad/s}, \omega_4=2.13\times10^4\text{rad/s}$$

6.2　图中悬臂梁末端安装了一台重150kg的机器，其运转速度为2000r/min，旋转不平衡度为0.965 kg·m，梁端振动的稳态振幅是多少？

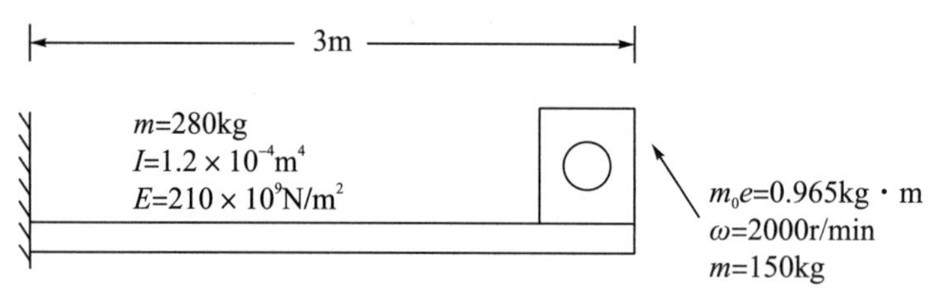

题图 6.2

答：数学问题的无量纲公式是

$$\frac{\partial^4 w}{\partial x^4}+\frac{\partial^2 w}{\partial t^2}=0$$

边界条件为

$$w(0,t)=0,\frac{\partial w}{\partial x}(0,t)=0,\frac{\partial^2 w}{\partial x^2}(1,t)=0$$

$$\frac{\partial^3 w}{\partial x^3}(1,t)=\beta\frac{\partial^2 w}{\partial x^2}(1,t)+\alpha\sin\tilde{\omega}t$$

式中

$$\tilde{\omega}=\omega\sqrt{\frac{\rho AL^4}{EI}}=3.63$$

$$\beta=\frac{m}{\rho AL}=0.536$$

且

$$\alpha=\frac{m_0 e\omega^2 L^2}{EI}=0.010$$

则梁端质量集中的均匀问题的特征方程是

$$\lambda^{1/4}(1+\cos\lambda^{1/4}\cosh\lambda^{1/4})+\beta(\cos\lambda^{1/4}\sinh\lambda^{1/4}-\cosh\lambda^{1/4}\sin\lambda^{1/4})=0$$

6.3 传输线中的张力是15000N，线密度是4.7kg/m。求：需要多长的时间，波移动能够通过30m长的传输线？

答：0.531s。

6.4 推导出均质等截面杆纵向振动的偏微分方程。

答：

$$E\frac{\partial^2 u}{\partial x^2}=\mu\frac{\partial^2 u}{\partial t^2}$$

6.5 推导出张紧的绳或线横向振动的偏微分方程。

答：

$$T\frac{\partial^2 u}{\partial x^2}=\mu\frac{\partial^2 u}{\partial t^2}$$

6.6 5m长的钢制环形轴（$G=80\times10^9\text{N/m}^2$，$E=20010^9\text{N/m}^2$，$\rho=7800\text{kg/m}^3$），内直径为20mm，外直径为30mm。轴为一端固定、一端自由，求该轴扭转振动的第一阶固有频率。

答：1006rad/s。

第 7 章　振动分析的近似方法

由前面的学习可知，多自由度振动问题可以归结为刚度矩阵和质量矩阵的广义特征值问题，可以通过计算获得准确的结果。但是实际工程中的复杂动力学系统，通常自由度较高，计算量大，只能通过近似方法来分析其振动特性和动力学响应。对于复杂的连续系统，近似方法处理问题的思路是将连续系统近似为离散系统，使自由度无限缩减到有限，从而进行近似求解。传统的求解方法有简单易行的集中质量法和程式化的传递矩阵法，也有基于能量原理的瑞利法和李兹法。此外，利用广义坐标表示系统动能、势能和外力功的假设振型法也是计算固有频率、振型函数和动态响应的有效手段。本章在介绍部分传统方法的同时，也引进一部分国外先进的近似方法对系统进行振动分析。

7.1　假设振型法

假设振型法是加权余量法的一种，具体来说，由第 6 章的模态叠加法可知，解 $y(x,t)$ 可以表达为如下模态展开的形式：

$$y(x,t) = \sum_{i=1}^{\infty} \varphi_i(x)\eta_i(t) \tag{7.1.1}$$

式中，$\varphi_i(x)$ 是模态，$\eta_i(t)$ 是耦合动力学系统解耦归一化后单自由度振动系统的解。解 $y(x,t)$ 展开的项数也称为截断的项数，会影响假设振型法的精度。式（7.1.1）中，$\varphi_i(x)$ 可取第 6 章定义的本征函数、容许函数和比较函数，如果 $\varphi_i(x)$ 取容许函数并且截断项数一定，则该方法称为假设振型法（Assumed modes method）。如果 $\varphi_i(x)$ 取比较函数，则该方法称为伽辽金法（Galerkin's method）。如果 $\varphi_i(x)$ 取本征函数，则该方法称为配置法（collocation method）。由于假设振型法所使用的容许函数只需满足几何边界，与梁本身并无关系，因此假设振型法不仅适用于伴随问题，也适用于非伴随问题。下面用一个例子来说明假设振型法的应用。

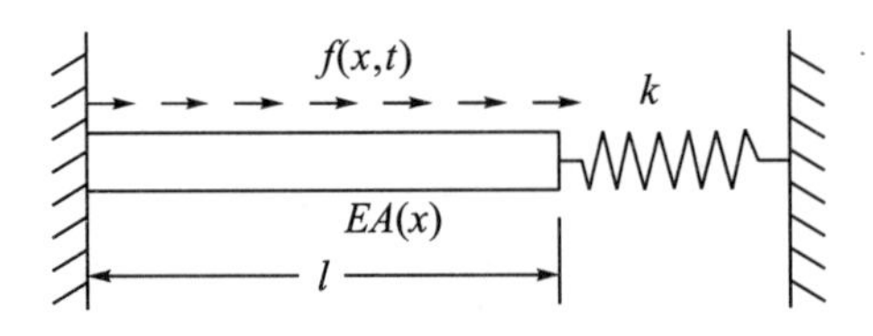

图 7.1　一端固定、一端为弹簧的杆

如图 7.1 所示，运动方程为

$$\frac{\partial}{\partial x}\left(EA\frac{\partial u}{\partial x}\right)-\rho\frac{\partial^2 u}{\partial t^2}=f(x,t) \tag{7.1.2}$$

边界条件为

$$u(0,t)=0, EA(l)\frac{\partial u}{\partial x}\Big|_{x=l}=-ku(l,t) \tag{7.1.3}$$

由假设振型法可知，式（7.1.2）的解可展开为

$$u(x,t)=\sum_{i=1}^{n}U_i(x)q_i(t) \tag{7.1.4}$$

式中，$U_i(x)$ 为容许函数。将式（7.1.3）代入式（7.1.1）可得

$$-\frac{\partial}{\partial x}\left[EA\frac{\partial}{\partial x}\left(\sum_{i=1}^{n}U_i(x)q_i(x)\right)\right]+\rho\frac{\partial^2}{\partial t^2}\left[\sum_{i=1}^{n}U_i(x)q_i(x)\right]=f(x,t) \tag{7.1.5}$$

两端乘 $U_j(x)$ 并在区间[0，L]上积分得

$$-\sum_{i=1}^{n}\left[\int_0^l U_j(x)\frac{\partial}{\partial x}\left(EA\frac{\partial U_i}{\partial x}\right)\mathrm{d}x\right]q_i(t)+\sum_{i=1}^{n}\left[\int_0^l U_j(x)\rho U_i(x)\mathrm{d}x\right]\ddot{q}_i(t)=\int_0^l fU_j(x)\mathrm{d}x \tag{7.1.6}$$

整理得

$$-\sum_{i=1}^{n}\left[U_j(EAU_i')\Big|_0^l-\int_0^l EAU_i'U_j'\mathrm{d}x\right]q_i(t)+\sum_{i=1}^{n}\left[\int_0^l \rho U_jU_i\mathrm{d}x\right]\ddot{q}_i(t)=\int_0^l fU_j(x)\mathrm{d}x \tag{7.1.7}$$

式中，

$$U_j(EAU_i')\Big|_0^l=U_j(l)EA(l)U_i'(l)-U_j(0)EA(0)U_i'(0) \tag{7.1.8}$$

将展开式代入边界条件得

$$EA(l)\sum_{i=1}^{n}U_i'(t)q_i(t)=-k\sum_{i=1}^{n}U_i(t)q_i(t) \tag{7.1.9}$$

将式（7.1.9）代入式（7.1.6）可得

$$\underbrace{\sum_{i=1}^{n}[kU_i(l)U_j(l)+EAU_i'U_j'\mathrm{d}x]}_{K_{ij}}q_i(t)+\underbrace{\sum_{i=1}^{n}\left[\int_0^l \rho U_iU_j(x)(x)\mathrm{d}x\right]}_{M_{ij}}\ddot{q}_i(t)=\int_0^l fU_j(x)\mathrm{d}x \tag{7.1.10}$$

式（7.1.10）可简写为

$$Kq_i(t)+M\ddot{q}_i(t)=F \tag{7.1.11}$$

式中，$\boldsymbol{q}_i(t)=[q_1(t)\ \cdots q_n(t)]^{\mathrm{T}}$ 为广义坐标，按照第 6 章的方法求解方程（7.1.11）并代入式（7.1.4）可得问题的解。

方法 2：由假设振型法可知式（7.1.2）的解可展开为

$$u(x,t)=\sum_{i=1}^{n}u_i(x)q_i(t) \tag{7.1.12}$$

计算动能

$$\begin{aligned}T&=\frac{1}{2}\int_0^L\rho u_t^2\mathrm{d}x=\frac{1}{2}\int_0^l\rho\sum_{i=1}^{n}\sum_{j=1}^{n}u_i(x)u_j(x)\dot{q}_i(t)\dot{q}_j(t)\mathrm{d}x\\&=\frac{1}{2}\sum_{i=1}^{n}\sum_{j=1}^{n}m_{ij}\dot{q}_i(t)\dot{q}_j(t)=\frac{1}{2}\dot{q}^{\mathrm{T}}\boldsymbol{M}\dot{q}\end{aligned} \tag{7.1.13}$$

式中，

$$m_{ij}=\int_0^l\rho u_i(x)u_j(x)\mathrm{d}x \tag{7.1.14}$$

计算势能

$$\begin{aligned}V&=\frac{1}{2}\int_0^L EAu_x^2\mathrm{d}x+\frac{1}{2}ku^2(l,t)\\&=\frac{1}{2}\int_0^l EA\sum_{i=1}^{n}\sum_{j=1}^{n}u_i'(x)q_i(t)u_j'(x)q_j(t)\mathrm{d}x+\frac{1}{2}k\sum_{i=1}^{n}\sum_{j=1}^{n}u_i(l)q_i(t)u_j(l)q_j(t)\\&=\frac{1}{2}\sum_{i=1}^{n}\sum_{j=1}^{n}m_{ij}q_i(t)q_j(t)\\&=\frac{1}{2}\sum_{i=1}^{n}\sum_{j=1}^{n}K_{ij}q_i(t)q_j(t)=\frac{1}{2}\boldsymbol{q}^{\mathrm{T}}\boldsymbol{M}\boldsymbol{q}\end{aligned} \tag{7.1.15}$$

式中，

$$K_{ij}=\int_0^l EAu_i'(x)u_j'(x)\mathrm{d}x+ku_i(l)u_j(l) \tag{7.1.16}$$

计算虚功

$$\begin{aligned}\delta W&=\int_0^l f(x,t)\delta u(x,t)\mathrm{d}x\\&=\int_0^l f(x,t)\Big[\sum_{i=1}^{n}u_i(x)\delta q_i(t)\Big]\mathrm{d}x\\&=\sum_{i=1}^{n}Q_i(t)\delta q_i(t)\end{aligned} \tag{7.1.17}$$

式中，

$$Q_i(t)=\int_0^l f(x,t)u_i(x)\mathrm{d}x \tag{7.1.18}$$

代入拉格朗日方程，得

$$\frac{\mathrm{d}}{\mathrm{d}t}\left(\frac{\partial T}{\partial\dot{q}_i}\right)-\frac{\partial T}{\partial q_i}+\frac{\partial V}{\partial q_i}=Q_i(t),i=1,2,\cdots,n \tag{7.1.19}$$

该系统的动力学方程可表示为

$$\sum_{j=1}^{n}m_{ij}\ddot{q}_j(t)+\sum_{j=1}^{n}K_{ij}q_j(t)=Q_i(t) \tag{7.1.20}$$

简写为

$$\boldsymbol{M}\ddot{q}+\boldsymbol{K}\boldsymbol{q}=\boldsymbol{Q} \tag{7.1.21}$$

按照第 6 章的方法求解方程（7.1.11）并代入（7.1.4）可得问题的解。

7.2 伽辽金法

假设有如下动力学方程：

$$L[w(x,t)]+M(x)\frac{\partial^2 w}{\partial t^2}=f(x,t) \tag{7.2.1}$$

式中，$L=\frac{\partial}{\partial x}\left(EA\frac{\partial}{\partial x}\right)$，根据假设振型法，式（7.2.1）的解可表示为

$$w(x,t)=\sum_{j=1}^{n}\varphi_j(x)q_j(t) \tag{7.2.2}$$

式中，φ_j 为比较函数。令残差为

$$\varepsilon(x,t)=L[w(x,t)]+M(x)\frac{\partial^2 w}{\partial t^2}-f(x,t) \tag{7.2.3}$$

因为

$$\int_0^l \varepsilon(x,t)\varphi_i(x)\mathrm{d}x=0 \tag{7.2.4}$$

式中，$\varphi_i(x)$ 取上述比较函数作为加权函数，将式（7.2.3）各项乘 $\varphi_i(x)$，然后在区间[0，L]上积分可得

$$\sum_{i=1}^{n}\ddot{q}_j\underbrace{\int_0^l M(x)\varphi_i(x)\varphi_j(x)\mathrm{d}x}_{M_{ij}}+\sum_{i=1}^{n}q_j\underbrace{\int_0^l \varphi_i(x)L[\varphi_j(x)]\mathrm{d}x}_{M_{ij}}-\underbrace{\int_0^l \varphi_i(x)f(x,t)\mathrm{d}x}_{Q_i}=0 \tag{7.2.5}$$

式中，

$$\boldsymbol{q}_i(t)=[q_1(t),\cdots,q_n(t)]^{\mathrm{T}} \tag{7.2.6}$$

为广义坐标，那么式（7.2.5）又可写为

$$\boldsymbol{M}\ddot{q}+\boldsymbol{k}\boldsymbol{q}=\boldsymbol{Q} \tag{7.2.7}$$

例 7.2.1 如图 7.2 所示，变截面梁具有单位厚度，截面变化为 $A(x)=2b\frac{x}{l}=A_0\frac{x}{l}$，$A_0$ 为根部面积，试用伽辽金法求解其固有频率。

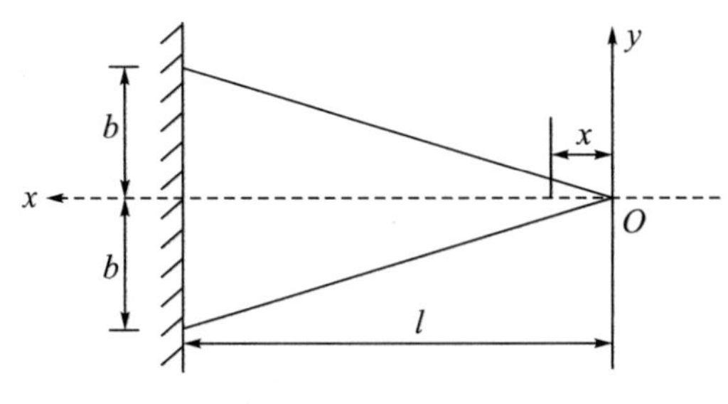

图 7.2 变截面梁

解：已知

$$A(x) = 2b\frac{x}{l} = A_0\frac{x}{l} \tag{a}$$

可求出

$$I(x) = \frac{1}{12}\left(\frac{2bx}{l}\right)^3 = I_0\frac{x^3}{l_3} \tag{b}$$

式中，I_0 为根部截面面积对中心主轴的惯性矩。选择比较函数如下：

$$\begin{aligned} Y_1 &= \left(1-\frac{x}{l}\right)^2 \\ Y_2 &= \frac{x}{l}\left(1-\frac{x}{l}\right)^2 \\ Y_3 &= \frac{x^2}{l^2}\left(1-\frac{x}{l}\right)^2 \end{aligned} \tag{c}$$

它们皆满足以下几何力学边界条件：

$$x = 0,\quad \begin{aligned} (EIY'')\big|_{x=0} &= 0 \\ (EIY'')'\big|_{x=0} &= 0 \end{aligned} \tag{d}$$

$$x = l,\ Y = 0,\ \frac{\mathrm{d}Y}{\mathrm{d}x} = 0 \tag{e}$$

现令

$$Y = A_1Y_1 + A_2Y_2 \tag{f}$$

可算得

$$Y_1'' = \frac{2}{l^2},\ (EIY_1'')'' = 12EI_0\frac{x}{l^5} \tag{g}$$

$$Y_2'' = \frac{2}{l^2}\left(\frac{3x}{l}-2\right),\ (EIY_2'')'' = 24EI_0\left(3\frac{x}{l}-1\right)\frac{x}{l^5} \tag{h}$$

计算得

$$\begin{aligned} d_{11} &= \int_0^l (EIY_1'')''Y_1\mathrm{d}x = \frac{EI_0}{l^3} \\ d_{12} &= \int_0^l (EIY_1'')''Y_2\mathrm{d}x = \frac{2EI_0}{5l^3} \\ d_{22} &= \int_0^l (EIY_2'')''Y_2\mathrm{d}x = \frac{2EI_0}{5l^3} \end{aligned} \tag{i}$$

并且

$$\begin{aligned} m_{11} &= \int_0^l \rho AY_1^2\mathrm{d}x = \frac{\rho A_0 l}{30} \\ m_{12} = m_{21} &= \int_0^l \rho AY_1Y_2\mathrm{d}x = \frac{\rho A_0 l}{105} \\ m_{22} &= \int_0^l \rho AY_2^2\mathrm{d}x = \frac{\rho A_0 l}{280} \end{aligned} \tag{j}$$

将以上算式整理得

$$\left(\frac{EI_0}{l^3}-\omega^2\frac{\rho A_0 l}{30}\right)A_1+\left(\frac{2EI_0}{5l^3}-\omega^2\frac{\rho A_0 l}{105}\right)A_2=0$$
$$\left(\frac{2EI_0}{5l^3}-\omega^2\frac{\rho A_0 l}{105}\right)A_1+\left(\frac{2EI_0}{5l^3}-\omega^2\frac{\rho A_0 l}{280}\right)A_2=0 \tag{k}$$

7.3 配置法

假设某一系统的运动方程为

$$L[w(x,t)]+M(x)\frac{\partial^2 w}{\partial t^2}=f(x,t) \tag{7.3.1}$$

式中，$L=\frac{\partial}{\partial x}\left(EA\frac{\partial}{\partial x}\right)$，取与伽辽金法相同的 $w(x,\ t)$ 和 $\varepsilon(x,\ t)$，有

$$\int_0^l \delta(x-x_i)\in(x,t)\mathrm{d}x=0,\ i=1,2,\cdots \tag{7.3.2}$$

式中，δ 为狄拉克函数。根据狄拉克函数的性质和式（7.3.2），可以推导出

$$\varepsilon(x,t)=0 \tag{7.3.3}$$

经计算，可将运动方程写为

$$\sum_{i=1}^{n}\ddot{q}_j(t)\underbrace{M(x_i)\varphi_j(x_i)}_{m_{ij}}+\sum_{i=1}^{n}q_j(t)\underbrace{L[\varphi_j(x_i)]}_{k_{ij}}-\underbrace{f(x_i,t)}_{Q_i}=0,\ i=1,2,\cdots,n \tag{7.3.4}$$

则系统的运动方程（7.3.3）又可以写成广义坐标表达的形式：

$$\boldsymbol{M}\ddot{q}+\boldsymbol{Kq}=\boldsymbol{Q} \tag{7.3.5}$$

例 7.3.1 如图 7.3 所示，已知长度为 L 的变截面梁，试求该系统的响应。

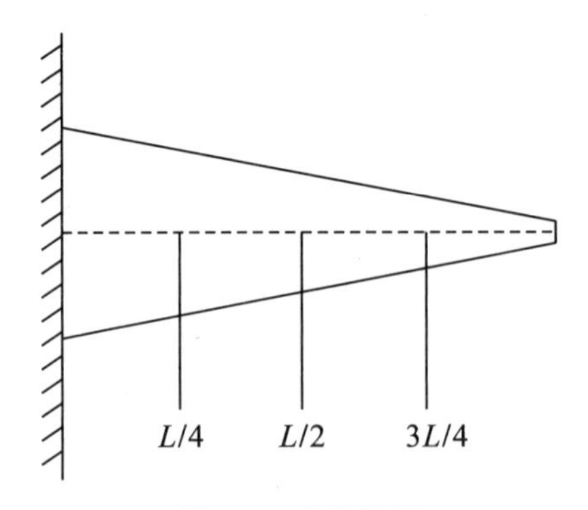

图 7.3 变截面梁

解：利用式（7.3.3）写出系统的运动方程：

$$\sum_{j=1}^{n}\ddot{q}_j(t)\underbrace{M(x_i)\varphi_j(x_i)}_{M_{ij}}+\sum_{j=1}^{n}q_j(t)\underbrace{L[\varphi_j(x_i)]}_{M_{ij}}=\underbrace{f(x_i,t)}_{Q_i} \tag{a}$$

则式（a）又可以写成广义坐标的形式：

$$\boldsymbol{M}\ddot{q} + \boldsymbol{K}\boldsymbol{q} = \boldsymbol{Q} \tag{b}$$

式中，$\boldsymbol{M}$ 和 $\boldsymbol{K}$ 是非对称矩阵。令

$$q = a\mathrm{e}^{\mathrm{i}\omega t} \tag{c}$$

代入式（b）可得

$$Ka = \omega^2 Ma \tag{d}$$

经计算得频率和振型为

$$\begin{aligned} \omega_1 &= 2.3939\sqrt{\frac{EA}{mL^2}},\ a_1 = [1 - 0.0279 - 0.043]^{\mathrm{T}} \\ \omega_2 &= 5.4713\sqrt{\frac{EA}{mL^2}},\ a_2 = \cdots \\ \omega_3 &= 8.5997\sqrt{\frac{EA}{mL^2}},\ a_3 = \cdots \end{aligned} \tag{e}$$

7.4　瑞利法

瑞利法是一种计算系统频率的近似方法，具体来说，瑞利法通过计算瑞利商(Rayleigh's ratio）来获得振动系统的频率。由多自由度系统可知

$$\boldsymbol{K}u_i = \lambda \boldsymbol{M}u_i, \tag{7.4.1}$$

两端同乘u_i^{T}得

$$u_i^{\mathrm{T}}\boldsymbol{K}u_i = \lambda u_i^{\mathrm{T}}\boldsymbol{M}u_i \tag{7.4.2}$$

计算得

$$\lambda_i = \frac{u_i^{\mathrm{T}}\boldsymbol{K}u_i}{u_i^{\mathrm{T}}\boldsymbol{M}u_i} \tag{7.4.3}$$

式中，λ_i 为两个二次型之比。对于任意的非零向量 $\boldsymbol{u}$，有

$$R(u) = \frac{u_i^{\mathrm{T}}\boldsymbol{K}u_i}{u_i^{\mathrm{T}}\boldsymbol{M}u_i} \tag{7.4.4}$$

式中，R（u）称为瑞利商。

例 7.4.1　如图 7.4 所示，有弹簧连接的两个质量块，求系统的瑞利商。

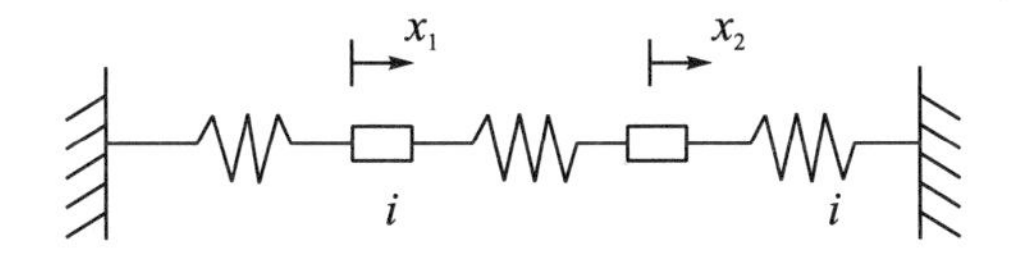

图 7.4　串联弹簧质量块

列出动力学方程：

$$\boldsymbol{M}\ddot{\boldsymbol{x}} + \boldsymbol{K}\boldsymbol{x} = 0 \tag{a}$$

式中

$$\boldsymbol{M} = \begin{bmatrix} 1 & 0 \\ 0 & 1 \end{bmatrix},\ \boldsymbol{K} = \begin{bmatrix} 2 & -1 \\ -1 & 2 \end{bmatrix} \tag{b}$$

设方程有以下特解

$$x = u e^{i\omega t} \tag{c}$$

将特解代入动力学方程，可得

$$Ku = \omega^2 Mu \tag{d}$$

经计算，可得频率

$$\omega_1^2 = 1, \ \omega_2^2 = 3 \tag{e}$$

两阶频率对应的两个振型为

$$u_1 = \begin{bmatrix} 1 \\ 1 \end{bmatrix}, u_2 = \begin{bmatrix} 1 \\ -1 \end{bmatrix} \tag{f}$$

第一个振型的瑞利商为

$$R(u_1) = \frac{u_1^T K u_1}{u_1^T M u_1} = \frac{2}{2} = 1 \tag{g}$$

第二个振型的瑞利商为

$$R(u_2) = \frac{u_2^T K u_2}{u_2^T M u_2} = \frac{6}{2} = 3 \tag{h}$$

将系统的解 u 表示为

$$\begin{aligned} u &= u_1 + \varepsilon u_2 \\ &= \begin{bmatrix} 1 \\ 1 \end{bmatrix} + \varepsilon \begin{bmatrix} 1 \\ -1 \end{bmatrix} \\ &= \begin{bmatrix} 1+\varepsilon \\ 1-\varepsilon \end{bmatrix} \end{aligned} \tag{i}$$

则瑞利商为

$$\begin{aligned} R(u) &= \frac{[1+\varepsilon, 1-\varepsilon]\begin{bmatrix} 2 & -1 \\ -1 & 2 \end{bmatrix}\begin{bmatrix} 1+\varepsilon \\ 1-\varepsilon \end{bmatrix}}{[1+\varepsilon, 1-\varepsilon]\begin{bmatrix} 1 & 0 \\ 0 & 1 \end{bmatrix}\begin{bmatrix} 1+\varepsilon \\ 1-\varepsilon \end{bmatrix}} \\ &= \frac{2+6\varepsilon^2}{1+\frac{\varepsilon^2}{2}} \\ &= (1+3\varepsilon^2)\left(1-\frac{\varepsilon^2}{2}\right) \\ &= 1 + \frac{5}{2}\varepsilon^2 + o(\varepsilon^4) \end{aligned} \tag{j}$$

如果在 $\varepsilon=0$ 处有 $\frac{\partial R(u)}{\partial \varepsilon}=0$，那么该瑞利商是稳定的。

考虑系统的解向量 u 由第 j 阶主振型决定，其他振型影响较小，则 u 可表示为

$$u = C_j u_j + \sum_{i=1}^{n} \varepsilon_i C_j u_j \tag{7.4.5}$$

因为解向量 u 也可表示为

$$u = \sum_{i=1}^{n} C_j u_j = Uc \tag{7.4.6}$$

式中，

$$\boldsymbol{U} = [u_1 \quad u_2 \quad \cdots \quad u_n] \tag{7.4.7}$$

以及

$$\boldsymbol{C} = \begin{bmatrix} C_1 \\ C_2 \\ \vdots \\ C_n \end{bmatrix} \tag{7.4.8}$$

代入瑞利商得

$$\begin{aligned} R(u) &= \frac{\boldsymbol{u}^{\mathrm{T}}\boldsymbol{K}\boldsymbol{u}}{\boldsymbol{u}^{\mathrm{T}}\boldsymbol{M}\boldsymbol{u}} = \frac{\boldsymbol{c}^{\mathrm{T}}\boldsymbol{U}^{\mathrm{T}}\boldsymbol{K}\boldsymbol{U}\boldsymbol{c}}{\boldsymbol{c}^{\mathrm{T}}\boldsymbol{U}^{\mathrm{T}}\boldsymbol{M}\boldsymbol{U}\boldsymbol{c}} = \frac{\boldsymbol{c}^{\mathrm{T}}\boldsymbol{\Lambda}\boldsymbol{c}}{\boldsymbol{c}^{\mathrm{T}}\boldsymbol{I}\boldsymbol{c}} \\ &= \frac{\sum_{i=1}^{n}\lambda_i c_i^2}{\sum_{i=1}^{n} c_i^2} = \frac{\lambda_j c_j^2 + \sum_{i=1}^{n}\lambda_i \varepsilon_i^2 c_j^2}{c_j^2 + \sum_{i=1}^{n}\varepsilon_i^2 c_j^2} \\ &= \frac{\lambda_j + \sum_{i=1}^{n}\lambda_i \varepsilon_i^2}{1 + \sum_{i=1}^{n}\varepsilon_i^2} \end{aligned} \tag{7.4.9}$$

引入克罗尼克符号：

$$\delta_{ij} = \begin{cases} 1, & i = j \\ 0, & i \neq j \end{cases} \tag{7.4.10}$$

则瑞利商又可表示为

$$\begin{aligned} R(u) &= \frac{\lambda_j + \sum_{i=1}^{n}(1-\delta_{ij})\lambda_i \varepsilon_i^2}{1 + \sum_{i=1}^{n}(1-\delta_{ij})\varepsilon_i^2} \\ &= \left[\lambda_j + \sum_{i=1}^{n}(1-\delta_{ij})\lambda_i \varepsilon_i^2\right]\left[1 - \sum_{i=1}^{n}(1-\delta_{ij})\varepsilon_i^2 + o(\varepsilon_i^4)\right] \\ &= \lambda_j + \sum_{i=1}^{n}(\lambda_i - \lambda_j)\varepsilon_i^2 + H.O.T \end{aligned} \tag{7.4.11}$$

如果 $j=1$，则最低的固有频率为

$$R(u) = \lambda_1 + \sum_{i=2}^{n}(\lambda_i - \lambda_1)\varepsilon_i^2 \geqslant \lambda_1 \tag{7.4.12}$$

如果 $j=n$，则最高的固有频率为

$$R(u) = \lambda_n + \sum_{i=1}^{n-1}(\lambda_i - \lambda_n)\varepsilon_i^2 \leqslant \lambda_n \tag{7.4.13}$$

对瑞利商求驻值，当 $\varepsilon_i=0$ 时，有任意的 i 使

$$\frac{\partial R(u)}{\partial \varepsilon_i} = 0 \tag{7.4.14}$$

瑞利商在特征向量附近有一个稳定值，并且该稳定值等于与之联系的特征向量，这

被称为瑞利原则。因此，对于一个 n 自由度的系统，瑞利商的取值范围为

$$\lambda_1 \leqslant R(u) \leqslant \lambda_n \tag{7.4.15}$$

式中，

$$R(u) = \frac{\boldsymbol{u}^{\mathrm{T}}\boldsymbol{K}\boldsymbol{u}}{\boldsymbol{u}^{\mathrm{T}}\boldsymbol{M}\boldsymbol{u}} \tag{7.4.16}$$

式中，

$$\boldsymbol{u} = u_1 + o(\varepsilon) \tag{7.4.17}$$

则瑞利商又可表示为

$$R(u) = \lambda_j + o(\varepsilon^2) \tag{7.4.18}$$

对于特征值 λ_s，$1<s<n$，如果 u 在 u_s 邻域内与第 1 个到第 $s-1$ 个特征向量正交，那么有

$$u = C_s u_s + C_{s+1} u_{s+1} + \cdots + C_n u_n \tag{7.4.19}$$

式中，

$$C_1 = C_2 = C_3 = \cdots = C_{s-1} = 0 \tag{7.4.20}$$

式中，$\varepsilon_i=0$，$i=1$，2，…，$s-1$，由式（7.4.19）可得瑞利商为

$$R(u) = \lambda_s + \sum_{i=s+1}^{n}(\lambda_i - \lambda_s)\varepsilon_i^2 + H.O.T \geqslant \lambda_s \tag{7.4.21}$$

当 $\boldsymbol{u}$ 属于与第 1 个到第 $s-1$ 个特征向量正交的向量集时，瑞利商 $R(u)$ 给 λ_s 提供了一个上限。瑞利商给 λ_1 提供了一个上限：

$$\lambda_1 \neq \min \frac{\boldsymbol{u}^{\mathrm{T}}\boldsymbol{K}\boldsymbol{u}}{\boldsymbol{u}^{\mathrm{T}}\boldsymbol{M}\boldsymbol{u}} \tag{7.4.22}$$

瑞利商给 λ_n 提供了一个下限：

$$\lambda_n = \max \frac{\boldsymbol{u}^{\mathrm{T}}\boldsymbol{K}\boldsymbol{u}}{\boldsymbol{u}^{\mathrm{T}}\boldsymbol{M}\boldsymbol{u}} \tag{7.4.22}$$

7.5 自伴随连续系统

由第 6 章学习可知

$$Lw(x,y) = \lambda Mw(x,y) \tag{7.5.1}$$

式中，L 的阶数为 $2p$。

$$\lambda = \omega^2,\ (x,y) \in D \tag{7.5.2}$$

又因为

$$B_i w(x,y) = 0,\ i = 1,2,\cdots,p \tag{7.5.3}$$

式中，B_i 的阶数最多为 $2p-1$，将式（7.5.1）两端在范围 D 上积分可得

$$\int_D wLw\mathrm{d}D = \lambda\int_D wMw\mathrm{d}D \tag{7.5.4}$$

整理得

$$\lambda = \frac{\int_D wLw\mathrm{d}D}{\int_D wMw\mathrm{d}D} \tag{7.5.5}$$

令 $R(w)=\lambda$，式（7.5.5）可写为

$$R(w) = \frac{\int_D wLw\mathrm{d}D}{\int_D wMw\mathrm{d}D} \tag{7.5.6}$$

则

$$R(w_r) = \lambda_r \tag{7.5.7}$$

式中，

$$w_n = \sum_{i=1}^{n} a_i u_i \tag{7.5.8}$$

u_i 是满足所有边界条件的比较函数集。将式（7.5.8）代入式（7.5.6）可得

$$R(w_n) = \frac{\int_D w_n L w_n \mathrm{d}D}{\int_D w_n M w_n \mathrm{d}D} = \frac{N[w_n]}{D[w_n]} \tag{7.5.9}$$

R 在特征向量附近是稳定的，则瑞利商满足以下条件：

$$\frac{\partial R}{\partial a_j} = 0, j = 1,2,\cdots,n \tag{7.5.10}$$

式（7.5.10）展开得到

$$\frac{\partial R}{\partial a_j} = \frac{\frac{\partial R}{\partial a_j}D - N\frac{\partial R}{\partial a_j}}{D^2} = 0 \tag{7.5.11}$$

由式（7.5.11）进一步得到

$$\frac{\partial N}{\partial a_j} - \frac{N}{D}\frac{\partial R}{\partial a_j} = 0 \tag{7.5.12}$$

式中，

$$\begin{aligned} N &= \int_D w_n L[w_n]\mathrm{d}D \\ &= \int_D \sum_{i=1}^{n} a_i u_i L\Big[\sum_{j=1}^{n} a_j u_j\Big]\mathrm{d}D \\ &= \sum_{i=1}^{n}\sum_{j=1}^{n} a_j a_j \underbrace{\int_D u_i L[u_j]\mathrm{d}D}_{K_{ij}} \\ &= \sum_{i=1}^{n}\sum_{j=1}^{n} K_{ij} a_i a_j = \boldsymbol{a}^{\mathrm{T}}\boldsymbol{K}\boldsymbol{a} \end{aligned} \tag{7.5.13}$$

并且

$$\begin{aligned} D &= \int_D w_n M[w_n] \mathrm{d}D \\ &= \sum_{i=1}^{n} \sum_{j=1}^{n} a_j a_j \underbrace{\int_D u_i M[u_j] \mathrm{d}D}_{M_{ij}} \\ &= \sum_{i=1}^{n} \sum_{j=1}^{n} M_{ij} a_i a_j = \boldsymbol{a}^{\mathrm{T}} \boldsymbol{M} \boldsymbol{a} \end{aligned} \tag{7.5.14}$$

令$\dfrac{N}{D} = {}^n\Lambda$，则式（7.5.12）又可表示为

$$\frac{\partial N}{\partial a_r} - {}^n\Lambda \frac{\partial R}{\partial a_j} = 0, \; r = 1, 2, \cdots, n \tag{7.5.15}$$

式中，

$$\frac{\partial N}{\partial a_r} = 2 \sum_{j=1}^{n} K_{rj} a_j \tag{7.5.16}$$

并且

$$\frac{\partial N}{\partial a_r} = 2 \sum_{j=1}^{n} M_{rj} a_j \tag{7.5.17}$$

由式（7.5.15）到式（7.5.17）进一步可得

$$\boldsymbol{K}\boldsymbol{a} = {}^n\Lambda \boldsymbol{M}\boldsymbol{a} \tag{7.5.18}$$

式中，${}^n\Lambda_r$ 为第 r 阶特征值，向量$\boldsymbol{a}^{(r)}$为第 r 阶特征向量。由式（7.5.18）可得截断后的解为

$$w_{nr} = \sum_{i=1}^{n} a_i^{(r)} u_i \tag{7.5.19}$$

该方法称为 R−R 方法，其所得结果与伽辽金法所得结果一致。

7.6 Kank 商

对于图 7.5 所示的振动问题，由于其边界条件较为复杂，很难找到满足边界条件的容许函数，且该容许函数也很难满足 $2p-1$ 阶可导，这时我们考虑采用 Kank 商 $K(u)$ 来计算其频率的近似解。建立图 7.5 所对应的动力学方程：

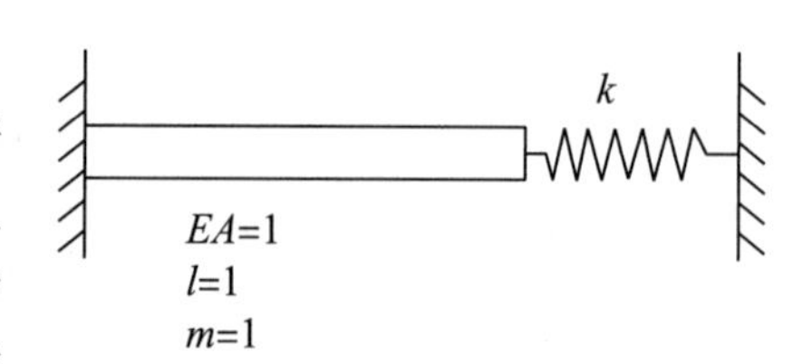

图 7.5 一端固定、一端为弹簧的杆

$$-u'' = \lambda u, \; x \in (0, 1) \tag{7.6.1}$$

边界条件为

$$u(0) = 0, \; u(l) + ku(l) = 0 \tag{7.6.2}$$

根据式（7.5.6）有

$$
\begin{aligned}
R(u) &= \frac{\int_0^1 uL[u]\mathrm{d}x}{\int_0^1 uM[u]\mathrm{d}x} = \frac{-\int_0^1 uu''\mathrm{d}x}{\int_0^1 u^2\mathrm{d}x} \\
&= \frac{-uu'|_0^1 + \int_0^1 (u')^2\mathrm{d}x}{\int_0^1 u^2\mathrm{d}x} \\
&= \frac{-u(1)u'(1) + u(0)u'(0) + \int_0^1 (u')^2\mathrm{d}x}{\int_0^1 u^2\mathrm{d}x} \\
&= \frac{ku^2(1) + \int_0^1 (u')^2\mathrm{d}x}{\int_0^1 (u)^2\mathrm{d}x} \\
&= K(u)
\end{aligned}
\tag{7.6.3}
$$

式（7.6.3）即为 Kank 商的计算公式。可以看出，瑞利商和 Kank 商存在如下关系：

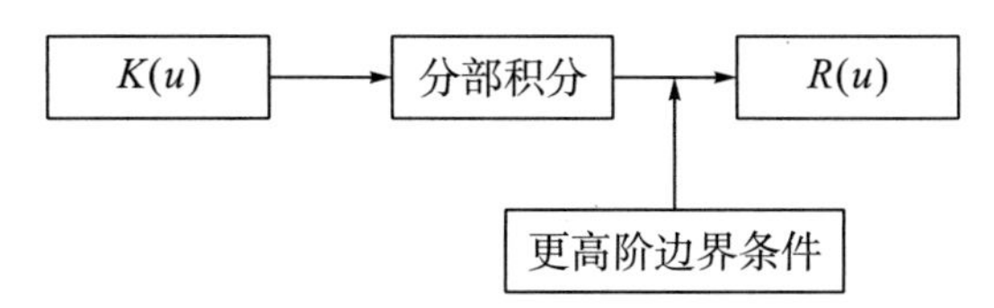

从上述关系可以看出，Kank 商对于 u 所满足的连续性要求有所减弱，并且 u 所满足的边界条件也减弱为低阶边界条件。下面以悬臂梁的振动为例来说明 Kank 商的应用。假设悬臂梁的拉伸刚度为 $EA=1$，长度 $l=1$，试求该悬臂梁轴向振动的频率。假设悬臂梁轴向振动的解可表示为

$$
w_n = \sum_{i=1}^{n} a_i\varphi_i(x) \tag{7.6.4}
$$

式中，

$$
\begin{aligned}
\varphi_i(x) &= \sin\beta_i x \\
\beta_i &= (2i-1)\frac{\pi}{2l}
\end{aligned}
\tag{7.6.5}
$$

将式（7.6.4）代入式（7.6.3）可得 Kank 商为

$$
\begin{aligned}
K[w_n] &= \frac{kw_n^2 + \int_0^l EAw_n'^2\mathrm{d}x}{\int_0^l mw_n^2\mathrm{d}x} \\
&= \frac{k\left[\sum_{i=1}^{n} a_i\varphi_i(l)\right]\left[\sum_{j=1}^{n} a_j\varphi_j(l)\right] + \int_0^l EA\left[\sum_{i=1}^{n} a_i\varphi_i'(x)\right]\left[\sum_{j=1}^{n} a_j\varphi_j'(x)\right]\mathrm{d}x}{\int_0^l m\left[\sum_{i=1}^{n} a_i\varphi_i(x)\right]\left[\sum_{j=1}^{n} a_j\varphi_j(x)\right]\mathrm{d}x}
\end{aligned}
$$

$$
= \frac{\sum_{i=1}^{n}\sum_{j=1}^{n} K_{ij} a_i a_j}{\sum_{i=1}^{n}\sum_{j=1}^{n} M_{ij} a_i a_j} = \frac{N}{D} \tag{7.6.6}
$$

式中，

$$
\begin{cases} M_{ij} = \int_0^l m\varphi_i(x)\varphi_j(x)\mathrm{d}x \\ K_{ij} = k\varphi_i(l)\varphi_j(l) + \int_0^l EA\varphi_i{}'(x)\varphi_j{}'(x)\mathrm{d}x \end{cases} \tag{7.6.7}
$$

对 Kank 商求驻值：

$$
\frac{\partial \boldsymbol{K}}{\partial a_j} = 0 \Rightarrow \boldsymbol{Ka} = {}^{n}\Lambda \boldsymbol{Ma} \tag{7.6.8}
$$

即

$$
\frac{\partial N}{\partial a_j} - {}^{n}\Lambda \frac{\partial D}{\partial a_j} = 0 \tag{7.6.9}
$$

例 7.6.1 如图 7.6 所示，变截面悬臂梁长度为 l，EA（x）$=2EA\left(1-\frac{x}{L}\right)$，$m$（$x$）$=2m\left(1-\frac{x}{L}\right)$，试求其系统的响应。

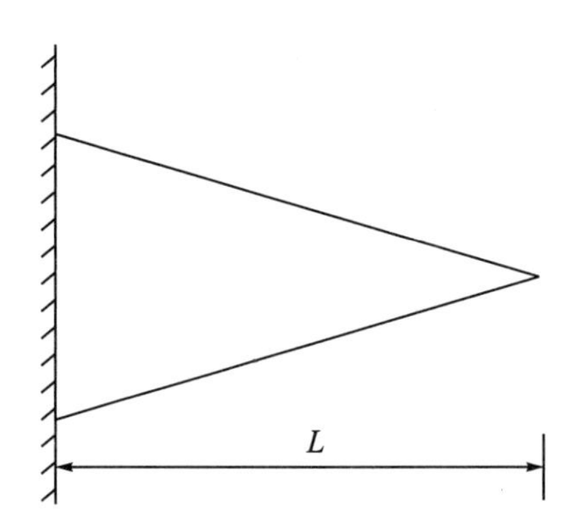

图 7.6　变截面悬臂梁

按照上述悬臂梁的推算，该问题的特征函数可以取为

$$
\varphi_i(x) = \sin\frac{(2i-1)\pi}{2L}x \tag{a}
$$

该问题的抗拉刚度和质量都是随空间变化的函数：

$$
\begin{cases} EA(x) = 2EA\left(1-\frac{x}{L}\right) \\ m(x) = 2m\left(1-\frac{x}{L}\right) \end{cases} \tag{b}
$$

根据上述 Kank 商的计算公式（7.6.6），将式（a）和式（b）代入式（7.6.6）可得频率为

$$
\omega_1 = 2.4048\sqrt{\frac{EA}{ml^2}}
$$

$$\omega_2 = 5.5201\sqrt{\frac{EA}{ml^2}}$$

$$\omega_3 = \sqrt{74.8865}\sqrt{\frac{EA}{ml^2}} \tag{c}$$

用算子的形式表示图 7.6 所示悬臂梁轴向振动问题，可知

$$L = \frac{\partial}{\partial x}\left(EA\frac{\partial}{\partial x}\right),\ M = m(x) \tag{d}$$

那么瑞利商可表示为

$$R(U) = \frac{\int_0^l U(x)(EA(x)U(x)')\mathrm{d}x}{\int_0^l U(x)m(x)U(x)\mathrm{d}x} \tag{e}$$

式中，

$$U(x) = \sum_{i=1}^{n} a_i\varphi_i(x) \tag{f}$$

其中，容许函数为

$$\varphi_i(x) = \sin\frac{(2i-1)\pi x}{L},i = 1,2,\cdots,n \tag{g}$$

对上述瑞利商求驻值：

$$\frac{\partial R}{\partial a_i} = 0,i = 1,2,\cdots,n \tag{h}$$

可以得到

$$\boldsymbol{Ka} = {}^n\Lambda\boldsymbol{Ma} \tag{i}$$

$$\begin{cases} K_{ij} = \int_0^l \varphi_i L\varphi_j\mathrm{d}x = \int_0^l EA\varphi_i'\varphi_j'\mathrm{d}x \\ M_{ij} = \int_0^l \varphi_i M\varphi_j\mathrm{d}x = \int_0^l m\varphi_i\varphi_j\mathrm{d}x \end{cases} \tag{j}$$

式中，M 和 K 是对称的。当 $n=1$ 时，有

$$K_{11} = \frac{EA}{2L}\left(1+\frac{\pi^2}{4}\right)$$
$$M_{11} = \frac{mL}{2}\left(1-\frac{\pi^2}{4}\right) \tag{k}$$

将式（k）代入式（h）可得

$$K_{11}a_1 = {}^1\Lambda M_{11}a_1 \tag{l}$$

进一步可得

$${}^1\Lambda_1 = \frac{K_{11}}{M_{11}} = 5.8304\frac{EA}{mL^2} \tag{m}$$

一阶固有频率为

$$\omega_1^{(1)} = 2.4146\sqrt{\frac{EA}{mL^2}} \tag{n}$$

一阶振型函数为

$$\varphi_1(x) = \sin\frac{\pi x}{L} \tag{o}$$

当 $n=2$ 时，有

$$\begin{cases} {}^2\Lambda_1 = 5.7897\dfrac{EA}{mL^2} \\ {}^2\Lambda_2 = 30.5717\dfrac{EA}{mL^2} \end{cases} \tag{p}$$

代入方程（l）可得

$$a_1 = \begin{bmatrix} 1 \\ -0.0369 \end{bmatrix},\ a_2 = \begin{bmatrix} 1 \\ -1.5651 \end{bmatrix} \tag{q}$$

由式（p）可得一阶和二阶固有频率分别为

$$\begin{cases} \omega_1^{(2)} = 2.4062\sqrt{\dfrac{EA}{mL^2}} \\ \omega_2^{(2)} = 5.5292\sqrt{\dfrac{EA}{mL^2}} \end{cases} \tag{r}$$

因此，由式（q）可得上述一阶和二阶固有频率对应的模态为

$$\begin{cases} U_1(x) = 1\cdot\varphi_1(x) + (-0.0369)\varphi_2(x) = \sin\dfrac{\pi x}{L} - 0.0369\sin\dfrac{3\pi x}{L} \\ U_2(x) = 1\cdot\varphi_1(x) + (-1.5651)\varphi_2(x) \end{cases} \tag{s}$$

当 $n=3$ 时，由式（p）可得一阶、二阶和三阶固有频率分别为

$$\begin{cases} \omega_1^{(3)} = 2.4049\sqrt{\dfrac{EA}{mL^2}} \Rightarrow a_1 = [1, -0.0319, -0.0092]^{\mathrm{T}} \\ \omega_2^{(3)} = 5.5216\sqrt{\dfrac{EA}{mL^2}} \Rightarrow a_2 = \cdots \\ \omega_3^{(3)} = 8.5646\sqrt{\dfrac{EA}{mL^2}} \Rightarrow a_3 = \cdots \end{cases} \tag{t}$$

振型函数为

$$\begin{aligned} &U_1(x) = 1\cdot\varphi_1(x) + (-0.0319)\varphi_2(x) - 0.0092\varphi_3(x) \\ &U_2(x) = \cdots \\ &U_3(x) = \cdots \end{aligned} \tag{u}$$

习　题

7.1　楔形悬臂梁单位厚度截面变化为 $A(x) = A_0\dfrac{x}{l}$，$A_0 = 2b$ 为根部截面面积，试用瑞利法求基频。

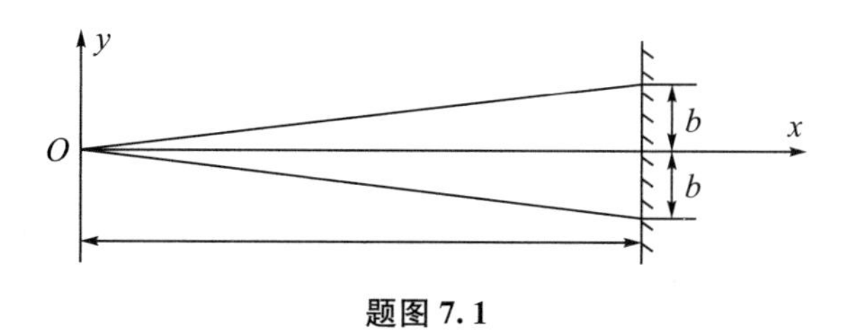

题图 7.1

答：

$$\omega_1 = 5.319\sqrt{\frac{EI}{\rho A_0 l^4}}$$

7.2　等截面悬臂梁端部有一集中质量 $m=2\rho Sl$，试用瑞利法求基频。

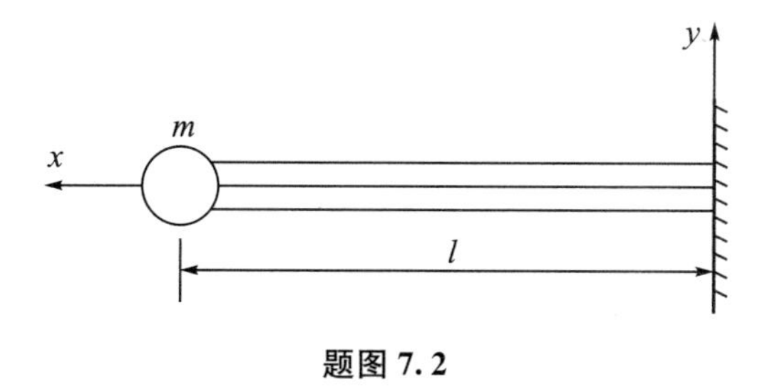

题图 7.2

答：选取等截面悬臂梁在均布载荷下的静挠度曲线为试函数：

$$\varphi(x) = A_1(x^4 - 4lx^3 + 6l^2x^2) \Rightarrow \omega_1 = 1.1908\sqrt{\frac{EI}{\rho Sl^4}}$$

7.3　一根长 5m 的钢制环形轴（$G=80\times10^9\text{N/m}^2$，$E=200\times10^9\text{N/m}^2$，$\rho=7800\text{kg/m}^3$）内直径是 20mm，外直径是 30mm。轴为一端固定、一端自由，求该轴扭转振动的第一阶固有频率。

答：1006 rad/s。

7.4　求杆的纵向振动特征方程。

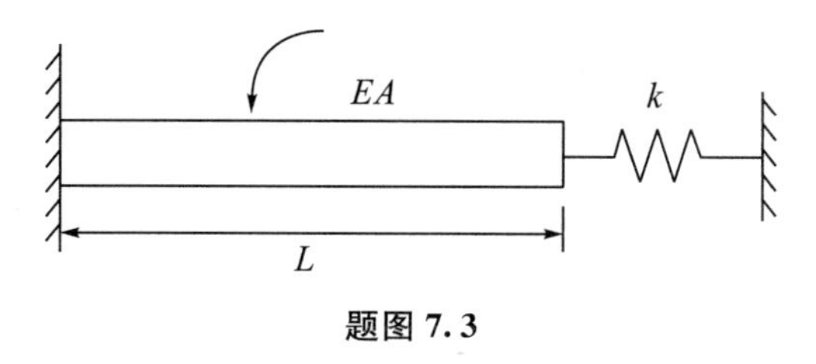

题图 7.3

答：

$$\frac{E}{A}\omega\sqrt{\frac{\rho}{E}} = \tan\left(\omega\sqrt{\frac{\rho}{E}}L\right)$$

7.5　已知函数 $\varphi_1(x) = \sin\frac{\pi x}{L}$，$\varphi_2(x) = \sin\frac{2\pi x}{L}$，利用瑞利法求系统的第一阶固有频率，其中 $\rho=7500\frac{kg}{m_3}$，$A=1\times10^2 m^2$，$L=3m$，$E=210\times10^9\frac{N}{m^2}$。

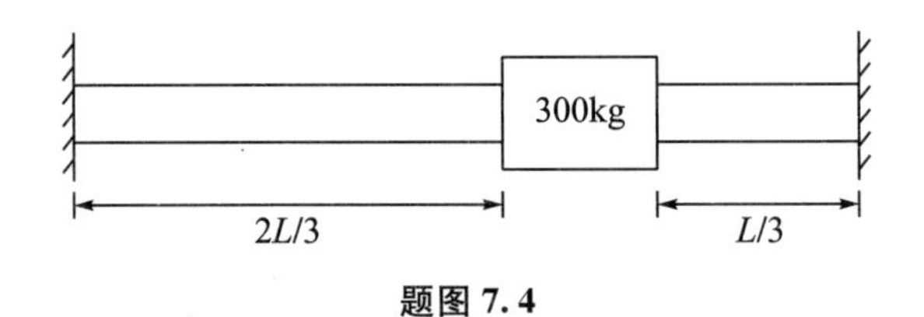

题图 7.4

答：3.01×10^{3} rad/s。

7.6 利用瑞利商并由估算函数 $\varphi(x)=\sin\left(\frac{\pi x}{L}\right)$ 估算简支梁在中点有一集中质量的系统的固有频率。

答：

$$\omega<\sqrt{\frac{EI\pi^{4}}{\rho AL^{4}+2mL^{3}}}.$$

7.7 推导出均质等截面杆纵向振动的微分方程。

答：

$$E\frac{\partial^{2}u}{\partial x^{2}}=\rho\frac{\partial^{2}u}{\partial t^{2}}$$

7.8 将转动惯量为 1.85kg/m^2 的滑轮安装在 80cm 钢轴（$80\times10^{9}\ \text{N/m}^2$，$E=210\times10^{9}\ \text{N/m}^2$，$\rho=7800\ \text{kg/m}^3$）的一端，轴的直径为 30cm。求滑轮扭转振动的前两阶固有频率。

答：

4655rad/s，15000rad/s

7.9 推导张紧的绳或线横向振动的偏微分方程。

答：

$$T\frac{\partial^{2}u}{\partial u^{2}}=\mu\frac{\partial^{2}u}{\partial t^{2}}$$

7.10 已知函数 $\varphi_1(x)=L^{3}x-2Lx^{3}+x^{4}$，$\varphi_2(x)=\frac{7}{3}L^{4}x-\frac{10}{3}L^{2}x^{3}+x^{5}$，利用瑞利法估算等截面简支梁的第一阶固有频率。

答：

$$9.877\left(\frac{EI}{\rho^{2}L}\right)^{1/4}$$

第 8 章　现代振动控制方法

不管是自然界的风雨载荷，还是人类社会的汽车和机械载荷，这些载荷作用于结构时，结构便产生了振动。如果振动响应过大，这种大幅振动会使结构疲劳，疲劳积累到一定程度就会产生微裂纹，微裂纹进一步扩展就会对结构产生破坏。为了减小或者消除这种大幅振动所产生的恶劣影响，需要一些现代振动控制方法来限制结构产生的大幅振动，这些现代振动控制方法是通过现代控制论和现代控制技术对结构的振动进行管控的理论方法，可分为主动控制、被动控制和智能控制。主动控制需要外部提供能量来减小结构的振动。被动控制不需要外部提供能量，而依靠结构构件之间、结构与辅助系统之间的相互作用消耗振动能量，从而达到减振目的。此外，以模糊数学、BP 神经网络和进化算法为原理的智能控制也逐渐成为研究的热点，在结构振动控制中扮演了越来越重要的角色。

8.1　现代控制理论

8.1.1　动态系统的数学描述

对于一个单自由度振动系统，运动方程为

$$\begin{aligned} &m\ddot{x}(t)+\dot{c}x(t)+kx(t)=-m_g\ddot{x} \\ &\dot{x}(t_0)=v_0,\ x(t_0)=x_0 \end{aligned} \tag{8.1.1}$$

写成矩阵形式为

$$\begin{bmatrix}\dot{x}(t)\\ \ddot{x}(t)\end{bmatrix}=\begin{bmatrix}0 & 1\\ -k/m & -c/m\end{bmatrix}\begin{bmatrix}x(t)\\ \dot{x}(t)\end{bmatrix}+\begin{bmatrix}0\\ 1\end{bmatrix}\ddot{x}_g \tag{8.1.2}$$

对于有控制器的单自由度振动系统，运动方程为

$$m\ddot{x}(t)+c\dot{x}(t)+kx(t)=-m\ddot{x}_g(t)+u(t) \tag{8.1.3}$$

写成矩阵形式为

$$\begin{bmatrix}\dot{x}(t)\\ \ddot{x}(t)\end{bmatrix}_{2\times1}=\begin{bmatrix}0 & 1\\ -k/m & -c/m\end{bmatrix}\begin{bmatrix}x(t)\\ \dot{x}(t)\end{bmatrix}_{2\times1}+\begin{bmatrix}0\\ 1\end{bmatrix}u+\begin{bmatrix}0\\ -1\end{bmatrix}\ddot{x}_g \tag{8.1.4}$$

引入状态空间定义，主动控制结构状态空间方程为

$$\boldsymbol{z}(t)=\begin{bmatrix}x(t)\\ \dot{x}(t)\end{bmatrix},\quad \begin{array}{l}\dot{\boldsymbol{z}}(t)=\boldsymbol{A}\boldsymbol{z}(t)+\boldsymbol{B}\boldsymbol{u}(t)+\boldsymbol{D}\boldsymbol{F}(t)\\ \boldsymbol{z}(t_0)=\boldsymbol{z}_0\end{array} \tag{8.1.5}$$

n 个自由度的土木工程结构在环境干扰 $F(t)$ 作用下的运动方程可以表示为

$$\begin{cases}\boldsymbol{M}\boldsymbol{X}(t)+\boldsymbol{C}\dot{\boldsymbol{X}}(t)+\boldsymbol{K}\boldsymbol{X}(t)=\boldsymbol{D}_s\boldsymbol{F}(t)\\ \boldsymbol{X}(t_0)=\boldsymbol{X}_0,\dot{\boldsymbol{X}}(t_0)=\dot{\boldsymbol{X}}_0\end{cases} \tag{8.1.6}$$

式中，$\boldsymbol{X}\in\mathbf{R}^n$ 是结构位移向量，字母上标“ $\dot{}$ ”表示对时间 t 求导数；$\boldsymbol{M}$，$\boldsymbol{C}$ 和 $\boldsymbol{K}\in\mathbf{R}^{n\times n}$，分别是结构质量、阻尼和刚度矩阵；$\boldsymbol{F}(t)\in\mathbf{R}^r$ 是环境干扰；$\boldsymbol{D}_s\in\mathbf{R}^{n\times r}$ 是环境干扰位置矩阵；$\boldsymbol{x}(t_0)$ 和 $\boldsymbol{X}(t_0)$ 分别是结构初始位移向量和初始速度向量。

为控制结构的反应，在结构上安装 p 个控制装置，p 个控制装置给结构提供的控制力向量为 $\boldsymbol{U}(t)\in\mathbf{R}^p$，相应的作用位置矩阵为 $\boldsymbol{B}_s\in\mathbf{R}^{2n\times p}$，则受控系统的运动方程为

$$\boldsymbol{M}\boldsymbol{X}(t)+\boldsymbol{C}\dot{\boldsymbol{X}}(t)+\boldsymbol{K}\boldsymbol{X}(t)=\boldsymbol{D}_s\boldsymbol{F}(t)+\boldsymbol{B}_s\boldsymbol{U}(t) \tag{8.1.7}$$

式中，$\boldsymbol{X}(t)$ 和 $\boldsymbol{X}(t)$ 都是独立变量。定义 $\boldsymbol{Z}(t)=\begin{bmatrix}\boldsymbol{X}(t)\\ \boldsymbol{X}(t)\end{bmatrix}_{2n\times 1}$ 为系统的状态向量，则受控系统可以用如下的状态方程描述：

$$\begin{cases}\dot{\boldsymbol{Z}}(t)=\boldsymbol{A}\boldsymbol{Z}(t)+\boldsymbol{B}\boldsymbol{U}(t)+\boldsymbol{D}\boldsymbol{F}(t)\\ \boldsymbol{Z}(t_0)=\boldsymbol{Z}_0\end{cases} \tag{8.1.8}$$

式中，

$$\boldsymbol{A}=\begin{bmatrix}\boldsymbol{0}_n & \boldsymbol{I}_n\\ -\boldsymbol{M}^{-1}\boldsymbol{K} & -\boldsymbol{M}^{-1}\boldsymbol{C}\end{bmatrix},\ \boldsymbol{B}=\begin{bmatrix}\boldsymbol{0}_{n\times p}\\ \boldsymbol{M}^{-1}\ \boldsymbol{B}_s\end{bmatrix}_{2n\times p},\boldsymbol{D}=\begin{bmatrix}\boldsymbol{0}_{n\times r}\\ \boldsymbol{M}^{-1}\ \boldsymbol{D}_s\end{bmatrix}_{2n\times r} \tag{8.1.9}$$

土木工程结构受控系统部分或全部的系统状态向量 $\boldsymbol{Z}(t)$、干扰 $\boldsymbol{F}(t)$ 和控制力 $\boldsymbol{U}(t)$需要部分或全部实时观测，在此反馈下，才能对系统进行控制，这些量的输出可统一地表示为以下的输出方程：

$$\boldsymbol{Y}(t)=\boldsymbol{C}_0\boldsymbol{Z}(t)+\boldsymbol{D}_0\boldsymbol{F}(t)+\boldsymbol{B}_0\boldsymbol{U}(t) \tag{8.1.10}$$

8.1.2 动态系统的稳定性

一般系统的状态方程可以表示为

$$\dot{\boldsymbol{Z}}(t)=\boldsymbol{F}(\boldsymbol{Z}(t),\boldsymbol{U}(t),t);\boldsymbol{Z}(0)=\boldsymbol{Z}_0 \tag{8.1.11}$$

在输入 $\boldsymbol{U}(t)=0$ 的情况下，若

$$\boldsymbol{Z}(t_0)=\boldsymbol{Z}_e\Rightarrow\boldsymbol{Z}(t)=\boldsymbol{Z}_e,\forall t>t_0 \tag{8.1.12}$$

则 $\boldsymbol{Z}_e$ 为系统的平衡状态，满足平衡方程

$$\boldsymbol{F}(\boldsymbol{Z}_e,0,t)=0,t\geqslant t_0 \tag{8.1.13}$$

注意：对任意系统，平衡点未必存在，也未必唯一。通过变量变换，总可以将状态空间中的任意一个点变为状态空间的原点，因此假定 $\boldsymbol{Z}_e=0$ 是系统的平衡点，而且是系

统的坐标原点。这样，系统的稳定性问题就可以只讨论由于某种干扰而使系统在 t_0 时的状态为 $\boldsymbol{Z}_0 \neq 0$。由初始状态引起的运动 $\boldsymbol{Z}(t)(t>0)$ 将逐渐回归原点（渐进稳定），或保持在原点附近（一致稳定或 Lyapunov 稳定）或逐渐远离原点（发散或不稳定）。

在零输入情况下，系统的状态方程可以表示为

$$\dot{\boldsymbol{Z}}(t)=\boldsymbol{F}(\boldsymbol{Z}(t),0,t),\boldsymbol{Z}(0)=\boldsymbol{Z}_0 \tag{8.1.14}$$

系统的稳定性根据自由响应是否有界来定义，若系统初始条件为

$$\|\boldsymbol{Z}_0\|<\delta(\varepsilon,t_0),\quad \forall\varepsilon>0,\exists\delta(\varepsilon,t_0)>0 \tag{8.1.15}$$

在此初始条件下，若

$$\|\boldsymbol{Z}(t)\|<\varepsilon,t>t_0 \tag{8.1.16}$$

则系统是 Lyapunov 稳定的（原点稳定），并且若初始条件与时间无关，则系统是一致稳定的。若系统满足原点稳定，且

$$\lim_{x\to\infty}\|\boldsymbol{Z}(t)\|=0 \tag{8.1.17}$$

则系统在原点是渐进稳定的，只有渐进稳定的结构才是稳定的结构。Lyapunov 稳定的结构为临界稳定结构，属于不稳定结构。此外，它们都是系统的局部性质。

在零输入情况下，线性系统的状态方程可以表示为

$$\dot{\boldsymbol{Z}}(t)=\boldsymbol{A}\boldsymbol{Z}(t),\boldsymbol{Z}(0)=\boldsymbol{Z}_0 \tag{8.1.18}$$

根据矩阵范数性质，系统存在状态转移矩阵：

$$\boldsymbol{\Phi}(t,t_0) \tag{8.1.19}$$

使得

$$\|\boldsymbol{Z}(t)\|=\|\boldsymbol{\Phi}(t,t_0)Z_0\|\leqslant\|\boldsymbol{\Phi}(t,t_0)\|\cdot\|\boldsymbol{Z}_0\| \tag{8.1.20}$$

系统 Lyaponov 稳定的充分必要条件是存在正实数 s，满足

$$\|\boldsymbol{\Phi}(t,t_0)\|\leqslant s(t_0) \tag{8.1.21}$$

若下式成立，则系统是渐进稳定的：

$$\lim_{t\to\infty}\|\boldsymbol{\Phi}(t,t_0)\|=0 \tag{8.1.22}$$

根据 Lyapunov 直接法（A. M. Lyapunov），定义弹簧—质量—阻尼 SDOF 系统能量为

$$E(t)=E_D+E_V=\frac{1}{2}m\dot{x}^2(t)+\frac{1}{2}kx^2(t)=\frac{1}{2}\boldsymbol{Z}^{\mathrm{T}}(t)PZ(t) \tag{8.1.23}$$

若 $\dot{E}(t)<0$，则系统渐进稳定；

若 $\dot{E}(t)\leqslant 0$，则系统 Lyapunov 稳定；

若 $\dot{E}(t)>0$，则系统不稳定。

很难找到统一的能量函数描述系统的能量关系，定义一个正定的标量函数 $v(Z(t))$，引出如下稳定性判据。

判据 1：若存在 Lyapunov 函数 $v(Z(t))$，使 $\dot{v}(Z(t))\leqslant 0$，则系统是 Lyapunov 稳定的；

判据 2：若存在 Lyapunov 函数 $v(Z(t))$，使 $\dot{v}(Z(t))<0$，则系统是渐进稳定的；

判据 3：若存在 Lyapunov 函数 $v(Z(t))$，使 $\dot{v}(Z(t))<0$ 且当 $\|Z\|\to\infty$ 时 $v(Z)$

$\to\infty$，则系统在整个定义域是渐进稳定的。

8.1.3 线性定常系统的能控性

8.1.3.1 能控的定义

能控性是存在于系统输入$U(t)$和系统状态之间的性质，因此，仅涉及系统状态方程的矩阵$\boldsymbol{A}$，$\boldsymbol{B}$。

$$\begin{cases}\dot{\boldsymbol{Z}}(t)=\boldsymbol{AZ}(t)+\boldsymbol{BU}(t)\\ \boldsymbol{Z}(t_0)=\boldsymbol{Z}_0\ \dot{\boldsymbol{Z}}(t_0)=\dot{\boldsymbol{Z}}_0\end{cases}\tag{8.1.24}$$

状态能控：在有限时间区间$[t_0,\ t_1]$内存在$U(t)$，使系统可以由状态Z_0转移到状态Z_1，则称状态Z_0能控。系统完全能控：若系统的任何初始状态都是能控的，则称系统是完全能控的。

能控性考察的是控制系统状态转移的可能性，因此，能控性与状态的具体量值无关；也不考虑系统状态转移的轨迹。

8.1.3.2 系统能控性的判别方法

对线性定常系统，系统能控的充要条件是矩阵

$$\boldsymbol{N}=[\boldsymbol{B}\quad \boldsymbol{AB}\quad \boldsymbol{A}^2\boldsymbol{B}\quad \boldsymbol{L}\quad \boldsymbol{A}^{n+1}\boldsymbol{B}]_{n\times np}\tag{8.1.25}$$

的秩为n。

8.1.4 线性定常系统的能观性

系统的能观性即能否通过对输出量$\boldsymbol{Y}(t)$的测量，得到系统全部状态$\boldsymbol{Z}(t)$的信息。讨论输出量$\boldsymbol{Y}(t)$反映状态量$\boldsymbol{Z}(t)$的能力，与控制作用$\boldsymbol{U}(t)$没有直接关系。因此，可仅考虑齐次状态方程和输出方程：

$$\begin{cases}\dot{\boldsymbol{Z}}(t)=\boldsymbol{AZ}(t),\boldsymbol{Z}(t_0)=\boldsymbol{Z}_0\\ \boldsymbol{Y}(t)=\boldsymbol{C}_0\boldsymbol{Z}(t)\end{cases}\tag{8.1.26}$$

系统能观的充要条件是矩阵$\boldsymbol{L}$的秩为n。

$$\boldsymbol{L}=\begin{bmatrix}\boldsymbol{C}_0\\ \boldsymbol{C}_0\boldsymbol{A}\\ \boldsymbol{C}_0\boldsymbol{A}^2\\ \boldsymbol{M}\\ \boldsymbol{C}_0\boldsymbol{A}^{n-1}\end{bmatrix}_{mn\times n}\tag{8.1.27}$$

在实际工程应用中，直接量测系统所有状态信息是不可能的。需要根据量测的少量状态信息，估计系统全部的状态信息，即能否通过对输出量$\boldsymbol{Y}(t)$的测量，得到系统全部状态$\boldsymbol{Y}(t)$的信息。已知上述系统方程及其在时间区间$[t_0,\ t_1]$的输出$\boldsymbol{Y}(t)$，能否

唯一地确定系统在初始时刻的状态 $\boldsymbol{Z}(t_0)=\boldsymbol{Z}_0$。若能，则称该系统在 t_0 是能观的；若对所有 t_0 和 $\boldsymbol{Z}_0$ 系统能观，则称系统完全能观，简称能观。

8.1.5　线性系统能控性与能观性的对偶关系

已知两个线性系统：

$$\left.\begin{aligned}\dot{\boldsymbol{Z}}_1(t)&=\boldsymbol{A}_1\boldsymbol{Z}_1(t)+\boldsymbol{B}_1\boldsymbol{U}_1(t)\\ \boldsymbol{Y}_1(t)&=\boldsymbol{C}_{01}\boldsymbol{Z}_1(t)\end{aligned}\right\}\tag{8.1.28}$$

$$\left.\begin{aligned}\dot{\boldsymbol{Z}}_2(t)&=\boldsymbol{A}_2\boldsymbol{Z}_2(t)+\boldsymbol{B}_2\boldsymbol{U}_2(t)\\ \boldsymbol{Y}_2(t)&=\boldsymbol{C}_{02}\boldsymbol{Z}_2(t)\end{aligned}\right\}\tag{8.1.29}$$

式中，

$$\begin{aligned}&\boldsymbol{Z}_1,\boldsymbol{Z}_2\in\mathbf{R}^n;\boldsymbol{A}_1,\boldsymbol{A}_2\in\mathbf{R}^{n\times n};\boldsymbol{U}_1\in\mathbf{R}^p;\boldsymbol{U}_2\in\mathbf{R}^m;\boldsymbol{Y}_1\in\mathbf{R}^m;\\&\boldsymbol{Y}_2\in\mathbf{R}^p;\boldsymbol{B}_1\in\mathbf{R}^{n\times p};\boldsymbol{B}_2\in\mathbf{R}^{n\times m};\boldsymbol{C}_{01}\in\mathbf{R}^{m\times n};\boldsymbol{C}_{02}\in\mathbf{R}^{p\times n}\end{aligned}\tag{8.1.30}$$

如果 $\boldsymbol{A}_1=\boldsymbol{A}_2^{\mathrm{T}}$，$\boldsymbol{B}_1=\boldsymbol{C}_{02}^{\mathrm{T}}$，$\boldsymbol{C}_{01}=\boldsymbol{B}_2^{\mathrm{T}}$，则称两个系统是互为对偶的。线性系统（8.1.28）是一个 p 维输入、m 维输出的系统；其对偶系统（8.1.29）是一个 m 维输入、p 维输出的系统。

互为对偶的两个线性系统的输入端和输出端可以互换；信号传递方向可以相反；对应的系统矩阵可以转置。对偶性原理：对于互为对偶的两个线性系统（8.1.28）和（8.1.29），有如下结论：系统（8.1.28）的能控性等价于系统（8.1.29）的能观性，系统（8.1.28）的能观性等价于系统（8.1.29）的能控性。上述关系称为对偶性原理。利用上述对偶性关系，可以把对一个线性系统的能控性分析得出的结论用于其对偶系统的能观性分析，反之亦可。

8.2　主动控制

以力来控制结构振动的情况，一般有两种办法。一种方法是，用控制力消除造成结构振动的外力，称为前馈控制。对于一般的结构物，其外力多为地震、风和交通载荷，要实施前馈控制较为困难，故前馈控制在实际中难以应用。另一种方法是，根据结构物的振动反应来决定其控制力，使其作用于结构物，以减小振动反应，将结构物的输出再返回成输入，因而被称为反馈控制。这种控制方法需测定结构物的振动，再根据振动反应决定相应的控制力作用于结构物。与前馈控制相比，这是更为实际的控制方法，许多结构物的主动控制都采用这种反馈式控制。

8.2.1　主动控制的原理

为了简明扼要地表明主动控制的减振原理，用示意图来说明，如图 8.1 所示，受到激励的高层结构安装了多个AMD主动质量阻尼控制系统。

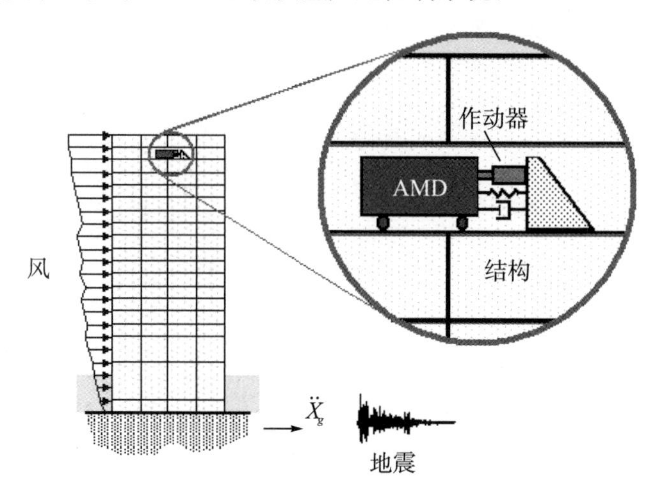

图8.1 安装了AMD的多自由度系统

如图8.1所示，对于安装了多个AMD系统的n维多自由度系统，在外激励下，其运动方程为

$$\boldsymbol{M}\ddot{y}(t)+\boldsymbol{C}\dot{y}(t)+\boldsymbol{K}\boldsymbol{y}(t)=-\boldsymbol{M}\boldsymbol{I}\,\ddot{x}_g(t)+\boldsymbol{E}\boldsymbol{u}(t) \tag{8.2.1}$$

式中，$\boldsymbol{M}$，$\boldsymbol{C}$，$\boldsymbol{K}$分别为该系统的n维质量、阻尼和刚度矩阵；$\ddot{y}(t)$，$\dot{y}(t)$和$y(t)$为系统的n维加速度、速度和位移反应向量；$\boldsymbol{I}$为n维单位列向量；$\ddot{x}$为地震运动加速度；$\boldsymbol{E}$为$n\times r$维控制力位置矩阵；$\boldsymbol{u}(t)$为r维主动控制力向量。r为结构上安装的AMD控制装置的数量。

主动控制力向量为

$$\boldsymbol{u}(t)=\boldsymbol{K}_b\boldsymbol{y}(t)+\boldsymbol{C}_b\dot{y}(t)+\boldsymbol{F}_b\,\ddot{x}_g(t) \tag{8.2.2}$$

式中，$\boldsymbol{K}_b$和$\boldsymbol{C}_b$分别为结构位移和速度反应的增益矩阵；$\boldsymbol{F}_b$为地震加速度的增益向量。将式（8.2.2）代入式（8.2.1），可得地震激励下主动控制系统的运动方程为

$$\boldsymbol{M}\ddot{y}(t)+(\boldsymbol{C}-\boldsymbol{E}\,\boldsymbol{C}_b)\dot{y}(t)+(\boldsymbol{K}-\boldsymbol{B}\,\boldsymbol{K}_b)\boldsymbol{y}(t)=-(\boldsymbol{M}\boldsymbol{I}-\boldsymbol{B}\,\boldsymbol{F}_b)\,\ddot{x}_g(t) \tag{8.2.3}$$

可以看出，对于安装了主动质量阻尼器控制系统的结构体系，由于主动控制力的施加，结构体系的阻尼和刚度矩阵以及外激励向量都发生了改变，且闭环控制的作用就是改变结构的参数（刚度和阻尼），开环控制的作用就是减小外扰力。因此。如果选用合理的控制算法、增益矩阵和增益向量，确定最优的控制力，则可以达到减小或者抑制结构地震反应的目的。

8.2.2 主动控制的实现装置

随着建筑结构高度的不断增加，结构体系不断趋于复杂，结构抗震、抗风设计也遇到了前所未有的挑战。大量理论和实践证明，主动质量阻尼器AMD控制技术能够有效地增加结构阻尼，减小超高层结构风致振动和地震响应。

主动质量阻尼器是将结构响应的反馈，或结构关键位置处外激励的前馈，经计算机

分析处理向驱动器（该驱动器连接质量块和结构）发送适当的信息，从而让驱动器对抗质量块，将惯性控制力施加于结构，实现振动控制。图 8.2 展示了不同类型的 AMD 系统，其具有两个优点：Fail-safe 的可靠性和两阶段控制策略，这两个优点能达到节能和延长寿命的目的。

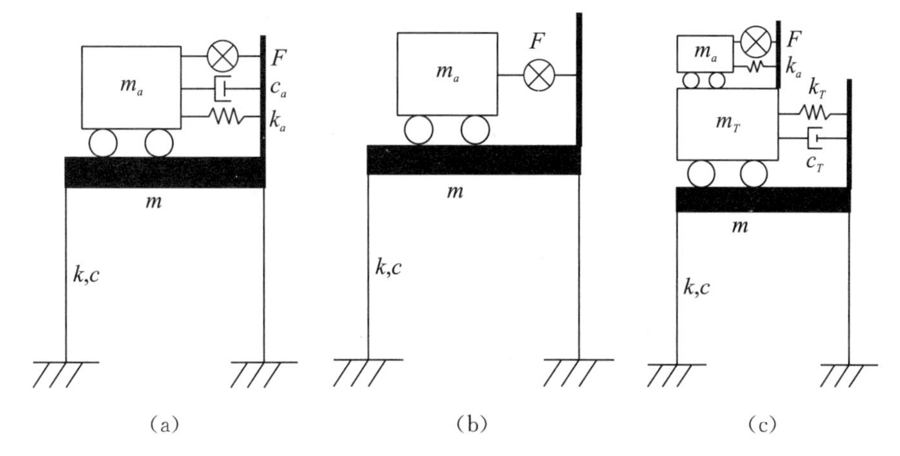

图 8.2　不同类型的 AMD 系统

如图 8.3 所示的控制系统是图 8.2（a）的 AMD 系统之一。

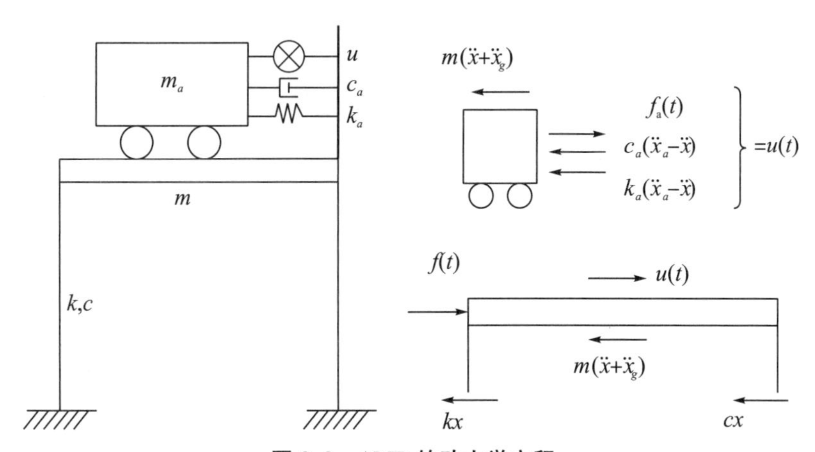

图 8.3　AMD 的动力学方程

根据牛顿法，经过受力分析，对上述控制系统建立动力学方程得

$$m\ddot{x}+c\dot{x}+kx=-m\ddot{x}_g(t)+f(t)+u(t) \tag{8.2.4}$$

式中，

$$u(t)=c_a(\dot{x}_a-\dot{x})+k_a(x_a-x)-f_a(t)=-m_a(\ddot{x}_a+\ddot{x}_g) \tag{8.2.5}$$

写成矩阵形式为

$$\begin{aligned}&\begin{bmatrix}m & 0\\0 & m_a\end{bmatrix}\begin{Bmatrix}\ddot{x}\\\ddot{x}_a\end{Bmatrix}+\begin{bmatrix}c+c_a & -c_a\\-c_a & c_a\end{bmatrix}\begin{Bmatrix}\dot{x}\\\dot{x}_a\end{Bmatrix}+\begin{bmatrix}k+k_a & -k_a\\-k_a & k_a\end{bmatrix}\begin{Bmatrix}x\\x_a\end{Bmatrix}\\&=-\begin{Bmatrix}m\\m_a\end{Bmatrix}\ddot{x}_g(t)+\begin{Bmatrix}1\\0\end{Bmatrix}f(t)+\begin{bmatrix}-1\\1\end{bmatrix}F_a(t)\end{aligned} \tag{8.2.6}$$

在激励 $f_a(t)$ 下，主动控制系统的运动方程可写为

$$m_a(\ddot{x}_a+\ddot{x}_g)+c_a(\dot{x}_a-\dot{x})+k_a(x_a-x)=f_a(t) \tag{8.2.7}$$

对式（8.2.5）的两边积分，可得

$$\begin{aligned}\text{控制力做功}\Leftarrow\int u(t)\mathrm{d}(x_a-x) &= \int -m_a(\ddot{m}_a+\ddot{m}_g)\mathrm{d}(x_a-x)\Rightarrow\text{AMD 惯性力}\\ &=\int[c_a(\dot{x}_a-\dot{x})+k_a(x_a-x)-f_a(t)]\mathrm{d}(x_a-x)\\ &=\underbrace{\int c_a(\dot{x}_a-\dot{x})\mathrm{d}(x_a-x)}_{\text{AMD 阻尼耗能}}+\underbrace{0.5(x_a-x)^2}_{\text{AMD 弹性变形能}}-\underbrace{\int f_a(t)\mathrm{d}(x_a-x)}_{\text{外部能源输入}}\end{aligned} \tag{8.2.8}$$

基于上述减震原理，AMD 控制系统的工作流程如下：

（1）数据采集（通过传感器进行在线测量结构在地震激励下的振动反应，即结构的位移、速度和加速度等响应）。

（2）数据处理和传输（传感器测得的振动反应信号经滤波、放大、调节、模拟、微分等处理，传输至计算机系统的 A/D 转换器）。

（3）A/D 转换（电压模拟信号转换为电压数字信号）。

（4）控制计算（计算机把电压数字信号经过标量变换，转换为结构的位移、速度。按预设的控制算法，把结构控制增益矩阵与结构状态向量相乘，计算出控制力）。

（5）D/A 转换（把控制力的电压数字信号转换为电压模拟信号，并作为指令信号传输至伺服控制器）。

（6）伺服控制器与驱动器的反馈传感器相连接，伺服控制器把计算机传来的控制力的指令信号与反馈传感器传来的驱动器的驱动力信号进行比较（负反馈），其差值传至电液伺服阀，伺服阀控制高压油从液压源输送至伺服驱动器的油缸，油缸的活塞随信号偏差而移动，直至信号为零为止。这样，通过负反馈，驱动器就按指令信号向结构施加设定的控制力，从而衰减和控制结构的振动反应。

重复步骤（1）～（6），直到结构的振动反应被减小到或抑制到最小值。

8.2.3 主动控制的算法

主动控制的算法源于现代控制理论，是指控制系统的输入结构体系的反应状态或者控制系统输出之间的关系，是设计主动控制力的基本理论。近 20 多年来，国内外众多学者在现代控制理论的基础上研究发展了系统的结构振动算法。

8.2.3.1 极点配置法

利用状态反馈或输出反馈，可以把一个系统的极点移至复平面内的任意位置，这个过程称为系统的极点配置。系统的极点即系统矩阵 $\boldsymbol{A}$ 的特征值。

$$\lambda_j^{1,2}=\beta\pm\mathrm{i}\omega=-\xi_j\omega_j\pm\mathrm{i}\omega_j\sqrt{1-\xi_j^2} \tag{8.2.9}$$

式中，ω_j 和 ξ_j 分别是系统第 j 阶自振频率和阻尼比；β 和 θ 分别反映系统的阻尼特性和频率特性。系统的每个特征值分别对应复平面（β，ω）上的一个点，系统的动力特性在很大程度上取决于系统的极点在复平面上的位置。

系统极点配置与干扰无关。讨论如下的线性定常系统：

$$\begin{cases}\dot{\boldsymbol{Z}}(t)=\boldsymbol{AZ}(t)+\boldsymbol{BU}(t)\\ \boldsymbol{Y}(t)=\boldsymbol{C}_0\boldsymbol{Z}(t)\end{cases}\tag{8.2.10}$$

式中：$\boldsymbol{Z}\in\mathbf{R}^n$，$\boldsymbol{Y}\in\mathbf{R}^m$，$\boldsymbol{U}\in\mathbf{R}^p$，$\boldsymbol{A}\in\mathbf{R}^{n\times n}$，$\boldsymbol{B}\in\mathbf{R}^{n\times p}$，$\boldsymbol{C}_0\in\mathbf{R}^{m\times n}$。

（1）状态反馈的系统极点配置。

对线性定常系统：

$$\dot{\boldsymbol{Z}}(t)=\boldsymbol{AZ}(t)+\boldsymbol{BU}(t)\tag{8.2.11}$$

设控制输入为

$$\boldsymbol{U}(t)=-\boldsymbol{GZ}(t)\tag{8.2.12}$$

代入上式得闭环系统的状态方程为

$$\dot{\boldsymbol{Z}}(t)=(\boldsymbol{A}-\boldsymbol{BG})\boldsymbol{Z}(t)\tag{8.2.13}$$

则闭环系统的特征值方程为

$$\Delta_c(\lambda)=|\lambda\boldsymbol{I}_n-(\boldsymbol{A}-\boldsymbol{BG})|=0,\tag{8.2.14}$$

经推导可得

$$\begin{aligned}\Delta_c(\lambda)&=|\lambda I_n-(\boldsymbol{A}-\boldsymbol{BG})|\\&=|(\lambda\boldsymbol{I}_n-\boldsymbol{A})+\boldsymbol{BG}|\\&=|(\lambda\boldsymbol{I}_n-\boldsymbol{A})[\boldsymbol{I}_n+(\lambda\boldsymbol{I}_n-\boldsymbol{A})^{-1}\boldsymbol{BG}]|\\&=|\lambda\boldsymbol{I}_n-\boldsymbol{A}|\cdot|\boldsymbol{I}_n+(\lambda\boldsymbol{I}_n-\boldsymbol{A})^{-1}\boldsymbol{BG}|\\&=|\lambda\boldsymbol{I}_n-\boldsymbol{A}|\cdot|\boldsymbol{I}_p+\boldsymbol{G}(\lambda\boldsymbol{I}_n-\boldsymbol{A})^{-1}\boldsymbol{B}|\end{aligned}\tag{8.2.15}$$

式中，λ 不是原开环系统的特征值，可以推出 $|\lambda\boldsymbol{I}_n-\boldsymbol{A}|\neq0$。因此，闭环系统的特征方程为

$$|\boldsymbol{I}_p+\boldsymbol{G}(\lambda\boldsymbol{I}_n-\boldsymbol{A})^{-1}\boldsymbol{B}|=0,\tag{8.2.16}$$

假设选取的 G 使得

$$e_j+\boldsymbol{G}\varphi_j(\lambda_i)=0\ 或\ \boldsymbol{G}\varphi_j(\lambda_i)=-e_j\tag{8.2.17}$$

式中，

$$\boldsymbol{\varphi}(\lambda_i)=(\lambda_i\boldsymbol{I}_n-\boldsymbol{A})^{-1}\boldsymbol{B}\in\mathbf{R}^{n\times p}\tag{8.2.18}$$

式中，φ_j（λ_i）$\in\mathbf{R}^n$ 和 $e_j\in\mathbf{R}^p$ 分别是 $\boldsymbol{\varphi}$（λ_i）和 $\boldsymbol{I}_p$ 的第 j 列。当（$\lambda\boldsymbol{I}_{2n}-\boldsymbol{A}$）$^{-1}$存在时，

$$\operatorname{rank}[(\lambda\boldsymbol{I}_{2n}-\boldsymbol{A})^{-1}\boldsymbol{B}]=p\tag{8.2.19}$$

如果 λ_i 是不同的特征值，那么，在矩阵 $\boldsymbol{\varphi}(\lambda_i)\in\mathbf{R}^{n\times p}$ 中，总可以找到 n 个线性独立的列，组成可逆方阵：

$$\boldsymbol{\Gamma}=[\varphi_{j1}(\lambda_1),\varphi_{j2}(\lambda_2),\cdots,\varphi_{jn}(\lambda_n)]\in\mathbf{R}^{n\times n}\tag{8.2.20}$$

相应地，从 I_p 中选取 n 个列向量组成矩阵：

$$\boldsymbol{e}=[\boldsymbol{e}_{j1},\boldsymbol{e}_{j2},\cdots,\boldsymbol{e}_{jn}]\tag{8.2.21}$$

则反馈增益矩阵为

$$G=-e\Gamma^{-1} \tag{8.2.22}$$

例 8.2.1 已知

$$A=\begin{bmatrix}0&2\\0&3\end{bmatrix},\ B=\begin{bmatrix}1&0\\0&1\end{bmatrix}$$

求状态反馈增益矩阵 G，使闭环系统的极点为 $\lambda_1=-3$，$\lambda_2=-5$。

解：判断系统能控性，由给定的系统矩阵 A 和 B 可知

$$\text{rank}[B\quad AB]=\text{rank}\begin{bmatrix}1&0&0&2\\0&1&0&3\end{bmatrix}=2 \tag{a}$$

因此，系统完全能控，可任意配置极点。计算得

$$(\varphi\lambda)=(\lambda I-A)^{-1}B=\begin{bmatrix}\dfrac{1}{\lambda}&\dfrac{2}{\lambda(\lambda-3)}\\0&\dfrac{1}{\lambda-3}\end{bmatrix} \tag{b}$$

对于期望的闭环系统极点 $\lambda_1=-3$，$\lambda_2=-5$，分别有

$$(\lambda_1=-3)=\begin{bmatrix}-\dfrac{1}{3}&\dfrac{1}{9}\\0&-\dfrac{1}{6}\end{bmatrix},\ (\lambda_1=-5)=\begin{bmatrix}-\dfrac{1}{5}&\dfrac{1}{20}\\0&-\dfrac{1}{8}\end{bmatrix} \tag{c}$$

计算反馈增益矩阵 $G=-e\Gamma^{-1}$。

方法一：选取$\varphi_1(\lambda_1)$，$\varphi_2(\lambda_2)$ 以及相应的e_1 和e_2，有

$$G_1=-\begin{bmatrix}1&0\\0&1\end{bmatrix}\begin{bmatrix}-\dfrac{1}{3}&\dfrac{1}{20}\\0&-\dfrac{1}{8}\end{bmatrix}^{-1}=\begin{bmatrix}3&\dfrac{6}{5}\\0&8\end{bmatrix} \tag{d}$$

方法二：选取$\varphi_2(\lambda_1)$，$\varphi_1(\lambda_2)$ 以及相应的e_2 和e_1，有

$$G_2=-\begin{bmatrix}0&1\\1&0\end{bmatrix}\begin{bmatrix}\dfrac{1}{9}&-\dfrac{1}{5}\\-\dfrac{1}{6}&0\end{bmatrix}^{-1}=\begin{bmatrix}5&\dfrac{10}{3}\\0&6\end{bmatrix} \tag{e}$$

经验算知，状态反馈增益矩阵 G_1，G_2都可以使闭环系统具有期望的极点，上述设计均无错误。但 G_1，G_2不同，相应的控制输入和能量消耗就不一样。应合理考虑状态反馈增益矩阵的最优选择问题。

(2) 输出反馈的极点配置。

对线性定常系统：

$$\begin{cases}\dot{Z}(t)=AZ(t)+BU(t)\\Y(t)=C_0Z(t)\end{cases} \tag{8.2.23}$$

设控制输入为

$$U(t)=-G'Y(t)=-G'C_0Z(t) \tag{8.2.24}$$

代入上式得闭环系统的状态方程为

$$\dot{\boldsymbol{Z}}(t)=(\boldsymbol{A}-\boldsymbol{B}\boldsymbol{G}'\boldsymbol{C}_0)\boldsymbol{Z}(t) \tag{8.2.25}$$

则闭环系统的特征值方程为

$$\begin{aligned}\Delta_c(\lambda)&=|\lambda\boldsymbol{I}_n-(\boldsymbol{A}-\boldsymbol{B}\boldsymbol{G}'\boldsymbol{C}_0)|=|(\lambda\boldsymbol{I}_n-\boldsymbol{A})+\boldsymbol{B}\boldsymbol{G}'\boldsymbol{C}_0|\\&=|\lambda\boldsymbol{I}_n-\boldsymbol{A}|\cdot|\boldsymbol{I}_n+(\lambda\boldsymbol{I}_n-\boldsymbol{A})^{-1}\boldsymbol{B}\boldsymbol{G}'\boldsymbol{C}_0|\\&=|\lambda\boldsymbol{I}_n-\boldsymbol{A}|\cdot|\boldsymbol{I}_p+\boldsymbol{G}'\boldsymbol{C}_0(\lambda\boldsymbol{I}_n-\boldsymbol{A})^{-1}\boldsymbol{B}|=0\end{aligned} \tag{8.2.26}$$

式中，λ 不是原开环系统的特征值，推出 $|\lambda\boldsymbol{I}_n-\boldsymbol{A}|\neq 0$，则系统特征值方程可写为

$$|\boldsymbol{I}_p+\boldsymbol{G}'\boldsymbol{\varphi}'(\lambda)|=0 \tag{8.2.27}$$

式中，

$$\boldsymbol{\varphi}'(\lambda)=\boldsymbol{C}_0(\lambda\boldsymbol{I}_n-\boldsymbol{A})^{-1}\boldsymbol{B}\in\mathbf{R}^{m\times p} \tag{8.2.28}$$

则闭环系统的特征值方程可写为

$$|\boldsymbol{I}_p+\boldsymbol{G}'\boldsymbol{\varphi}'(\lambda)|=0 \tag{8.2.29}$$

设 λ_i（$i=1,2,\cdots,n$）是闭环系统的 n 个互异的特征值，则从

$$\boldsymbol{\varphi}'(\lambda)=[\boldsymbol{\varphi}'(\lambda_1)\quad\boldsymbol{\varphi}'(\lambda_2)\quad\cdots\quad\boldsymbol{\varphi}'(\lambda_{2n})]\in\mathbf{R}^{m\times 2np} \tag{8.2.30}$$

中选取一些线性独立的列 $\boldsymbol{\varphi}'_j(\lambda_i)\in\mathbf{R}^m$（$i=1,2,\cdots,n$）组成的矩阵的秩不会超过 $\boldsymbol{C}_0$ 的秩。也就是说，（$\boldsymbol{A}$，$\boldsymbol{B}$）完全能控，且 $\mathrm{rank}\boldsymbol{C}_0=m$（$m\leqslant n$），那么闭环系统的 n 个特征值中，仅有 m 个可以任意配置。

设从 $\boldsymbol{\varphi}'(\lambda)\in\mathbf{R}^{m\times np}$ 中找出 m 列构成一个 $m\times m$ 的非奇异矩阵 $\boldsymbol{\Gamma}_1$；相应地，从 $\boldsymbol{I}_p$ 中选取 m 个列向量组成矩阵 $\boldsymbol{\varepsilon}_1$，则输出反馈增益矩阵为

$$\boldsymbol{G}=-\boldsymbol{\varepsilon}_1\boldsymbol{\Gamma}_1^{-1} \tag{8.2.31}$$

式中，

$$\begin{aligned}\boldsymbol{\Gamma}_1&=[\boldsymbol{\varphi}'_{j1}(\lambda_1)\quad\boldsymbol{\varphi}'_{j2}(\lambda_2)\quad\cdots\quad\boldsymbol{\varphi}'_{jm}(\lambda_m)]\in\mathbf{R}^{m\times m}\\\varepsilon_1&=[\boldsymbol{e}_{j1}\quad\boldsymbol{e}_{j2}\quad\cdots\quad\boldsymbol{e}_{jm}]\in\mathbf{R}^{p\times m}\end{aligned} \tag{8.2.32}$$

例 8.2.2　已知

$$\boldsymbol{A}=\begin{bmatrix}0&1\\-3&-4\end{bmatrix},\boldsymbol{B}=\begin{bmatrix}1&0\\0&1\end{bmatrix}$$

试设计输出反馈增益矩阵 $\boldsymbol{G}$，使闭环系统具有极点 $\lambda=-5$。

解：由系统矩阵 $\boldsymbol{A}$，得相应的开环系统特征方程为

$$\begin{aligned}|\lambda\boldsymbol{I}_n-\boldsymbol{A}|&=\begin{vmatrix}\lambda&-1\\3&\lambda+4\end{vmatrix}=\lambda^2+4\lambda+3\\&=(\lambda+1)(\lambda+3)=0\end{aligned} \tag{a}$$

由此，可得

$$\lambda=-1,\lambda=-3 \tag{b}$$

由于特征值全部为负实部（虚部为零），因此系统渐进稳定。由给定的系数矩阵 $\boldsymbol{C}_0$ 和 $\boldsymbol{A}$，有

$$\mathrm{rank}\begin{bmatrix}\boldsymbol{C}_0\\\boldsymbol{C}_0\boldsymbol{A}\end{bmatrix}=\mathrm{rank}\begin{bmatrix}0&1\\-3&-4\end{bmatrix}=2 \tag{c}$$

因此系统能观，相应于期望的闭环系统极点 $\lambda=-5$，代入式（a）得

$$\lambda \boldsymbol{I}_n - \boldsymbol{A} = \begin{bmatrix} -5 & -1 \\ 3 & -1 \end{bmatrix},\ (\lambda \boldsymbol{I}_n - \boldsymbol{A})^{-1} = \begin{bmatrix} -\frac{1}{8} & \frac{1}{8} \\ -\frac{3}{8} & -\frac{5}{8} \end{bmatrix} \tag{d}$$

$$\boldsymbol{\varphi}(\lambda) = C_0 (\lambda \boldsymbol{I}_n - \boldsymbol{A})^{-1} \boldsymbol{B} = \begin{bmatrix} 0 & 1 \end{bmatrix} \begin{bmatrix} -\frac{1}{8} & \frac{1}{8} \\ -\frac{3}{8} & -\frac{5}{8} \end{bmatrix} \begin{bmatrix} 1 & 0 \\ 0 & 1 \end{bmatrix} = \begin{bmatrix} -\frac{3}{8} & -\frac{5}{8} \end{bmatrix} \tag{e}$$

选取$\boldsymbol{\Gamma}_1 = [\varphi_1\ (\lambda)] = \left[-\frac{3}{8}\right]$及相应的$\varepsilon_1 =\ [e_1]\ = \begin{bmatrix} 1 \\ 0 \end{bmatrix}$得

$$\boldsymbol{G}'_1 = -\varepsilon_1 \boldsymbol{\Gamma}_1^{-1} = -\begin{bmatrix} 1 \\ 0 \end{bmatrix} \left[-\frac{3}{8}\right]^{-1} = \begin{bmatrix} \frac{8}{3} \\ 0 \end{bmatrix} \tag{f}$$

或者选取$\boldsymbol{\Gamma}_2 = [\varphi'_2\ (\lambda)] = \left[-\frac{5}{8}\right]$及相应的$\varepsilon_1 =\ [e_1]\ = \begin{bmatrix} 0 \\ 1 \end{bmatrix}$得

$$\boldsymbol{G}'_2 = -\varepsilon_2 \boldsymbol{\Gamma}_2^{-1} = -\begin{bmatrix} 0 \\ 1 \end{bmatrix} \left[-\frac{5}{8}\right]^{-1} = \begin{bmatrix} 0 \\ \frac{8}{5} \end{bmatrix} \tag{g}$$

记相应于输出反馈闭环系统的矩阵为

$$\boldsymbol{A}_0 = \boldsymbol{A} - \boldsymbol{B}\boldsymbol{G}\boldsymbol{C}_0 \tag{h}$$

情况 1：当 $\boldsymbol{G}' = \boldsymbol{G}'_1$ 时，有

$$\boldsymbol{A}_0 = \begin{bmatrix} 0 & 1 \\ -3 & -4 \end{bmatrix} - \begin{bmatrix} 1 & 0 \\ 0 & 1 \end{bmatrix} \begin{bmatrix} \frac{8}{3} \\ 0 \end{bmatrix} \begin{bmatrix} 0 & 1 \end{bmatrix} = \begin{bmatrix} 0 & -\frac{5}{3} \\ -3 & -4 \end{bmatrix} \tag{i}$$

相应的特征值方程为

$$|\lambda \boldsymbol{I}_n - \boldsymbol{A}_0| = \begin{vmatrix} \lambda & \frac{5}{3} \\ 3 & \lambda + 4 \end{vmatrix} = (\lambda + 5)(\lambda - 1) = 0 \tag{j}$$

由此可见，系统有指定极点，但因另一极点移动，变成了非稳定系统，即

$$\boldsymbol{A}_0 = \boldsymbol{A} - \boldsymbol{B}\boldsymbol{G}\boldsymbol{C}_0 \tag{k}$$

情况 2：当 $\boldsymbol{G}' = \boldsymbol{G}'_2$ 时，有

$$\boldsymbol{A}_0 = \begin{bmatrix} 0 & 1 \\ -3 & -4 \end{bmatrix} - \begin{bmatrix} 1 & 0 \\ 0 & 1 \end{bmatrix} \begin{bmatrix} 0 \\ \frac{8}{5} \end{bmatrix} \begin{bmatrix} 0 & 1 \end{bmatrix} = \begin{bmatrix} 0 & 1 \\ -3 & -\frac{28}{5} \end{bmatrix} \tag{l}$$

相应的特征值方程为

$$|\lambda \boldsymbol{I}_n - \boldsymbol{A}_0| = \begin{vmatrix} \lambda & -1 \\ 3 & \lambda + \frac{28}{5} \end{vmatrix} = (\lambda + 5)\left(\lambda + \frac{3}{5}\right) = 0 \tag{m}$$

由此可见，系统渐进稳定。两种情况的设计皆无错误。一个极点重新配置到期望的极点的同时，另一个极点也移动了，因此，原本稳定的系统可能失稳，对于有多解的情况，应选择品质好的那个解。

8.2.3.2　线性二次型最优控制

对于线性系统，选取系统状态和控制输入的二次型函数的积分作为性能指标函数。寻找最优控制输入 $\boldsymbol{U}(t)$，使所选取的性能泛函取最小值。

（1）二次型性能泛函。

对线性系统：

$$\begin{cases}\dot{\boldsymbol{Z}}(t)=\boldsymbol{AZ}(t)+\boldsymbol{BU}(t),\boldsymbol{Z}(t_0)=\boldsymbol{Z}_0\\ \boldsymbol{Y}(t)=\boldsymbol{C}_0\boldsymbol{Z}(t)\end{cases}\tag{8.2.33}$$

其二次型性能泛函为

$$J=\frac{1}{2}\int_{t_0}^{\infty}[\boldsymbol{Z}^{\mathrm{T}}(t)\boldsymbol{QZ}(t)+\boldsymbol{U}^{\mathrm{T}}(t)\boldsymbol{RU}(t)]\mathrm{d}t\tag{8.2.34}$$

（2）最优控制问题的数学描述——泛函条件极值问题。

求 $U(t)$。

优化目标：使得 J 取最小值 min（J）。

约束条件：系统的状态方程。

$$\begin{cases}\dot{\boldsymbol{Z}}(t)=\boldsymbol{AZ}(t)+\boldsymbol{BU}(t),\ \boldsymbol{Z}(t_0)=\boldsymbol{Z}_0\\ \boldsymbol{Y}(t)=\boldsymbol{C}_0\boldsymbol{Z}(t)\end{cases}\tag{8.2.35}$$

（3）最优控制的求解及 Riccati 矩阵代数方程。

求解出最优控制力为

$$\begin{cases}\boldsymbol{U}(t)=-\boldsymbol{GZ}(t)\\ \boldsymbol{G}=\boldsymbol{R}^{-1}\boldsymbol{B}^{\mathrm{T}}\boldsymbol{P}\end{cases}\tag{8.2.36}$$

式中，$\boldsymbol{P}$ 是如下形式的 Riccati 矩阵代数方程的解：

$$\boldsymbol{P}=-\boldsymbol{PA}-\boldsymbol{A}^{\mathrm{T}}\boldsymbol{P}+\boldsymbol{PBR}^{-1}\boldsymbol{B}^{\mathrm{T}}\boldsymbol{P}-\boldsymbol{Q}\tag{8.2.37}$$

将 $\boldsymbol{U}(t)$ 代入系统状态方程，得

$$\dot{\boldsymbol{Z}}(t)=(\boldsymbol{A}-\boldsymbol{BR}^{-1}\boldsymbol{B}^{\mathrm{T}}\boldsymbol{P})\boldsymbol{Z}(t)\tag{8.2.38}$$

因此，当 $t_f=\infty$时（t_f为足够大的有限时间）的无限时间最优控制是全状态反馈，形成的闭环系统是定常系统。

（4）性能泛函的最优值。

最优控制 $\boldsymbol{U}(t)=-\boldsymbol{R}^{-1}\boldsymbol{B}^{\mathrm{T}}\boldsymbol{PZ}(t)$ 对于性能泛函 J 取极小值来说，是充分且必要的。通过推导，可以得到性能泛函的最优值为

$$J=\frac{1}{2}\boldsymbol{Z}^{\mathrm{T}}(t_0)\boldsymbol{PZ}(t_0)\tag{8.2.39}$$

上述无限时间最优控制的理论和结论适用于线性定常系统，且系统是完全能控的。若系统不完全能控，则由于不能控的部分状态可能影响到性能泛函 J 趋于无穷大，从而最优控制的概念失去意义。

（5）受控系统的稳定性。

定义 Lyapunov 函数为

$$J = \frac{1}{2}\boldsymbol{Z}^{\mathrm{T}}(t_0)\boldsymbol{P}\boldsymbol{Z}(t_0) \tag{8.2.40}$$

因为 P 正定，所以 v（Z）为正值，而

$$\dot{v}(Z) = \dot{\boldsymbol{Z}}^{\mathrm{T}}\boldsymbol{P}\boldsymbol{Z} + \boldsymbol{Z}^{\mathrm{T}}\boldsymbol{P}\dot{\boldsymbol{Z}} \tag{8.2.41}$$

又有

$$\dot{\boldsymbol{Z}}(t) = (\boldsymbol{A} - \boldsymbol{B}\boldsymbol{R}^{-1}\boldsymbol{B}^{\mathrm{T}}\boldsymbol{P})\boldsymbol{Z}(t) \tag{8.2.42}$$

又因为

$$-\boldsymbol{P}\boldsymbol{A} - \boldsymbol{A}^{\mathrm{T}}\boldsymbol{P} + \boldsymbol{P}\boldsymbol{B}\boldsymbol{R}^{-1}\boldsymbol{B}^{\mathrm{T}}\boldsymbol{P} - \boldsymbol{Q} = 0 \tag{8.2.43}$$

将式（8.2.42）和式（8.2.43）代入式（8.2.41），得

$$\dot{v}(Z) = -\boldsymbol{Z}^{\mathrm{T}}(\boldsymbol{Q} + \boldsymbol{P}\boldsymbol{B}\boldsymbol{R}^{-1}\boldsymbol{B}^{\mathrm{T}}\boldsymbol{P})\boldsymbol{Z} \tag{8.2.44}$$

由于 $\boldsymbol{P}$ 和 $\boldsymbol{Q}$ 是正定的或半正定的，所以 $\dot{v}(\boldsymbol{Z})$ 为负，最优控制下的闭环系统是渐近稳定的，即闭环系统

$$\dot{\boldsymbol{Z}}(t) = (\boldsymbol{A} - \boldsymbol{B}\boldsymbol{R}^{-1}\boldsymbol{B}^{\mathrm{T}}\boldsymbol{P})\boldsymbol{Z}(t) \tag{8.2.45}$$

的系统矩阵（$\boldsymbol{A} - \boldsymbol{B}\boldsymbol{R}^{-1}\boldsymbol{B}^{\mathrm{T}}\boldsymbol{P}$）的特征值均具有负实部。

（6）控制参数 Q 和 R。

$$J = \frac{1}{2}\int_{t_0}^{\infty}[\boldsymbol{Z}^{\mathrm{T}}(t)\boldsymbol{Q}\boldsymbol{Z}(t) + \boldsymbol{U}^{\mathrm{T}}(t)\boldsymbol{R}\boldsymbol{U}(t)]\mathrm{d}t \tag{8.2.46}$$

在采用 LQR 控制算法设计控制力时，权矩阵 $\boldsymbol{Q}$ 和 $\boldsymbol{R}$ 是两个重要的控制参数，它们决定了控制力和结构反应的大小。一般而言，$\boldsymbol{Q}$ 越大，受控结构响应越小，控制效果越好；$\boldsymbol{R}$ 越大，控制输入越小，控制效果越差。因此，应综合考虑控制目标和控制输入，选取合适的权矩阵。

设 $\boldsymbol{Q}$ 为

$$\boldsymbol{Q} = \alpha\begin{bmatrix}\boldsymbol{K}_s & 0 \\ 0 & \boldsymbol{M}_s\end{bmatrix} \tag{8.2.47}$$

根据这样的 $\boldsymbol{Q}$ 设计的主动控制力将使结构控制系统的能量最小。通常所说的最优控制力是针对某组确定的控制参数 $\boldsymbol{Q}$ 和 $\boldsymbol{R}$ 而言的，由于 $\boldsymbol{Q}$ 和 $\boldsymbol{R}$ 对结构反应和控制力具有很大的影响，因此如何确定最优形式和大小的 $\boldsymbol{Q}$ 和 $\boldsymbol{R}$ 以获得全局最优控制力，目前仍然是个难题。最优控制力的设计是一个试算的过程，即不断调整 $\boldsymbol{Q}$ 和 $\boldsymbol{R}$ 的形式和大小，以获得控制效果和控制力最优的主动控制力。

（7）控制输入对系统特性的影响。

$$\boldsymbol{U}(t) = -\boldsymbol{G}\boldsymbol{Z}(t) = -[\boldsymbol{K}_G \quad \boldsymbol{C}_G]\begin{bmatrix}\boldsymbol{X}(t) \\ \dot{\boldsymbol{X}}(t)\end{bmatrix} = -\boldsymbol{K}_G\boldsymbol{X}(t) - \boldsymbol{C}_G\dot{\boldsymbol{X}}(t) \tag{8.2.48}$$

代入受控系统运动方程，得

$$\boldsymbol{M}\ddot{\boldsymbol{X}}(t) + (\boldsymbol{C} + \boldsymbol{B}_s\boldsymbol{C}_G)\dot{\boldsymbol{X}}(t) + (\boldsymbol{K} + \boldsymbol{B}_s\boldsymbol{K}_G)\boldsymbol{X}(t) = \boldsymbol{D}_s\boldsymbol{F}(t) \tag{8.2.49}$$

最优状态反馈控制改变了结构的刚度和阻尼。

（8）控制力状态反馈增益矩阵 $\boldsymbol{G}$ 的 MATLAB 求解。

$$\boldsymbol{G} = lqr(\boldsymbol{A}, \boldsymbol{B}, \boldsymbol{Q}, \boldsymbol{R}) \tag{8.2.50}$$

（9）结构控制系统的反应的 MATLAB 求解。

将控制力表达式代入系统运动方程，得到受控结构状态方程：

$$\dot{\boldsymbol{Z}} = (\boldsymbol{A} - \boldsymbol{BG})\boldsymbol{Z} + \boldsymbol{D}\ddot{x}_g \tag{8.2.51}$$

则结构系统状态反应可以由 MATLAB 的微分方程求解函数 Lsim 进行求解，即

$$[\boldsymbol{y}_0 \quad \boldsymbol{Z}] = \mathrm{Lsim}(\boldsymbol{A} - \boldsymbol{BG}, \boldsymbol{D}, \boldsymbol{C}_0, \boldsymbol{D}_0, \ddot{x}_g, t) \tag{8.2.52}$$

8.2.3.3　模态控制

模态（振型）控制是通过控制少数振型分量来实现对系统反应的控制。

（1）运动方程的模态控制。

n 自由度受控系统的运动方程为

$$\begin{aligned} &\boldsymbol{M}\ddot{\boldsymbol{X}}(t) + \boldsymbol{C}\dot{\boldsymbol{X}}(t) + \boldsymbol{K}\boldsymbol{X}(t) = \boldsymbol{B}_s\boldsymbol{U}(t) \\ &\boldsymbol{X}(t_0) = \boldsymbol{X}_0, \dot{\boldsymbol{X}}(t_0) = \dot{\boldsymbol{X}}_0 \end{aligned} \tag{8.2.53}$$

设系统的无阻尼模态矩阵为 $\boldsymbol{\Phi}$，做模态变换 $\boldsymbol{X}(t) = \boldsymbol{\Phi}\boldsymbol{q}(t)$。式中，$\boldsymbol{q}(t) = [q_1(t) \quad q_2(t) \quad q_N(t)]^{\mathrm{T}}$。将模态变换式代入运动方程，然后左乘 $\boldsymbol{\Phi}^{\mathrm{T}}$，并假定阻尼矩阵 $\boldsymbol{C}$ 关于模态矩阵 $\boldsymbol{\Phi}$ 正交，则得到广义模态坐标运动方程：

$$\boldsymbol{M}^*\ddot{\boldsymbol{q}}(t) + \boldsymbol{C}^*\dot{\boldsymbol{q}}(t) + \boldsymbol{K}^*\boldsymbol{q}(t) = \boldsymbol{U}^*(t) \tag{8.2.54}$$

式中，

$$\begin{aligned} \boldsymbol{M}^* &= \mathrm{diag}[M_i^*] = \boldsymbol{\Phi}^{\mathrm{T}}\boldsymbol{M}\boldsymbol{\Phi} \\ \boldsymbol{C}^* &= \mathrm{diag}[C_i^*] = \boldsymbol{\Phi}^{\mathrm{T}}\boldsymbol{C}\boldsymbol{\Phi} \\ \boldsymbol{K}^* &= \mathrm{diag}[K_i^*] = \boldsymbol{\Phi}^{\mathrm{T}}\boldsymbol{K}\boldsymbol{\Phi} \\ \boldsymbol{U}^*(t) &= \boldsymbol{\Phi}^{\mathrm{T}}\boldsymbol{B}_s\boldsymbol{U}(t) = \boldsymbol{L}\boldsymbol{U}(t) \end{aligned} \tag{8.2.55}$$

（2）仅考虑 n_c 个广义模态的控制。

仅考虑 n_c 个广义模态坐标，则广义模态坐标的运动方程为

$$\boldsymbol{M}_c^*\ddot{\boldsymbol{q}}(t) + \boldsymbol{C}_c^*\dot{\boldsymbol{q}}(t) + \boldsymbol{K}_c^*\boldsymbol{q}(t) = \boldsymbol{U}_c^*(t) \tag{8.2.56}$$

式中，

$$\begin{aligned} &\boldsymbol{X}(t) = \boldsymbol{\Phi}_c\boldsymbol{q}_c(t) \\ &\boldsymbol{U}_c^*(t) = \boldsymbol{\Phi}_c^*\boldsymbol{B}_s\boldsymbol{U}(t) = \boldsymbol{L}_c\boldsymbol{U}(t) \\ &\boldsymbol{q}_c(t) = [q_1(t) \quad q_2(t) \quad \cdots \quad q_{n_c}(t)]^{\mathrm{T}} \end{aligned} \tag{8.2.57}$$

式中，$\boldsymbol{M}_c^*$，$\boldsymbol{C}_c^*$，$\boldsymbol{K}_c^*$ 和 $\boldsymbol{\Phi}_c$ 分别是 $\boldsymbol{M}^*$，$\boldsymbol{C}^*$，$\boldsymbol{K}^*$ 和 $\boldsymbol{\Phi}$ 的前 n_c 列构成的 $n \times n_c$ 维矩阵，$\boldsymbol{L}_c = \boldsymbol{\Phi}_c^{\mathrm{T}}\boldsymbol{B}_s$ 是 $n_c \times p$ 维矩阵。计算广义最优控制力：

$$\boldsymbol{U}_c^* = -\boldsymbol{G}_c\begin{bmatrix}\boldsymbol{q}(t) \\ \dot{\boldsymbol{q}}(t)\end{bmatrix}, \boldsymbol{U}_c^*(t) = [U_{c1}^*(t) \quad U_{c2}^*(t) \quad \cdots \quad U_{cn_c}^*(t)]^{\mathrm{T}} \tag{8.2.58}$$

由于广义模态坐标向量 $\boldsymbol{q}_c(t)$ 是不可量测的量，因此，广义最优控制力 $\boldsymbol{U}_c^*(t)$ 无法直接实现，需要转换为用 $\boldsymbol{X}(t)$ 和 $\boldsymbol{X}(t)$ 表示的最优控制力 $\boldsymbol{U}(t)$：

$$\boldsymbol{U}(t) = \boldsymbol{L}_c^{-1}\boldsymbol{U}_c^*(t) = -\boldsymbol{L}_c^{+}[\boldsymbol{G}_{c1}\boldsymbol{\Phi}_c^{-1}\boldsymbol{X}(t) + \boldsymbol{G}_{c2}\boldsymbol{\Phi}_c^{-1}\boldsymbol{X}(t)] \tag{8.2.59}$$

式中，$\boldsymbol{\Phi}_c^{-1}$ 是 $\boldsymbol{\Phi}^{-1}$ 的上 n_c 行组成的 $n_c \times n$ 维矩阵，且有

$$L_c^+ = \begin{cases} L_c^{-1}, n_c = p \\ (L_c^T L_c)^{-1} L_c^T, n_c > p \\ L_c^T (L_c L_c^T)^{-1}, n_c < p \end{cases} \tag{8.2.60}$$

8.2.3.4 结构振动控制算例

已知系统模型为 3 层剪切型框架结构，层质量为 $m_i = 4\times10^3$kg（$i=1$，2，3），层间刚度为 $k_i = 2\times10^8$N/m（$i=1$，2，3），结构阻尼矩阵按 Rayleigh 阻尼确定：$C = \alpha_c M + \beta_c K$，前两阶振型阻尼比为 $\xi_1 = \xi_2 = 5\%$，结构的外干扰为 El Centro（NS，1940）地震波，峰值 200gal。

解：系统矩阵为

$$\boldsymbol{M} = \begin{bmatrix} m_1 & 0 & 0 \\ 0 & m_2 & 0 \\ 0 & 0 & m_3 \end{bmatrix} = \begin{bmatrix} 4 & 0 & 0 \\ 0 & 4 & 0 \\ 0 & 0 & 4 \end{bmatrix} \times 10^5 (\text{kg})$$

$$\boldsymbol{K} = \begin{bmatrix} k_1 + k_2 & -k_2 & 0 \\ -k_2 & k_2 + k_3 & -k_3 \\ 0 & -k_3 & k_3 \end{bmatrix} = \begin{bmatrix} 4 & -2 & 0 \\ -2 & 4 & -2 \\ 0 & -2 & 2 \end{bmatrix} \times 10^8 (\text{N/m}) \tag{a}$$

$$\begin{aligned} \boldsymbol{C} &= \alpha_c M + \beta_c K = 0.7334M + 0.0026K \\ &= \begin{bmatrix} 1.3506 & -0.5286 & 0 \\ -0.5286 & 1.3506 & -0.5286 \\ 0 & -0.5286 & 0.8220 \end{bmatrix} \times 10^6 (\text{N}\cdot\text{s/m}) \end{aligned}$$

设在结构各层均有主动控制器，则控制力及位置矩阵为

$$\boldsymbol{U} = [u_1 \quad u_2 \quad u_3]^T, \boldsymbol{B}_s = \begin{bmatrix} 1 & -1 & 0 \\ 0 & 1 & -1 \\ 0 & 0 & 1 \end{bmatrix}. \tag{b}$$

受控结构系统的运动方程为

$$\boldsymbol{MX}(t) + \boldsymbol{C\dot{X}}(t) + \boldsymbol{KX}(t) = -\boldsymbol{M}\{1\}\ddot{\boldsymbol{x}}_g(t) + \boldsymbol{B}_s\boldsymbol{U}(t) \tag{c}$$

相应的状态方程为

$$\dot{\boldsymbol{Z}}(t) = \boldsymbol{AZ}(t) + \boldsymbol{BU}(t) + \boldsymbol{D}\ddot{\boldsymbol{x}}_g(t) \tag{d}$$

式中，

$$\boldsymbol{Z} = [x_1 \quad x_2 \quad x_3 \quad \dot{x}_1 \quad \dot{x}_2 \quad \dot{x}_3]^T \tag{e}$$

并且

$$\boldsymbol{A} = \begin{bmatrix} \boldsymbol{0}_3 & \boldsymbol{I}_3 \\ -\boldsymbol{M}^{-1}\boldsymbol{K} & -\boldsymbol{M}^{-1}\boldsymbol{C} \end{bmatrix}_{6\times6}, B = \begin{bmatrix} \boldsymbol{0}_3 \\ \boldsymbol{M}^{-1}\boldsymbol{B}_s \end{bmatrix}_{6\times3}, D = \begin{bmatrix} \boldsymbol{0}_{3\times1} \\ -\boldsymbol{M}^{-1}\boldsymbol{M}\{1\} \end{bmatrix}_{6\times1} \tag{f}$$

控制参数

$$J = \frac{1}{2}\int_{t_0}^{\infty}[\boldsymbol{Z}^{\mathrm{T}}(t)\boldsymbol{QZ}(t) + \boldsymbol{U}^{\mathrm{T}}(t)\boldsymbol{RU}(t)]\mathrm{d}t \tag{g}$$

式中，权矩阵 $\boldsymbol{Q}$、$\boldsymbol{R}$ 分别为

$$\boldsymbol{Q} = \alpha\begin{bmatrix}\boldsymbol{K} & 0 \\ 0 & \boldsymbol{M}\end{bmatrix},\ \boldsymbol{R} = \beta I_3$$
$$\alpha = 100,\ \beta = 8\times 10^{-6} \tag{h}$$

通过此 $\boldsymbol{Q}$ 设计的主动控制力将使结构控制系统的能量最小。控制力状态反馈增益矩阵 $\boldsymbol{G}$ 为

$$\boldsymbol{G} = \mathrm{lqr}(\boldsymbol{A},\boldsymbol{B},\boldsymbol{Q},\boldsymbol{R}) \tag{i}$$

最优控制力为

$$\boldsymbol{U}(t) = -\boldsymbol{GZ}(t) \tag{j}$$

将 $\boldsymbol{U}(t) = -\boldsymbol{GZ}(t)$ 代入受控系统状态方程得

$$\dot{\boldsymbol{Z}}(t) = (\boldsymbol{A} - \boldsymbol{BG})\boldsymbol{Z}(t) + \boldsymbol{D}\ddot{\boldsymbol{x}}_g(t) \tag{k}$$

则结构控制系统的反应可由 lsim 函数求解，即

$$[\boldsymbol{y}_0,\boldsymbol{Z}] = \mathrm{lsim}((\boldsymbol{A} - \boldsymbol{BG}),\boldsymbol{D},\boldsymbol{C}_0,\boldsymbol{D}_0,\ddot{\boldsymbol{x}}_g,\boldsymbol{t}) \tag{l}$$

式中，$\boldsymbol{C}_0$和 $\boldsymbol{D}_0$是观测输出矩阵，LQR 算法采用的是全状态反馈，因此 $C_0 = I_6$，$D_0 = \boldsymbol{0}_{6\times 1}$；$\boldsymbol{t}$ 是地震作用时间向量，包括采样间隔和总持时；y_0是输出量，就 LQR 算法而言，它和状态量 Z 相同。计算得到结构层间最大位移反应、最大加速度反应和最大控制力。图 8.4 比较了受控和无控情况下结构各层的反应时程。

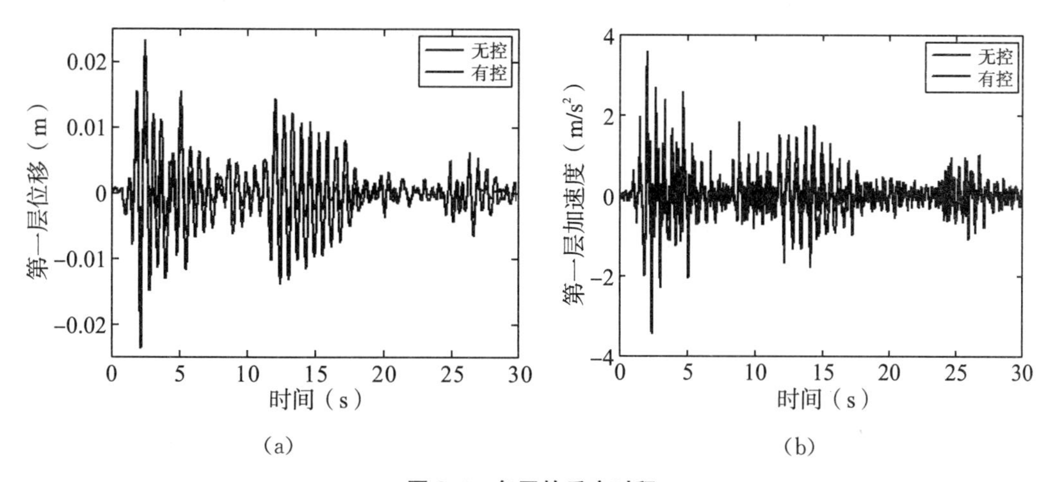

图 8.4　各层的反应时程

从图 8.4 可以看出，主动控制可以有效地减小结构的位移反应和加速度反应，控制效果和控制力的大小随权参数变化而变化。

主动控制力及其与权参数的关系如图 8.5 所示，随 β（也即 $\boldsymbol{R}$）增大，控制力开始减小很快，然后减小速率变慢；相应的结构响应开始增大很快，然后趋于平缓。

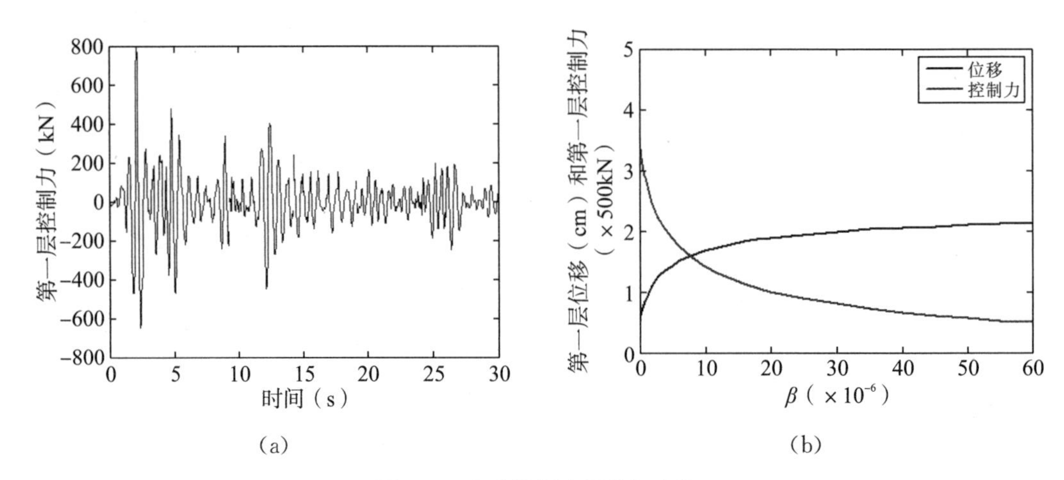

图 8.5 主动控制力及其权参数

最优控制是针对某组特定的 $\boldsymbol{Q}$ 和 $\boldsymbol{R}$ 而言的，可以试算 $\boldsymbol{Q}$、$\boldsymbol{R}$ 以取得控制力最优解。对于主动控制系统的阻尼和频率特性，LQR 状态反馈控制力具有如下形式：

$$\boldsymbol{U}(t)=-\boldsymbol{G}\boldsymbol{Z}(t)=-\begin{bmatrix}\boldsymbol{K}_G & \boldsymbol{C}_G\end{bmatrix}\begin{bmatrix}\boldsymbol{X}^{\mathrm{T}}(t) & \dot{\boldsymbol{X}}^{\mathrm{T}}(t)\end{bmatrix}^{\mathrm{T}}$$

因此，状态反馈控制力将以弹性力和阻尼力的形式作用在结构上，改变结构的频率和阻尼。

由表 8.1 可见，随 β 增大，受控结构频率变化减小；但对结构附加的阻尼比减小，控制效果减弱。主动控制力主要以阻尼力的形式作用在结构上。

表 8.1 LQR 算法控制的结构第一振型频率和附加阻尼比

$\boldsymbol{Q}=100\begin{bmatrix}\boldsymbol{K} & 0\\ 0 & \boldsymbol{M}\end{bmatrix}$	$\beta/10^{-4}$								
	0.5	1	3	5	8	12	15	20	40
频率比 $\omega_{\sigma1}/\omega_1$	1.0153								
附加阻尼比	0.52	0.39	0.28	0.17	0.13	0.10	0.088	0.072	0.04

8.3 被动控制

被动控制是一种无源控制，包括隔振、吸振和耗能三大控制形式，采用直接减小、隔离、转移、消耗能量的方法达到减小振动的目的。

8.3.1 隔振

隔振是将系统间的连结由刚性连结改为弹性连结，减弱振动力的传递，从而达到隔振的效果。例如，汽车可以利用减振系统减小运行过程中的颠簸，精密仪器可以通过减振系统减小对设备的损伤。

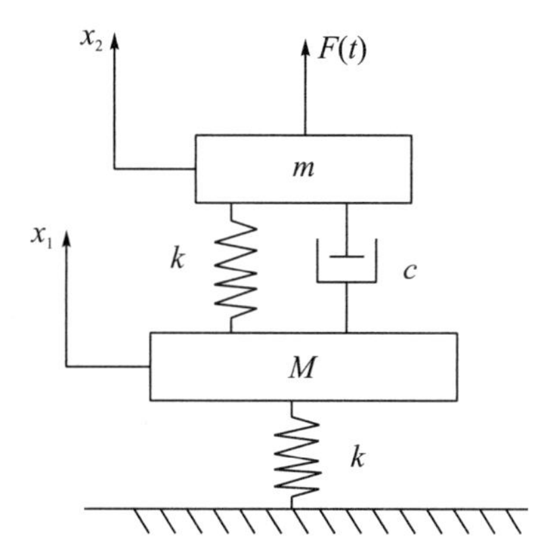

图 8.6　二自由度系统振动模型

如图 8.6 所示，建立运动方程：

$$\begin{aligned} m\ddot{x}_1 + c(\dot{x}_1 - \dot{x}_2) + k(x_1 - x_2) &= F(t) \\ M\ddot{x}_2 + Kx_2 + c(\dot{x}_2 - \dot{x}_1) + k(x_2 - x_1) &= 0 \end{aligned} \tag{8.3.1}$$

设激励为 $F(t) = F_0 e^{i\omega t}$，位移响应分别为 $x_1 = X_1 e^{i\omega t}$，$x_2 = X_2 e^{i\omega t}$，代入式 (8.3.1) 可得

$$\begin{aligned} (-m\omega^2 + i\omega c + k)X_1 - (i\omega c + k)X_2 &= F_0 \\ -(i\omega c + k)X_1 + (k + K - M\omega^2 + i\omega c)X_2 &= 0 \end{aligned} \tag{8.3.2}$$

求解，可得

$$\begin{aligned} X_1 &= \frac{(k + K - M\omega^2 + i\omega c)F_0}{(k - m\omega^2 + i\omega c)(k + K - M\omega^2 + i\omega c) - (i\omega c + k)^2} \\ X_2 &= \frac{(i\omega c + k)F_0}{(k - m\omega^2 + i\omega c)(k + K - M\omega^2 + i\omega c) - (i\omega c + k)^2} \end{aligned} \tag{8.3.3}$$

传递到基础结构 M 上去的力的大小为

$$F_1 = |(X_1 - x_2)(i\omega c + k)| = |(X_1 - X_2)| \sqrt{k^2 + (wc)^2} \tag{8.3.4}$$

将式 (8.3.3) 代入并整理，可得

$$F_{tm} = F_0 \sqrt{\frac{\omega_m^4 + (2\xi\omega\omega_m)^2}{\left(\omega_m^2 - \omega^2 - \frac{\mu\omega^2}{\omega_M^2 - \omega^2}\omega_m^2\right)^2 + \left[2\xi\omega\omega_m\left(1 - \frac{\mu\omega^2}{\omega_M^2 - \omega^2}\right)\right]^2}} \tag{8.3.5}$$

式中，$\omega_m = \sqrt{k/m}$ 为设备系统单独的固有频率，$\omega_M = K/M$ 为基础结构单独的固有频率，$\xi = c/(2\sqrt{mk})$ 为阻尼比，$\mu = m/M$ 为质量比。进一步引入参数 $\beta = \omega/\omega_m$，$\gamma = \omega_m/\omega_M$，可得力的传递率为

$$T_r = \frac{F_{tm}}{F_0} \sqrt{\frac{1 + (2\xi\beta)^2}{\left(1 - \beta^2 - \frac{\mu\gamma^2\beta^2}{1 - \gamma^2\beta^2}\right)^2 + \left[2\xi\beta\left(1 - \frac{\mu\gamma^2\beta^2}{1 - \gamma^2\beta^2}\right)\right]^2}} \tag{8.3.6}$$

8.3.2 吸振

8.3.2.1 吸振原理

吸振原理是在系统上附加弹簧质量系统，当原系统受到扰动时，由于两个系统固有频率等参数不同，附加系统所产生的反作用力会抵消一部分原系统的振动，从而实现减振。

如图 8.7 所示，建立运动方程

$$
\begin{aligned}
&M\ddot{x}_2 + c(\dot{x}_2 - \dot{x}_1) + Kx_2 + k(x_2 - x_1) = F \\
&m\ddot{x}_1 + c(\dot{x}_1 - \dot{x}_2) + k(x_2 - x_1) = 0
\end{aligned} \tag{8.3.7}
$$

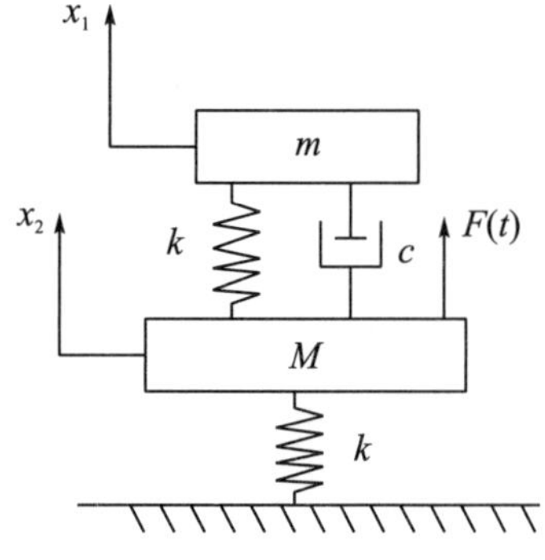

图 8.7 吸振器模型

假设外激励 $F(t) = F_0 e^{i\omega t}$，则系统的响应为 $x_1 = X_1 e^{i\omega t}$，$x_2 = X_2 e^{i\omega t}$，代入式（8.3.13）可得

$$
X_2 = \frac{-m\omega^2 + i\omega c + k}{(-M\omega^2 + i\omega c + K + k)(-m\omega^2 + i\omega c + k) - (i\omega c + k)^2} F_0 \tag{8.3.8}
$$

主振动系的振幅为

$$
|X_2| = \frac{(k - m\omega^2)^2 + (\omega c)^2}{[(K - M\omega^2)(k - \omega c) - mk\omega^2]^2 + [K - (M + m)\omega^2]^2 (\omega c)^2} F_0 \tag{8.3.9}
$$

上式中各项同除以 $(Mm)^2$，得振幅倍率

$$
\frac{|X_2|}{X_{st}} = \sqrt{\frac{(\gamma^2 - \lambda^2)^2 + (2\lambda\gamma\xi)^2}{[(1 - \lambda^2)(\gamma^2 - \lambda^2) - \mu\gamma^2\lambda^2]^2 + [1 - (1 + \mu)\lambda^2]^2}} \tag{8.3.10}
$$

式中，

$$
\begin{cases}
\text{质量比}:\mu = \dfrac{m}{M},\text{阻尼比}:\xi = \dfrac{c}{2\sqrt{mk}} = \dfrac{c}{2m\omega_n},\text{净变形}:X_{st} = \dfrac{F_0}{K} \\
\text{强迫振动频率比}:\lambda = \dfrac{\omega}{\Omega_n},\text{固有频率比}:\gamma = \dfrac{\omega_n}{\Omega_n}
\end{cases} \tag{8.3.11}
$$

8.3.2.2 不同类型的吸振器

（1）多级吸振器。如图 8.8 所示，把一个动力吸振器的质量分成若干份，可以构成多级动力吸振器。在总的附加质量没有增加的情况下，可以提高控制效果。此外，在实际应用中，多重动力吸振器更容易在构造上实现。

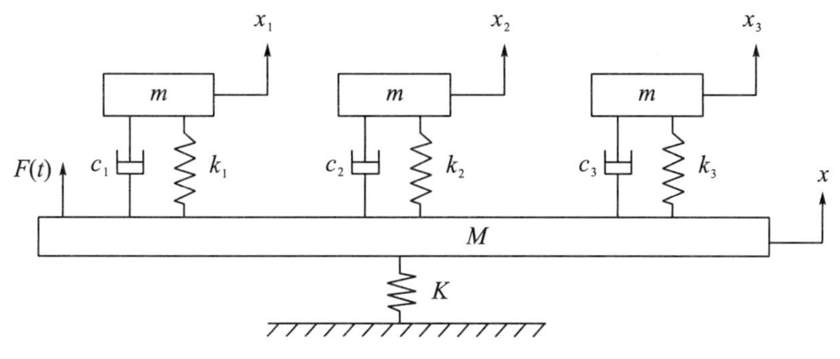

图 8.8　二级动力吸振器的模型

（2）Houde 阻尼动力吸振器。如图 8.9 所示，Houde 阻尼动力吸振器是由质量—弹簧—阻尼组成的振动子系统，其主要原理是通过调节固有频率和阻尼，从而达到抑制主振动系共振振幅的目的。

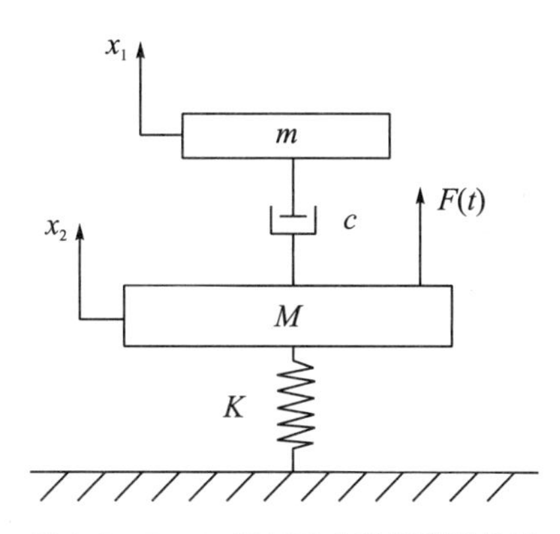

图 8.9　Houde 阻尼动力吸振器的模型

（3）Frahm 吸振器。如图 8.10 所示，Frahm 吸振器是早期动力吸振器的一种形式，它通过调节动力吸振器的固有频率，然后利用弹簧施加与激励力大小相等、方向相反的力，从而抵消外激励所引起的振动。

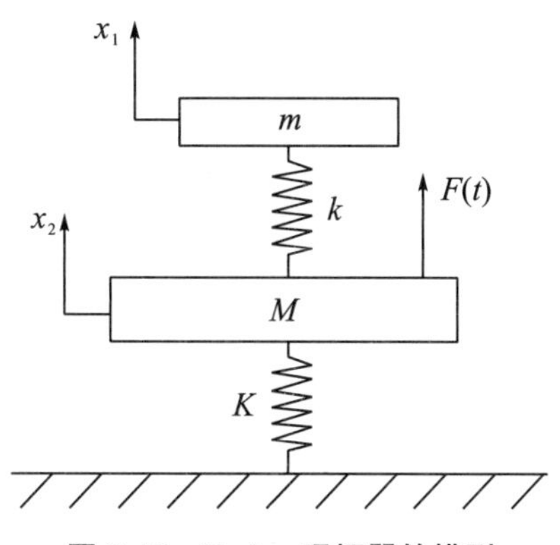

图 8.10　Frahm 吸振器的模型

（4）冲击吸振器。如图 8.11 所示是通过使用附加质量控制主振动系统振动的另一种方法，其原理是用动量传递和摩擦来实现振动的控制。

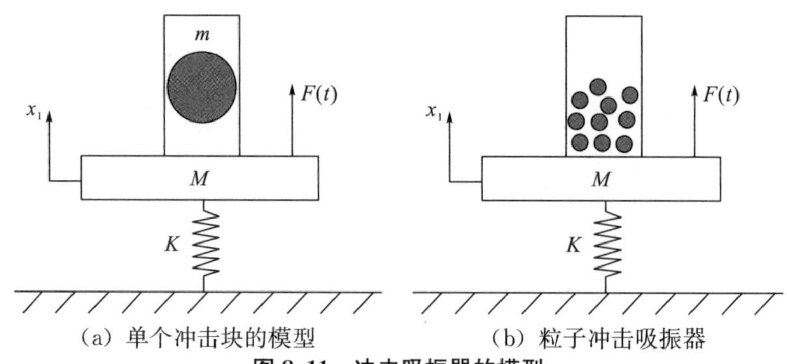

(a) 单个冲击块的模型　　(b) 粒子冲击吸振器

图 8.11　冲击吸振器的模型

(5) 阻尼接地吸振器。如图 8.12 所示，阻尼接地动力吸振器是将阻尼器与地面直接相连，这种形式的吸振器比传统接地形式更有效。其显著优点是在不增加附加质量的情况下，提高阻尼效果，并且对于相同的质量，效果优于传统吸振器。

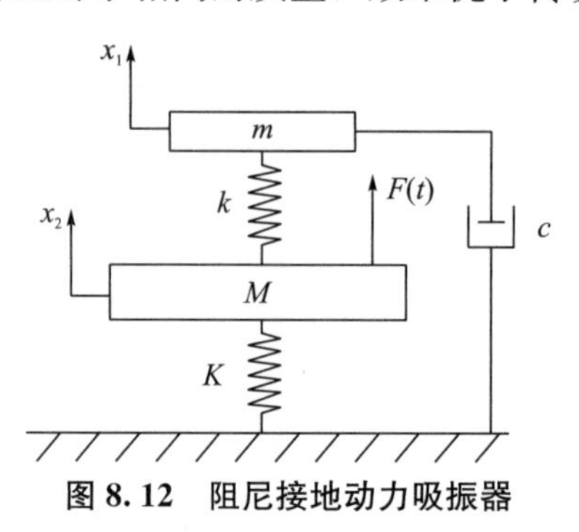

图 8.12　阻尼接地动力吸振器

8.4　智能控制

智能控制是前景广阔的自动化控制技术，它是通过现代化智能控制技术实现目标的方法。不管是从其发展的历程还是从已经取得的成果来看，其发展必将成为控制技术的大势所趋。目前，智能控制在结构振动领域的应用研究主要集中在模糊逻辑控制、神经网络控制、简单遗传算法控制以及三者的结合上。

8.4.1　模糊逻辑控制

模糊逻辑控制的基本思想是把人类专家对特定控制对象或者过程的控制策略总结成一些控制规则，通过模糊推理得到控制作用集，并作用于控制对象或者过程。模糊控制无须建立数学模型，易于形成专家知识，可用于对非线性、时变、时滞等复杂系统的控制。然而，模糊逻辑控制中简单的模糊处理将会降低系统的控制精度和控制品质。另外，模糊逻辑控制的设计缺乏系统性，这将是后续研究的重点。

基本思想：将基于专家经验对特定的被控对象或过程的控制策略总结成一系列控制规则，通过模糊推理得到控制作用集，并作用于被控对象或过程，其基础是模糊数学。

8.4.1.1　原理图与基本过程

图 8.13 展示了模糊逻辑控制的原理图与基本过程，通过下述步骤进行计算：

(1) 根据本次采样得到的系统的输出值，计算所选择的系统的输入变量；

(2) 将输入变量的精确值变为模糊量；

(3) 根据输入变量（模糊量）及模糊控制规则，按模糊推理合成规则计算控制量（输出量、模糊量）；

(4) 由上述得到的控制量（模糊量）计算精确的控制量。

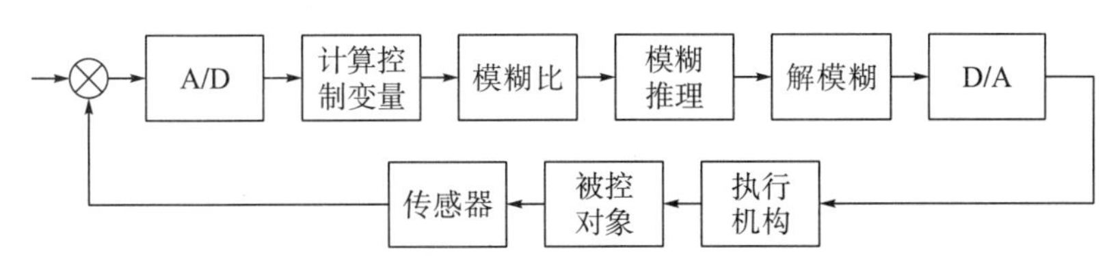

图 8.13　模糊逻辑控制的原理图与基本过程

8.4.1.2　模糊控制基本概念

隶属度函数：某元素 a 属于某集合 A 的程度，用 $\mu(a)$ =0～1 表示（经典集合对应 μ=0，1）。

例 8.4.1　已知经典集合 A 为小于 5 的正整数中的偶数，利用隶属度函数表示该集合，则有

$$\mu(1)=0,\ \mu(2)=1,\ \mu(3)=0,\ \mu(4)=1$$

$$A=0/1+1/2+0/3+1/4$$

A 中的分母为论域中的元素，分子为该元素所对应的隶属度值。

论域：变量的取值范围。

8.4.1.3　模糊控制的基本思路与方法

例 8.4.2　水位控制系统如图 8.14 所示，根据 e 调节 u，从而保持水位 y 恒定，具体流程如图 8.15 所示。

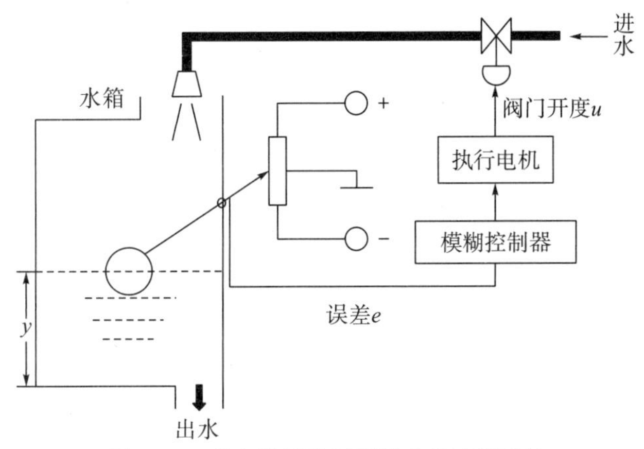

图 8.14　带有模糊控制器的水位控制系统

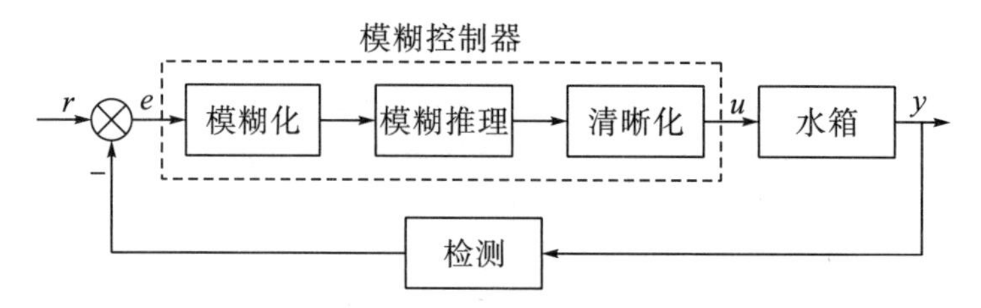

图 8.15 模糊控制流程图

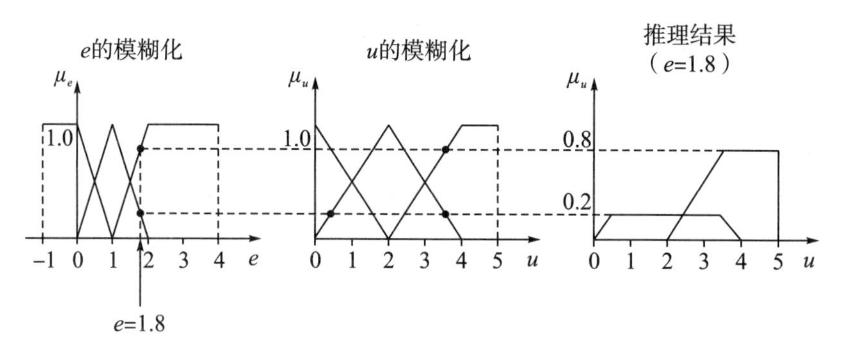

图 8.16 模糊控制流程图中各量的模糊化处理

方法 1：求模糊量所占面积的重心，重心对应的横坐标即为所需控制量 $u(k)$：

$$u = 0/0 + 0.2/1 + 0.2/2 + 0.5/3 + 0.8/4 + 0.8/5 \tag{a}$$

缺点：计算量较大，通常采用“离散重心法”，如图 8.17。

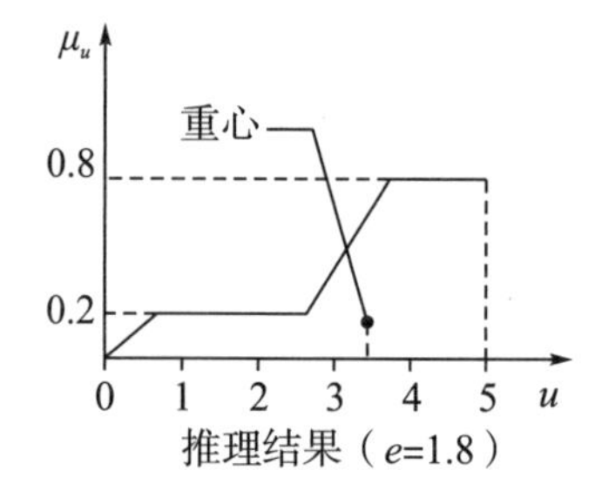

图 8.17 离散重心法图示

方法 2：若取离散点为 u_i=0，1，2，3，4，5（i=1~6），则离散模糊量为

$$u = 0/0 + 0.2/1 + 0.2/2 + 0.5/3 + 0.8/4 + 0.8/5 \tag{b}$$

通过计算得

$$u(k) = \frac{\sum_{i=1}^{6} \mu_u(u_i) u_i}{\sum_{i=1}^{6} \mu_u(u_i)} \tag{c}$$

$$= \frac{0.2 \times 1 + 0.2 \times 2 + 0.5 \times 3 + 0.8 \times 4 + 0.8 \times 5}{0.2 + 0.2 + 0.5 + 0.8 + 0.8} = 3.72$$

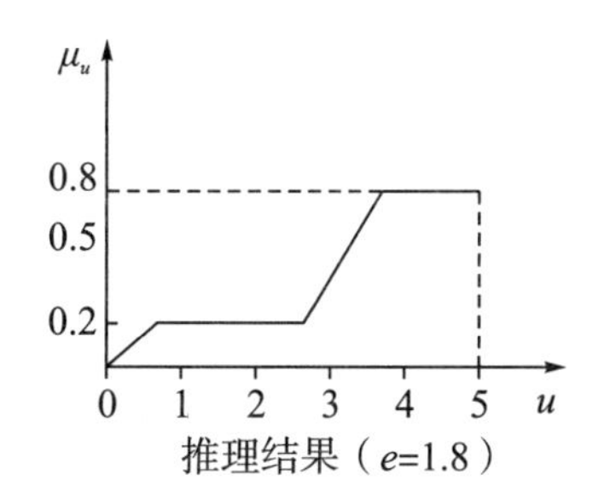

图 8.18　模糊输出结果

8.4.1.4　模糊控制要素

（1）具有模糊器和解模糊器的模糊系统如图 8.19 所示。

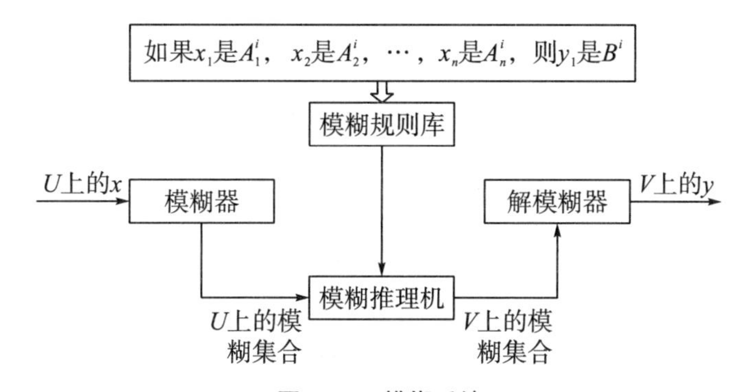

图 8.19　模糊系统

（2）模糊器。

单值模糊器：

$$\mu_{A'}(x)=\begin{cases}1, x=x^*\\0,其他\end{cases} \tag{8.4.1}$$

高斯模糊器：

$$\mu_{A'}=\mathrm{e}^{-\left(\frac{x_1-x_1^*}{a_1}\right)^2}\otimes\cdots\otimes\mathrm{e}^{-\left(\frac{x_n-x_n^*}{a_n}\right)^2} \tag{8.4.2}$$

式中，⊗表示 t－范数，即模糊交，这里通常选用代数积算子或最小算子。

三角模糊器：

$$\mu_{A'}(x)=\begin{cases}\left(1-\frac{|x_1-x_1^*|}{b_1}\right)\otimes\cdots\otimes\left(1-\frac{|x_n-x_n^*|}{b_n}\right),|x_1-x_1^*|\leqslant b_i(i=1,2,\cdots,n)\\0,其他\end{cases} \tag{8.4.3}$$

（3）模糊规则库。

完备性：如果对任意 $x\in U$，在模糊规则库中都至少存在一条规则，对于所有 $i=1,2,\cdots,n$ 都满足 $\mu_{A_i^l}(x_i)\neq 0$，则称这个模糊假定的规则集合是完备的。

一致性：如果模糊假定的规则集合不存在“如果部分相同，然后部分不同”的规则，则认为这个模糊假定的规则集合是一致的。

连续性：当邻近规则的“然后部分”的模糊集的交集不为空时，则称该模糊假定的规则集合是连续的。

(4) 模糊推理。

组合推理：模糊规则库中的所有规则都被组合到单一模糊关系中，并将这一模糊关系看作单独的模糊假定的规则。

独立推理：模糊规则库中的每条规则都确定一个输出模糊集合，整个模糊推理机的输出就是 M 个独立模糊集合的组合。

(5) 解模糊器。

重心解模糊器：

$$y^* = \frac{\int_V y\mu_{B'}(y)\mathrm{d}y}{\int_V \mu_{B'}(y)\mathrm{d}y} \tag{8.4.4}$$

中心解模糊器：

$$y^* = \frac{\sum_{l=1}^{M} \bar{y}^l \omega_l}{\sum_{l=1}^{M} \omega_l} \tag{8.4.5}$$

最大值解模糊器：

$$\mathrm{hgt}(B') = \{y \in V \mid \mu_{B'}(y) = \sup_{y\in V} \mu_{B'}(y)\} \tag{8.4.6}$$

分为以下三种情况。

大中取小：

$$y^* = \inf\{y \in \mathrm{hgt}(B')\} \tag{8.4.7}$$

大中取大：

$$y^* = \sup\{y \in \mathrm{hgt}(B')\} \tag{8.4.8}$$

大中取平均：

$$y^* = \frac{\int_{\mathrm{hgt}(B')} y\mathrm{d}y}{\int_{\mathrm{hgt}(B')} \mathrm{d}y}. \tag{8.4.9}$$

模糊控制属于智能控制的范畴，它是以模糊数学和模糊逻辑为理论基础、模仿人的思维方式而统筹考虑的一种控制方式。它是以模糊集合论、模糊语言变量和模糊逻辑推理为基础的一种计算机数字控制。模糊控制模仿人的思维方式，计算控制量时并不需要参数的精确量，而是以参数的模糊信息为基础，通过模糊推理得到控制量的模糊形式，然后经过反模糊化处理输出具体的控制量。

8.4.2 神经网络控制

人工神经网络是目前应用最广泛的结构智能控制方法。它是由人工神经元组成的网络。它从微观结构和功能上抽象和简化了人脑，能够反映人脑的并行处理、学习、联想、模式分类、记忆等特征，是模拟人类智能的重要方式。

8.4.2.1　人工神经元模型

人工神经元模型如图 8.20 所示。

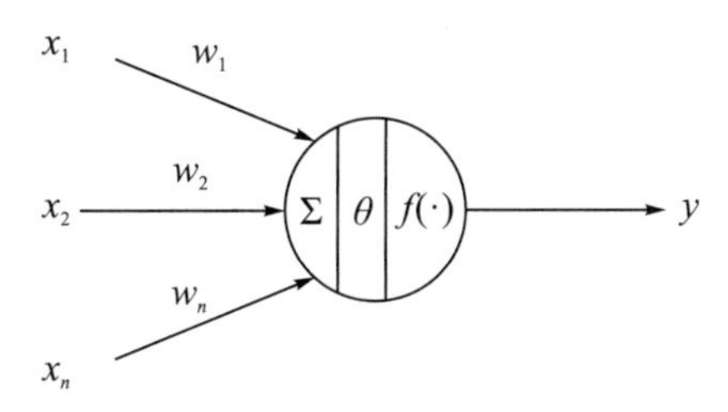

图 8.20　人工神经元模型

人工神经网络系统的基本构造单元是神经元。每个构造网络的神经元模型都模拟一个生物神经元。神经元有多个输入和一个输出，中间状态由输入信号和阈值来表示，输入输出的关系为

$$y = f(\sum_{i=1}^{n} w_i x_i - \theta) \tag{8.4.10}$$

式中，n 为神经元输入的数目；x_i 为神经元的第 i 个输入值；w_i 为神经元的第 i 个输入的权系数（对于激发状态，w_i 取正值；对于抑制状态，w_i 取负值）；y 为神经元输出；θ 为神经元阈值（即偏置）；f（x）为神经元的输出变换函数，也称激发或者激励函数。

8.4.2.2　常用的输出变换函数

（1）符号函数：

$$y = f(s) = \begin{cases} 1, & s \geqslant 0 \\ -1, & s < 0 \end{cases} \tag{8.4.11}$$

（2）比例函数：

$$y = f(s) = Ks, \quad K > 0 \tag{8.4.12}$$

（3）S 状函数：

$$y = f(s) = \frac{1}{1 + \mathrm{e}^{-\beta s}}, \beta > 0 \tag{8.4.13}$$

（4）双曲函数：

$$y = f(s) = \frac{1 - \mathrm{e}^{-\beta s}}{1 + \mathrm{e}^{-\beta s}}, \beta > 0 \tag{8.4.14}$$

8.4.2.3　神经元学习方法——梯度下降法

神经元学习规则如下：

$$w_i(k+1) = w_i(k) + \mu_i v_i(k) \tag{8.4.15}$$

式中，k 表示第 k 次学习，μ_i 为学习速率（$\mu_i > 0$），v_i 是学习信号（通常为误差的函

数）。

令

$$\boldsymbol{W} = [w_1 \, w_2 \, \cdots \, w_n]^{\mathrm{T}} \tag{8.4.16}$$

设性能指标为

$$J = \frac{1}{2}e^2(k) \tag{8.4.17}$$

式中，$e(k)$ 为某种评价准则的误差，是 w_i 的函数，则

$$v_i(k) = -\frac{\partial J}{\partial w_i}\bigg|_{W=W(k)} = -e(k)\frac{\partial e(k)}{\partial w_i}\bigg|_{W=W(k)} \tag{8.4.18}$$

特点：沿梯度方向下降一定能到达 J 的极小点，学习的快慢取决于学习速率 μ_i 的选取，可能陷入局部最小点。

例 8.4.3 设 $y=w_1x_1$，即 $\theta=0$，$f(s)=0$，w_1 的初值 $w_1(0)=0$，用梯度下降法，使 $x_1=1$，$y=2$。

解：设性能指标为

$$J = e^2(k)/2 = [2-y(k)]^2/2 = [2-w_1(k)^2]/2 \tag{a}$$

则有

$$\left(-\frac{\partial J}{\partial w_1}\right)\bigg|_{w_1=w_1(k)} = 2-w_1(k) \tag{b}$$

学习规则为

$$w_1(k+1) = w_1(k) + \mu[2-w_1(k)]. \tag{c}$$

表 8.2～表 8.5 反映了 μ 取不同值时的学习效果。

表 8.2　μ=0.5 时的学习结果（学习速率较小）

k	1	2	3	4	5
$w_1(k)$，$y(k)$	1	1.5	1.7	1.875	1.9375

表 8.3　μ=1.5 时的学习结果（学习速率较大）

k	1	2	3	4	5
$w_1(k)$，$y(k)$	3	1.5	2.25	1.875	2.0625

表 8.4　μ=2 时的学习结果（学习速率过大）

k	1	2	3	4	5
$w_1(k)$，$y(k)$	4	0	4	0	4

表 8.5　μ=3 时的学习结果（学习速率过大）

k	1	2	3	4	5
$w_1(k)$，$y(k)$	6	−6	18	−30	66

结论：μ 过小，收敛慢；μ 过大，则振荡甚至可能发散。对于该例，当 $\mu=1$ 时的学习次数最少（一次结束）。

8.4.2.4　BP 神经网络

神经元按一定方式连接成神经网络，如图 8.21 所示。将单层神经网络按一定规则组合就可构成多层神经网络，这种网络结构通常是按误差逆传播算法进行训练的，因此，通常将误差逆传播网络称为 BP 神经网络。

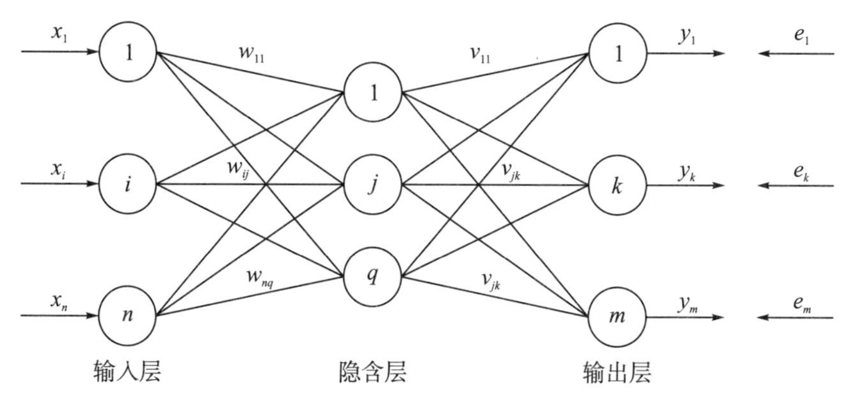

图 8.21　三层 BP 神经网络结构

由于 BP 神经网络及其算法增加了中间层并具有相应的学习规则可循，使其具有对非线性模式的识别能力。特别是其数学意义明确、步骤分明的学习算法，更使其具有广泛的应用前景。

BP 神经算法的执行方式：

(1) 由给定的输入样本计算网络输出，并与输出样本进行比较（输出误差）；

(2) 由输出误差依次反向计算每一层的权值；

(3) 重复 (1) (2)，直至输出误差满足要求为止；

(4) 对每组输入输出样本数据都按 (1) ～ (3) 进行学习；

(5) 重复 (1) ～ (4)，直至所有输出误差都达到要求的精度。

8.4.2.5　神经网络应用举例

仿真模型采用 20 层 Benchmark 非线性结构模型。动态神经网络的基函数取 Sigmoid 函数，数目为 40，自适应增益分别为 0.2，0.05。矩阵 $\boldsymbol{A}$ 选取为结构线性振动模型的状态矩阵，$\boldsymbol{B}$ 为全 1 向量，观测器增益矩阵 $\boldsymbol{L}$ 的选取根据 Luenberger 观测器计算出的增益矩阵，经验证以上选取的矩阵满足有关定理的要求。仿真输出采用的是第一层的相对位移（即观测器的输入）。图 8.22 的地震输入采用 1.0 倍的 Kobe 地震波。

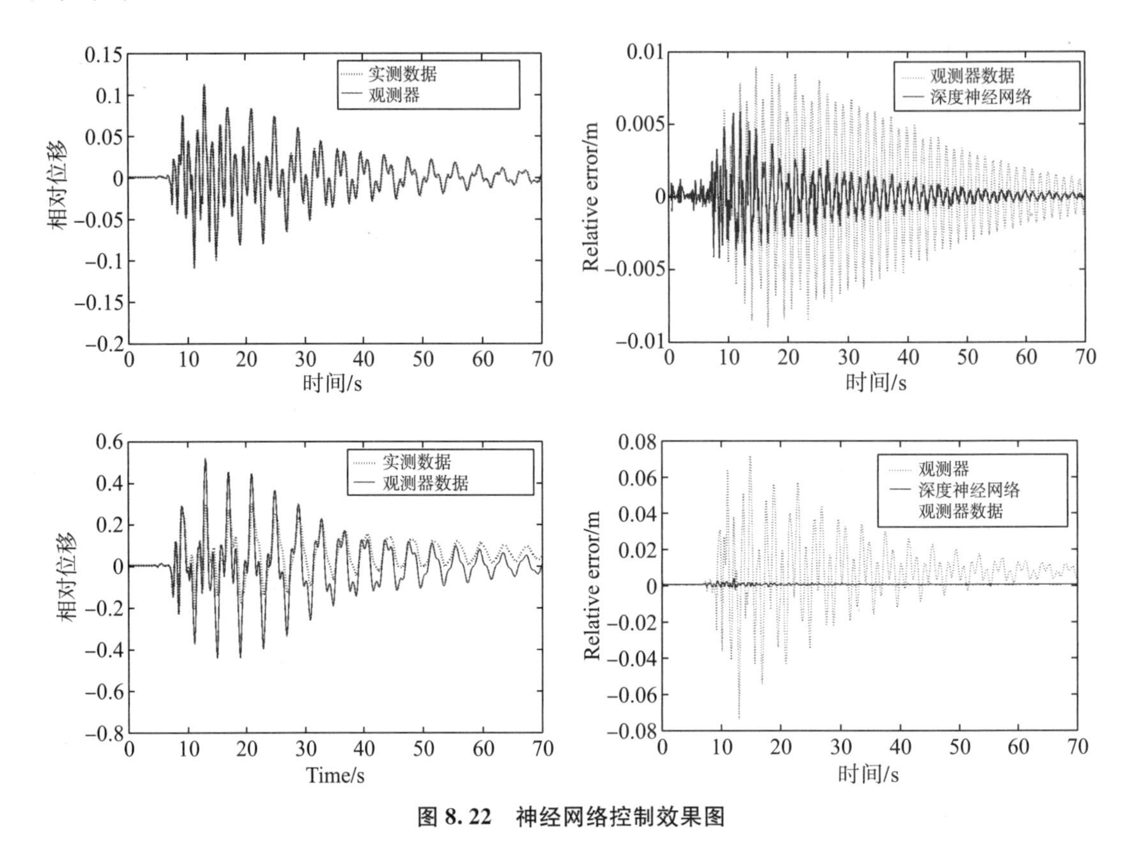

图 8.22 神经网络控制效果图

8.4.3 简单遗传算法控制

8.4.3.1 简单遗传算法含义

简单遗传算法（Simple Genetic Algorithms，SGA）又称基本遗传算法或标准遗传算法，是由 Goldberg 总结出的一种最基本的遗传算法，其遗传进化操作过程简单，容易理解，是其他一些遗传算法的雏形和基础。

简单遗传算法的基本原理如下：

(1) 遗传算法是从代表问题可能潜在的解集的一个种群（population）开始的，而一个种群则由经过基因（gene）编码的一定数目的个体（individual）组成。每个个体实际上是染色体（chromosome）带有特征的实体。

(2) 染色体作为遗传物质的主要载体，即多个基因的集合，其内部表现（即基因型）是某种基因组合，它决定了个体形状的外部表现，如黑头发的特征是由染色体中控制这一特征的某种基因组合决定的。因此，在一开始需要实现从表现型到基因型的映射，即编码工作。

由于仿照基因编码的工作很复杂，往往进行简化，如二进制编码，初代种群产生之后，按照适者生存和优胜劣汰的原理，逐代（generation）演化产生出越来越好的近似解。在每一代，根据问题域中个体的适应度（fitness）大小选择（selection）个体，并借助自然遗传学的遗传算子（genetic operators）进行组合交叉（crossover）和变异（mutation），产生出代表新的解集的种群。

这个过程将导致种群像自然进化一样，后生代种群比前代更加适应环境，末代种群中的最优个体经过解码（decoding），可以作为问题的近似最优解。

分析基本过程如下：

（1）编码（产生初始种群）。

（2）适应度函数。

（3）遗传算子（选择、交叉、变异）。

（4）运行参数。

8.4.3.2　简单遗传算法的几个基本概念

（1）个体（individual）：个体就是模拟生物个体而对问题中的对象（一般就是问题的解）的一种称呼，一个个体就是搜索空间中的一个点或解。

（2）种群（population）：种群就是模拟生物种群而由若干个体组成的群体，它一般是整个搜索空间的一个很小的子集。

（3）适应度与适应度函数（fitness function）：适应度（fitness）是借鉴生物个体对环境的适应程度，而对问题中的个体对象所设计的表征其优劣的一种测度。适应度函数（fitness function）就是问题中的全体个体与其适应度之间的一个对应关系。它一般是一个实值函数。该函数就是遗传算法中指导搜索的评价函数。适应度函数的值越大，解的质量越好。适应度函数是遗传算法进化过程的驱动力，也是进行自然选择的唯一标准，它的设计应结合求解问题本身的要求而定。

（4）染色体与基因：染色体（chromosome）是问题中个体的某种字符串形式的编码表示。字符串中的字符也就称为基因（gene）。

（5）编码：GA（Genetic Algorithm）是通过某种编码机制把对象抽象为由特定符号按一定顺序排成的串。正如研究生物遗传是从染色体着手，而染色体是由基因排成的串。SGA（Simple Genetic Algorithm）使用二进制串进行编码。

（6）遗传操作：亦称遗传算子（genetic operator），就是关于染色体的运算。遗传算法中有三种遗传操作：选择－复制（selection－reproduction）、交叉（crossover，亦称交换、交配或杂交）、变异（mutation，亦称突变）。

（7）选择－复制：通常的做法是，对于一个规模为 N 的种群 S，按每个染色体 $x_i \in S$ 的选择概率 $P(x_i)$ 所决定的选中机会，分 N 次从 S 中随机选定 N 个染色体，并进行复制。这里的选择概率 $P(x_i)$ 的计算公式为

$$P(x_i) = \frac{f(x_i)}{\sum_{j=1}^{N} f(x_j)} \tag{8.4.19}$$

8.4.3.3 SGA 遗传算法中的一些控制参数

（1）种群规模 M。

（2）最大换代数 T（遗传运算的终止进化代数）。

（3）交叉率（crossover rate），就是参加交叉运算的染色体个数占染色体总数的比例，记为 P_c，取值范围一般为 0.4～0.99。

（4）变异率（mutation rate），是指发生变异的基因位数占染色体的基因总位数的比例，记为 P_m，取值范围一般为 0.0001～0.1。

8.4.3.4 简单遗传算法的流程框图

简单遗传算法的流程框图如图 8.23 所示。

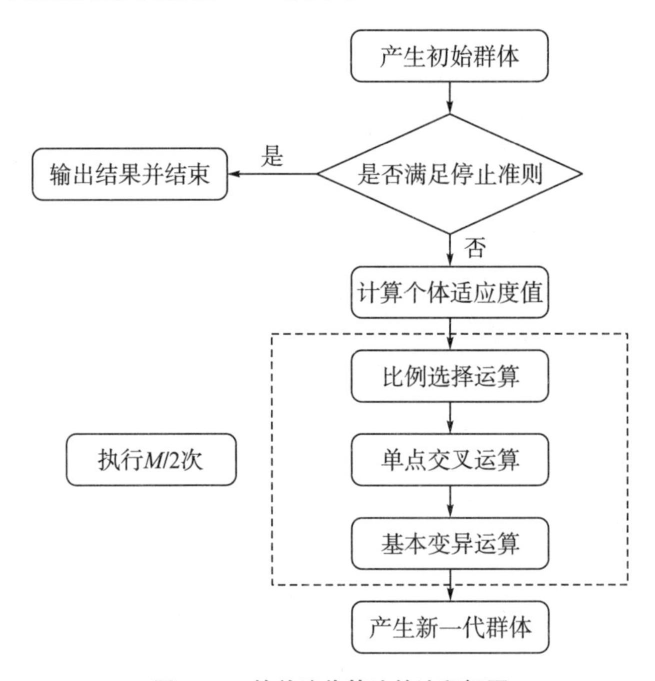

图 8.23　简单遗传算法的流程框图

例 8.4.4　求元函数

$$f(x) = x \cdot \sin(10\pi \cdot x) + 2$$

的最大值，$x \in [-1, 2]$，求解结果精确到 6 位小数。

解：如图 8.24 所示，SGA 对于本例的编码：由于区间长度为 3，求解结果精确到 6 位小数，因此可将自变量定义区间划分为 3×10^6 等份。又因为 $2^{21}<3\times10^6<2^{22}$，所以本例的二进制编码长度至少需要 22 位，本例的编码过程实质上是将区间 $[-1, 2]$ 内对应的实数值转化为一个二进制串（$b_{21}\quad b_{20}\quad \cdots\quad b_0$）。

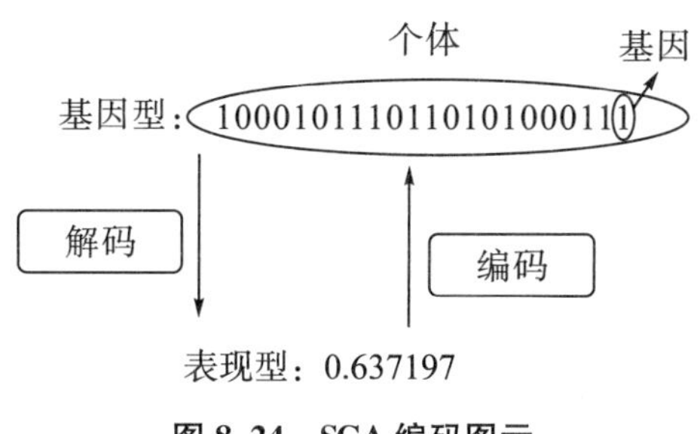

图 8.24　SGA 编码图示

8.4.3.5　SGA 遗传算法的主要步骤

步骤 1　在搜索空间 U 上定义一个适应度函数 $f(x)$，给定种群规模 N、交叉率 P_c、变异率 P_m、代数 T。

步骤 2　随机产生 U 中的 N 个个体 s_1，s_2，…，s_N，组成初始种群 $S=\{s_1, s_2, \cdots, s_N\}$，置代数计数器 $t=1$。

步骤 3　计算 S 中每个个体的适应度 $f(x)$。

步骤 4　若终止条件满足，则取 S 中适应度最大的个体作为所求结果，算法结束。

步骤 5　按选择概率 $P(x_i)$ 所决定的选中机会，每次从 S 中随机选定 1 个个体并将其染色体复制，共做 N 次，然后将复制所得的 N 个染色体组成群体 S_1。

步骤 6　按交叉率 P_c所决定的参加交叉的染色体数 c，从 S_1中随机确定 c 个染色体，配对进行交叉操作，并用产生的新染色体代替原染色体，得群体 S_2；在搜索空间 U 上定义一个适应度函数 $f(x)$，给定种群规模 N、交叉率 P_c、变异率 P_m、代数 T。

步骤 7　按变异率 P_m所决定的变异次数 m，从 S_2中随机确定 m 个染色体，分别进行变异操作，并用产生的新染色体代替原染色体，得群体 S_3。

步骤 8　将群体 S_3作为新一代种群，即用 S_3代替 S，$t=t+1$，转步骤 3。

8.4.4　智能控制算法的组合应用

8.4.4.1　模糊控制与神经网络

（1）神经网络具有很强的非线性建模和预测的能力，但推理和控制的能力较弱，而模糊控制具有很强的不精确语言表达和推理的能力，能有效地控制难以建立精确模型的系统，两者结合能够弥补各自的不足。

（2）神经网络与模糊理论主要采用三种结合方式：①将人工神经网络作为模糊系统中的隶属函数、模糊规则的描述形式；②改变传统神经元运算规则和映射函数，使神经元在功能上表现为各种模糊运算规则；③模糊推理与神经网络各自独立工作，分别完成系统不同的功能。

8.4.4.2　模糊控制与遗传算法

用遗传算法优化模糊控制器的方法通常有三种。

（1）优化隶属度函数：优化隶属度函数可以从隶属度函数的形状和各模糊子集（或称语言值）隶属度函数之间的位置关系入手进行优化。

（2）优化模糊控制规则：优化模糊控制规则可以对 Mamdani 形式和 Sugeno 形式的模糊模型进行优化。

（3）优化隶属度函数与优化模糊控制交替进行。

8.4.4.3 神经网络与遗传算法

用遗传算法优化神经网络控制器，实际上就是用遗传算法寻优构成控制器神经网络模型的参数，也可以将遗传算法和 BP 神经网络算法结合起来求解网络结构优化问题。

8.4.4.4 模糊控制、神经网络与遗传算法交互

由于神经网络的学习能力，使神经网络在系统辨识、预测及控制等方面都得到了广泛的应用。模糊逻辑系统可根据经验规则对大型复杂的非线性系统进行控制，且达到了预期的控制效果。遗传算法不需要训练数据和控制规则就可以进行全局搜索、全局优化。神经网络不“透明”，不具有推理能力。模糊逻辑系统不具有学习能力，而需要工程技术人员丰富的经验来提炼规则。因此，结合各种智能控制算法的优点，把遗传算法应用于模糊神经网络，则不需要训练数据和控制规则就可以得到一个优化的模糊神经网络，亦即一个结构振动智能控制系统，如图 8.25 所示。

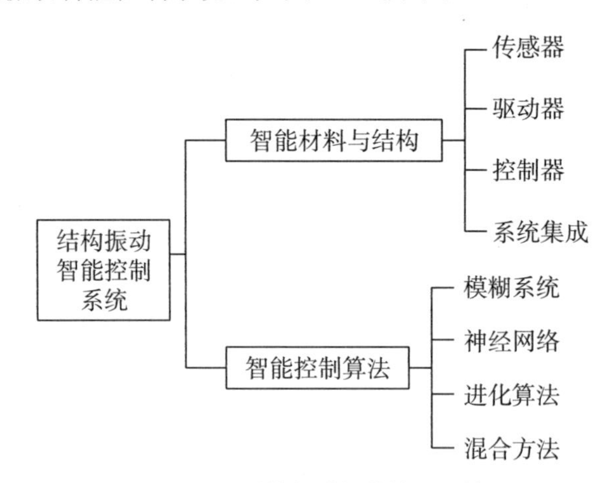

图 8.25　结构振动智能控制系统

8.4.5 智能控制系统展望

智能控制是一门新兴学科，在理论和应用上尚不成熟，理论方面尤为突出，应用上则需要解决技术实现和对象的问题。遗传算法、模糊神经网络的结合将成为智能控制的发展方向。智能控制发展的核心仍然是以神经网络的强大自学功能与具有较强知识表达能力的模糊逻辑结构推理构成的模糊逻辑神经网络。

此外，智能控制作为自动控制理论的前沿学科之一，是常规控制理论与技术的进一

步发展和提高。智能控制象征着自动控制的到来，是自动控制科学发展的又一次飞跃。随着人工智能、计算机技术及信息科学的迅速发展，智能控制必将获得更大的发展，并在实践中获得更广泛的应用，如图8.26所示。为了达到这个目标，不仅需要技术的进步，更需要科学家思想和理论的突破。

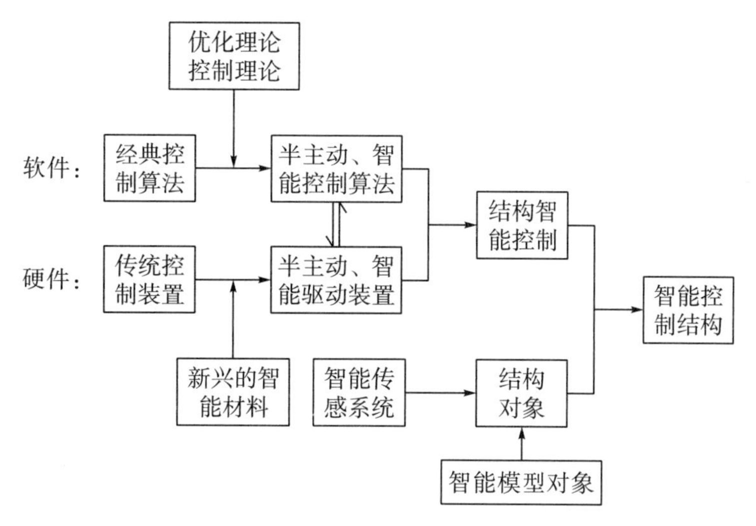

图8.26　智能控制结构

第9章　现代振动研究专题

本章介绍了多场耦合下的振动问题，在理论上重点讨论了耦合因素（裂纹、热力耦合、力电耦合）对梁的振动特性的影响。第一节介绍了 Euler 梁、Rayleigh 梁和 Timoshenko 梁的强迫振动问题的 Green 函数解，并讨论了剪切效应、转动惯量和阻尼等关键物理因素的影响；第二节介绍了 Euler－Bernoulli 梁的强迫振动问题，利用等效扭簧模型来模拟裂纹的局部力学性质，结合传递矩阵法将单裂纹情况拓展为多裂纹振动问题；第三节介绍了简谐集中热源的 Timoshenko 梁的热力双向耦合强迫振动，通过 Green 函数、叠加原理和本征函数法得到了位移和温度的解析解，从而讨论位移和温度的耦合效应；第四节介绍了带端部质量块的悬臂单层压电俘能器的强迫振动问题，通过建立一种新的压电俘能器的力电耦合模型，讨论了外接电路荷载电阻对电能输出效率的影响，并给出了最优荷载的电阻值。

9.1　基于格林函数的动力响应

对梁的动态行为的研究一直是经典且长期存在的问题。历史上，人们相继提出了各种经典模型，如 Euler 梁、Rayleigh 梁和 Timoshenko 梁模型。在工程应用中，例如在飞机结构、桥梁、机器等的设计中，通常会遇到梁的强迫横向振动。人们提出了各种方法来解决梁的强迫振动问题。

9.1.1　控制方程

如图 9.1 所示，带阻尼的铁木辛柯梁的动力学方程为

$$EI\psi'' + \kappa GA(w' - \psi) - c_2\dot{\psi} - \gamma\ddot{\psi} = 0 \tag{9.1.1}$$

$$\kappa GA(w'' - \psi') - c_1\dot{w} - \mu\ddot{w} = p(x,t) \tag{9.1.2}$$

式中，ψ 和 w 分别表示旋转角和横向位移；EI 和 κGA 表示弯曲和剪切刚度模块；c_1 和 c_2 是分别表征平动阻尼效应和旋转阻尼效应的两个变量；γ 和 μ 分别代表梁的转动惯量和单位长度的质量；$p(x，t)$ 表示施加在梁上的荷载，κ 表示剪切修正系数。

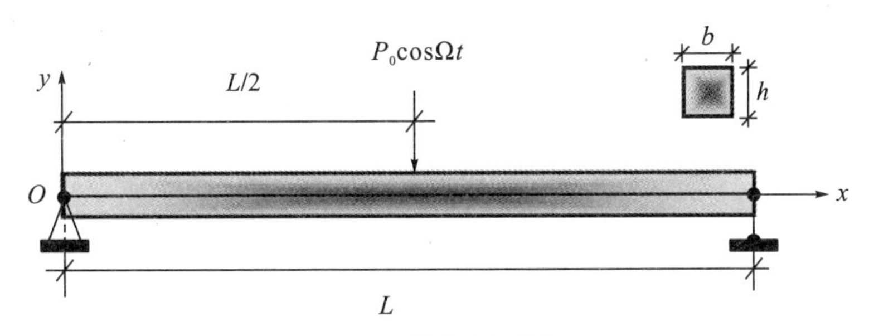

图 9.1　简支边界的梁

为了方便起见，可以通过消除变量 ψ 将式（9.1.1）简化为变量 w 的微分方程。从式（9.1.2）可以看出

$$\psi' = w'' - \frac{c_1}{\kappa GA}\dot{w} - \frac{\mu}{\kappa GA}\ddot{w} - \frac{1}{\kappa GA}p(x,t) \tag{9.1.3}$$

将式（9.1.3）代入求导后的式（9.1.1），我们可以得出

$$EIw'''' - \left(\frac{EIc_1}{\kappa GA} + c_2\right)\dot{w}'' - \left(\frac{EI\mu}{\kappa GA} + \gamma\right)\ddot{w}'' + c_1\dot{w} + \left(\mu + \frac{c_1c_2}{\kappa GA}\right)\ddot{w} + \left(\frac{\mu c_2}{\kappa GA} + \frac{c_1\gamma}{\kappa GA}\right)\dddot{w}$$
$$+ \frac{\mu\gamma}{\kappa GA}\ddddot{w} = \frac{EI}{\kappa GA}p''(x,t) - p(x,t) - \frac{c_2}{\kappa GA}\dot{p}(x,t) - \frac{\gamma}{\kappa GA}\ddot{p}(x,t) \tag{9.1.4}$$

9.1.2　稳态动力学问题的格林函数

如果梁在时间谐波荷载作用下，即

$$p(x,t) = p(x)e^{i\Omega t} \tag{9.1.5}$$

由于 $p(x,\ t)$ 是任意但最终的分布力，我们可以相应地假设横向位移为以下形式：

$$w(x,t) = w(x)e^{i\Omega t} \tag{9.1.6}$$

将式（9.1.5）和式（9.1.6）代入式（9.1.4）可得

$$w'''' - \left[i\Omega\left(\frac{c_1}{\kappa GA} + \frac{c_2}{EI}\right) - \Omega^2\left(\frac{\mu}{\kappa GA} + \frac{\gamma}{EI}\right)\right]w'' +$$
$$\left[\frac{i\Omega c_1}{EI} - \Omega^2\left(\frac{\mu}{EI} + \frac{c_1c_2}{\kappa GA\cdot EI}\right) - i\Omega^3\left(\frac{\mu c_2}{\kappa GA\cdot EI} + \frac{c_1\gamma}{\kappa GA\cdot EI}\right) + \Omega^4\frac{\mu\gamma}{\kappa GA\cdot EI}\right]w$$
$$= \frac{1}{\kappa GA}p''(x) - \left(\frac{1}{EI} + \frac{i\Omega c_2}{\kappa GA\cdot EI} - \frac{\Omega^2\gamma}{\kappa GA\cdot EI}\right)p(x) \tag{9.1.7}$$

简写为

$$w'''' + a_1w'' + a_2w = b_1p''(x,t) - b_2p(x) \tag{9.1.8}$$

值得注意的是，式（9.1.7）可以退化为经典模型。当 c_1 和 c_2 消失时，我们可以得到无阻尼效应的传统铁木辛柯梁（TB）模型的控制方程；如果我们进一步将剪切修正因子 κ 设置为无穷大，则可获得瑞利梁（RB）的控制方程；最后，忽略转动惯量的影响，即 $\gamma=0$，我们得到了欧拉-伯努利梁（EB）模型的控制方程。借助叠加原理，式（9.1.8）的解可以表示为

$$W(x)=\int_0^L f(x_0)G(x,x_0)\mathrm{d}x_0 \tag{9.1.9}$$

式中，L 为梁的长度，$G(x,\ x_0)$ 是一个待确定的格林函数。在物理上，格林函数 $G(x,\ x_0)$是在 x_0 点施加单位集中力而导致点 x 处发生的响应。数学上，$G(x,\ x_0)$ 是以下方程式的解：

$$W'''' + a_1W'' + a_2W = b_1\delta''(x-x_0) - b_2\delta(x-x_0) \tag{9.1.10}$$

式中，$\delta(\cdot)$ 是狄拉克函数。由式（9.1.10）可知，$G(x,\ x_0)\ =W(x,\ x_0)$。为了推导相应的格林函数，我们对式（9.1.10）中的变量 x 应用拉普拉斯变换，得到

$$\begin{aligned}\bar{w} = \frac{1}{a_4+a_1s+a_2}[(s_3+a_1s)w(0)+(s^2+a_1)w'(0)+\\ sw''(0)+w'''(0)+(b_1s^2-b_2)\mathrm{e}^{-sx_0}]\end{aligned} \tag{9.1.11}$$

式中，变换域的参数通常是复变量；$w(0)=0$，$w'(0)=0$，$w''(0)=0$ 和 $w'''(0)=0$ 是可由梁的边界条件确定的常数。

为了求 $\bar{w}(s,\ x_0)$ 的逆变换，我们假设 $s^4+a_1s^2+a_2=(s-s_1)\ (s-s_2)\ (s-s_3)\ (s-s_4)$。因此，我们可以得出以下结果：

$$\begin{cases}L^{-1}\left[\dfrac{(b_1s^2-b_2)\mathrm{e}^{-sx_0}}{(s-s_1)(s-s_2)(s-s_3)(s-s_4)}\right] = H(x-x_0)[A_1(x-x_0)(b_1s_1^2-b_2)+\\ A_2(x-x_0)(b_1s_2^2-b_2)+A_3(x-x_0)(b_1s_3^2-b_2)+A_4(x-x_0)(b_1s_4^2-b_2)],\\ L^{-1}\left[\dfrac{(s_3+a_1s)}{(s-s_1)(s-s_2)(s-s_3)(s-s_4)}\right] = A_1(x)(s_1^3+a_1s_1)+A_2(s_2^3+a_1s_2)+\\ A_3(x)(s_3^3+a_1s_3)+A_4(x)(s_4^3+a_1s_4),\\ L^{-1}\left[\dfrac{(s^2+a_1)}{(s-s_1)(s-s_2)(s-s_3)(s-s_4)}\right] = A_1(x)(s_1^2+a_1)+A_2(x)(s_2^2+a_1)+\\ A_3(x)(s_3^2+a_1)+A_4(x)(s_4^2+a_1),\\ L^{-1}\left[\dfrac{s}{(s-s_1)(s-s_2)(s-s_3)(s-s_4)}\right] = A_1(x)s_1+A_2(x)s_2+A_3(x)s_3+A_4(x)s_4,\\ L^{-1}\left[\dfrac{1}{(s-s_1)(s-s_2)(s-s_3)(s-s_4)}\right] = A_1(x)+A_2(x)+A_3(x)+A_4(x)\end{cases} \tag{9.1.12}$$

式中，$H(\cdot)$ 是阶跃函数，并且 A_i（$i=1,\ 2,\ \cdots,\ 4$）为

$$\begin{aligned}A_1(x) = \frac{\mathrm{e}^{s_1x}}{(s_1-s_2)(s_1-s_3)(s_1-s_4)},A_2(x) = \frac{\mathrm{e}^{s_2x}}{(s_2-s_1)(s_2-s_3)(s_2-s_4)},\\ A_3(x) = \frac{\mathrm{e}^{s_3x}}{(s_3-s_1)(s_3-s_2)(s_3-s_4)},A_4(x) = \frac{\mathrm{e}^{s_4x}}{(s_4-s_1)(s_4-s_2)(s_4-s_3)}\end{aligned} \tag{9.1.13}$$

从式（9.1.11）中得出，格林函数被表示为

$$\begin{aligned}G(x,x_0) = L^{-1}\left[\frac{(b_1s^2-b_2)\mathrm{e}^{-sx_0}}{a_4+a_1s+a_2}\right]+L^{-1}\left(\frac{s_3+a_1s}{a_4+a_1s+a_2}\right)w(0)+\\ L^{-1}\left[\frac{(s^2+a_1)}{a_4+a_1s+a_2}\right]w'(0)+L^{-1}\left(\frac{s}{a_4+a_1s+a_2}\right)w''(0)+L^{-1}\left(\frac{1}{a_4+a_1s+a_2}\right)w'''(0)\end{aligned} \tag{9.1.14}$$

将式（9.1.12）代入式（9.1.14）中，可得

$$G(x,x_0)=H(x-x_0)\varphi_1(x-x_0)+\varphi_2(x)w(0)+\varphi_3(x)w'(0)+\varphi_4(x)w''(0)+\varphi_5(x)w'''(0) \tag{9.1.15}$$

式中，φ_i（$i=1$，2，…，5）为

$$\begin{cases}\varphi_1(x)=\sum_{i=4}^{4}A_i(x)(b_1s_i^2-b_2),\ \varphi_2(x)=\sum_{i=4}^{4}A_i(x)(s_i^3+a_1s_i),\\ \varphi_3(x)=\sum_{i=4}^{4}A_i(x)(s_i^2+a_1),\ \varphi_4(x)=\sum_{i=4}^{4}A_i(x)s_i,\ \varphi_5(x)=\sum_{i=4}^{4}A_i(x)\end{cases} \tag{9.1.16}$$

9.1.3　常数的确定

为了确定常数 $w(0)$，$w'(0)$，$w''(0)$ 和 $w'''(0)$，需要计算 $\varphi_i(i=1，2，…，5)$ 的各阶导数。

$$\begin{aligned}&\varphi_1^k(x)=\sum_{i=1}^{4}s_i^kA_i(x)(b_1s_i^2-b_2),\varphi_2^k(x)=\sum_{i=1}^{4}A_i(x)(s_i^3+a_1s_i),\\&\varphi_3^k(x)=\sum_{i=1}^{4}s_i^kA_i(x)(s_i^2+a_1),\varphi_i^k(x)=\sum_{i=1}^{4}s_i^kA_i(x)s_i,\varphi_i^k(x)=\sum_{i=1}^{4}s_i^kA_i(x)\end{aligned} \tag{9.1.17}$$

从式（9.1.15）和式（9.1.17）中，我们可以得到

$$\begin{cases}W(x,x_0)=H(x-x_0)\varphi_1(x-\zeta)+\varphi_2(x)W(0)+\varphi_3(x)W'(0)+\\ \qquad\varphi_4(x)W''(0)+\varphi_5(x)W'''(0),\\ W'(x,x_0)=\varphi_1'(x-x_0)+\varphi_2'(x)W(0)+\varphi_3'(x)W'(0)+\\ \qquad\varphi_4'(x)W''(0)+\varphi_5'(x)W'''(0),\\ W''(x,x_0)=\varphi_1''(x-x_0)+\varphi_2''(x)W(0)+\varphi_3''(x)W'(0)+\\ \qquad\varphi_4''(x)W''(0)+\varphi_5''(x)W'''(0),\\ W'''(x,x_0)=\varphi_1'''(x-x_0)+\varphi_2'''(x)W(0)+\varphi_3'''(x)W'(0)+\\ \qquad\varphi_4'''(x)W''(0)+\varphi_5'''(x)W'''(0)\end{cases} \tag{9.1.18}$$

物理上，式（9.1.18）建立了边界 $x=0$ 处的 $W(0)$ 及其各阶导数与任意横截面 x 处 $W(x)$ 及其导数之间的内在关系。特别是当 $x=L$ 时，我们可以建立以下关系：

$$\begin{bmatrix}\varphi_2(L)&\varphi_3(L)&\varphi_4(L)&\varphi_5(L)\\ \varphi_2'(L)&\varphi_3'(L)&\varphi_4'(L)&\varphi_5'(L)\\ \varphi_2''(L)&\varphi_3''(L)&\varphi_4''(L)&\varphi_5''(L)\\ \varphi_2'''(L)&\varphi_3'''(L)&\varphi_4'''(L)&\varphi_5'''(L)\end{bmatrix}\begin{bmatrix}W(0)\\W'(0)\\W''(0)\\W'''(0)\end{bmatrix}=\begin{bmatrix}W(L)-\varphi_1(L-x_0)\\W'(L)-\varphi_1'(L-x_0)\\W''(L)-\varphi_1''(L-x_0)\\W'''(L)-\varphi_1'''(L-x_0)\end{bmatrix} \tag{9.1.19}$$

对于 EB、RB 和 TB，可根据相应的边界条件，从中完全确定常数 $w(0)$，$w'(0)$，

$w''(0)$ 和 $w'''(0)$。为了简单起见，我们考虑了一个简单支撑的 TB。根据 $x=0$ 的边界条件，确定 $w(0)=0$ 和 $w''(0)=0$。其余两个可通过求解以下代数方程获得，这些方程可从式（9.1.19）和边界条件 $x=L$ 推导得出：

$$\begin{bmatrix}\varphi_3(L) & \varphi_5(L)\\ \varphi_3''(L) & \varphi_5''(L)\end{bmatrix}\begin{bmatrix}W'(0)\\ W'''(0)\end{bmatrix}=\begin{bmatrix}-\varphi_1(L-x_0)\\ -\varphi_1''(L-x_0)\end{bmatrix} \tag{9.1.20}$$

从式（9.1.20）中，我们可以得到

$$W'(0)=\frac{\varphi_5(L)\varphi_1''(L-x_0)-\varphi_1(L-x_0)\varphi_5''(L)}{\varphi_3(L)\varphi_5''(L)-\varphi_3''(L)\varphi_5(L)} \tag{9.1.21}$$

$$W'''(0)=\frac{\varphi_1(L-x_0)\varphi_3''(L)-\varphi_1''(L-x_0)\varphi_3(L)}{\varphi_3(L)\varphi_5''(L)-\varphi_3''(L)\varphi_5(L)} \tag{9.1.22}$$

因此，简支边界条件下的 Green 函数如下：

$$G(x,x_0)=H(x-x_0)\varphi_1(x-x_0)+\varphi_3(x)W'(0)+\varphi_5(x)W'''(0) \tag{9.1.23}$$

从式（9.1.3）中，旋转角 ψ 的格林函数可以表示为

$$\psi(x,x_0)=G'(x,x_0)+\frac{\Omega^2\mu-\mathrm{i}c_1\Omega}{\kappa GA}\int_0^x G(\xi,\xi_0)\mathrm{d}\xi-\frac{H(x-x_0)}{\kappa GA} \tag{9.1.24}$$

9.1.4 数值结果与讨论

9.1.4.1 在某些外力频率下的稳态响应

图 9.2 显示无量纲挠度 $g(1/2, 1/2)$ 作为外部单位集中力的无量纲频率 Ω_1 的函数。正如预期的那样，在 $\Omega_1=1$ 的情况下，EB 会发生共振。对于 RB 和 TB，共振发生在 $\Omega_1^{\mathrm{RB}}=0.997$ 和 $\Omega_1^{\mathrm{RB}}=0.984$，这意味着 RB 和 TB 的一阶固有频率等于 90.138rad/s 和 88.981rad/s。

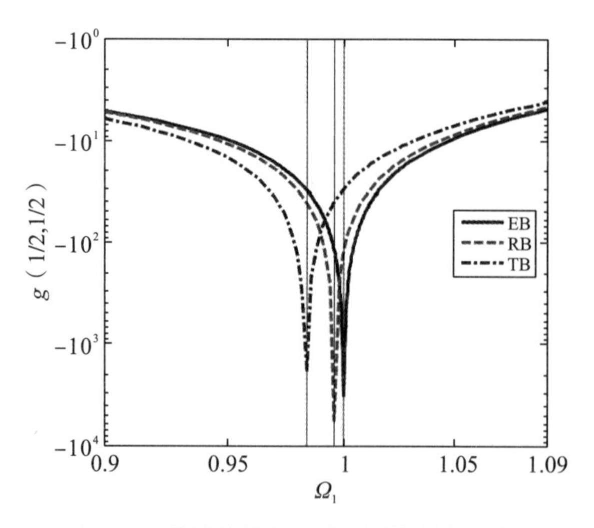

图 9.2 外激励频率 Ω_1 的无量纲格林函数

如图 9.3 所示，无量纲挠度 $g(\zeta, 1/2)$ 的变化无量纲坐标 $\xi=x/L$，可以看出低频

($\Omega_1=0.5$) 相关的变形梁的配置与高频 ($\Omega_1=5.0$) 相关的变形梁的配置有很大不同，因为一阶模态和三阶模态分别在 $\Omega_1=0.5$ 和 $\Omega_1=5.0$ 触发。无论外力的频率如何，RB 的挠度都非常接近于 EB，这表明转动惯量对挠度的影响很小。另外，TB 的振幅远大于 RB 和 TB 的振幅。这意味着，TB 模型中引入的剪切效应对梁的振动有显著影响。如图 9.4 所示，在变量 ψ 中发现了类似的观察结果，这与目前研究得出的结论一致。此外，ψ (ξ，1/2) 在 $\xi=0.5$ 存在不连续性，这是因为考虑了剪切效应。

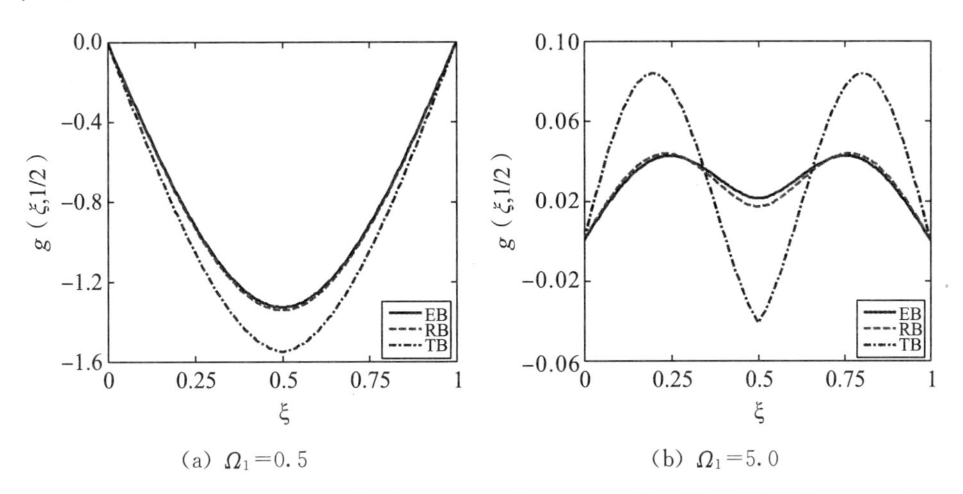

图 9.3　EB、RB 和 TB 在外激励频率 $\Omega_1=0.5$ 和 $\Omega_1=5.0$ 的无量纲格林函数 $g(\xi, 1/2)$

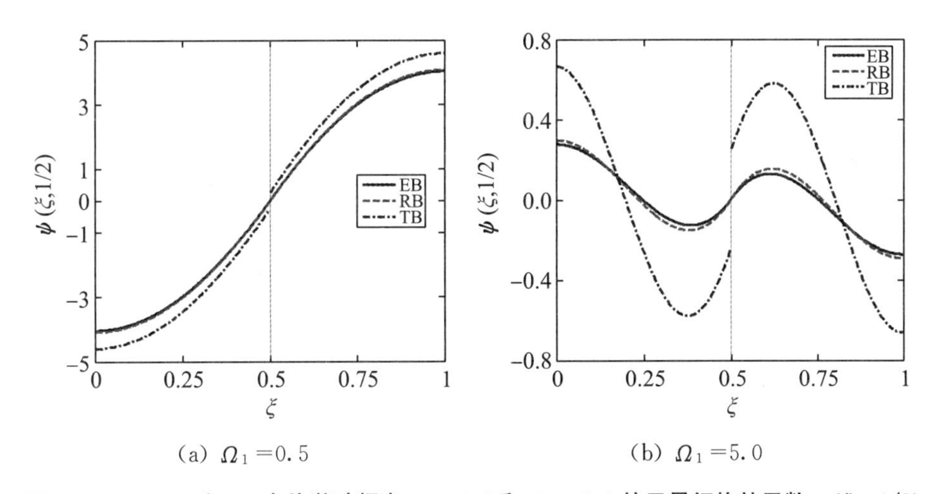

图 9.4　EB、RB 和 TB 在外激励频率 $\Omega_1=0.5$ 和 $\Omega_1=5.0$ 的无量纲格林函数 $\psi(\xi, 1/2)$

9.1.4.2　阻尼因子的影响

图 9.5 显示无量纲位移 $g(1/2, 1/2)$ 作为阻尼系数 ζ_1 和 ζ_2 的函数。正如预期的那样，位移随着 ζ_1 和 ζ_2 的增大而减小，这从物理角度来看是符合实际的。从图 9.5 (b) 可以看到，无量纲位移发生了显著变化，尤其是对于 $0<\zeta_2<0.1$。这意味着，以 ζ_2 为特征的旋转阻尼比以 ζ_1 为特征的平移阻尼具有更显著的效果。在 $\psi(1/2, 1/2)$ 中观察到同样的现象，因为结果过于简单而未显示。

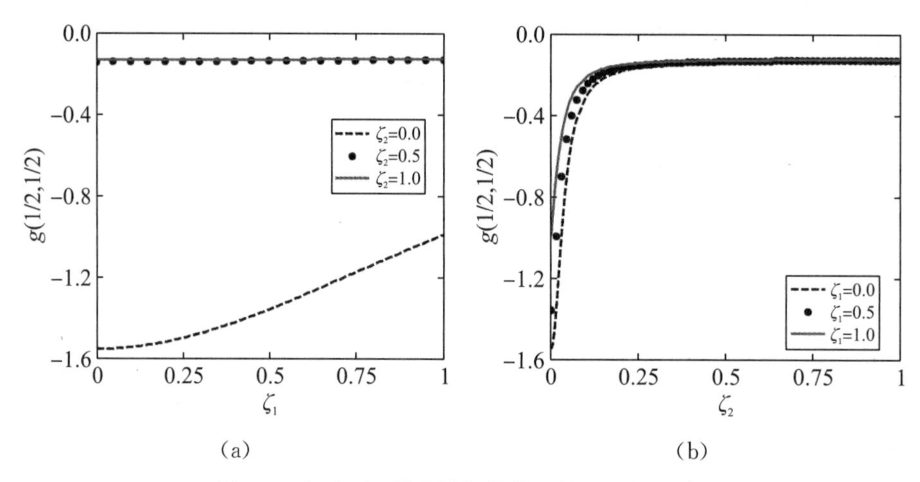

图 9.5　ζ_1 和 ζ_2 的无量纲格林函数 $g(1/2, 1/2)$

9.1.4.3　剪切因子的影响

为了检验剪切修正因子 κ 对挠度的影响，考虑了一个细长比 $\beta=0.2$ 的 TB。剪切修正系数 κ 通常是泊松比 v 和梁横截面几何形状的函数。在本节中，假设泊松比为 0.34. 图 9.6 (a) 显示了无量纲挠度 $g(1/2, 1/2)$ 作为剪切修正系数 κ 的函数。可以看出，挠度的大小随着 κ 的增大而减小。通过设置 $\kappa\to\infty$，无量纲挠度将减小到 RB 的挠度，并在 $\gamma=0$ 时进一步退化到 EB 的挠度。根据 Timoshenko 梁理论，剪切修正系数 κ 定义为截面上的平均剪切应变与质心处的剪切应变之比，因此 $\kappa\leqslant 1$。

图 9.6 (b) 还说明了 $g(1/2, 1/2)$ 在剪切修正系数 ($\kappa\leqslant 1$) 的变化。正如预期的那样，矩形横截面的数据绘制在曲线上，而矩形横截面以外的横截面的数据并非如此。这是由于 $g(1/2, 1/2)$ 对横截面的面积 A 和静态力矩的依赖性。

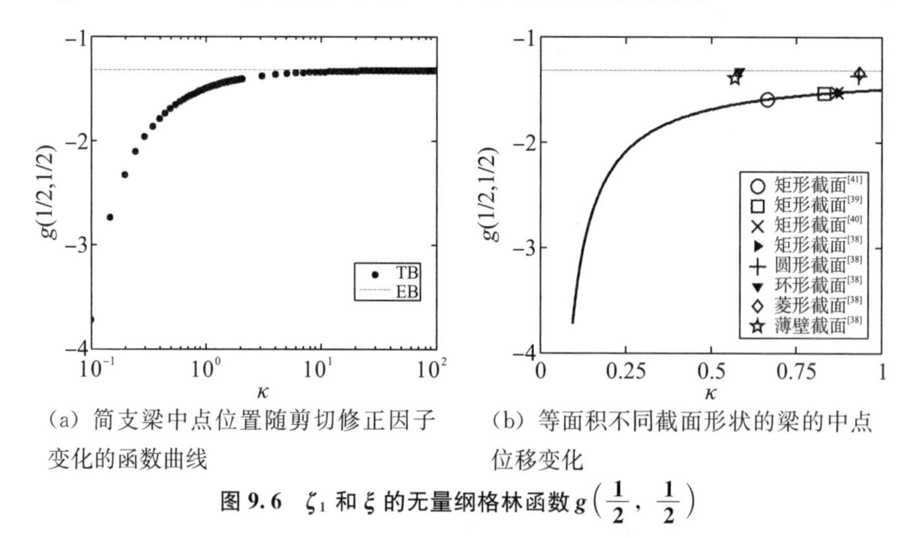

(a) 简支梁中点位置随剪切修正因子变化的函数曲线　(b) 等面积不同截面形状的梁的中点位移变化

图 9.6　ζ_1 和 ξ 的无量纲格林函数 $g\left(\frac{1}{2}, \frac{1}{2}\right)$

本节的分析侧重于具有阻尼效应的 Timoshenko 梁的强迫振动。弯曲和扭转耦合振动超出了本文的范围。在这种情况下，控制方程是非线性的，这将是未来研究的一个有趣的课题。现在的格林函数可以用来构造更复杂的问题。例如，通过采用 Hondros 和

Dimarogonas 等学者建议的相应模型，本方法可以扩展到振动监测领域，以评估裂纹梁的结构健康状况。此外，目前的结果也可以应用于不连续梁或其他学科，如生物力学。

9.2　裂纹梁的动力响应

在各种机械和建筑结构（如钢筋混凝土结构）中，随着使用年限的增加，裂纹问题频繁出现。这些结构中裂纹的存在对结构健康有重大影响，并可能危及人类生命。因此，土木和机械结构中裂纹的检测和识别，即所谓的反问题，受到了广泛关注。由于裂纹会改变结构的动力响应，因此使用动力学特性（固有频率和振动模式）来检测裂纹位置和损伤程度。鉴于难以获得结构动力响应的显式表达式（直接问题），通常采用实验和数值方法来确定裂纹结构的动力行为。为了更好地理解裂纹结构的力学行为，需要进行理论研究。

9.2.1　具有阻尼效应的欧拉-伯努利梁的格林函数

具有阻尼效应的欧拉-伯努利梁的格林函数如下：

$$EIw'''' + c\dot{w} + \mu\ddot{w} = p(x,t) \tag{9.2.1}$$

式中，EI 和 μ 分别是梁的抗弯刚度和单位长度质量；c 代表阻尼系数；$w(x,t)$ 是梁的挠度，$p(x,t)$ 是施加在梁上的载荷。

考虑一个简写载荷 $p(x,t)=p(x)\exp(\mathrm{i}\Omega t)$，式（9.2.1）的稳态解可以写成 $w(x,t)=W(x)\exp(\mathrm{i}\Omega t)$ 的形式。通过将表达式 $w(x,t)=W(x)\exp(\mathrm{i}\Omega t)$ 代入上式，可以从式（9.2.1）中消除时间变量 t。因此，式（9.2.1）被改写为

$$W''''(x) + \frac{\mu\Omega^2 - \mathrm{i}c\Omega}{EI}W(x) = \frac{p(x)}{EI} \tag{9.2.2}$$

从格林函数的物理意义来看，$G(x,x_0)$ 是以下微分方程的解：

$$W''''(x) + \frac{\mu\Omega^2 - \mathrm{i}c\Omega}{EI}W(x) = \frac{\delta(x-x_0)}{EI} \tag{9.2.3}$$

式中，$\delta(\cdot)$ 是狄拉克函数。根据叠加原理，式（9.2.2）的解可以用下列形式表示：

$$W(x) = \int_0^l P(\eta)G(x;\eta)\mathrm{d}\eta \tag{9.2.4}$$

获得格林函数，利用拉普拉斯变换方法求解式（9.2.3），并将基本解表示为

$$\begin{aligned} G(x,x_0) = {} & H(x,x_0)\varphi_1(x-x_0) + \varphi_2(x)W(0) + \varphi_3(x)W'(0) + \\ & \varphi_4(x)W''(0) + \varphi_5(x)W'''(0) \end{aligned} \tag{9.2.5}$$

式中，

$$\begin{aligned} & \varphi_1(x) = \frac{1}{EI}\sum_{i=1}^{4}A_i(x), \varphi_2(x) = \sum_{i=1}^{4}A_i(x)s_i^3, \varphi_3(x) = \sum_{i=1}^{4}A_i(x)s_i^2, \\ & \varphi_4(x) = \sum_{i=1}^{4}A_i(x)s_i, \varphi_5(x) = \sum_{i=1}^{4}A_i(x) \end{aligned} \tag{9.2.6}$$

$$A_1(x)=\frac{e^{s_1x}}{(s-s_1)(s-s_2)(s-s_3)(s-s_4)},A_2(x)=\frac{e^{s_2x}}{(s-s_1)(s-s_2)(s-s_3)(s-s_4)},$$
$$A_3(x)=\frac{e^{s_3x}}{(s-s_1)(s-s_2)(s-s_3)(s-s_4)},A_4(x)=\frac{e^{s_4x}}{(s-s_1)(s-s_2)(s-s_3)(s-s_4)} \tag{9.2.7}$$

9.2.2 梁裂纹截面的局部刚度模型

开口裂纹的存在将导致变形梁的挠度斜率不连续。有一条裂纹的梁被视为两个完整的节段，由刚度为 K^{eq} 的无质量扭转弹簧连接。斜坡的不连续性与通过裂纹截面传递的弯矩成正比，即

$$M=K^{eq}\Delta\theta \tag{9.2.8}$$

式中，$\Delta\theta$ 代表梁偏转曲线斜率的不连续性；M 代表裂纹截面传递的弯矩。

为了寻求裂纹梁的格林函数，必须正确描述梁受损截面的机械性能。为此，采用各种等效无质量扭转弹簧模型来描述裂纹横截面的力学行为。

$$K^{eq}=\frac{EI}{h}\frac{1}{C(h')} \tag{9.2.9}$$

式中，$h'=h_c/h$ 是裂纹深度 h_c 与梁高 h 的比值（图 9.7），$C(h')$ 是局部柔度的无量纲常数，在不同的弹簧模型中有不同的表达式。

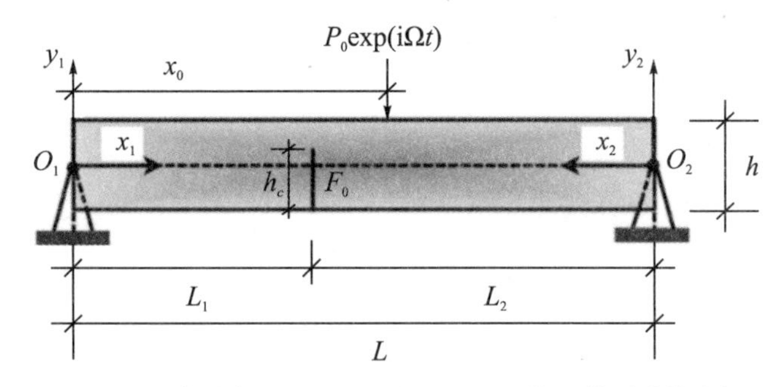

图 9.7 局部坐标系 $x_1O_1y_1$ 和 $x_2O_2y_2$ 作用的裂纹简支梁

Rizos 等人提出：

$$C(h')=5.346h'^2(1.86-3.95h'+16.375h'^2-37.226h'^3+76.81h'^4-126.9h'^5+172h'^6-143.97h'^7+66.56h'^8) \tag{9.2.10}$$

Ostachowicz 等人提出：

$$C(h')=6\pi h'^2(0.6384-1.035h'+3.7201h'^2-5.1773h'^3+7.553h'^4-7.332h'^5+2.4909h'^6) \tag{9.2.11}$$

Fernandez-Saez 等人提出：

$$C(h')=2\left(\frac{h'}{1-h'}\right)^2(5.93-19.69h'+37.14h'^2-35.84h'^3+13.12h'^4) \tag{9.2.12}$$

Chondros 等人提出：

$$C(h')=6\pi(1-\nu^2)h'^2(0.6272-1.04533h'+4.5948h'^2-9.9736h'^3+20.2948h'^4-33.0351h'^5+47.1063h'^6-40.7556h'^7+19.6h'^8) \tag{9.2.13}$$

Bilello 建议采用

$$C(h')=\frac{h'(2-h')}{0.9(1-h')^2} \tag{9.2.14}$$

从力学的角度来看，重要的是对给定的 5 个模型的大小进行排序。这 5 个模型之间的定量关系对于理解梁整体反射的相关性非常有帮助。特别令人感兴趣的是 $C(h')$ 的最大值和最小值，与之对应的是梁的挠度的上/下限。

9.2.3　单裂纹梁的格林函数

考虑一根长为 L、高为 h 的梁，它受到一个时间谐波集中力作用于 $x=x_0$，并被一个裂纹削弱。如图 9.7 所示，由于裂纹的存在，导致边坡不连续梁在外力作用下的挠度，梁受迫振动的格林函数 $G(x, x_0)$ 是一个非光滑函数。为了方便起见，裂纹梁被人为地分为两部分，即 $x\in[0, L_1^-)$ 和 $x\in(L_1^+, 0]$，它们分别由分段格林函数 $\bar{G}_1(x_1, x_{10})$和 $\bar{G}_2(x_2, x_{20})$ 决定。

为了说明上述方法，我们考虑一个简单的梁与一个裂纹。在局部坐标系 $x_1O_1y_1$ 和 $x_2O_2y_2$ 中，如图 9.7 所示，有 $W_i|_{x_i=0}$和 $W_i''|_{x_i=0}$，这意味着梁端的横向位移和弯矩消失。因此，在局部系统中，第 i 段格林函数可以表示为

$$\begin{aligned}W_1(x_1)&=\bar{G}_1(x_1,x_{10})=H(x_1-x_{10})\varphi_1(x_1-x_{10})+\varphi_3(x_1)W_1'(0)+\\&\quad\varphi_5(x_1)W_1'''(0),x_1\in[0,L_1^-),\\W_2(x_1)&=\bar{G}_2(x_2,x_{20})=H(x_2-x_{20})\varphi_1(x_2-x_{20})+\varphi_3(x_2)W_2'(0)+\\&\quad\varphi_5(x_2)W_2'''(0),x_2\in[0,L_2^-)\end{aligned} \tag{9.2.15}$$

在开裂的横截面（$x_1=L_1^-$ 和 $x_2=L_2^-$）处，梁的挠度和弯矩应相等；剪切力大小相等，方向相反；转角是不连续的。因此，可得以下关系：

$$\begin{aligned}&W_1|_{x_1=L_1^-}=W_2|_{x_2=L_2^-},\left.\frac{\partial^2W_1}{\partial x_1^2}\right|_{x_1=L_1^-}=\left.\frac{\partial^2W_2}{\partial x_2^2}\right|_{x_2=L_2^-},\left.\frac{\partial^3W_1}{\partial x_1^3}\right|_{x_1=L_1^-}=-\left.\frac{\partial^3W_2}{\partial x_2^3}\right|_{x_2=L_2^-},\\&\left.\frac{\partial W_1}{\partial x_1}\right|_{x_1=L_1^-}=-F_0EI\left.\frac{\partial^2W_2}{\partial x_2^2}\right|_{x_2=L_2^-}-\left.\frac{\partial W_2}{\partial x_2}\right|_{x_2=L_2^-}\end{aligned} \tag{9.2.16}$$

式中，$F_0=1/K^{eq}$ 表示扭簧的局部柔度，将式（9.2.15）代入式（9.2.16）可得如下矩阵：

$$\begin{bmatrix} \varphi_3(L_1) & \varphi_5(L_1) & -\varphi_3(L_2) & -\varphi_5(L_2) \\ \varphi_3''(L_1) & \varphi_5''(L_1) & -\varphi_3''(L_2) & -\varphi_5''(L_2) \\ \varphi_3'''(L_1) & \varphi_5'''(L_1) & \varphi_3'''(L_2) & \varphi_5'''(L_2) \\ \varphi_3'(L_1) & \varphi_5'(L_1) & \psi_3'(L_2) & \psi_5'(L_2) \end{bmatrix} \begin{bmatrix} W_1'(0) \\ W_1'''(0) \\ W_2'(0) \\ W_2'''(0) \end{bmatrix} = \begin{bmatrix} \varphi_1(L_2 - x_{20}) \\ \varphi_1''(L_2 - x_{20}) \\ -\varphi_1'''(L_2 - x_{20}) \\ -\psi_1'(L_2 - x_{20}) \end{bmatrix} \tag{9.2.17}$$

式中，$\psi_1'=\varphi_1'+F_0EI\varphi_1''$，$\psi_3'=\varphi_3'+F_0EI\varphi_3''$，$\psi_5'=\varphi_5'+F_0EI\varphi_5''$。从局部坐标和全局坐标 $x_1=x$ 和 $x_2=L-x_1$ 的关系来看，单裂纹梁的格林函数 $G(x,x_0)$ 可表示为以下函数：

$$G(x,x_0)=\begin{cases} \bar{G}_1(x_1,x_{10}), x\in[0,L_1^-] \\ \bar{G}_2(L-x_2,x_{20}), x\in[L_1^+,L] \end{cases} \tag{9.2.18}$$

9.2.4 多裂纹梁的格林函数

如图 9.8 所示，多裂纹梁的思想是通过裂纹将梁划分为若干梁段，有 n 个裂纹就会有（$n+1$）个梁段，每个梁段都有如下格林函数：

$$G(x,x_0)=H(x,x_0)\varphi_1(x-x_0)+\varphi_2(x)W(0)+\varphi_3(x)W'(0)+\varphi_4(x)W''(0)+\varphi_5(x)W'''(0) \tag{9.2.19}$$

式中，

$$A_i=W_i(0),\ B_i=W_i'(0),\ C_i=W_i''(0),\ D_i=W_i'''(0) \tag{9.2.20}$$

是待确定的常数。为了便于标注，引入以下向量：

$$\boldsymbol{U}_i=(A_i,B_i,C_i,D_i)^{\mathrm{T}}, \tag{9.2.21}$$

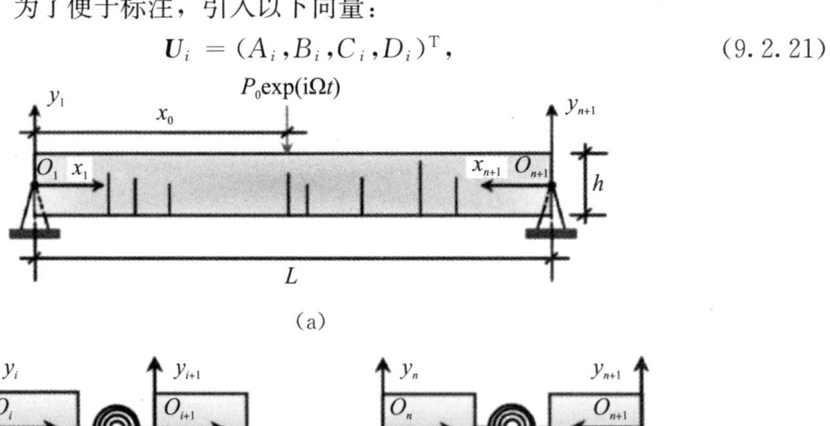

(a)

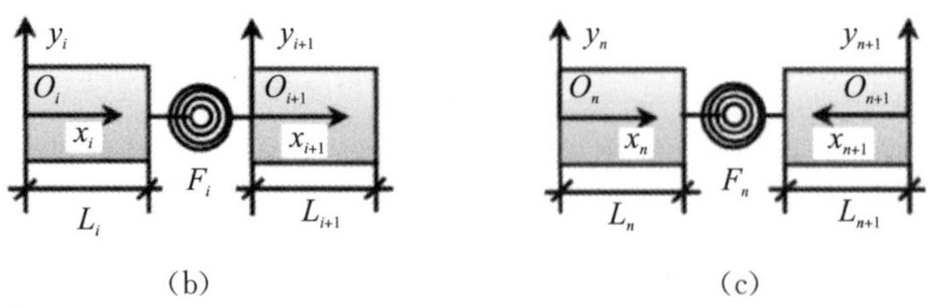

(b) (c)

图 9.8 局部坐标系 $x_1O_1y_1$ 和 $x_2O_2y_2$ 下的裂纹简支梁

式中，i 的范围是从 1 到 $n+1$。对于每个片段，格林函数中包含 4 个未知常数，如式（9.2.19）所示。因此，对于有 n 个裂纹的梁，总共有 4（$n+1$）个常数或 $n+1$ 个矢量 $\boldsymbol{U}_i$ 需要确定。如果这些常数或矢量完全固定，就可以得到裂纹梁的位移。在下文中，采用传递矩阵方法来确定这些向量。有如下传递关系：

$$W_i\big|_{x_i=L_i^-}=W_{i+1}\big|_{x_{i+1}=0^+},\ \frac{\partial^2 W_i}{\partial x_i^2}\bigg|_{x_i=L_i^-}=\frac{\partial^2 W_{i+1}}{\partial x_{i+1}^2}\bigg|_{x_{i+1}=0^+},\ \frac{\partial^3 W_i}{\partial x_i^3}\bigg|_{x_i=L_i^-}=\frac{\partial^3 W_{i+1}}{\partial x_{i+1}^3}\bigg|_{x_{i+1}=0^+},$$

$$\frac{\partial W_i}{\partial x_i}\bigg|_{x_i=L_i^-}=-F_iEI\frac{\partial^2 W_{i+1}}{\partial x_{i+1}^2}\bigg|_{x_{i+1}=0^+}+\frac{\partial W_{i+1}}{\partial x_{i+1}}\bigg|_{x_{i+1}=0^+}\tag{9.2.22}$$

式中，F_i 是等效无质量扭簧的弹性常数。将式（9.2.19）代入式（9.2.22）中，可得如下矩阵：

$$\begin{aligned}
&H(L_i-x_{i0})\varphi_1(L_i-x_{i0})+\Phi(L_i)U_i=H(-x_{i0})\varphi_1(-x_{i0})+\Phi(0)U_{i+1},\\
&H(L_i-x_{i0})\varphi_1{}''(L_i-x_{i0})+\Phi''(L_i)U_i=H(-x_{i0})\varphi_1{}''(-x_{i0})+\Phi''(0)U_{i+1},\\
&H(L_i-x_{i0})\varphi_1{}'''(L_i-x_{i0})+\Phi'''(L_i)U_i=H(-x_{i0})\varphi_1{}'''(-x_{i0})+\Phi'''(0)U_{i+1},\\
&H(L_i-x_{i0})\varphi_1{}'(L_i-x_{i0})+\Phi'(L_i)U_i=H(-x_{i0})\chi'_{1i}(-x_{i0})+\chi'_i(0)U_{i+1}
\end{aligned}\tag{9.2.23}$$

式中，

$$\Phi=(\varphi_1,\varphi_2,\varphi_3,\varphi_4),\chi_{1i}=\varphi_1{}'-F_iEI\varphi_1{}'',\chi_i{}'=\Phi_1{}'-F_iEI\Phi_1\tag{9.2.24}$$

$$H(-x_{i0})=\begin{cases}1,\ x_{i0}\leqslant 0\\0,\ x_{i0}>0\end{cases},\ H(L_i-x_{i0})=\begin{cases}1,\ x_{i0}\leqslant L_i\\0,\ x_{i0}>L_i\end{cases}\tag{9.2.25}$$

将式（9.2.23）写成如下矩阵：

$$\boldsymbol{T}_{1i}\boldsymbol{U}_i=\boldsymbol{M}_i+\boldsymbol{T}_{2i}\boldsymbol{U}_{i+1},(i=1,2,\cdots,n-1)\tag{9.2.26}$$

其中，

$$\boldsymbol{T}_{1i}=\begin{pmatrix}\varphi_2(L_i)&\varphi_3(L_i)&\varphi_4(L_i)&\varphi_5(L_i)\\\varphi_2{}''(L_i)&\varphi_3{}''(L_i)&\varphi_4{}''(L_i)&\varphi_3{}''(L_i)\\\varphi_2{}'''(L_i)&\varphi_3{}'''(L_i)&\varphi_4{}'''(L_i)&\varphi_3{}'''(L_i)\\\varphi_2{}'(L_i)&\varphi_3{}'(L_i)&\varphi_4{}'(L_i)&\varphi_3{}'(L_i)\end{pmatrix}$$

$$\boldsymbol{T}_{2i}=\begin{pmatrix}\varphi_2(0)&\varphi_3(0)&\varphi_4(0)&\varphi_5(0)\\\varphi_2{}''(0)&\varphi_3{}''(0)&\varphi_4{}''(0)&\varphi_5{}''(0)\\\varphi_2{}'''(0)&\varphi_3{}'''(0)&\varphi_4{}'''(0)&\varphi_5{}'''(0)\\\chi_{2i}{}'(0)&\chi_{3i}{}'(0)&\chi_{4i}{}'(0)&\chi_{5i}{}'(0)\end{pmatrix}\tag{9.2.27}$$

$$\boldsymbol{M}_i=H(-x_{i0})\begin{pmatrix}\varphi_1(-x_{i0})\\\varphi_1{}''(-x_{i0})\\\varphi_1{}'''(-x_{i0})\\\chi'_{1i}(-x_{i0})\end{pmatrix}-H(L_i-x_{i0})\begin{pmatrix}\varphi_1(L_i-x_{i0})\\\varphi_1{}''(L_i-x_{i0})\\\varphi_1{}'''(L_i-x_{i0})\\\varphi_1{}'(L_i-x_{i0})\end{pmatrix}$$

为了建立第 $i+1$ 段梁（$1\leqslant i\leqslant n$）的递推关系，可以把式（9.2.26）表示为

$$U_{i+1}=(T_{2i})^{-1}T_{1i}U_i-(T_{2i})^{-1}M_i,\ i=1,2,\cdots,n-1\tag{9.2.28}$$

根据参考文献，第 n 段梁应当满足下列条件：

$$W_n \mid_{x_n=L_n^-} = W_{n+1} \mid_{x_{n+1}=L_{n+1}^-}, \frac{\partial^2 W_n}{\partial x_n^2} \mid_{x_n=L_n^-} \frac{\partial^2 W_{n+1}}{\partial x_{n+1}^2} \mid_{x_{n+1}=L_{n+1}^-},$$

$$\frac{\partial^3 W_n}{\partial x_n^3} \mid_{x_n=L_n^-} = -\frac{\partial^3 W_{n+1}}{\partial x_{n+1}^3} \mid_{x_{n+1}=L_{n+1}^-}, \tag{9.2.29}$$

$$\frac{\partial W_n}{\partial x_n} \mid_{x_n=L_n^-} = -F_n EI \frac{\partial^2 W_{n+1}}{\partial x_{n+1}^2} \mid_{x_{n+1}=L_{n+1}^-} - \frac{\partial W_{n+1}}{\partial x_{n+1}} \mid_{x_{n+1}=L_{n+1}^-}$$

将式（9.2.19）代入式（9.2.29），可以得到以下矩阵形式的方程：

$$\boldsymbol{T}_{1n}\boldsymbol{U}_n = \boldsymbol{M}_n + \boldsymbol{T}_{2n}\boldsymbol{U}_{n+1} \tag{9.2.30}$$

式中，

$$\boldsymbol{T}_{1n} = \begin{pmatrix} \Phi(L_n) \\ \Phi''(L_n) \\ \Phi'''(L_n) \\ \Phi'(L_n) \end{pmatrix} = \begin{pmatrix} \varphi_2(L_n) & \varphi_3(L_n) & \varphi_4(L_n) & \varphi_5(L_n) \\ \varphi_2''(L_n) & \varphi_3''(L_n) & \varphi_4''(L_n) & \varphi_3''(L_n) \\ \varphi_2'''(L_n) & \varphi_3'''(L_n) & \varphi_4'''(L_n) & \varphi_3'''(L_n) \\ \varphi_2'(L_n) & \varphi_3'(L_n) & \varphi_4'(L_n) & \varphi_3'(L_n) \end{pmatrix}$$

$$\boldsymbol{T}_{2n} = \begin{pmatrix} \Phi(L_{n+1}) \\ \Phi''(L_{n+1}) \\ -\Phi'''(L_{n+1}) \\ -\gamma_n'(L_{n+1}) \end{pmatrix} = \begin{pmatrix} \varphi_2(L_{n+1}) & \varphi_3(L_{n+1}) & \varphi_4(L_{n+1}) & \varphi_5(L_{n+1}) \\ \varphi_2''(L_{n+1}) & \varphi_3''(L_{n+1}) & \varphi_4''(L_{n+1}) & \varphi_5''(L_{n+1}) \\ -\varphi_2'''(L_{n+1}) & -\varphi_3'''(L_{n+1}) & -\varphi_4'''(L_{n+1}) & -\varphi_5'''(L_{n+1}) \\ -\gamma_{2n}'(L_{n+1}) & -\gamma_{3n}'(L_{n+1}) & -\gamma_{4n}'(L_{n+1}) & -\gamma_{5n}'(L_{n+1}) \end{pmatrix}$$

$$\boldsymbol{M}_n = H(L_{n+1} - x_{n+10}) \begin{pmatrix} \varphi_1(L_{n+1} - x_{n+10}) \\ \varphi_1''(L_{n+1} - x_{n+10}) \\ -\varphi_1'''(L_{n+1} - x_{n+10}) \\ \gamma_{1n}(L_{n+1} - x_{n+10}) \end{pmatrix} - H(L_n - x_{n0}) \begin{pmatrix} \varphi_1(L_n - x_{n0}) \\ \varphi_1''(L_n - x_{n0}) \\ \varphi_1'''(L_n - x_{n0}) \\ \varphi_1'(L_n - x_{n0}) \end{pmatrix} \tag{9.2.31}$$

式中，

$$\gamma_n' = (\varphi_2' + F_n EI\varphi_2'', \varphi_3' + F_n EI\varphi_3'', \varphi_4' + F_n EI\varphi_4'', \varphi_5' + F_n EI\varphi_5'')$$
$$\gamma_{1n}' = \varphi_1' + F_n EI\varphi_1'' \tag{9.2.32}$$

因此，第 $n+1$ 段梁的传递关系为

$$\boldsymbol{U}_{n+1} = (\boldsymbol{T}_{2n})^{-1}\boldsymbol{T}_{1n}\boldsymbol{U}_n - (\boldsymbol{T}_{2n})^{-1}\boldsymbol{M}_n \tag{9.2.33}$$

接下来将通过式（9.2.28）和式（9.2.33）建立$\boldsymbol{U}_1$ 和$\boldsymbol{U}_{n+1}$之间的关系，然后用梁的边界条件来确定未知常数。以简支多裂纹梁为例，我们可知

$$W_1 \mid_{x_1=0} = A_1 = 0,\ W_1'' \mid_{x_1=0} = C_1 = 0,\ W_{n+1} \mid_{x_{n+1}=0} = A_{n+1} = 0,$$
$$W_{n+1}'' \mid_{x_{n+1}=0} = C_{n+1} = 0 \tag{9.2.34}$$

即在局部坐标系 $x_1O_1y_1$ 和 $x_{n+1}O_{n+1}y_{n+1}$中，梁左、右两端的位移和弯矩为零，因此$\boldsymbol{U}_1$ 和$\boldsymbol{U}_{n+1}$可以表示为

$$\boldsymbol{U}_1 = (0, B_1, 0, D_1)^{\mathrm{T}}, \quad \boldsymbol{U}_{n+1} = (0, B_{n+1}, 0, D_{n+1})^{\mathrm{T}} \tag{9.2.35}$$

由式（9.2.28）可得 $\boldsymbol{U}_1$和 $\boldsymbol{U}_n$ 之间的关系为

$$\boldsymbol{U}_n=(\boldsymbol{T}_{2n-1})^{-1}\boldsymbol{T}_{1n-1}\left[\prod_{j=2}^{n-1}(\boldsymbol{T}_{2n-j})^{-1}\boldsymbol{T}_{1n-j}\right]\boldsymbol{U}_1$$
$$-(\boldsymbol{T}_{2n-1})^{-1}\left[\sum_{k=1}^{n-2}\prod_{l=1}^{k}\boldsymbol{T}_{1n-l}(\boldsymbol{T}_{2n-l-1})^{-1}\boldsymbol{M}_{n-k-1}\right]-(\boldsymbol{T}_{2n-l-1})^{-1}\boldsymbol{M}_{n-1} \tag{9.2.36}$$

式中，$\prod_{\text{range}}$表示该范围内涉及的所有矩阵按顺序相乘。由式（9.2.33）可得$\boldsymbol{U}_1$和$\boldsymbol{U}_{n+1}$之间的关系为

$$\boldsymbol{U}_{n+1}=(\boldsymbol{T}_{2n})^{-1}\boldsymbol{T}_{1n}\left[\prod_{j=1}^{n-1}(\boldsymbol{T}_{2n-j})^{-1}\boldsymbol{T}_{1n-j}\right]\boldsymbol{U}_1$$
$$-(\boldsymbol{T}_{2n})^{-1}\left[\sum_{k=0}^{n-2}\prod_{l=0}^{k}\boldsymbol{T}_{1n-l}(\boldsymbol{T}_{2n-l-1})^{-1}\boldsymbol{M}_{n-k-1}\right]-(\boldsymbol{T}_{2n})^{-1}\boldsymbol{M}_n \tag{9.2.37}$$

常数B_1，D_1，B_{n+1}和D_{n+1}可以从向量方程（9.2.37）中获得，它实际上代表4个代数方程。因此，可以完全确定矢量的大小。从式（9.2.28）和式（9.2.33）中，剩下的向量$\boldsymbol{U}_i(i=1,2,\cdots,n)$是可以被获得的。因此，格林函数中的所有常数都可以通过以下方法确定，即

$$\det\left\{\boldsymbol{T}_{1n}\left[\prod_{j=1}^{n-1}(\boldsymbol{T}_{2n-j})^{-1}\boldsymbol{T}_{1n-j}\right],-(\boldsymbol{T}_{2n})\right\}=0 \tag{9.2.38}$$

由前文推导可知，双裂纹的简支梁被2个裂纹分为3段，其局部坐标范围依次是$x_1\in[0,L_1^-)$，$x_2\in[0,L_2^-)$和$x_3\in[0,L_3^-)$。因此，格林函数被分段表达为

$$\bar{G}_1(x_1;x_{10})=H(x_1-x_{10})\varphi_1(x_1-x_{10})+B_1\varphi_3(x_1)+D_1\varphi_5(x_1),x_1\in[0,L_1^-)$$
$$\bar{G}_2(x_1;x_{20})=H(x_2-x_{20})\varphi_1(x_2-x_{20})+A_2\varphi_2(x_2)+B_2\varphi_3(x_2)+C_2\varphi_4(x_2)+D_2\varphi_5(x_2),x_2\in[0,L_2^-)$$
$$\bar{G}_3(x_3;x_{30})=H(x_3-x_{30})\varphi_1(x_3-x_{30})+B_3\varphi_3(x_3)+D_3(0)\varphi_5(x_3),x_3\in[0,L_3^-) \tag{9.2.39}$$

与前文类似，在第一个裂纹处，应当满足如下条件：

$$W_i|_{x_i=L_i^-}=W_{i+1}|_{x_{i+1}=0^+},\ \frac{\partial^2 W_i}{\partial x_i^2}|_{x_i=L_i^-}=\frac{\partial^2 W_{i+1}}{\partial x_{i+1}^2}|_{x_{i+1}=0^+},\ \frac{\partial^3 W_i}{\partial x_i^3}|_{x_i=L_i^-}=\frac{\partial^3 W_{i+1}}{\partial x_{i+1}^3}|_{x_{i+1}=0^+}$$
$$\frac{\partial W_i}{\partial x_i}|_{x_i=L_i^-}=-F_iEI\frac{\partial^2 W_{i+1}}{\partial x_{i+1}^2}|_{x_{i+1}=0^+}+\frac{\partial W_{i+1}}{\partial x_{i+1}}|_{x_{i+1}=0^+} \tag{9.2.40}$$

其中在第二个裂纹处，应当满足以下条件：

$$W_n|_{x_n=L_n^-}=W_{n+1}|_{x_{n+1}=L_{n+1}^-},\ \frac{\partial^2 W_n}{\partial x_n^2}|_{x_n=L_n^-}=\frac{\partial^2 W_{n+1}}{\partial x_{n+1}^2}|_{x_{n+1}=L_{n+1}^-},\ \frac{\partial^3 W_n}{\partial x_n^3}|_{x_n=L_n^-}$$
$$=-\frac{\partial^3 W_{n+1}}{\partial x_{n+1}^3}|_{x_{n+1}=L_{n+1}^-},\ \frac{\partial W_n}{\partial x_n}|_{x_n=L_n^-}=-F_nEI\frac{\partial^2 W_{n+1}}{\partial x_{n+1}^2}|_{x_{n+1}=L_{n+1}^-}$$
$$-\frac{\partial W_{n+1}}{\partial x_{n+1}}|_{x_{n+1}=L_{n+1}^-} \tag{9.2.41}$$

把式（9.2.39）代入式（9.2.40）和式（9.2.41）可得下列矩阵：

$$\bar{\boldsymbol{T}}_{11}\begin{pmatrix}B_1\\D_1\end{pmatrix}=\boldsymbol{M}_1+\boldsymbol{T}_{21}\begin{pmatrix}A_2\\B_2\\C_2\\D_2\end{pmatrix}\tag{9.2.42}$$

$$\boldsymbol{T}_{12}\begin{pmatrix}A_2\\B_2\\C_2\\D_2\end{pmatrix}=\boldsymbol{M}_2+\bar{\boldsymbol{T}}_{22}\begin{pmatrix}B_3\\D_3\end{pmatrix}\tag{9.2.43}$$

根据式（9.2.42）和式（9.2.43），可以推导出以下方程式：

$$(\boldsymbol{T}_{12}\,\boldsymbol{T}_{\overline{21}}\,\bar{\boldsymbol{T}}_{11},\ -\bar{\boldsymbol{T}}_{22})\begin{pmatrix}B_1\\D_1\\B_3\\D_3\end{pmatrix}=\boldsymbol{M}_2\tag{9.2.44}$$

式中，

$$\boldsymbol{T}_{11}=\begin{pmatrix}\varphi_3(L_1) & \varphi_5(L_1)\\ \varphi_3''(L_1) & \varphi_5''(L_1)\\ \varphi_3'''(L_1) & \varphi_5'''(L_1)\\ \varphi_3'(L_1) & \varphi_5'(L_1)\end{pmatrix}\tag{9.2.45}$$

$$\boldsymbol{T}_{12}=\begin{pmatrix}\varphi_2(L_2) & \varphi_3(L_2) & \varphi_4(L_2) & \varphi_5(L_2)\\ \varphi_2''(L_2) & \varphi_3''(L_2) & \varphi_4''(L_2) & \varphi_5''(L_2)\\ \varphi_2'''(L_2) & \varphi_3'''(L_2) & \varphi_4'''(L_2) & \varphi_5'''(L_2)\\ \varphi_2'(L_2) & \varphi_3'(L_2) & \varphi_4'(L_2) & \varphi_5'(L_2)\end{pmatrix}\tag{9.2.46}$$

$$\boldsymbol{T}_{21}=\begin{pmatrix}\varphi_2(0) & \varphi_3(0) & \varphi_4(0) & \varphi_5(0)\\ \varphi_2''(0) & \varphi_3''(0) & \varphi_4''(0) & \varphi_5''(0)\\ \varphi_2'''(0) & \varphi_3'''(0) & \varphi_4'''(0) & \varphi_5'''(0)\\ \chi_{21}'(0) & \chi_{31}'(0) & \chi_{41}'(0) & \chi_{51}'(0)\end{pmatrix}\tag{9.2.47}$$

$$\boldsymbol{T}_{22}=\begin{pmatrix}\varphi_3(L_3) & \varphi_5(L_3)\\ \varphi_3''(L_3) & \varphi_5''(L_3)\\ -\varphi_3'''(L_3) & -\varphi_5'''(L_3)\\ -\gamma_{32}'(L_{3\ 1}) & -\gamma_{52}'(L_3)\end{pmatrix}\tag{9.2.48}$$

$$\boldsymbol{M}_1=\boldsymbol{0},\boldsymbol{M}_2=-\begin{pmatrix}\varphi_1(L_1+L_2-x_0)\\ \varphi_1''(L_1+L_2-x_0)\\ \varphi_1'''(L_1+L_2-x_0)\\ \varphi_1'(L_1+L_2-x_0)\end{pmatrix}\tag{9.2.49}$$

将局部坐标转换为全局坐标，我们可以得到双裂纹梁的格林函数为

$$
G(x;x_0)=\begin{cases}\bar{G}_1(x_1;x_{10}),x\in[0,L_1^-)\\ \bar{G}_2(x-L_1;x_{20}),x\in(L_1^+,(L_1+L_2)^-)\\ \bar{G}_3(L-x;x_{30}),x\in((L_1+L_2)^+,L)\end{cases} \tag{9.2.50}
$$

9.2.5　数值结果与讨论

9.2.5.1　裂纹的呼吸现象

结构的损伤首先表现为裂纹的出现和扩展，裂纹扩展是引起大型复杂结构破坏的主要原因之一。裂纹结构振动分析中，目前存在两类裂纹模型：张开裂纹模型和呼吸裂纹模型。为了简化，通常忽略了疲劳裂纹的非线性效应，而把裂纹作为张开裂纹考虑。然而真实的裂纹状态与其受力有关，一般情况下并不是一直处于张开状态，而是一种周期性张开—闭合的过程。图 9.9 所示为通过 FEM 测量最大裂纹张开位移，观察到了呼吸现象，以及其随时间的变化。这意味着目前的裂纹模型具有线性性质，掌握了主要的物理本质，可以作为裂纹梁力学行为的近似值。

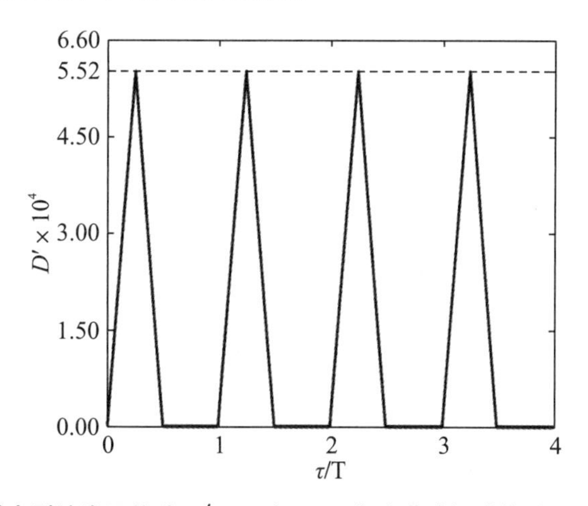

图 9.9　无量纲最大裂纹张开位移 $D'=D_c/w_{max}^s$，作为谐波振动的时间 $T'=\Omega_0/\Omega$ 的函数

9.2.5.2　裂纹深度和裂纹位置的影响

图 9.10 绘制了无量纲格林函数与 3D−FEM 的对比结果。从图 9.10（a）和图 9.10（b）可以看出，挠度的大小随 h' 增大，但随 L' 减小。从物理角度来看，这是有意义的。对于较小的 h' 或较小的 L'，中跨挠度大于裂纹横截面处的挠度，而对于较大的 h' 或较小的 L'，中跨挠度小于裂纹横截面处的挠度。

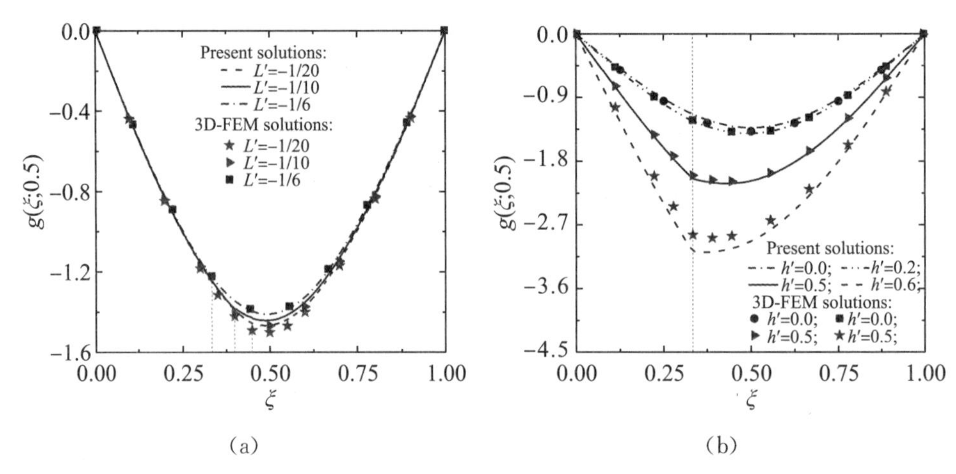

(a) (b)

图 9.10 格林函数 g（ξ；0.5）与 3D－FEM 对比

对于较小 h' 或较大 L' 的梁，最大挠度发生在梁的中间，即 $\xi=0.5$，而对于 h' 较大或 L' 较小的梁，最大挠度发生在开裂截面。

因此，必须存在多种临界参数组合（L'，h'），对应于此，裂纹和中间部分的挠度相同，换句话说，关系式 $g(\xi_c$；0.5）$>g$(0.5；0.5）满足作为全局坐标系中裂纹的坐标（xOy）的要求。对 $L'>0$ 进行了系统计算，并对数值数据进行了拟合，发现关系式 $g(\xi_c$，0.5）$=g$(0.5，0.5)。

如图 9.11 所示，与无裂纹梁相比，对于浅裂纹（例如 $h'=0.2$），裂纹梁的挠度变化均匀。随着裂纹深度的进一步增加，挠度的大小会发生显著变化。还应注意的是，即使对于深裂纹 $h'=0.6$，当前解和 3D－FEM 预测的最大相对差异也在 6％以内。

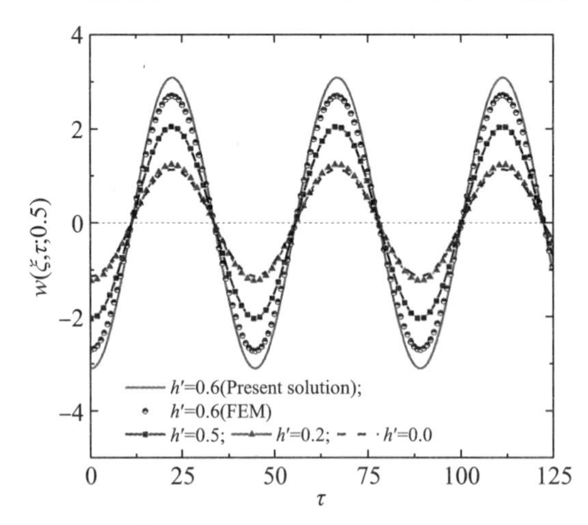

图 9.11 裂纹位置在 $L'=-1/6$ 的单裂纹梁无量纲位移函数 w（ξ，τ；0.5）

9.2.5.3 裂纹的相互作用

如图 9.12 所示，参数空间$\{(L_0'$，h'）$|0\leqslant L_0'\leqslant 0.5$，$0\leqslant h'\leqslant 1.0\}$被分为两部分，分别具有以下特征：在带阴影的子区域中，$f(L_0'$，h'）>0，在空白子区域中，$f(L_0'$，$h')<0$ 两部分；在阴影区域中，$g(\xi_c$；0.5）$>g$(0.5；0.5)。换言之，表示裂

纹横截面处的挠度大于中间横截面处的挠度。然而，在空白子区域中，$g(\xi_c;\ 0.5) < g(0.5;\ 0.5)$，表明裂纹横截面处的挠度小于中间横截面处的挠度。

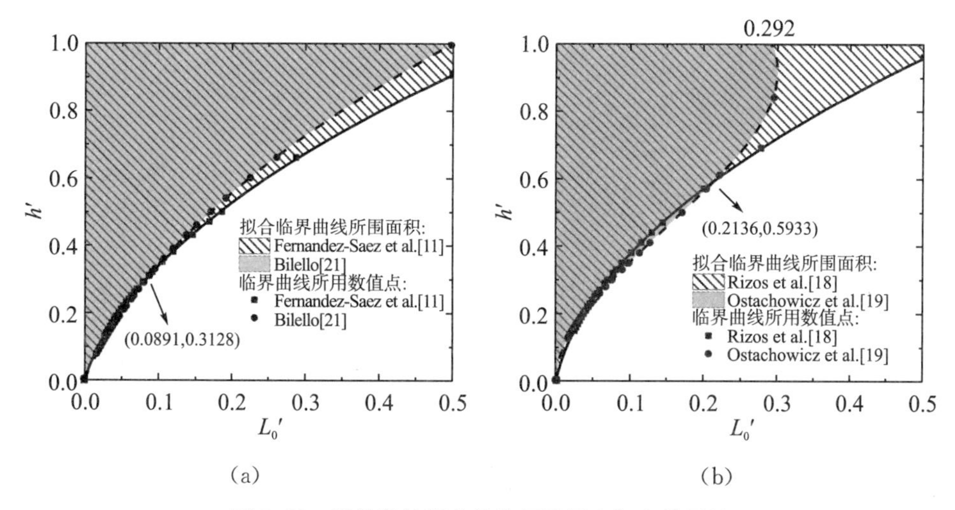

图9.12　裂纹梁的挠度作为无量纲坐标 ξ 的函数

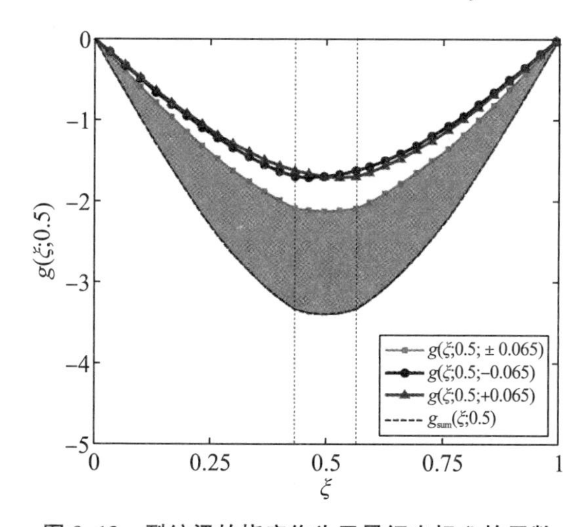

图9.13　裂纹梁的挠度作为无量纲坐标 ξ 的函数

图9.13说明了 $g(\xi,\ 0.5;\ \pm0.065)$，$g(\xi,\ 0.5;\ 0.065)$，$g(\xi,\ 0.5;\ -0.065)$ 和 $g_{sum}(\xi,\ 0.5)$ 的变化。其中，$g(\xi,\ 0.5;\ \pm0.065)$ 表示梁具有两条关于跨中对称裂纹的挠度，$g_{sum}(\xi,\ 0.5)$ 为两根分别具有一条裂纹的梁的挠度求和。在图9.13中，$g_{sum}(\xi,\ 0.5)$ 远大于 $g(\xi,\ 0.5;\ \pm0.065)$，尤其是在重合区域 $0.5-0.675\leqslant\xi\leqslant0.5+0.675$。阴影区域表明了 $g(\xi,\ 0.5;\ \pm0.065)$ 和 $g_{sum}(\xi,\ 0.5)$ 的差异，可以用于测量两条裂纹之间的相互作用。如图9.13所示，对于某些参数对 $(L_0',\ h')$，双裂纹梁的挠度 $g(\xi,\ 0.5;\ \pm L_0')$ 大于两个有一条裂纹的梁的总和 $g_{sum}(\xi,\ L_0')$；其余参数对 $(L_0',\ h')$ 观察到相反的趋势。在这里，我们设置了一个简单的标准 $g(\xi,\ 0.5;\ \pm L_0')\ /g_{sum}(\xi,\ 0.5)\ =1.0$ 去区分参数对。对于 $L_0'>0$，系统数值计算和数据拟合得出以下极端情况下的临界方程，见表9.1。

表 9.1 临界方程

Fernandez−Saez et al.	$g_0(L', h') = h' - 1.7780(L')^2 - 0.0935L' - 0.4864 = 0$
Bilello	$g_0(L', h') = h' - 1.6779(L')^2 - 0.1981L' - 0.4850 = 0$
Rizos et al.	$g_0(L', h') = h' - 1.5722(L')^2 - 0.1572L' - 0.5255 = 0$
Ostachowicz et al.	$g_0(L', h') = h' - 2.9409(L')^2 - 0.0238L' - 0.4961 = 0$

表 9.1 所示方程中的临界关系在图 9.14 中显示，参数空间 $\{(L_0', h') \mid 0 \leqslant L_0' \leqslant 0.5, 0 \leqslant L_0' \leqslant 1.0\}$ 分为两部分，分别为 $g(L_0', h') > 0$ 和 $g(L_0', h') < 0$。在前者和后者的重叠区域，$g(\xi, 0.5; \pm L_0') / g_{\mathrm{sum}}(\xi, 0.5) > 1.0$，$g(\xi, 0.5; \pm L_0') / g_{\mathrm{sum}}(\xi, 0.5) < 1.0$，它们分别表示两条裂纹之间的强相互作用和弱相互作用。因此，以上方程中的临界关系可用作测量两个裂纹之间相互影响的特征方程。需要注意的是，该方程仅对正的 L_0' 有效。但是考虑到梁中心的对称性，我们可以得到负 L_0' 时的临界方程 $g(L_0', h') = 0$。

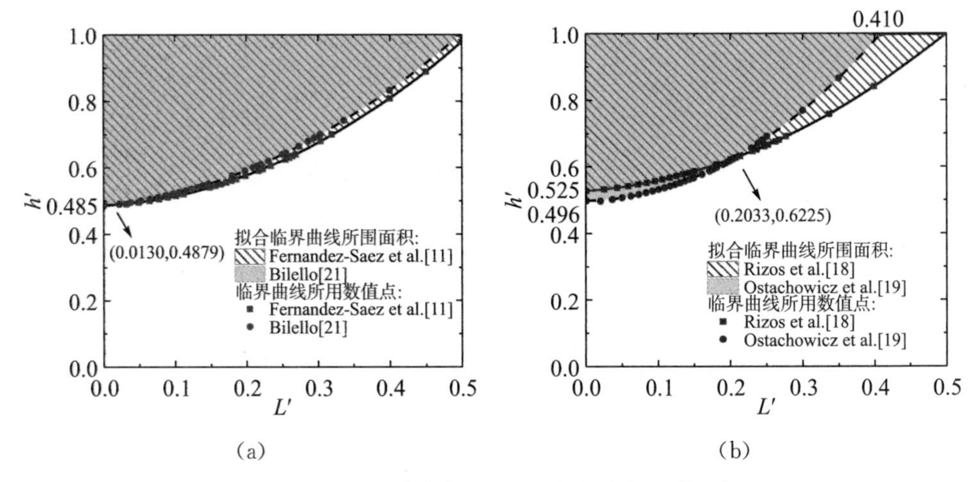

图 9.14 裂纹梁的挠度作为无量纲坐标 ξ 的函数

9.2.5.4 阻尼对裂纹梁的影响

从图 9.15 (a) 可以看出，$W(\xi)$ 的振幅随着阻尼系数 ζ 的减小而减小，这与没有裂纹的梁的结果是相同的。更具体地说，在没有阻尼效应（$\zeta=0$）的情况下，中间跨度（$\xi=1/2$，或开裂横截面 $\xi=1/3$）处的位移与 $\zeta=1.0$ 对应的位移之比大约达到 3∶398（或 3∶391），见图 9.15 (b)。数值结果清楚地表明，这些参数在确定挠度模式中起着重要作用。此外，削弱梁的两条裂纹之间的相互作用以简单明了的方式描述。这些研究成果对反问题具有重要意义，如结构健康评估，这是各个工程领域的研究热点。在裂纹梁的振动过程中，会发生所谓的呼吸现象，如图 9.9 所示。在目前的研究中，这一现象构成了一个挑战，但在这项工作中没有考虑到。目前的解决方案可以被视为理解更复杂问题的起点。

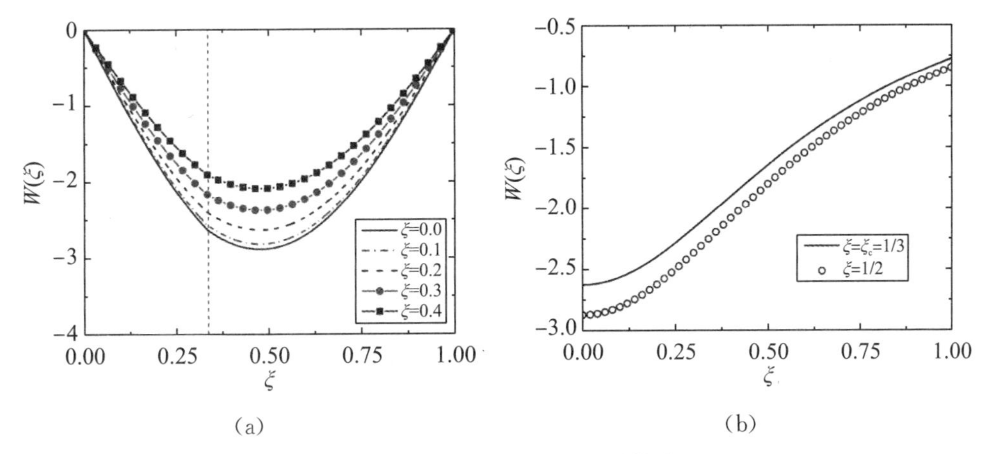

图 9.15　均布荷载的裂纹梁的挠度

9.3　热弹性耦合的动力响应

梁、板、壳及三维结构的热应力和热致振动问题一直被视为经典和长期存在的问题，这些问题在高速飞机、反应堆容器、涡轮机、微机电系统（MEMS）等中具有实际重要性，因为在这些应用中会出现可变加热。温度变化会产生热应力，从而导致梁发生位移。受到可变加热的梁结构会引起温度的周期性变化，从而引起振动，导致结构的疲劳破坏。

9.3.1　Timoshenko 梁热弹性耦合振动的控制方程

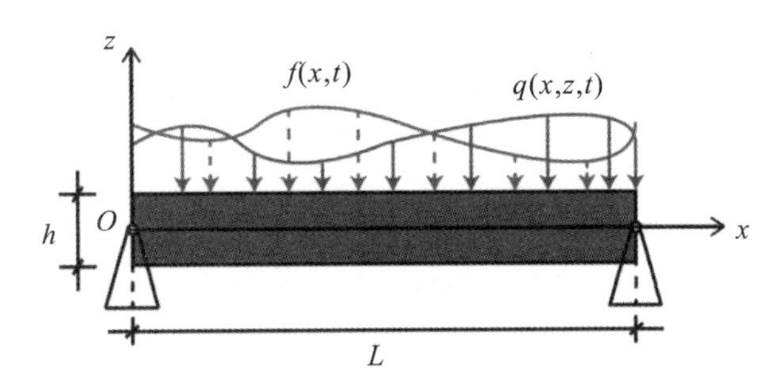

图 9.16　裂纹梁的挠度作为无量纲坐标 ξ 的函数

如图 9.16 所示，考虑了一个长为 L、高为 h、宽为 b 的梁。在梁表面（$z=\pm h/2$）施加热流 $q(x,\ z,\ t)$ 和外部荷载 $f(x,\ t)$，梁周围的初始温度为 0。利用 Hamilton 原理、Timoshenko 梁理论和热传导理论，耦合热弹性振动问题的控制方程可以如下表示：

$$\left(\frac{c_p}{\lambda_T}+\frac{\alpha_T^2 ET_0}{\lambda_T}\right)\frac{\partial T_t}{\partial t}=\frac{\partial^2 T_t}{\partial x^2}+\frac{\partial^2 T_t}{\partial z^2}+\frac{\alpha_T ET_0}{\lambda_T}Z\frac{\partial}{\partial t}\left(\frac{\partial\psi}{\partial x}\right)+\frac{1}{\lambda_T}q(x,z,t)$$

$$EI\frac{\partial^2\psi}{\partial x^2}+\kappa GA\left(\frac{\partial w}{\partial x}-\psi\right)-c_2\frac{\partial\psi}{\partial t}-\rho I\frac{\partial^2\psi}{\partial t^2}+\alpha_T bE\frac{\partial\bar{\chi}_T}{\partial x}=0$$

$$\kappa GA\left(\frac{\partial^2 w}{\partial x^2}-\frac{\partial\psi}{\partial x}\right)-c_1\frac{\partial w}{\partial t}-\rho A\frac{\partial^2 w}{\partial t^2}=f(x,t) \tag{9.3.1}$$

式中，$\psi(x,t)$，$w(x,t)$ 和 $T_t(x,z,t)$ 分别代表转角、横向位移和温度分布；λ_T 和 α_T 分别为导热系数和热膨胀系数；c_p 是单位体积的热容量；EI 和 κGA 分别代表弯曲刚度和剪切刚度模量，E 代表杨氏模量；c_1 和 c_2 分别是表征平动阻尼效应和旋转阻尼效应的两个变量；ρI 和 ρA 表示梁的转动惯量和每单位长度的质量。此外，$\chi_{Tt}(x,z,t)$ 的表达式为

$$\chi_{Tt}(\chi,t)=\int_{-h/2}^{h/2}T_t(\chi,z,t)z\mathrm{d}z \tag{9.3.2}$$

为了方便起见，提出以下简单表达式来简化等式：

$$C_{T1}=-\frac{\alpha_T^2ET_0}{\lambda_T}-\frac{c_p}{\lambda_T},\quad C_{T2}=\frac{\alpha_TET_0}{\lambda_T} \tag{9.3.3}$$

从式（9.3.1）和式（9.3.3）中，可以立即得到

$$\begin{gathered}\Delta T_t+C_{T1}\dot{T}_t=-C_{T2}z\dot{\psi}'-\lambda_T^{-1}q(x,z,t)\\ EI\psi''+\kappa GA(w'-\psi)-c_2\dot{\psi}-\rho I\ddot{\psi}=-\alpha_TbE\bar{\chi}_T'\\ \kappa GA(w''-\psi')-c_1\dot{w}-\rho A\ddot{w}=f(x,t)\end{gathered} \tag{9.3.4}$$

式中，符号 Δ 表示拉普拉斯算子，这意味着 $\Delta=\partial^2/\partial x^2+\partial^2/\partial z^2$。假设梁在时间谐波热流和时间谐波外力的作用下，即

$$q(x,z,t)=Q(x,z)\mathrm{e}^{\mathrm{i}\Omega t},\quad f(x,t)=F(x)\mathrm{e}^{\mathrm{i}\Omega t} \tag{9.3.5}$$

可以相应地假设旋转角、横向位移和温度为以下形式：

$$\psi(x,t)=\Psi(x)\mathrm{e}^{\mathrm{i}\Omega t},\quad w(\chi,t)=W(x)\mathrm{e}^{\mathrm{i}\Omega t},\quad T_t(\chi,z,t)=T(x,z)\mathrm{e}^{\mathrm{i}\Omega t} \tag{9.3.6}$$

将式（9.3.5）和式（9.3.6）代入式（9.3.4）得

$$\begin{gathered}\Delta T+\mathrm{i}\Omega C_{T1}T=-\mathrm{i}\Omega C_{T2}z\Psi'-\lambda_T^{-1}Q(x,z)\\ EI\Psi''+\kappa GA(W'-\Psi)+(\Omega^2\rho I-\mathrm{i}\Omega c_2)\Psi=-\alpha_TbE\chi_T'\\ \kappa GA(W''-\Psi')+(\Omega^2\rho A-\mathrm{i}\Omega c_1)W=F(x)\end{gathered} \tag{9.3.7}$$

从式（9.3.7）可知

$$\Psi'=[(\Omega^2\rho A-\mathrm{i}\Omega c_1)/\kappa GA]W+W''-(1/\kappa GA)F(x) \tag{9.3.8}$$

将式（9.3.8）代入式（9.3.7），可以进一步简化方程，得到以下方程：

$$\begin{gathered}\Delta T+\mathrm{i}\Omega C_{T1}T=-\mathrm{i}\Omega C_{T2}z\Psi'-\lambda_T^{-1}Q(x,z)\\ W''''+a_1W''+a_2W=b_1\chi_T''+b_2F''-b_3F\end{gathered} \tag{9.3.9}$$

式中，

$$\begin{gathered}a_1=\frac{EI(\Omega^2\rho A-\mathrm{i}\Omega c_1)+\kappa GA(\Omega^2\rho I-\mathrm{i}\Omega c_2)}{\kappa GA\cdot EI}\\ a_2=\frac{(\Omega^2\rho I-\mathrm{i}\Omega c_2-\kappa GA)(\Omega^2\rho A-\mathrm{i}\Omega c_1)}{\kappa GA\cdot EI}\\ b_1=-\frac{12\alpha_T}{h^3}b_2=\frac{1}{\kappa GA},\ b_3=\frac{1}{EI}+\frac{\mathrm{i}\Omega c_2}{\kappa GA\cdot EI}-\frac{\rho I\Omega^2}{\kappa GA\cdot EI}\end{gathered} \tag{9.3.10}$$

式中，

$$\chi_T(\chi) = \int_{-h/2}^{h/2} T(x,\eta)\eta \mathrm{d}\eta \tag{9.3.11}$$

9.3.2　热传导方程的稳态格林函数

利用热传导方程和 Timoshenko 梁振动方程的格林函数的性质，可以得到热弹性−振动耦合问题（9.3.10）式的解。导出解的第一步是得到热条件方程的稳态格林函数。在物理上，热传导问题 G_T（x，z；x_{10}，z_0）的稳态格林函数表示在任意位置（x_{10}，z_0）由单位集中谐波热流引起的稳态温度分布，即 $q(x，z，t)=q(x，z)$ · exp（iΩt）。从数学上讲，热传导方程的稳态格林函数可以通过以下方程获得：

$$\Delta G_T + \mathrm{i}\Omega C_{T1} G_T = -\delta(x - x_{10})\delta(z - z_0) \tag{9.3.12}$$

符号 δ 代表狄拉克三角函数。为了求解式（9.3.12），考虑了以下热边界条件：

$$\begin{gathered} F_1(\mathrm{d}G_T(x,h/2)/\mathrm{d}z, G_T(x,h/2)) = 0 \\ F_2(\mathrm{d}G_T(x,-h/2)/\mathrm{d}z, G_T(x,-h/2)) = 0 \\ G_T(0,z) = G_T(L,z) = 0 \end{gathered} \tag{9.3.13}$$

根据边界条件 $G_T(0，z)=G_T(L，z)=0$，可以得出

$$G_T(x,z;x_{10},z_0) = \sum_{m=1}^{\infty} G_m(z;x_{10},z_0)\sin\left(\frac{m\pi x}{L}\right) \tag{9.3.14}$$

将式（9.3.14）代入式（9.3.12），将式（9.3.12）的两边乘以 $2\sin(n\pi\xi/L)/L$，然后从 0 到 L 积分一次，我们得到

$$\frac{\mathrm{d}^2 G_n}{\mathrm{d}y^2} - \left(\frac{n^2\pi^2}{L^2} - \mathrm{i}\Omega C_{T1}\right)G_n = -\frac{2}{L}\sin\left(\frac{n\pi x_{10}}{L}\right)\delta(z - z_0),\quad n = 1,2,\cdots,\infty \tag{9.3.15}$$

根据 Sturm−Liouville 理论，狄拉克函数 δ（$x-z_0$）可以通过本征函数展开，本征函数满足式（9.3.13）中的边界条件。其中，

$$\delta(z - z_0) = \sum_{m=1}^{\infty} \frac{1}{q_m} \Phi_m(k_m,z) \cdot \Phi_m(k_m,z_0) \tag{9.3.16}$$

在式（9.3.16）中，K_m 满足以下特征方程：

$$F_e(k_m) = 0 \tag{9.3.17}$$

假设函数 $G_n=$（z；x_{10}，z_0）具有以下形式：

$$G_n(z;x_{10},z_0) = \sum_{m=1}^{\infty} a_{mn}\Phi_m(k_m,z),\quad m,n = 1,2,\cdots,\infty \tag{9.3.18}$$

待定系数 a_{mn} 可通过式（9.3.15）、式（9.3.16）和式（9.3.18）计算：

$$\sum_{m=1}^{\infty}\left(\mathrm{i}\Omega C_{T1} - k_m^2 - \frac{n^2\pi^2}{L^2}\right)a_{mn}\Phi_m(k_m,z) = -\frac{2}{L}\sum_{m=1}^{\infty}\frac{1}{q_m}\Phi_m(k_m,z_0)\sin\left(\frac{n\pi\chi_{10}}{L}\right)\Phi_m(k_m,z) \tag{9.3.19}$$

从式（9.3.19）中可以确定系数 a_{mn}：

$$a_{mn}=\frac{2\sin(n\pi x_{10}/L)\Phi_m(k_m,z_0)}{q_mL(k_m^2+n^2\pi^2/L^2-\mathrm{i}\Omega C_{T1})},\quad m,n=1,2,\cdots,\infty \tag{9.3.20}$$

将式（9.3.18）和式（9.3.20）代入式（9.3.14）得到格林函数 G_T（x，z；x_{10}，z_0）的表达式：

$$G_T(x,z;x_{10},z_0)=\sum_{m=1}^{\infty}\sum_{n=1}^{\infty}\frac{2\sin(n\pi x_{10}/L)\Phi_m(k_m,z_0)\sin(n\pi x/L)\Phi_m(k_m,z)}{q_mL(k_m^2+n^2\pi^2/L^2-\mathrm{i}\Omega C_{T1})} \tag{9.3.21}$$

根据线性系统的叠加原理，我们可以导出方程组中温度函数 $T(x，z)$ 的表达式：

$$\begin{gathered}T(x,z)=T_1(x,z)+T_2(x,z)\\ T_1(x,z)=\mathrm{i}\Omega C_{T2}\int_0^L\int_{-\frac{h}{2}}^{\frac{h}{2}}G_T(x,z;\xi,\eta)\eta\Psi'(\xi)\mathrm{d}\xi\mathrm{d}\eta\\ T_2(x,z)=\frac{1}{\lambda_T}\int_0^L\int_{-\frac{h}{2}}^{\frac{h}{2}}G_T(x,z;\xi,\eta)Q(\xi,\eta)\mathrm{d}\xi\mathrm{d}\eta\end{gathered} \tag{9.3.22}$$

在式（9.3.22）中，温度分布函数 $T(x，z)$ 可分为两部分 $T_1(x，z)$ 和 $T_2(x，z)$。$T_1(x，z)$ 是由位移场热流 $\lambda_TC_{T2}\psi'$ 引起的温度分布。这意味着 $T_1(x，z)$ 代表温度位移耦合效应的解。$T_2(x，z)$ 是由外部热流引起的温度分布，代表非耦合温度解。位移耦合效应 $T_1(x，z)$ 和非耦合温度解 $T_2(x，z)$ 构成耦合温度解 $T(x，z)$。假设热流 $q(x，z，t)$ 是谐波集中热流，热流强度为 $q(x，z，t)=q(x，z)\cdot\exp(\mathrm{i}\Omega t)$，$q(x，z，t)=Q_0(x，z)\exp(\mathrm{i}\Omega t)$，则式（9.3.22）为

$$\begin{gathered}T(x,z)=T_1(x,z)+T_2(x,z)\\ T_1(x,z)=\mathrm{i}\Omega C_{T2}\sum_{m=1}^{\infty}\sum_{n=1}^{\infty}F_0(m,n)\sin\left(\frac{n\pi x}{L}\right)\Phi_m(k_m,z)\left(C_{D1}-\frac{n^2\pi^2}{L^2}\right)\int_0^L\sin\left(\frac{n\pi\xi}{L}\right)W(\xi)\mathrm{d}\xi\\ T_2(x,z)=\frac{1}{\lambda_T}\sum_{m=1}^{\infty}\sum_{n=1}^{\infty}F_1(m,n)\sin\left(\frac{n\pi x_{10}}{L}\right)\Phi_m(k_m,z_0)\sin\left(\frac{n\pi x}{L}\right)\Phi_m(k_m,z)\end{gathered} \tag{9.3.23}$$

式中，

$$\begin{gathered}F_0(m,n)=\frac{2\int_{-h/2}^{h/2}\eta\cdot\Phi_m(k_m,\eta)\mathrm{d}\eta}{q_mL(k_m^2+n^2\pi^2/L^2-\mathrm{i}\Omega C_{T1})}\\ F_1(m,n)=\frac{2Q_0}{q_mL(k_m^2+n^2\pi^2/L^2-\mathrm{i}\Omega C_{T1})},\quad C_{D1}=\frac{\Omega^2\rho A-\mathrm{i}\Omega c_1}{\kappa GA}\end{gathered} \tag{9.3.24}$$

此外，从式（9.3.11）中还可以得到 χ_T（x）：

$$\begin{gathered}\chi_T(x)=\chi_{T1}(x)+\chi_{T2}(x)\\ \chi_T^1(x)=\mathrm{i}\Omega C_{T2}\sum_{m=1}^{\infty}\sum_{n=1}^{\infty}F_0(m,n)F_2(m)\sin\left(\frac{n\pi\chi}{L}\right)\left[C_{D1}-\frac{n^2\pi^2}{L^2}\right]\int_0^L\sin\left(\frac{n\pi\xi}{L}\right)W(\xi)\mathrm{d}\xi\\ \chi_T^2(x)=\frac{1}{\lambda_T}\sum_{m=1}^{\infty}\sum_{n=1}^{\infty}F_1(m,n)F_2(m)\sin\left(\frac{n\pi x_{10}}{L}\right)\Phi_m(k_m,z_0)\sin\left(\frac{n\pi\chi}{L}\right)\end{gathered} \tag{9.3.25}$$

式中，

$$F_2(m)=\int_{-h/2}^{h/2}\eta\cdot\Phi_m(k_m,\eta)\mathrm{d}\eta \tag{9.3.26}$$

$\chi_T(x)$ 也能够分为 $\chi_T^1(x)$ 和 $\chi_T^2(x)$ 两个部分，它们分别由位移耦合效应 $T_1(x, z)$和非耦合效应 $T_2(x, z)$ 所导致。

9.3.3　振动方程的稳态格林函数

从物理上讲，Timoshenko 梁稳态振动方程的格林函数是其稳态响应因作用于任意位置的单位集中谐波刺激而产生的挠度。因此，Timoshenko 梁的稳态振动方程由以下微分方程控制：

$$W_1'''' + a_1W_1'' + a_2W_1 = b_1\chi_T''(x) + b_2F''(x) - b_3F(x) \tag{9.3.27}$$

从式（9.3.27）中可以发现，Timoshenko 梁的稳态位移 W 由热载荷 $\chi_T(x)$ 和外力 $F(x)$ 导致。根据线性系统的叠加原理，稳态位移 W 可分为两部分 W_1 和 W_2。位移 W_1 和 W_2 分别由 $\chi_T(x)$ 和 $F(x)$ 提供。也就是说，W_1 和 W_2 是下列方程的解：

$$\begin{aligned} W_1'''' + a_1W_1'' + a_2W_1 &= b_1\chi_T''(x) \\ W_2'''' + a_1W_2'' + a_2W_2 &= b_2F''(x) - b_3F(x) \end{aligned} \tag{9.3.28}$$

从式（9.3.28）得到，格林函数 G_D（x；x_{10}，x_{20}）可以分为两部分，分别命名为 G_{D1}（x；x_{10}）和 G_{D2}（x；x_{20}）。G_{D1}（x；x_{10}）和 G_{D2}（x；x_{20}）在数学上是下列微分方程的解：

$$\begin{aligned} W_1'''' + a_1W_1'' + a_2W_1 &= b_1\delta''(x-x_{10}) \\ W_2'''' + a_1W_2'' + a_2W_2 &= b_2\delta''(x-x_{20}) - b_3\delta(x-x_{20}) \end{aligned} \tag{9.3.29}$$

利用拉普拉斯变换方法求解式（9.3.29），并将基本解表示为：

$$\begin{aligned} G_{D1}(x;x_{10}) =& H(x-x_{10})\varphi_{11}(x-x_{10}) + \varphi_2(x)W(0) + \varphi_3(x)W'(0) + \\ & \varphi_4(x)W''(0) + \varphi_5(x)W'''(0) \end{aligned} \tag{9.3.30}$$

式中，

$$\varphi_{11}(x)=\sum_{i=1}^{4}b_1s_i^2A_i(x),\quad \varphi_2(x)=\sum_{i=1}^{4}A_i(x)(s_i^3+s_ia_1),$$

$$\varphi_3(x)=\sum_{i=1}^{4}A_i(x)(s_i^2+a_1),\quad \varphi_4(x)=\sum_{i=1}^{4}A_i(x)s_i,\quad \varphi_5(x)=\sum_{i=1}^{4}A_i(x) \tag{9.3.31}$$

式中，

$$A_1(x)=\frac{\mathrm{e}^{s_1x}}{(s_1-s_2)(s_1-s_3)(s_1-s_4)},\quad A_2(x)=\frac{\mathrm{e}^{s_2x}}{(s_2-s_1)(s_2-s_3)(s_2-s_4)},$$

$$A_3(x)=\frac{\mathrm{e}^{s_3x}}{(s_3-s_1)(s_3-s_2)(s_3-s_4)},\quad A_4(x)=\frac{\mathrm{e}^{s_4x}}{(s_4-s_1)(s_4-s_2)(s_4-s_3)} \tag{9.3.32}$$

相应地，

$$G_{D2}(x;x_{20}) = H(x-x_{20})\varphi_{12}(x-x_{20}) + \varphi_2(x)W(0) + \varphi_3(x)W'(0) + \varphi_4(x)W''(0) + \varphi_5(x)W'''(0), \tag{9.3.33}$$

式中，

$$\varphi_{12}(x) = \sum_{i=1}^{4} A_i(x)(b_2 s_i^2 - b_3) \tag{9.3.34}$$

9.3.4 热弹性耦合振动系统的解耦

耦合热弹性振动系统通过线性系统的叠加原理进行解耦。事实上，式（9.3.28）的解可以写成以下形式：

$$W(x) = \int_0^L G_{D1}(x;\zeta_1)\chi_T(\zeta_1)\mathrm{d}\zeta_1 + \int_0^L G_{D2}(x;\zeta_2)F(\zeta_2)\mathrm{d}\zeta_2 \tag{9.3.35}$$

式中，

$$\chi_T(\zeta) = \mathrm{i}\Omega C_{T2}\sum_{m=1}^{\infty}\sum_{n=1}^{\infty}F_0(m,n)F_2(m)\sin\left(\frac{n\pi\zeta}{L}\right)\left(C_{D1}-\frac{n^2\pi^2}{L^2}\right)\int_0^L W(\xi)\sin\left(\frac{n\pi\xi}{L}\right)\mathrm{d}\xi + \frac{1}{\lambda_T}\sum_{m=1}^{\infty}\sum_{n=1}^{\infty}F_1(m,n)F_2(m)\sin\left(\frac{n\pi x_{10}}{L}\right)\Phi_m(k_m,z_0)\sin\left(\frac{n\pi\zeta}{L}\right) \tag{9.3.36}$$

经过复杂的操作，式（9.3.35）被重新计算为 Fredholm 积分方程，即

$$W(x) = C_r\int_0^L W(\xi)\tilde{\Sigma}(m,n,x,\xi)\mathrm{d}\xi + Non(x) \tag{9.3.37}$$

式中，

$$\tilde{\Sigma}(m,n,x,\xi) = \sum_{m=1}^{\infty}\sum_{n=1}^{\infty}C_1(m,n)f_D(n,x)\sin\left(\frac{n\pi\xi}{L}\right) \tag{9.3.38}$$

$$Non(x) = \frac{1}{\lambda_T}\left[\sum_{m=1}^{\infty}\sum_{n=1}^{\infty}F_1(m,n)F_2(m)\sin\left(\frac{n\pi x_{10}}{L}\right)\Phi_m(k_m,z_0)f_D(n,x)\right] + g_D(x) \tag{9.3.39}$$

在式（9.3.35）和式（9.3.36）中，

$$C_1(m,n) = F_0(m,n)F_2(m)\left(C_{D1}-\frac{n^2\pi^2}{L^2}\right)$$

$$f_D(n,x) = \int_0^L G_{D1}(x;\zeta_1)\sin\left(\frac{n\pi\zeta_1}{L}\right)\mathrm{d}\zeta_1 \tag{9.3.40}$$

$$g_D(x) = \int_0^L G_{D2}(x;\zeta_2)F(\zeta_2)\mathrm{d}\zeta_2$$

为了便于求解积分方程（9.3.37），我们假设式（9.3.37）中级数的有限数 r_1 和 r_2 足够大，足以使其解收敛。因此，积分方程被重新计算为

$$W(x) = Non(x) + C_r\sum_{m=1}^{r_1}\sum_{n=1}^{r_2}C_1(m,n)f_D(n,x)\int_0^L W(\xi)\sin\left(\frac{n\pi\xi}{L}\right)\mathrm{d}\xi \tag{9.3.41}$$

9.3.5 Timoshenko梁热弹性耦合振动的解析解

根据上述推导，耦合热弹性振动微分方程组（9.3.9）等同于Fredholm积分方程组（9.3.37）或（9.3.41）。因此，求解积分方程是本节的重点。为此，通常使用核函数方法来求解Fredholm积分方程。事实上，将式（9.3.41）两边与sin（$n\pi\xi/L$）相乘，从0到L积分一次，就可以导出以下代数方程：

$$(I - C_r A)X = b \tag{9.3.42}$$

式中，

$$X^{\mathrm{T}} = (X_1, X_2, \cdots, X_{r_2}), \quad X_n = \int_0^L w(\xi) \sin\left(\frac{n\pi\xi}{L}\right) \mathrm{d}\xi \tag{9.3.43}$$

$$\boldsymbol{A} = \begin{pmatrix} a_{11} & a_{12} & \cdots & a_{1r_2} \\ a_{21} & a_{22} & \cdots & a_{2r_2} \\ \vdots & \vdots & & \vdots \\ a_{r_2 1} & a_{r_2 2} & \cdots & a_{r_2 r_2} \end{pmatrix}$$
$$a_{ij} = \sum_{m=1}^{r_1} C_1(m, j) \cdot \int_0^L f_D(j, x) \sin \frac{\mathrm{i}\pi x}{L} \mathrm{d}x \tag{9.3.44}$$

$$b = (b_1, b_2, \cdots, b_{r_2}), \quad b_n = \int_0^L Non(\xi) \sin \frac{n\pi\xi}{L} \mathrm{d}\xi, \quad n = 1, 2, \cdots, r_2 \tag{9.3.45}$$

通过求解代数方程（9.3.42），可以确定式（9.3.41）中未知的常数X_n。因此，给出了Timoshenko梁热弹性耦合振动的位移和温度解析解：

$$W(x; x_{10}, z_0) = C_r \sum_{m=1}^{r_1} \sum_{n=1}^{r_2} C_1(m, n) f_D(n, x) X_n + Non(x) \tag{9.3.46}$$

$$\begin{aligned} T(x, z; x_{10}, z_0) = {} & \mathrm{i}\Omega C_{T2} \sum_{m=1}^{r_1} \sum_{n=1}^{r_2} F_0(m, n) \sin\left(\frac{n\pi x}{L}\right) \Phi_m(k_m, z) \left(C_{D1} - \frac{n^2\pi^2}{L^2}\right) X_n \\ & + \frac{1}{\lambda_T} \sum_{m=1}^{r_1} \sum_{n=1}^{r_2} F_1(m, n) \sin\left(\frac{n\pi x_{10}}{L}\right) \Phi_m(k_m, z_0) \sin\left(\frac{n\pi \chi}{L}\right) \Phi_m(k_m, z) \end{aligned} \tag{9.3.47}$$

具体来说，

$$T_1(x, z; x_{10}, z_0) = \mathrm{i}\Omega C_{T2} \sum_{m=1}^{r_1} \sum_{n=1}^{r_2} F_0(m, n) \sin\left(\frac{n\pi x}{L}\right) \Phi_m(k_m, z) \left(C_{D1} - \frac{n^2\pi^2}{L^2}\right) X_n$$
$$T_2(x, z; x_{10}, z_0) = \frac{1}{\lambda_T} \sum_{m=1}^{r_1} \sum_{n=1}^{r_2} F_1(m, n) \sin\left(\frac{n\pi x_{10}}{L}\right) \Phi_m(k_m, z_0) \sin\left(\frac{n\pi x}{L}\right) \Phi_m(k_m, z) \tag{9.3.48}$$

此外，位移W（x；x_{10}，z_0）也可以分为两部分W_1（x；x_{10}，z_0）和W_2（x；x_{10}，z_0），这两部分分别由位移场热流和外部载荷（热载荷和外力）引起。

$$W_1(x;x_{10},z_0)=C_r\sum_{m=1}^{r_1}\sum_{n=1}^{r_2}C_1(m,n)f_D(n,x)X_n$$

$$W_2(x;x_{10},z_0)=\frac{1}{\lambda_T}\left[\sum_{m=1}^{\infty}\sum_{n=1}^{\infty}F_1(m,n)F_2(m)\sin\left(\frac{n\pi x_0}{L}\right)\Phi_m(k_m,z_0)f_D(n,x)\right]+g_D(x)$$

(9.3.49)

9.3.6 数值结果与讨论

9.3.6.1 剪切效应和转动惯量的影响

图 9.17 (a) 绘制了简支 Timoshenko、Rayleigh 和 Euler－Bernoulli 梁的热弹性振动的无量纲耦合和非耦合位移振幅 W（X；X_0，Y_0）和 W_2（X；X_0，Y_0）。一方面，无论是否考虑耦合因素，Timoshenko 梁的位移幅值明显大于瑞利梁和欧拉－伯努利梁，但瑞利梁的位移幅值仅略大于欧拉－伯努利梁。这些事实表明，转动惯量对梁的振动挠度影响较小，而剪切效应对梁的振动挠度影响较大。

另一方面，对于 Timoshenko、Rayleigh 和 Euler－Bernoulli 梁，耦合位移振幅 W（X；X_0，Y_0）大于非耦合位移振幅 W_2（X；X_0，Y_0）。更具体地说，对于 Timoshenko 梁，耦合位移振幅明显大于非耦合位移振幅，这表明剪切效应对温度耦合效应 W_1（X；X_0，Y_0）有更强的影响。然而，对于瑞利梁和欧拉－伯努利梁，耦合解和非耦合解彼此非常接近，这意味着转动惯量对温度耦合效应的影响较弱 W_1（X；X_0，Y_0）。

事实上，Timoshenko、Rayleigh 和 Euler－Bernoulli 梁的温度耦合效应 W_1（X；X_0，Y_0）如图 9.17（b）所示。可以看出，Timoshenko 梁的温度耦合效应 W_1（X；X_0，Y_0）明显大于瑞利梁和欧拉－伯努利梁。从物理角度来看，非耦合位移振幅 W_2（X；X_0，Y_0）由外部热流产生，而温度耦合效应 W_1（X；X_0，Y_0）由位移场热流触发，从而产生温度分布 T_1（X，Y；X_0，Y_0）。此外，对于位移振幅，Timoshenko 梁和 Euler－Bernoulli 梁之间的巨大差异是由不同梁模型的不同共振频率引起的。

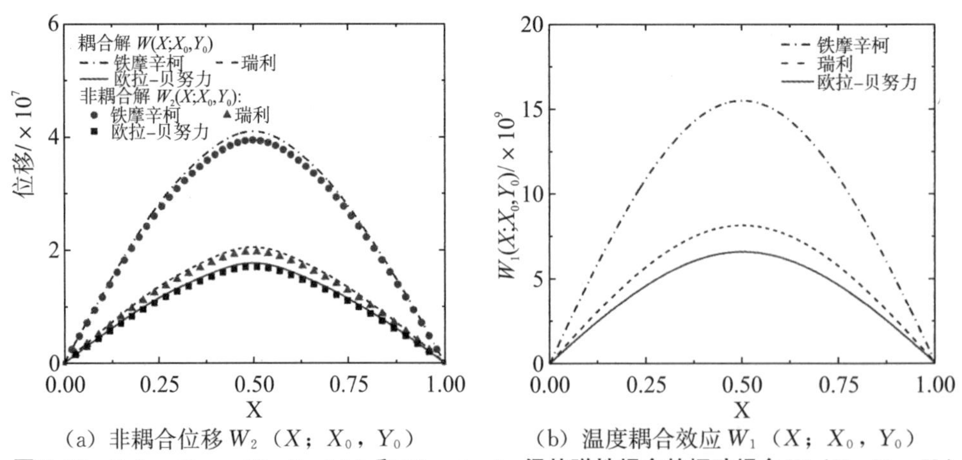

(a) 非耦合位移 W_2（X；X_0，Y_0）　(b) 温度耦合效应 W_1（X；X_0，Y_0）

图 9.17　Euler－Bernoulli、Rayleigh 和 Timoshenko 梁热弹性耦合的振动耦合 W（X；X_0，Y_0）

图 9.18 说明了 Timoshenko、Rayleigh 和 Euler−Bernoulli 梁的无量纲温度分布 T_1（x，z；x_0，z_0），代表温度解的位移耦合效应。对于 Timoshenko 梁，它表明蓝冷中间区域（“冰芯区域”）和红热边缘区域之间的温差明显大于瑞利梁和 Euler−Bernoulli 梁。这一事实可以用来解释温度耦合效应 W_1（X；X_0，Y_0）的趋势，如图 9.17 所示。此外，图 9.18 表明剪切效应有助于热传导，这导致“冰芯区域”向上移动。换句话说，剪切效应削弱了三个零边界在 $x=0.0$，$x=1.0$ 和 $x=-0.5$ 时的吸热能力。

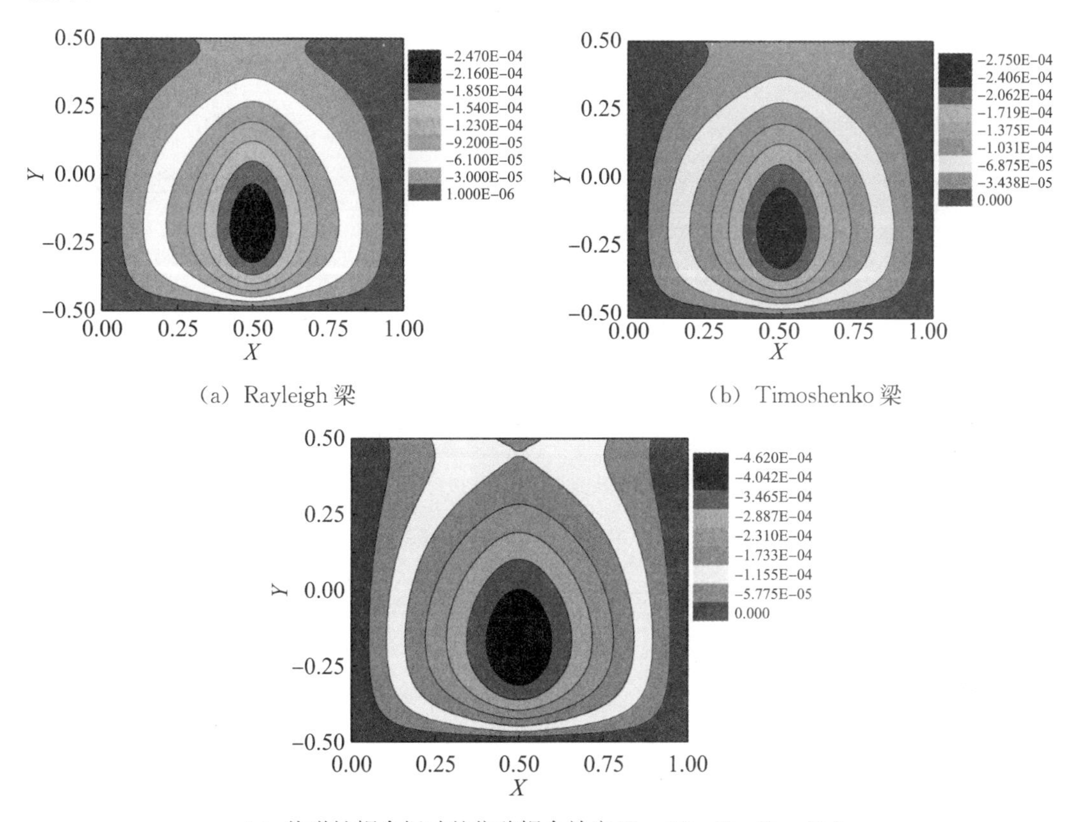

(a) Rayleigh 梁　　(b) Timoshenko 梁

(c) 热弹性耦合振动的位移耦合效应 T_1（X，Y；X_0，Y_0）

图 9.18　简支 Euler−Bernoulli 梁

9.3.6.2　细长比对耦合效应的影响

图 9.19（a）～（e）描述了简支 Timoshenko 梁在不同高长比下热弹性振动的无量纲耦合和非耦合位移振幅，即 W（X；X_0，Y_0）和 W_2（X；X_0，Y_0）。当细长比 $\beta=$ 0.10，0.10，0.20 时，耦合位移振幅 W（X；X_0，Y_0）大于非耦合位移振幅 W_2（X；X_0，Y_0）。然而，在 $\beta=0.23$，0.25 的情况下，耦合位移振幅 W（X；X_0，Y_0）小于非耦合位移振幅 W_2（X；X_0，Y_0）。

图 9.19（b）描绘了不同细长比 β 下梁热弹性耦合振动的温度耦合效应 W_1（X；X_0，Y_0）。事实上，这些现象可以通过不同高度长度比 β 的温度耦合效应 W_1（X；X_0，Y_0）来解释。更具体地说，如果 $\beta=0.10$，0.15，0.20，那么温度耦合效应 W_1（X；

X_0，Y_0）>0。然而，在 $\beta=0.23$，0.25 的情况下，温度耦合效应 W_1（X；X_0，Y_0）<0。

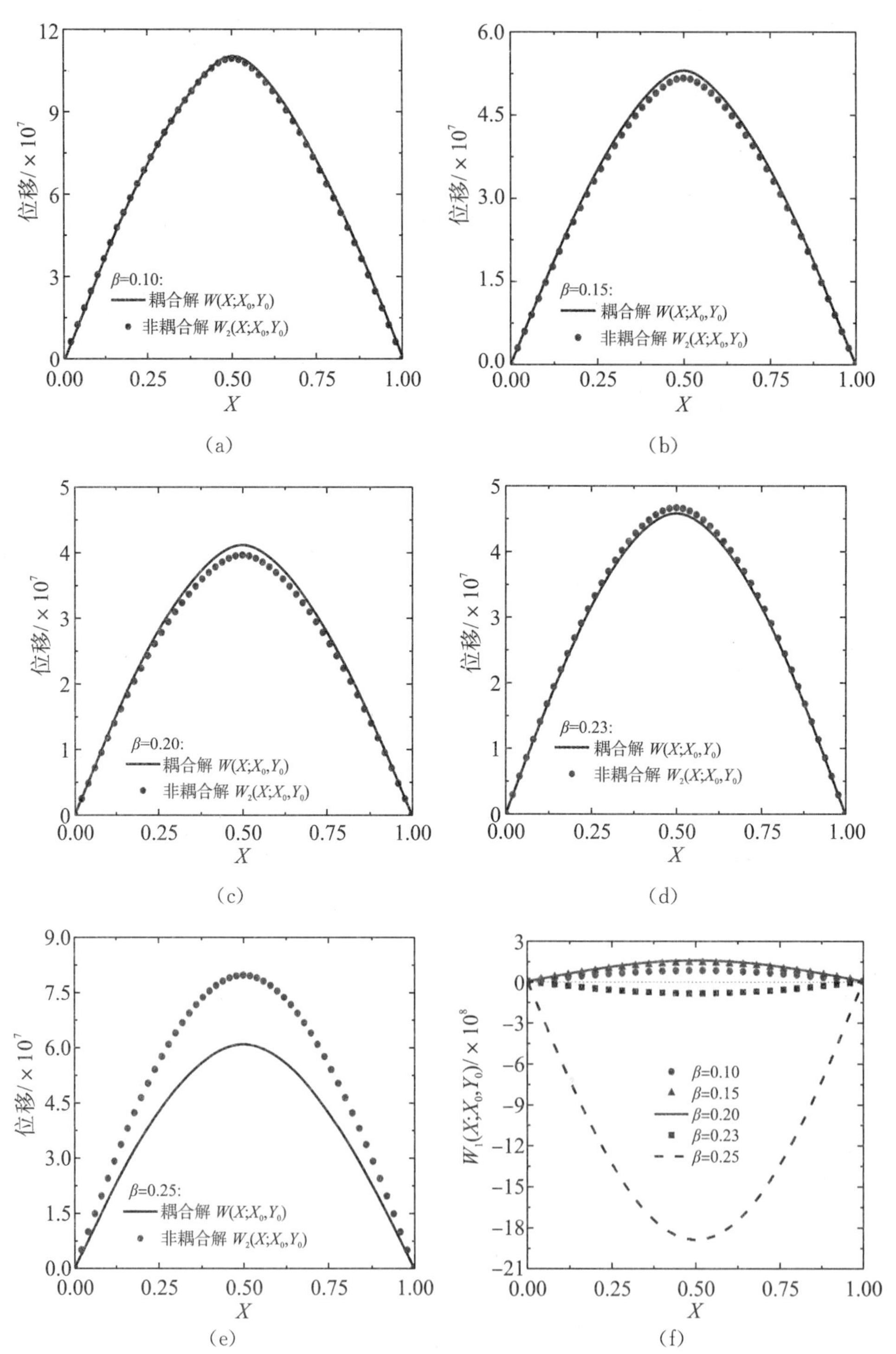

图 9.19　细长比 β 下梁热弹性耦合振动的耦合 W（X；X_0，Y_0）和非耦合位移 W_2（X；X_0，Y_0）

如图9.20所示，“冰芯区”和红热边缘区之间的温差随着高度与长度比β的增大而增大。另外，当高长比β增大时，“冰芯区域”向上移动。更具体地说，如果“冰芯区域”低于梁的中间平面，如图9.20（a）～（c），那么温度耦合效应$T_1(X, Y; X_0, Y_0) > 0$。相反，如果“冰芯区域”在梁的中间平面上，如图9.20（d）～（e），那么温度耦合效应$W_1(X; X_0, Y_0) < 0$。事实上，它表明梁的传热能力在$Y=0.5$处随着高长比β的增大而增大，而三个零边界的吸热能力随着高长比β的增大而变弱。

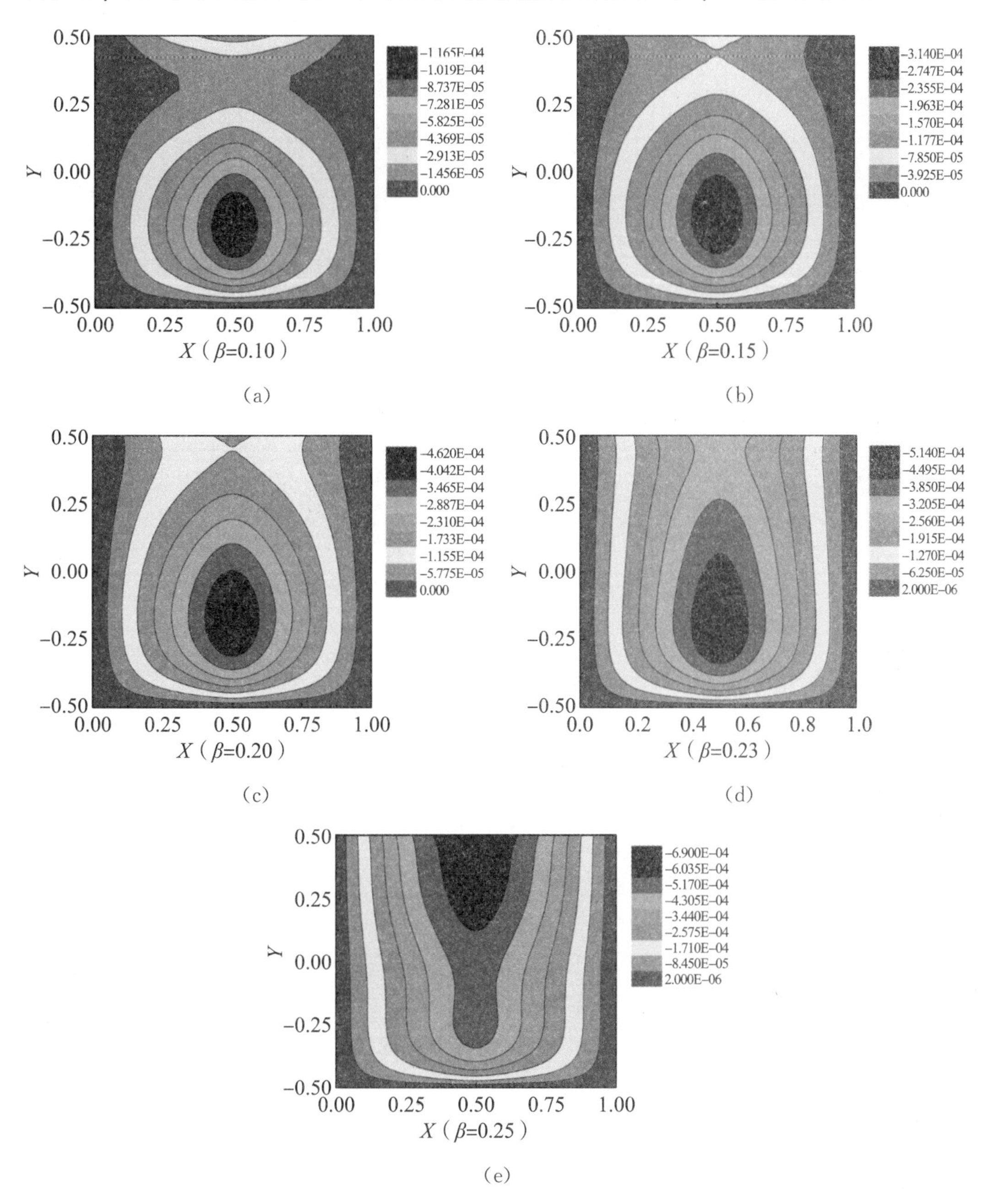

图9.20　不同细长比β下梁热弹性耦合振动的位移耦合效应$T_1(X, Y; X_0, Y_0)$

9.3.6.3 加热位置对耦合效应的影响

图 9.21（a）绘制了简支 Timoshenko 梁在外部热流不同加热位置的热弹性振动的无量纲耦合和非耦合位移振幅。如图所示，首先，随着外部热流加热位置的降低，耦合和非耦合位移幅值减小。其次，在加热位置（X_0，Y_0）＝（0.5，0.5）和（X_0，Y_0）＝（0.5，0.25），$W(X;X_0,Y_0)>0$ 和 $W_2(X;X_0,Y_0)>0$。然而在（X_0，Y_0）＝（0.5，0）和（X_0，Y_0）＝（0.5，−0.25），$W(X;X_0,Y_0)<0$ 和 $W_2(X;X_0,Y_0)<0$，并且 $|W(X;X_0,Y_0)|<|W_2(X;X_0,Y_0)|$。实际上，位置振幅 $W(X;X_0,Y_0)$ 和 $W_2(X;X_0,Y_0)$ 是由外部热流导致的。$W(X;X_0,Y_0)$ 和 $W_2(X;X_0,Y_0)$ 是由耦合效应 $W_1(X;X_0,Y_0)$ 引起的。

图 9.21（b）描绘了外部热流不同加热位置的温度耦合效应 W_1（X；X_0，Y_0）。可以看出，所有这些耦合效应 W_1（X；X_0，Y_0）都是正的。

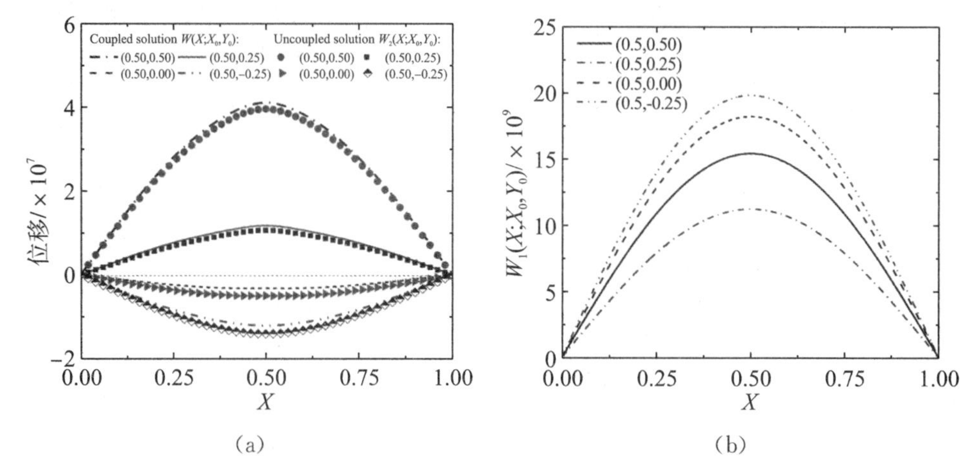

图 9.21 不同外加热位置的热弹性耦合振动耦合 W（X；X_0，Y_0）和非耦合位移 W_2（X；X_0，Y_0）

如图 9.22 所示，“冰芯区”向下移动，并慢慢消失。相反，红热边缘区域缓慢地集中在上界 $Y=0.5$ 的中间和一个“热核区”出现。事实上，这是一个竞争过程，它产生了温度耦合效应的变化趋势。更具体地说，当（X_0，Y_0）＝（0.5，0.5）和（X_0，Y_0）＝（0.5，0.25）时，温度耦合效应 W_1（X；X_0，Y_0）主要由梁的下半部分收缩引起，这是由“冰芯区域”导致的。换句话说，在这种情况下，“冰芯区域”产生温度耦合效应的主要因素是 W_1（X；X_0，Y_0）。相反，当（X_0，Y_0）＝（0.5，0）和（X_0，Y_0）＝（0.5，−0.25）时，温度耦合效应 W_1（X；X_0，Y_0）主要由梁的上半部分膨胀引起，这是由“热芯区”导致的。在这种情况下，“热芯”是关键因素。

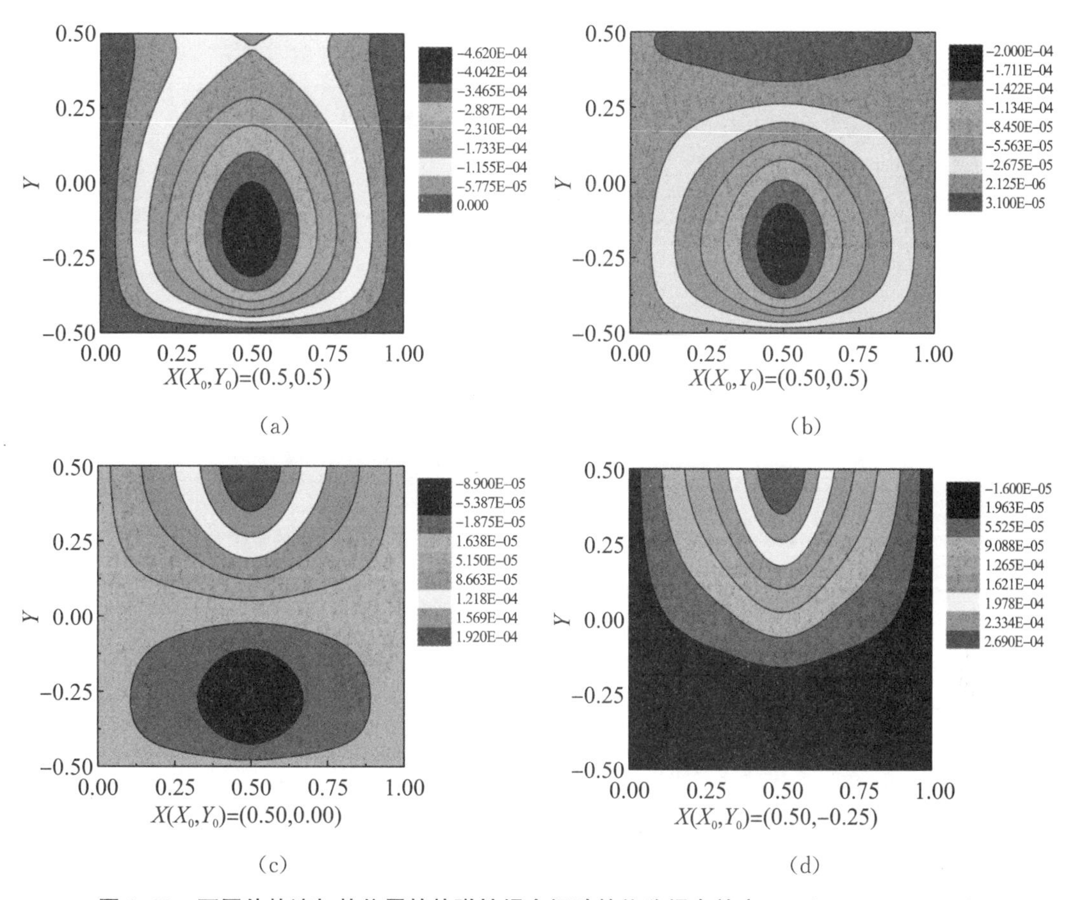

图 9.22　不同外热流加热位置的热弹性耦合振动的位移耦合效应 T_1（X，Y；X_0，Y_0）

9.3.6.4　平动阻尼对耦合效应的影响

如图 9.23 所示，正如预期的那样，位移振幅 W（X；X_0，Y_0）和 W_1（X；X_0，Y_0）的振幅随 ζ_1 增大而迅速减小，这从物理角度来看与常规的认知是一致的。

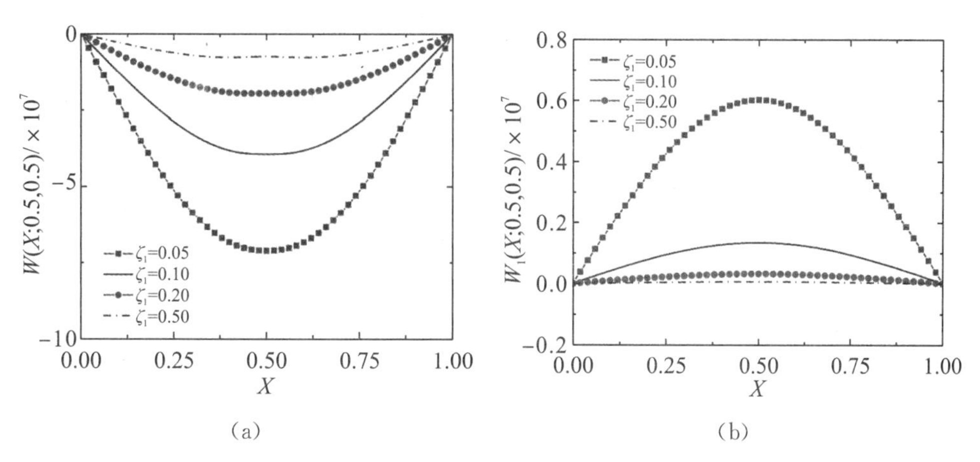

图 9.23　平动阻尼系数ζ_1下热弹性耦合振动的耦合位移和温度耦合效应 W_1（X；X_0，Y_0）

此外，从图 9.24 可以看出，平动阻尼系数 ζ_1 对位移耦合效应 T_1（X，Y；X_0，Y_0）有影响。更具体地说，随着平动阻尼系数 ζ_1 的增大，“热核区”的温度降低，三个零边界的温度升高。这些事实的结果就是“冰核区”的形成。物理上，这些现象表明，平动阻尼系数 ζ_1 的增大促进了三个零边界的吸热能力，同时削弱了上限 $Y=0.5$ 处的传热能力。

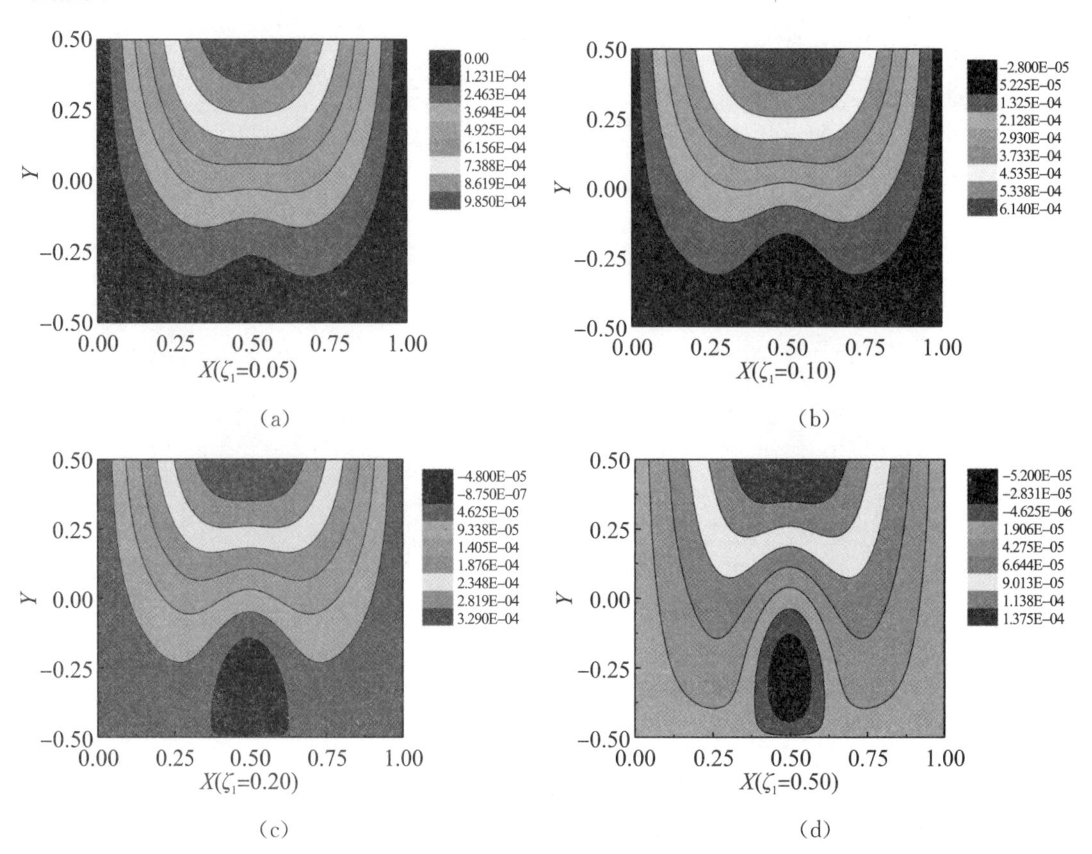

图 9.24　平动阻尼系数 ζ_1 下热弹性耦合振动的位移耦合效应 T_1（X，Y；X_0，Y_0）

9.3.6.5　转动阻尼对耦合效应的影响

从图 9.25 可以发现，旋转阻尼系数 ζ_2 的影响小于平动阻尼系数 ζ_1 的影响。更具体地说，正如所料，温度耦合效应 W_1（X；X_0，Y_0）随旋转阻尼系数 ζ_2 减小。从图 9.26 中可以看出，随着旋转阻尼系数 ζ_2 的增大，三个零边界的温度变得更高，而“热芯区”的温度通常下降。从物理角度来看，这些事实解释了旋转阻尼系数 ζ_2 的增大也促进了三个零边界的吸热能力，同时削弱了上限 $Y=0.5$ 处的传热能力。与平动阻尼系数不同，对于转动阻尼系数，位移耦合效应中存在“多冰芯”现象。

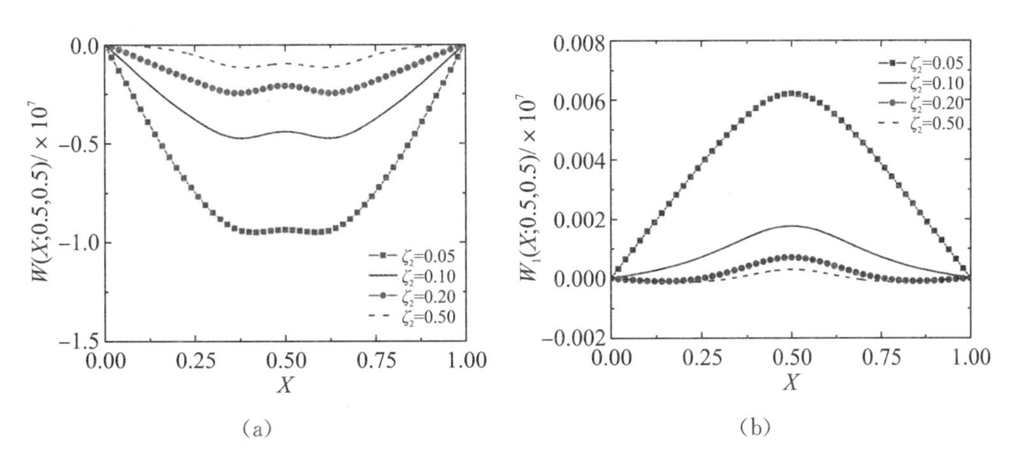

图 9.25　旋转阻尼系数 ζ_2 下热弹性耦合振动的耦合位移和温度耦合效应 W_1（X；X_0，Y_0）

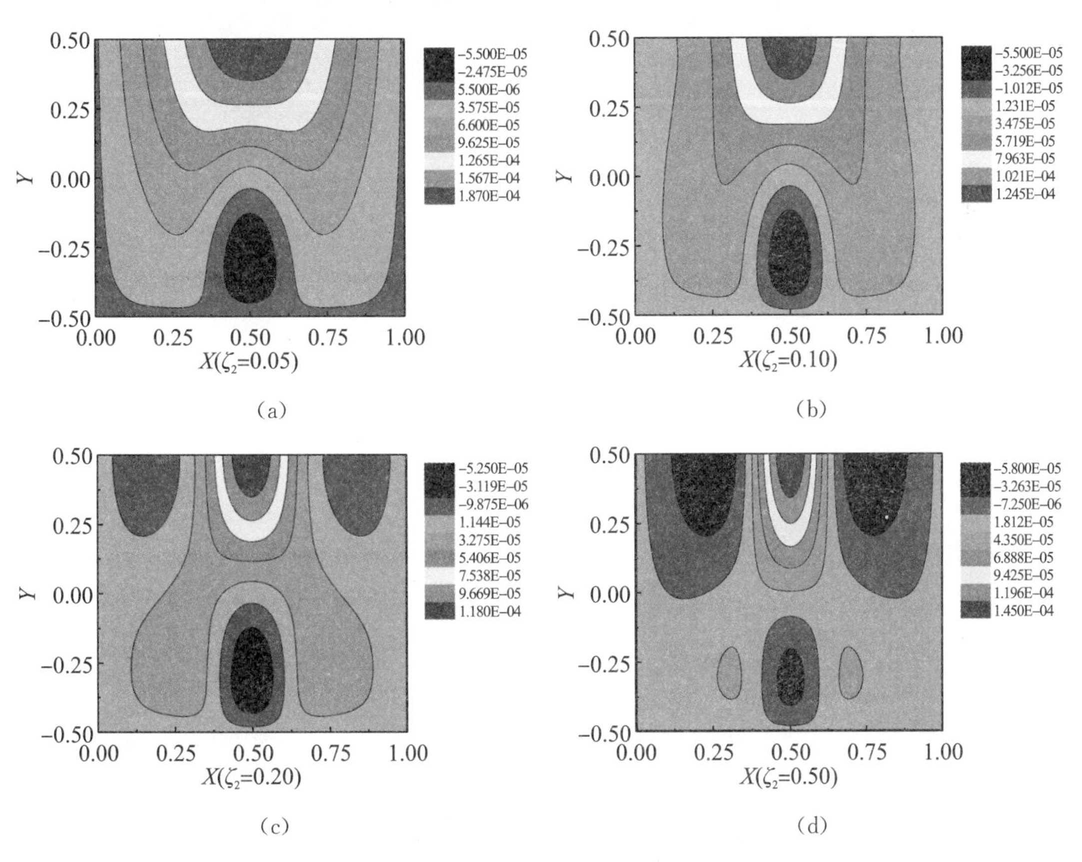

图 9.26　旋转阻尼系数 ζ_2 下热弹性耦合振动的位移耦合效应 T_1（X，Y；X_0，Y_0）

9.3.6.6　轴向速度对耦合效应的影响

以上的讨论尚未考虑速度的影响，图 9.27 显示了轴向运动微纳梁在不同轴向速度下的无量纲温度场 T_1（X，Y；X_0，Y_0）。当 v=0m/s 时，温度场 T_1（X，Y；X_0，Y_0）是对称的。当 v=0.002m/s，0.005m/s，0.1m/s 时，对称性被破坏，热量旋转发生在温度场 T_1（X，Y；X_0，Y_0）中。热量的旋转方向是逆时针的。当 v=10 m/s 时，热旋转结束，温度场 T_1（X，Y；X_0，Y_0）在 $X=0.5$ 左右变得反对称。温度 T_1（X，Y；X_0，Y_0）变得稳定，不随轴向速度变化。

数值例子揭示了“冰芯区”和“热芯区”的运动和演化。利用梁的格林函数，揭示了高长比、加热位置、剪切效应、转动惯量和阻尼效应对本解耦合效应的影响。这些结果可以应用于工程热问题，例如高速飞机的热黏性问题，这是各个工程领域的研究热点。

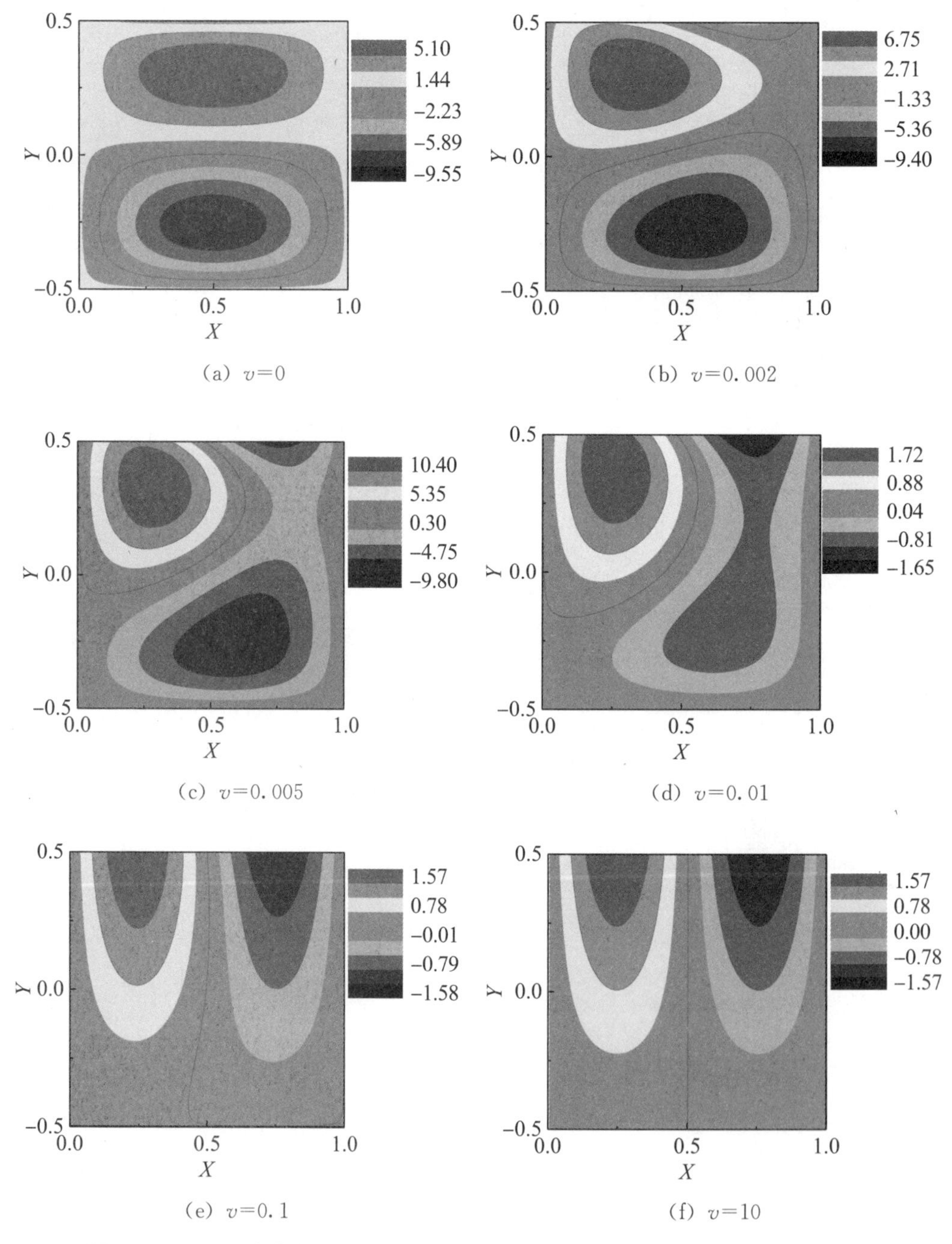

图 9.27　不同运动速度 v 下热弹性耦合振动的位移耦合效应 T_1（X，Y；X_0，Y_0）

9.4　能量俘获的动力响应

近年来，随着微电子机械系统（MEMS）的发展，微电子器件的尺寸越来越小，能耗显著降低。例如，无线传感器的功耗通常为10～1000 mW。如此低的功耗促进了自支撑微电子设备的发展，通过从外部环境收集能量，几乎可以永远为自身供电。这些自支撑微电子设备的名称是“能量采集器”。与传统的电池驱动机型相比，能量采集器具有更高的效率，更环保。

对于能量采集器来说，一个重要的问题是如何将机械能转化为电能。到目前为止，有几种机制可以实现这种转换，例如电磁、热电和压电转换。在这些机制中，通过直接压电效应将机械能转换为电能的压电换能器具有很强的转换效率，几乎不会造成负面环境影响。因此，选择压电换能器作为能量采集器的转换机构具有广阔的应用前景。

9.4.1　悬臂单变形压电能量采集器的 Timoshenko 梁模型

悬臂压电能量采集器的顶部质量和质量惯性矩承受外部横向载荷 $f(x, t)$，如图9.28（a）所示。单变形压电能量采集器是由上压电层和下压结构层组成的均匀 Timoshenko 梁。压电层和子结构层被认为是完美结合的。悬臂梁的长度为 L。M_t 和 J_t 分别代表叶尖质量和质量惯性矩。R_l 代表附着在压电层上的电阻电气元件。

压电能量采集器的横截面如图9.28（b）所示，其中 B_s（B_p）是非活动子结构层（压电层）的宽度，h_p（h_s）是子结构层的厚度，h_a 是从中性轴（N. A.）到子结构层最下面的距离，h_b 是从 N. A. 到压电层底部的距离，h_c 是从 N. A. 到压电层顶面的距离。

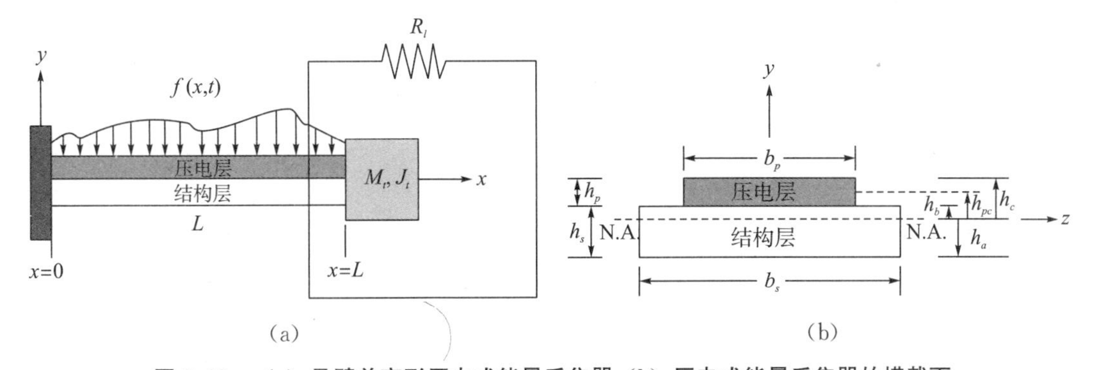

图9.28　(a) 悬臂单变形压电式能量采集器 (b) 压电式能量采集器的横截面

为了获得运动的控制方程，压电能量采集器微分片的平衡图如图9.29所示。根据图9.29，运动的控制方程可以导出如下：

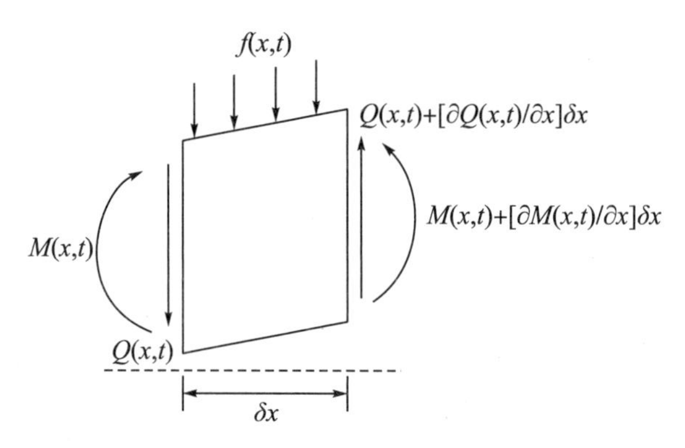

图 9.29　孤立切片的平衡构型

$$\frac{\partial M}{\partial x}+Q-c_2\frac{\partial \psi}{\partial t}=\gamma\frac{\partial^2\psi}{\partial t^2}$$
$$\frac{\partial Q}{\partial x}-c_1\frac{\partial w}{\partial t}=\mu\frac{\partial^2 w}{\partial t^2}+f(x,t) \tag{9.4.1}$$

式中，$w(x,t)$ 和 $\psi(x,t)$ 分别是梁横截面的横向挠度和旋转角度；$M(x,t)$ 为内弯矩；$Q(x,t)$ 表示内部剪力；μ 和 γ 分别表示每单位长度梁的质量和转动惯量；c_1 和 c_2 分别表征横向和旋转阻尼效应的两个变量。为了得到 $M(x,t)$ 和 $Q(x,t)$ 的表达式，我们考虑压电层和子结构层的以下本构关系：

$$\sigma_{xx}^p=E_p(\varepsilon_{xx}^p-d_{31}E_y),\ \tau_{xy}^p=G_p(\gamma_{xy}^p+d_{15}E_x),$$
$$\sigma_{xx}^s=E_s\varepsilon_{xx}^s,\ \tau_{xy}^s=G_s\gamma_{xy}^s \tag{9.4.2}$$

式中，σ_{xx}^p（ε_{xx}^p）是压电层的法向应力（法向应变），τ_{xy}^p（γ_{xy}^p）是压电层的剪应力（剪应变）；σ_{xx}^s（ε_{xx}^s）和 τ_{xy}^s（γ_{xy}^s）表示结构层的正应力（正应变）和剪应力（剪应变）。E_p 和 G_p 分别是压电层的杨氏模量和剪切模量；E_s 和 G_s 分别为下部结构层的杨氏模量和剪切模量；d_{31} 和 d_{15} 表示压电常数；E_y 和 E_x 分别代表 Y 轴向电场和 X 轴向电场。与 Y 轴向电场相比，X 轴向电场非常弱。因此，可以忽略耦合部分 $d_{15}E_x$，将等式（9.4.2）转换为以下等式：

$$\sigma_{xx}^p=E_p(\varepsilon_{xx}^p-d_{31}E_y),\ \tau_{xy}^p=G_p\gamma_{xy}^p,$$
$$\sigma_{xx}^s=E_s\varepsilon_{xx}^s,\ \tau_{xy}^s=G_s\gamma_{xy}^s \tag{9.4.3}$$

然后，内部弯曲力矩 $M(x,t)$ 可以写成

$$M(x,t)=-\int_{h_a}^{h_b}\sigma_{xx}^s b_s y\,\mathrm{d}y-\int_{h_b}^{h_c}\sigma_{xx}^p b_p y\,\mathrm{d}y \tag{9.4.4}$$

将方程（9.4.3）代入方程（9.4.4），并应用弯曲应变和旋转角度之间的关系，得出

$$M(x,t)=-\int_{h_a}^{h_b}E_s b_s\frac{\partial\psi}{\partial x}y^2\mathrm{d}y-\int_{h_b}^{h_c}E_p b_p\frac{\partial\psi}{\partial x}y^2\mathrm{d}y-\int_{h_b}^{h_c}v(t)E_p b_p\frac{e_{31}}{h_p}\mathrm{d}y \tag{9.4.5}$$

式中，均匀电场表示为 $E_y=-v(t)/h_p$，$v(t)$ 代表压电层上的电压。方程式（9.4.5）中给出的 $M(x,t)$ 表达式可以简化为

$$M(x,t)=(EI)_{eff}\frac{\partial\psi}{\partial x}+\vartheta v(t)[H(x-x_1)-H(x-x_2)] \tag{9.4.6}$$

式中，$(EI)_{eff}$ 为有效横向刚度，且

$$(EI)_{eff}=\frac{b_sE_s(h_b^3-h_a^3)+b_pE_p(h_c^3-h_b^3)}{3} \tag{9.4.7}$$

耦合系数 ϑ 可以写成

$$\vartheta=-\frac{E_pd_{31}b_p}{2h_p}(h_c^2-h_b^2) \tag{9.4.8}$$

$x_1\leqslant x\leqslant x_2$ 是压电层的覆盖区域。如果 $x_1=0$，$x_2=L$，那么压电层覆盖整个梁的长度。根据方程式（9.4.3），内部剪力可表示为

$$Q(x,t)=-\int_{h_a}^{h_b}G_s\gamma_{xy}^sb_s\mathrm{d}y-\int_{h_a}^{h_b}G_p\gamma_{xy}^pb_p\mathrm{d}y \tag{9.4.9}$$

根据横向位移和旋转角度重写剪切力：

$$Q(x,t)=-\kappa\int_{h_a}^{h_b}G_s\left(\frac{\partial w}{\partial x}-\psi\right)b_s\mathrm{d}y-\kappa\int_{h_b}^{h_c}G_p\left(\frac{\partial w}{\partial x}-\psi\right)b_p\mathrm{d}y \tag{9.4.10}$$

式中为梁的剪切修正系数。根据方程式（9.4.3），可知剪切力没有电耦合项。因此，Q（x，t）可以进一步简化为以下形式：

$$Q(x,t)=-\kappa(G)_{eff}\left(\frac{\partial w}{\partial x}-\psi\right)A \tag{9.4.11}$$

式中，$(G)_{eff}=(E)_{eff}[2(1+v)]$，并且$(E)_{eff}=(EI)_{eff}/I$；$I$ 和 A 分别表示惯性矩和梁横截面面积；v 代表泊松比。将方程（9.4.6）和方程（9.4.11）代入方程（9.4.1）中，使我们能够将运动的控制方程表示为

$$\begin{gathered}(EI)_{eff}\psi''+\kappa(G)_{eff}A(w'-\psi)-c_2\dot{\psi}-\gamma\ddot{\psi}+\vartheta\cdot v(t)\\ [\delta(x-x_1)-\delta(x-x_2)]=0\\ \kappa(G)_{eff}A(w''-\psi')-c_1\dot{w}-\mu\ddot{w}=f(x,t)\end{gathered} \tag{9.4.12}$$

压电本构关系是获得电路控制方程的必要条件。因此，本小节考虑了以下压电本构关系：

$$D_y=d_{31}E_p\varepsilon_{xx}-\varepsilon_{33}^s\frac{v(t)}{h_p} \tag{9.4.13}$$

式中，D_y（x，t）是沿梁厚度的电位移；ε_{33}^s是介电常数；ε_{xx}（x，t）是 Timoshenko 梁假设下的平均弯曲应变，假设为

$$\varepsilon_{xx}=-h_{pc}\frac{\partial\psi(x,t)}{\partial x} \tag{9.4.14}$$

在方程（9.4.14）中，h_{pc}是从 N. A. 到压电层中性轴的距离，如图 9.28（b）所示。利用压电本构关系［方程（9.4.13)］，可将具有机械耦合的电路方程表示如下：

$$C_p\frac{\mathrm{d}v(t)}{\mathrm{d}t}+\frac{v(t)}{R_l}=-\beta\int_{x_1}^{x_2}\frac{\partial^2\psi(x,t)}{\partial x\partial t}\mathrm{d}x, \tag{9.4.15}$$

式中

$$C_p=\frac{\varepsilon_{33}^sb_p(x_2-x_1)}{h_p},\ \beta=E_pd_{31}b_ph_{pc}=-\frac{2h_ph_{pc}}{h_c^2-h_b^2}\vartheta \tag{9.4.16}$$

结合方程（9.4.12）和方程（9.4.15），我们可以确定压电能量采集器横向振动的

机电 Timoshenko 梁模型。如图 9.28 所示，压电采集器是一个悬臂梁，固定在 $x=0$ 处，由尖端质量 M_t 和惯性矩 $x=L$ 连接。这些边界条件可以表示为

$$
\begin{gathered}
w(0,t)=0,\ w'(0,t)=0 \\
(EI)_{eff}\psi'(L,t)+J_t\ddot{w}'(L,t)=0 \\
\kappa(G)_{eff}A[w'(L,t)-\psi(L,t)]-M_t\ddot{w}(L,t)=0
\end{gathered}
\tag{9.4.17}
$$

9.4.2 稳态机电 Timoshenko 梁模型

假设外部横向载荷 $f(x,t)=F(x)\mathrm{e}^{\mathrm{i}\Omega t}$，那么我们可以允许横向位移、旋转角度和电压自然地采用以下形式：

$$
w(x,t)=W(x)\mathrm{e}^{\mathrm{i}\Omega t},\ \psi(x,t)=\Psi(x)\mathrm{e}^{\mathrm{i}\Omega t},v(t)=V\mathrm{e}^{\mathrm{i}\Omega t} \tag{9.4.18}
$$

式中，$W(x)$，$\Psi(x)$ 和 V 分别为稳态横向位移、旋转角度和电压。将式（9.4.18）代入式（9.4.12）和式（9.4.15），得到

$$
\begin{gathered}
EI\Psi''+\kappa GA(W'-\psi)+(\gamma\Omega^2-\mathrm{i}\Omega c_2)\Psi=-\vartheta\cdot V[\delta(x-x_1)-\delta(x-x_2)] \\
\kappa GA(W''-\Psi')+(\mu\Omega^2-\mathrm{i}\Omega c_2)W=F(x) \\
\frac{\mathrm{i}\Omega C_pR_l+1}{R_l}V=-\mathrm{i}\Omega\beta\int_{x_1}^{x_2}\Psi'(x)\mathrm{d}x
\end{gathered}
\tag{9.4.19}
$$

从方程式（9.4.19）可以得出

$$
\Psi'=W''+\frac{\mu\Omega^2-\mathrm{i}\Omega c_1}{\kappa GA}W-\frac{1}{\kappa GA}F(x) \tag{9.4.20}
$$

通过微分方程（9.4.19）并代入方程（9.4.20），我们可以得到

$$
\begin{gathered}
W^{(4)}+a_1W''+a_2W=b_1F''(x)-b_2F(x)-b_3V[\delta'(x-x_1)-\delta'(x-x_2)] \\
\frac{\mathrm{i}\Omega C_pR_l+1}{R_l}V=-\mathrm{i}\Omega\beta\int_{x_1}^{x_2}\Psi'(x)\mathrm{d}x
\end{gathered}
\tag{9.4.21}
$$

式中

$$
\begin{gathered}
a_1=\frac{(\mu\Omega^2-\mathrm{i}\Omega c_1)}{\kappa GA}+\frac{(\gamma\Omega^2-\mathrm{i}\Omega c_2)}{EI},\ a_2=\frac{(\gamma\Omega^2-\mathrm{i}\Omega c_2-\kappa GA)(\mu\Omega^2-\mathrm{i}\Omega c_1)}{\kappa GA\cdot EI} \\
b_1=\frac{1}{\kappa GA},\ b_2=\frac{\kappa GA+\mathrm{i}\Omega c_2-\gamma\Omega^2}{\kappa GA\cdot EI},\ b_3=\frac{\vartheta}{EI}
\end{gathered}
\tag{9.4.22}
$$

通过将方程（9.4.18）代入边界条件［方程（9.4.17）］并使用方程（9.4.20），我们还可以获得以下边界条件：

$$
\begin{gathered}
W(0)=0,\ W'(0)=0 \\
EIW''(L)-J_t\Omega^2W'(L)+HA_1\cdot W(L)=0 \\
EIW'''(L)+M_t\Omega^2W(L)+HA_2\cdot W'(L)+HA_3\cdot\int_0^L W(x)\mathrm{d}x=0
\end{gathered}
\tag{9.4.23}
$$

式中

$$HA_1 = \frac{EI(\mu\Omega^2 - \mathrm{i}\Omega c_1)}{\kappa GA}$$
$$HA_2 = \frac{EI(\mu\Omega^2 - \mathrm{i}\Omega c_1)}{\kappa GA} - (\mathrm{i}\Omega c_2 - \gamma\Omega^2) \tag{9.4.24}$$
$$HA_3 = \frac{(\gamma\Omega^2 - \mathrm{i}\Omega c_2)(\mu\Omega^2 - \mathrm{i}\Omega c_1)}{\kappa GA}$$

方程（9.4.21）和边界条件［方程（9.4.23）］构成了悬臂单变形压电能量采集器的稳态机电 Timoshenko 梁模型。具体而言，在方程式（9.4.21）中，如果耦合系数 $\vartheta=0$，那么方程式将简化为非耦合模型，这实际上是 Timoshenko 梁的强迫振动方程式。

9.4.3　稳态机电 Timoshenko 梁模型的闭式解析解

从方程（9.4.21）可以发现，压电能的稳态位移 W 是通过能量采集器由外部负载 $F(x)$和电耦合效应导致的。根据线性系统的叠加原理，稳态位移 W 可分为两部分：W_1 和 W_2，也就是 $W=W_1+W_2$。位移 W_1 和 W_2 分别由 $V[\delta'(x-x_1)-\delta'(x-x_2)]$引起。也就是说，$W_1$和 W_2是下列方程的解：

$$\begin{aligned} W_1^{(4)} + a_1 W_1'' + a_2 W_1 &= b_1 F''(x) - b_2 F(x) \\ W_2^{(4)} + a_1 W_2'' + a_2 W_2 &= b_3 V[\delta'(x-x_2) - \delta'(x-x_1)] \end{aligned} \tag{9.4.25}$$

首先，考虑方程（9.4.25）的解，并用格林函数法求解。根据格林函数的物理意义，方程（9.4.25）的格林函数在数学上表示下列微分方程的解：

$$W_1^{(4)} + a_1 W_1'' + a_2 W_1 = b_1\delta''(x-x_0) - b_2\delta(x-x_0) \tag{9.4.26}$$

利用拉普拉斯变换方法求解方程（9.4.26），并将基本解表示为

$$\begin{aligned} G_1(x;x_0) = &H(x-x_0)\varphi_{11}(x-x_0) + \varphi_2(x)W_1(0) + \varphi_3(x)W_1'(0) \\ &+ \varphi_4(x)W_1''(0) + \varphi_5(x)W_1'''(0) \end{aligned} \tag{9.4.27}$$

$W_1(0)$，$W_1'(0)$，$W_1''(0)$ 和 $W_1'''(0)$ 是 $W_1(x;\xi)$ 及其导数在 $x=0$ 时的值，此外

$$\begin{aligned} \varphi_{11}(x) &= \sum_{i=1}^{4} A_i(x)(b_1 s_i^2 + b_2) \\ \varphi_2(x) &= \sum_{i=1}^{4} A_i(x)(s_i^3 + s_i a_1) \\ \varphi_3(x) &= \sum_{i=1}^{4} A_i(x)(s_i^2 + a_1) \\ \varphi_4(x) &= \sum_{i=1}^{4} A_i(x) s_i \\ \varphi_5(x) &= \sum_{i=1}^{4} A_i(x) \end{aligned} \tag{9.4.28}$$

式中，

$$
\begin{aligned}
A_1(x) &= \frac{e^{s_1 x}}{(s_1 - s_2)(s_1 - s_3)(s_1 - s_4)} \\
A_2(x) &= \frac{e^{s_2 x}}{(s_2 - s_1)(s_2 - s_3)(s_2 - s_4)} \\
A_3(x) &= \frac{e^{s_3 x}}{(s_3 - s_1)(s_3 - s_2)(s_3 - s_4)} \\
A_4(x) &= \frac{e^{s_4 x}}{(s_4 - s_1)(s_4 - s_2)(s_4 - s_3)}
\end{aligned}
\tag{9.4.29}
$$

在方程（9.4.28）和方程（9.4.29）中，s_i是下列代数方程的根：

$$s^4 + a_1 s^2 + a_2 = (s - s_1)(s - s_2)(s - s_3)(s - s_4) = 0 \tag{9.4.30}$$

因此，根据叠加原理，位移$W_1(x)$可以用格林函数G_1（x；ξ）表示为以下卷积积分：

$$W_1(x) = \int_0^L F(\xi) G_1(x;\xi) \mathrm{d}\xi \tag{9.4.31}$$

我们还可以通过求解以下方程来推导方程（9.4.25）的格林函数G_2（x；x_0）：

$$W_2^{(4)} + a_1 W_2'' + a_2 W_2 = b_3 V \delta'(x - x_0) \tag{9.4.32}$$

经过计算后，还可以得到G_2（x；x_0）的表达式，其形式与G_1（x；x_0）类似：

$$
\begin{aligned}
G_2(x;x_0) = & VH(x - x_0)\varphi_{12}(x - x_0) + \varphi_2(x) W_2(0) + \varphi_3(x) W_2'(0) \\
& + \varphi_4(x) W_2''(0) + \varphi_5(x) W_2'''(0)
\end{aligned}
\tag{9.4.33}
$$

式中，

$$\varphi_{12}(x) = \sum_{i=1}^{4} b_3 A_i(x) \cdot (-s_i) \tag{9.4.34}$$

W_2（0），W_2'（0），W_2''（0）和W_2'''（0）是W_2（x；ξ）及其导数在$x=0$的值。这些常数也由梁两端的边界条件确定。显然，位移W_2（x）可以用以下形式表示：

$$W_2(x) = \int_0^L G_2(x;\xi)[\delta(\xi - x_2) - \delta(\xi - x_1)] \mathrm{d}\xi \tag{9.4.35}$$

为了确定常数在W_j（0），W_j'（0），W_j''（0）和W_j'''（0），需要计算φ_{11}（x），φ_{12}（x）和φ_k（x）的各阶导数：

$$
\begin{cases}
\varphi_{11}^{(m)}(x) = \sum_{i=1}^{4} s_i^m A_i(x)(b_1 s_i^2 - b_2) \\
\varphi_{12}^{(m)}(x) = \sum_{i=1}^{4} s_i^m A_i(x) b_3 \cdot (-s_i) \\
\varphi_2^{(m)}(x) = \sum_{i=1}^{4} s_i^m A_i(x)(s_i^3 + s_i a_1) \\
\varphi_3^{(m)}(x) = \sum_{i=1}^{4} s_i^m A_i(x)(s_i^2 + a_1) \\
\varphi_4^{(m)}(x) = \sum_{i=1}^{4} s_i^m A_i(x) s_i \\
\varphi_5^{(m)}(x) = \sum_{i=1}^{4} s_i^m A_i(x) \ (m = 1, 2, \cdots)
\end{cases}
\tag{9.4.36}
$$

使用方程（9.4.23）中所示的边界条件 $x=0$，可以将 G_1（x；x_0）和 G_2（x；x_0）简化为以下形式：

$$\begin{cases} G_1(x;x_0) = H(x-x_0)\varphi_{11}(x-x_0) + \varphi_4(x)W_1''(0) + \varphi_5(x)W_1'''(0) \\ G_2(x;x_0) = VH(x-x_0)\varphi_{12}(x-x_1) + \varphi_4(x)W_2''(0) + \varphi_5(x)W_2'''(0) \end{cases} \tag{9.4.37}$$

此外，将方程（9.4.37）代入方程（9.4.23）中所示的边界条件 $x=L$，可以得到两个方程组。这两个方程组的形式相似。因此，为了方便起见，我们将它们列为一个统一的形式：

$$\begin{bmatrix} \alpha_1 & \alpha_2 \\ \alpha_3 & \alpha_4 \end{bmatrix} \begin{bmatrix} W_j''(0) \\ W_j'''(0) \end{bmatrix} = \begin{bmatrix} NH_{1j} \\ NH_{2j} \end{bmatrix},\ j=1,2 \tag{9.4.38}$$

式中

$$\begin{aligned} \alpha_1 &= EI\varphi_4''(L) - J_t\Omega^2\varphi_4'(L) + HA_1\cdot\varphi_4(L) \\ \alpha_2 &= EI\varphi_5''(L) - J_t\Omega^2\varphi_5'(L) + HA_1\cdot\varphi_5(L) \\ \alpha_3 &= EI\varphi_4'''(L) + M_t\Omega^2\varphi_4(L) + HA_2\cdot\varphi_4'(L) + HA_3\cdot\int_0^L\varphi_4(x)\mathrm{d}x \\ \alpha_4 &= EI\varphi_5'''(L) + M_t\Omega^2\varphi_5(L) + HA_2\cdot\varphi_5'(L) + HA_3\cdot\int_0^L\varphi_5(x)\mathrm{d}x \end{aligned} \tag{9.4.39}$$

并且

$$\begin{aligned} NH_{11} = \chi_1(x_0),\ NH_{21} = \eta_1(x_0) \\ NH_{12} = \chi_2(x_0)\cdot V,\ NH_{22} = \eta_2(x_0)\cdot V \end{aligned} \tag{9.4.40}$$

在等式（9.4.40）中，

$$\begin{aligned} \chi_1(x_0) &= -EI\varphi_{11}''(L-x_0) + J_t\Omega^2\varphi_{11}'(L-x_0) - HA_1\cdot\varphi_{11}(L-x_0) \\ \eta_1(x_0) &= -EI\varphi_{11}'''(L-x_0) - M_t\Omega^2\varphi_{11}(L-x_0) - HA_2\cdot\varphi_{11}'(L-x_0) \\ &\quad - HA_3\cdot\int_{x_0}^L\varphi_{11}(x-x_0)\mathrm{d}x \\ \chi_2(x_0) &= -EI\varphi_{12}''(L-x_0) + J_t\Omega^2\varphi_{12}'(L-x_0) - HA_1\cdot\varphi_{12}(L-x_0) \\ \eta_2(x_0) &= -EI\varphi_{12}'''(L-x_0) - M_t\Omega^2\varphi_{12}(L-x_0) - HA_2\cdot\varphi_{12}'(L-x_0) \\ &\quad - HA_3\cdot\int_{x_0}^L\varphi_{12}(x-x_0)\mathrm{d}x \end{aligned} \tag{9.4.41}$$

解方程（9.4.38）得到

$$\begin{aligned} W_1''(0) &= \frac{\alpha_4\chi_1(x_0) - \alpha_2\eta_1(x_0)}{\alpha_1\alpha_4 - \alpha_2\alpha_3} \\ W_1'''(0) &= \frac{\alpha_1\eta_1(x_0) - \alpha_3\chi_1(x_0)}{\alpha_1\alpha_4 - \alpha_2\alpha_3} \\ W_2''(0) &= V\cdot\frac{\alpha_4\chi_2(x_0) - \alpha_2\eta_2(x_0)}{\alpha_1\alpha_4 - \alpha_2\alpha_3} \\ W_2'''(0) &= V\cdot\frac{\alpha_1\eta_2(x_0) - \alpha_3\chi_2(x_0)}{\alpha_1\alpha_4 - \alpha_2\alpha_3} \end{aligned} \tag{9.4.42}$$

将等式（9.4.42）代入等式（9.4.37）得到

$$
\begin{aligned}
G_1(x;x_0) &= H(x-x_0)\varphi_{11}(x-x_0)+\varphi_4(x)\frac{\alpha_4\chi_1(x_0)-\alpha_2\eta_1(x_0)}{\alpha_1\alpha_4-\alpha_2\alpha_3} \\
&\quad +\varphi_5(x)\frac{\alpha_1\eta_1(x_0)-\alpha_3\chi_1(x_0)}{\alpha_1\alpha_4-\alpha_2\alpha_3} \\
G_2(x;x_0) &= V\Big[H(x-x_0)\varphi_{12}(x-x_1)+\varphi_4(x)\frac{\alpha_4\chi_2(x_0)-\alpha_2\eta_2(x_0)}{\alpha_1\alpha_4-\alpha_2\alpha_3} \\
&\quad +\varphi_5(x)\frac{\alpha_1\eta_2(x_0)-\alpha_3\chi_2(x_0)}{\alpha_1\alpha_4-\alpha_2\alpha_3}\Big]
\end{aligned}
\tag{9.4.43}
$$

耦合的机电 Timoshenko 梁模型将利用 $W(x)=W_1(x)\ W_2(x)$ 表达式进行解耦。具体来说，$W(x)$ 的表达式可以写成

$$
W(x)=\int_0^L F(\xi)G_1(x;\xi)\mathrm{d}\xi+\int_0^L G_2(x;\xi)[\delta(\xi-x_2)-\delta(\xi-x_1)]\mathrm{d}\xi \tag{9.4.44}
$$

将式（9.4.44）和式（9.4.20）代入式（9.4.21）中会产生

$$
\begin{aligned}
\left(\frac{\mathrm{i}\Omega C_pR_l+1}{R_l}\right)V &= -\mathrm{i}\Omega\beta\int_{x_1}^{x_2}\left[\int_0^L F(\xi)G_1(x;\xi)\mathrm{d}\xi\right]''\mathrm{d}x \\
&\quad -\mathrm{i}\Omega\beta V\int_{x_1}^{x_2}\bar{G}_2''(x;x_2)-\bar{G}_2''(x;x_1)\mathrm{d}x-\frac{\mathrm{i}\Omega\beta(\mu\Omega^2-\mathrm{i}\Omega c_1)}{\kappa GA}\int_{x_1}^{x_2}\int_0^L F(\xi)G_1(x;\xi)\mathrm{d}\xi\mathrm{d}x \\
&\quad -\frac{\mathrm{i}\Omega\beta(\mu\Omega^2-\mathrm{i}\Omega c_1)}{\kappa GA}\int_{x_1}^{x_2}\bar{G}_2''(x;x_2)-\bar{G}_2''(x;x_1)\mathrm{d}x+\frac{\mathrm{i}\Omega\beta}{\kappa GA}\int_{x_1}^{x_2}F(\xi)\mathrm{d}\xi
\end{aligned}
\tag{9.4.45}
$$

式中，

$$
\bar{G}_2(x;x_0)=\frac{G_2(x;x_0)}{V},V\neq 0 \tag{9.4.46}
$$

从代数方程（9.4.45）可以方便地导出电压的表达式：

$$
V=\frac{-\mathrm{i}\Omega\beta\int_{x_1}^{x_2}\left[\int_0^L F(\xi)G_1(x;\xi)\mathrm{d}\xi\right]''\mathrm{d}x+HV_1+HV_2}{\left(\frac{\mathrm{i}\Omega C_pR_l+1}{R_l}\right)+\mathrm{i}\Omega\beta\int_{x_1}^{x_2}\bar{G}_2''(x;x_2)-\bar{G}_2''(x;x_1)\mathrm{d}x+HV_3} \tag{9.4.47}
$$

式中

$$
\begin{aligned}
HV_1 &= -\frac{\mathrm{i}\Omega\beta(\mu\Omega^2-\mathrm{i}\Omega c_1)}{\kappa GA}\int_{x_1}^{x_2}\int_0^L F(\xi)G_1(x;\xi)\mathrm{d}\xi\mathrm{d}x \\
HV_2 &= \frac{\mathrm{i}\Omega\beta}{\kappa GA}\int_{x_1}^{x_2}F(\xi)\mathrm{d}\xi \\
HV_3 &= \frac{\mathrm{i}\Omega\beta(\mu\Omega^2-\mathrm{i}\Omega c_1)}{\kappa GA}\int_{x_1}^{x_2}[\bar{G}_2''(x;x_2)-\bar{G}_2''(x;x_1)]\mathrm{d}x
\end{aligned}
\tag{9.4.48}
$$

此外，通过将式（9.4.47）代入式（9.4.44），我们还可以得到位移 $W(x)$。

9.4.4 具体案例研究：谐波基础激励

更具体地说，谐波基础激励被认为是施加在悬臂压电收割机上的外部载荷。这种负载是为了模拟采集器的近似实际工作条件而产生的，在文献中经常使用。如果基础位移不等于零，则梁的绝对横向位移可表示为：

$$w(x,t)=w_b(x,t)+w_{rel}(x,t) \tag{9.4.49}$$

式中，w_b（x，t）是基础位移，w_{rel}（x，t）是相对横向位移。谐波基础激励被认为是

$$w_b(x,t)=A_0\cdot \mathrm{e}^{\mathrm{i}\Omega t} \tag{9.4.50}$$

也就是说，稳态基础位移 w_b 可以表示为 $w_b=A_0$。此外，还可以获得稳态基本加速度

$$A_b=-\Omega^2 A_0 \tag{9.4.51}$$

如果考虑一个压电悬臂梁，它具有一个尖端加速度和一个基本加速度的惯性矩，则外部谐波作用力 f（x，t）$=F$（x）$\mathrm{e}^{\mathrm{i}\omega t}$可以写成

$$F(x)=(\mu\Omega^2-\mathrm{i}\Omega c_1)A_0+\delta(x-L)M_t\Omega^2A_0 \tag{9.4.52}$$

将等式（9.4.52）代入等式（9.4.47）可提供谐波基础激励下的稳态电压：

$$V=\frac{-\mathrm{i}\Omega\beta A_0\left\{(\mu\Omega^2-\mathrm{i}\Omega c_1)\int_{x_1}^{x_2}\left[\int_0^L G_1(x;\xi)\mathrm{d}\xi\right]''\mathrm{d}x+M_t\Omega^2\int_{x_1}^{x_2}G_1''(x;L)\mathrm{d}x\right\}+HV_1+HV_2}{\left(\dfrac{\mathrm{i}\Omega C_pR_l+1}{R_l}\right)+\mathrm{i}\Omega\beta\int_{x_1}^{x_2}[\bar{G}_2''(x;x_2)-\bar{G}_2''(x;x_1)]\mathrm{d}x+HV_3} \tag{9.4.53}$$

式中，

$$HV_1=-\frac{\mathrm{i}\Omega\beta(\mu\Omega^2-\mathrm{i}\Omega c_1)A_0}{\kappa GA}\left\{(\mu\Omega^2-\mathrm{i}\Omega c_1)\int_{x_1}^{x_2}\left[\int_0^L G_1(x;\xi)\mathrm{d}\xi\right]\mathrm{d}x+M_t\Omega^2\int_{x_1}^{x_2}G_1(x;L)\mathrm{d}x\right\}$$

$$HV_2=\frac{\mathrm{i}\Omega\beta A_0}{\kappa GA}\{(\mu\Omega^2-\mathrm{i}\Omega c_1)(x_2-x_1)+M_t\Omega^2\}$$

$$HV_3=\frac{\mathrm{i}\Omega\beta(\mu\Omega^2-\mathrm{i}\Omega c_1)}{\kappa GA}\int_{x_1}^{x_2}\bar{G}_2(x;x_2)-\bar{G}_2(x;x_1)\mathrm{d}x \tag{9.4.54}$$

利用式（9.4.53）和式（9.4.44），我们还可以得到稳态相对位移 w_{rel}。如果外力 f（x，t)是单位谐波载荷，即 F（x）$=\delta$（$x-L$），则本解可以简化为

$$V=\frac{-\mathrm{i}\Omega\beta\int_{x_1}^{x_2}G_1''(x;L)\mathrm{d}x+HV_1+HV_2}{\left(\dfrac{\mathrm{i}\Omega C_pR_l+1}{R_l}\right)+\mathrm{i}\Omega\beta\int_{x_1}^{x_2}[\bar{G}_2''(x;x_2)-\bar{G}_2''(x;x_1)]\mathrm{d}x+HV_3} \tag{9.4.55}$$

式中，

$$HV_1=-\frac{\mathrm{i}\Omega\beta(\mu\Omega^2-\mathrm{i}\Omega c_1)}{\kappa GA}\int_{x_1}^{x_2}G_1(x;L)\mathrm{d}x$$

$$HV_2=\frac{\mathrm{i}\Omega\beta}{\kappa GA}, \tag{9.4.56}$$

$$HV_3=\frac{\mathrm{i}\Omega\beta(\mu\Omega^2-\mathrm{i}\Omega c_1)}{\kappa GA}\int_{x_1}^{x_2}[\bar{G}_2(x;x_2)-\bar{G}_2(x;x_1)]\mathrm{d}x$$

9.4.5 数值结果与分析

9.4.5.1 不同类型阻尼对 FRV 的影响

图 9.30 显示了具有不同横向阻尼系数 ζ_1 和旋转阻尼系数 ζ_2 的 FRV。正如预期的那样，FRV 的振幅随着 ζ_1 和 ζ_2 的增大而减小，这从物理角度来看是有意义的。从图 9.30 可以看出，横向阻尼系数（以 ζ_1 为特征）比旋转阻尼系数（以 ζ_2 为特征）对当前解的影响更显著。同样的现象也可以在 FRD 中发现，为了简单起见，没有显示 FRD。更具体地说，对于横向阻尼系数 ζ_1，可以从图 9.30（a）中发现，ζ_1 对 FRV 的影响主要集中在一阶模态，并随着模态阶数的增大而减小。相反，对于旋转阻尼系数 ζ_2，从图 9.30（b）中可以看出，ζ_2 对 FRV 的影响随着模态阶数的增大而增大，而 ζ_2 对一阶模态的影响远小于其他模态。从物理上讲，由于一阶模态在振动中起主导作用，因此横向阻尼系数 ζ_1 不宜取较大值。

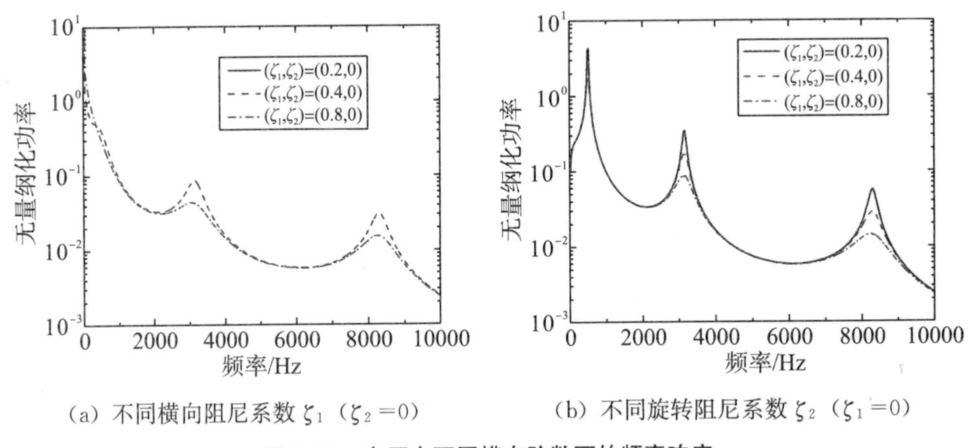

（a）不同横向阻尼系数 ζ_1（$\zeta_2=0$）　（b）不同旋转阻尼系数 ζ_2（$\zeta_1=0$）

图 9.30 电压在不同模态阶数下的频率响应

9.4.5.2 转动惯量和剪切效应的影响

图 9.31 绘制了 Euler－Bernoulli、Rayleigh 和 Timoshenko 梁的 FRV 和 FRD。从图 9.31 可以看出，随着模态阶数的增大，Euler－Bernoulli、Rayleigh 和 Timoshenko 梁的共振频率之间的差异变得更大。更具体地说，对于一阶模态，三个梁模型的共振频率大致相同。对于细长比较大的梁，Timoshenko 梁模型比 Euler－Bernoulli 梁模型更精确。因此，如果考虑单极压电式能量采集器，无论是厚压电层还是厚基底层，目前基于 Timoshenko 梁假设的模型应该更精确。此外，根据“现有解决方案的有效性”一节，对于具有小高长比的梁，现有模型也非常精确，可用于描述具有不同高长比的更多种类的梁。

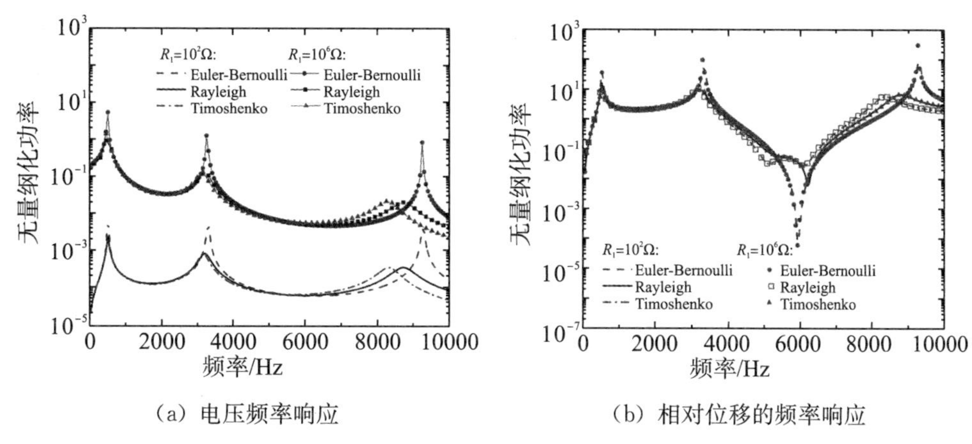

（a）电压频率响应　　（b）相对位移的频率响应

图 9.31　Euler－Bernoulli、Rayleigh 和 Timoshenko 梁的 FRV 和 FRD

9.4.5.3　不同电阻负载的功率输出（FRP）频率响应

使用 Timoshenko 梁模型，图 9.32 绘制了不同电阻负载的功率输出（FRP）频率响应。FRP 仅为 FRV 的平方除以阻力负荷 R_l。本例中的阻尼值为 $\zeta_1=0.001$ 和 $\zeta_2=0.01$。可以看出，电力有两个局部峰值。这是强耦合能量采集器的特点。在图 9.32 所示的负载电阻中，负载电阻 $R_l=10^4\,\Omega$ 和 $R_l=10^6\,\Omega$ 分别接近短路和开路条件，获得了两个峰值功率输出。更具体地说，通过仔细计算，在频率为 529.43Hz 时，对于最佳电阻负载 $R_l=8.895\times10^3\,\Omega$，接近短路条件的峰值为 $1.6\times10^{-3}\,\mathrm{Ws^4m^{-2}}$。在频率为 518.84Hz 时，对于最佳电阻负载 $R_l=4.406\times10^5\,\Omega$，接近开路条件的峰值为 $1.5\times10^{-3}\,\mathrm{Ws^4m^{-2}}$。

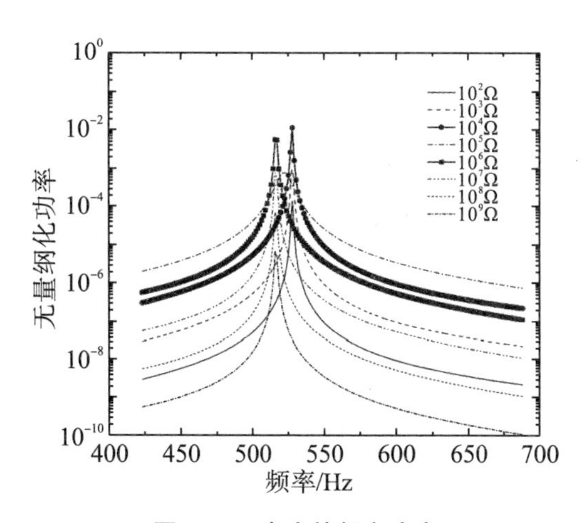

图 9.32　电力的频率响应

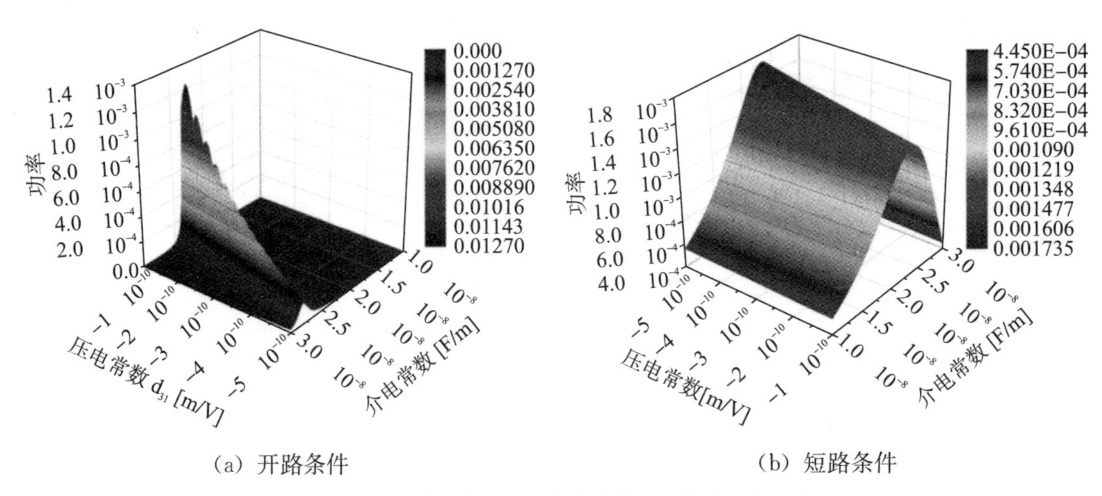

(a) 开路条件　　(b) 短路条件

图 9.33　压电常数 d_{31}和介电常数 ε_{33}^{s}的电功率函数

目前，在材料制备领域，主要采用低温烧结和混合的方法。压电陶瓷的各种化学元素，如锰和铅，其介电常数ε_{33}^{s}和压电常数d_{31}可以很容易地改变。因此，我们试图根据电力峰值制订最优方案。上述数值例子中使用的材料实际上是一种特殊类型的软压电材料：PZT−5A/5H，材料类型为3195HD。这种软压电材料广泛用于压电能量采集器的最新研究，CTS电子元件有限公司生产的压电能量采集器的实际产品也由该材料制成。除3195HD外，CTS电子元件有限公司还提供其他类型的PZT−5A/5H材料：3195STD、3221HD、3203STD和3203HD。这些材料的杨氏模量和密度差别不大，而介电常数ε_{33}^{s}和压电常数d_{31}则明显不同。根据这些事实，利用闭式解，试图获得使电力达到最大值的最优ε_{33}^{s}和d_{31}。为此，假设杨氏模量和密度为不变常数，分别为6.6×10^{10}和7800 kg/m^3。此外，根据9.4.5.3节，最佳负载电阻$R_l=4.406\times10^5\Omega$（$R_l=8.895\times10^3\Omega$）和频率518.84Hz（529.43Hz）的开路条件（短路条件）也用于以下计算。

图9.33（a）显示了开路条件下，作为压电常数d_{31}和介电常数ε_{33}^{s}的电功率函数。从图9.33（a）可以看出，电功率随着压电常数d_{31}的增大而增大。对于介电常数ε_{33}^{s}，间隔$\varepsilon_{33}^{s}=[1\times10^{-8},3\times10^{-8}]$，都有一个最大值$d_{31}$。在图9.33（a）中，当（$d_{31}$，$\varepsilon_{33}^{s}$）=（$-1.0\times10^{-10}$，$2.3\times10^{-8}$）时，电功率达到最大值$1.27\times10^{-2}\mathrm{Ws^4m^{-21}}$。在短路情况下，图9.33（b）显示了电功率、压电常数d_{31}和介电常数ε_{33}^{s}的函数关系。与开路情况相比，压电常数d_{31}的影响较小，主要效应来自介电常数ε_{33}^{s}。与开路情况相同，在$\varepsilon_{33}^{s}=2.3\times10^{-8}$时获得最大功率值。根据以上分析，如果试图改进PZT−5A/5H以获得更多电能，通过两种方法可以实现。方法一，介电常数d_{31}的值应该接近2.3×10^{-8}。方法二，对于开路条件，压电常数的值应尽可能增大。根据最近的研究，这些过程可以通过混合各种化学元素和低温烧结来实现。对于其他类型的压电材料，可以执行相同的分析过程以获得最佳结果。为了简单起见，不逐一分析它们。在这里，只是提出了一种分析方法，以获得最大电功率。

本节讨论了剪切效应、转动惯量和两种阻尼效应对现有解的影响。显然，压电能量采集器 Timoshenko 模型比传统 Euler－Bernoulli 模型具有更大的适用性，前者可退化为后者。讨论了负载电阻对电功率的影响，得出了使电功率达到最大值的最佳负载电阻。提出了不同的标准来提高软压电材料的发电性能：在开路条件和短路条件下的 PZT－5A/5H，这将对未来的研究产生一定的积极意义。

附录 A　单位阶跃函数和单位脉冲函数

A.1　单位阶跃函数

定义单位阶跃函数或称单位台阶函数为

$$H_0(t)=\begin{cases}1, t>0\\0, t\leqslant 0\end{cases}\tag{A.1}$$

此函数无量纲，在 $t=0$ 处有阶跃。

类似地，若在 $t=a$ 处有跳跃，函数可写为 H_0（$t-a$）。阶跃函数的图形如图 A－1 所示。

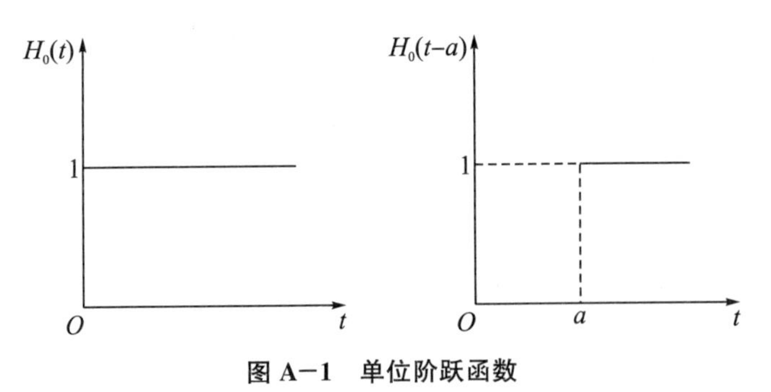

图 A－1　单位阶跃函数

A.2　单位脉冲函数

定义 δ－函数（狄拉克函数）或称单位脉冲函数为

$$\delta_\varepsilon(t)=\begin{cases}0, t<0 \text{ 或 } t>\varepsilon\\ \dfrac{1}{\varepsilon}, 0\leqslant t\leqslant\varepsilon\end{cases}, \delta(t)=\lim_{\varepsilon\to 0}\delta_\varepsilon(t)\tag{A.2}$$

δ－函数的图形如图 A－2 所示。图 A－2（a）为 δ_ε（t）函数，图 A－2（b）为 δ（t）函数，图 A－2（c）为 $t=a$ 时产生脉冲的函数 δ_ε（$t-a$）。

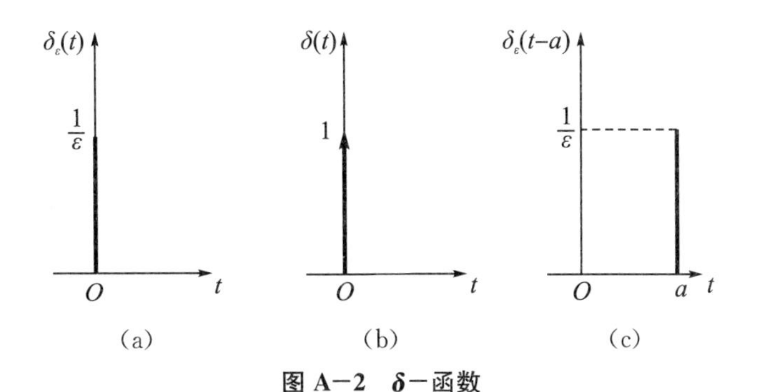

图 A−2　δ−函数

单位脉冲函数有下列重要性质：

$$\delta(t)=\frac{\mathrm{d}H_0(t)}{\mathrm{d}t},\int_{-\infty}^{t}\delta(\tau)\mathrm{d}\tau=H_0(t) \tag{A.3}$$

$$\int_{-\infty}^{+\infty}\delta(t)\mathrm{d}t=1 \tag{A.4}$$

$$\int_{-\infty}^{+\infty}f(t)\delta(t-a)\mathrm{d}t=f(a) \tag{A.5}$$

附录 B　傅里叶级数

假设 F（x）是周期为 T 的函数：

$$F(t \pm nT) = F(t), \; n = 0,1,2,\cdots \tag{B.1}$$

设函数在一个周期内分段光滑，则 F（t）可以展开为傅里叶级数：

$$F(t) = \frac{a_0}{2} + \sum_{n=1}^{\infty}(a_n \cos\frac{2n\pi}{T}t + b_n \sin\frac{2n\pi}{T}t) \tag{B.2}$$

式中各个系数为

$$\left.\begin{aligned} a_0 &= \frac{2}{T}\int_{-\frac{T}{2}}^{\frac{T}{2}} F(t)\mathrm{d}t = \frac{2}{T}\int_0^T F(t)\mathrm{d}t \\ a_n &= \frac{2}{T}\int_{-\frac{T}{2}}^{\frac{T}{2}} F(t)\cos\frac{2n\pi t}{T}\mathrm{d}t = \frac{2}{T}\int_0^T F(t)\cos\frac{2n\pi t}{T}\mathrm{d}t \\ b_n &= \frac{2}{T}\int_{-\frac{T}{2}}^{\frac{T}{2}} F(t)\sin\frac{2n\pi t}{T}\mathrm{d}t = \frac{2}{T}\int_0^T F(t)\sin\frac{2n\pi t}{T}\mathrm{d}t \end{aligned}\right\}(n = 1,2,\cdots) \tag{B.3}$$

也可以写成复数形式：

$$F(t) = \sum_{n=-\infty}^{+\infty} C_n \mathrm{e}^{\mathrm{i}n\omega t} \tag{B.4}$$

其中系数

$$C_n = \frac{1}{T}\int_{-\frac{T}{2}}^{\frac{T}{2}} F(t)\mathrm{e}^{-\mathrm{i}n\omega t}\mathrm{d}t, \; n = 0, \pm 1, \pm 2,\cdots \tag{B.5}$$

$$\omega = \frac{2\pi}{T} \tag{B.6}$$

说明：当 F（x）定义在$\left[-\frac{T}{2}, \frac{T}{2}\right]$上时，使用式（B－3）和式（B－5）在$\left[-\frac{T}{2}, \frac{T}{2}\right]$内积分；当 F（x）定义在$[0, T]$上时，使用式（B－3）和式（B－5）在$[0, T]$内积分。

附录 C 傅里叶变换

如果任意函数 $f(x)$ 满足条件 $\int_{-\infty}^{+\infty}|f(t)|\mathrm{d}t<\infty$，则 $f(t)$ 的傅里叶级数存在：

$$F(\omega)=F[f(t)]=\int_{-\infty}^{+\infty}f(t)\mathrm{e}^{-\mathrm{i}\omega t}\mathrm{d}t \tag{C.1}$$

其逆变换为

$$f(t)=\frac{1}{2\pi}\int_{-\infty}^{+\infty}F(\omega)\mathrm{e}^{\mathrm{i}\omega t}\mathrm{d}\omega \tag{C.2}$$

设 $x(t)$ 与 $y(t)$ 的傅里叶变换为 $X(\omega)$ 和 $Y(\omega)$，则傅里叶变换具有下列性质：

(1) $F(ax+by)=aX(\omega)+bY(\omega)$

(2) $F[x(-t)]=X(-\omega)$

(3) $F[\bar{x}(-t)]=\bar{X}(-\omega)$ （共轭）

(4) $F[x(t-\tau)]=\mathrm{e}^{-\mathrm{i}\omega\tau}X(\omega)$

(5) $F[x(t)\mathrm{e}^{\mathrm{i}\Omega t}]=X(\omega-\Omega)$

(6) $F[x(t)*y(t)]=F\left[\int_{-\infty}^{+\infty}x(\tau)y(t-\tau)\mathrm{d}\tau\right]=X(\omega)Y(\omega)$

(7) $\int_{-\infty}^{+\infty}x^2(t)\mathrm{d}t=\frac{1}{2\pi}\int_{-\infty}^{+\infty}|X(\omega)|^2\mathrm{d}\omega$

表 C−1 给出了一些常见函数的傅里叶变换对。

表 C−1 常见函数的傅里叶变换对

序号	$f(t)$	$F(\omega)=F[f(t)]$
1	$\delta(t)$	1
2	1	$2\pi\delta(\omega)$
3	$H_0(t)$	$\frac{1}{\mathrm{i}\omega}+\pi\delta(\omega)$
4	$\cos at$	$\pi[\delta(\omega+a)+\delta(\omega-a)]$
5	$\sin at$	$\pi[\delta(\omega+a)-\delta(\omega-a)]$
6	$\mathrm{e}^{\mathrm{i}at}$	$2\pi\delta(\omega-a)$

续表C-1

序号	$f(t)$	$F(\omega)=F[f(t)]$
7	矩阵单位脉冲 $=\begin{cases}A,\lvert t\rvert<T,A>0\\0,\lvert t\rvert>T\end{cases}$	$2AT\dfrac{\sin\omega T}{\omega T}$
8	指数衰减函数 $=\begin{cases}e^{-\beta t},t>0,\beta>0\\0,t<0\end{cases}$	$\dfrac{1}{\beta+i\omega}$
9	三角形脉冲 $=\begin{cases}A-\dfrac{A}{T}\lvert t\rvert,\lvert t\rvert<T,A>0\\0,\lvert t\rvert>T\end{cases}$	$\dfrac{2A}{\omega^2 T}(1-\cos\omega t)$
10	周期函数（周期为 T）$=\sum\limits_{-\infty}^{+\infty}c_n e^{in\Omega t}$，$\Omega=\dfrac{2\pi}{T}$	$2\pi\sum\limits_{-\infty}^{+\infty}c_n\delta(\omega-n\Omega)$

注：表C-1中，$\delta(t)$ 为 δ-函数，$H_0(t)$ 为单位阶跃函数。

附录 D　拉普拉斯变换

一个实变量 t 的函数 f（t）的拉普拉斯变换定义为

$$F(s) = L[f(t)] = \int_0^{\infty} f(t) e^{-st} dt \tag{D.1}$$

其逆变换为

$$f(t) = L^{-1}[F(s)]\frac{1}{2\pi i}\int_{\sigma-i\infty}^{\sigma+i\infty} F(s) e^{st} ds \tag{D.2}$$

式中，$s=\sigma+i\omega$ 为复数。

表 D−1 和表 D−2 给出了拉普拉斯变换的性质和运算变换对。

表 D−1　拉普拉斯变换的运算变换对

序号	f（t）	F（s）$=F[f(t)]$
1	$af(t)$	$af(s)$
2	$f_1(t) \pm f_2(t)$	$F_1(s) \pm F_2(s)$
3	$\frac{df(t)}{dt}=\dot{f}(t)$	$sF(s)-f(0^+)$
4	$\frac{d^2f(t)}{dt^2}=\ddot{f}(t)$	$s^2F(s)-sf(0^+)-\dot{f}(0^+)$
5	$f^{(n)}(t)$（n 阶导数）	$s^nF(s)-\sum_{r=0}^{n-1}s^{n-r-1}f^{(r)}(0^+)$
6	$\int f(t)dt$	$\frac{1}{s}[F(s)+f(0^+)]$
7	$\int_0^t f(t)dt$	$\frac{1}{s}F(s)$
8	$\int_0^t \cdots \int_0^t f(t)(dt)^n$（$n$ 重积分）	$\frac{1}{s^n}F(s)$
9	$f(t-a)H_0(t-a)$	$e^{-as}F(s)$
10	$e^{-at}f(t)$	$F(s+a)$
11	$f(t)=f(t+T)$	$\frac{1}{1-e^{sT}}\int_0^T f(t)e^{st}dt$

续表D-1

序号	$f(t)$	$F(s)=F[f(t)]$
12	$f_1(t)f_2(t)=\int_0^t f_1(\tau)f_2(t-\tau)\mathrm{d}\tau$	$F_1(s)F_2(s)$
13	$tf(t)$	$-\frac{\mathrm{d}F(s)}{\mathrm{d}s}$
14	$t^n f(t)$	$(-1)^n\frac{\mathrm{d}^n F(s)}{\mathrm{d}s^n}$
15	$\frac{f(t)}{t}$	$\int_s^{\infty}F(s)\mathrm{d}s$
16	$f(at)$	$\frac{1}{a}F\left(\frac{s}{a}\right)$

表 D-2　函数拉普拉斯变换对

序号	$f(t)$，$t>0$	$F(s)=F[f(t)]$
1	$\delta(t)$	1
2	$\delta(t-a)$	e^{-as}
3	$H_0(t)$	$\frac{1}{s}$
4	$H_0(t-a)$	$\frac{1}{s}\mathrm{e}^{-as}$
5	t	$\frac{1}{s^2}$
6	$\frac{t^{n-1}}{(n-1)!}$	$\frac{1}{s^n}$，$n=1，2，\cdots$
7	e^{-at}	$\frac{1}{s+a}$
8	$t\mathrm{e}^{-at}$	$\frac{1}{(s+a)^2}$
9	$(1-at)\mathrm{e}^{-at}$	$\frac{s}{(s+a)^2}$
10	$\frac{1}{(n-1)!}t^{n-1}\mathrm{e}^{-at}$	$\frac{1}{(s+a)^n}$，$n=1，2，\cdots$
11	$\frac{1}{(b-a)}(\mathrm{e}^{-at}-\mathrm{e}^{-bt})$	$\frac{1}{(s+a)(s+b)}$
12	$\frac{1}{(a-b)}(a\mathrm{e}^{-at}-b\mathrm{e}^{-bt})$	$\frac{s}{(s+a)(s+b)}$
13	$\frac{1}{(a-b)^2}\mathrm{e}^{-at}+\frac{\mathrm{e}^{-bt}}{(a-b)t}$	$\frac{1}{(s+a)(s+b)^2}$
14	$-\frac{a}{(a-b)^2}\mathrm{e}^{-at}-\frac{b\mathrm{e}^{-bt}}{(a-b)t^a}$	$\frac{s}{(s+a)(s+b)^2}$

续表D−2

序号	$f(t)$，$t>0$	$F(s)=F[f(t)]$
15	$\frac{a^2}{(a-b)^2}e^{-at}+\frac{b^2(a-b)t+b^2-2ab}{(a-b)^2}e^{-bt}$	$\frac{s^2}{(s+a)(s+b)^2}$
16	$\sin at$	$\frac{a}{s^2+a^2}$
17	$\cos at$	$\frac{s}{s^2+a^2}$
18	$\sinh at$	$\frac{a}{s^2-a^2}$
19	$\cosh at$	$\frac{s}{s^2-a^2}$
20	$1-e^{-at}$	$\frac{a}{s(s+a)}$
21	$1-\cos at$	$\frac{a^2}{s(s^2+a^2)}$
22	$at-\sin at$	$\frac{a^3}{s^2(s^2+a^2)}$
23	$at\sin at$	$\frac{2a^2s}{(s^2+a^2)^2}$
24	$at\cos at$	$\frac{a(s^2-a^2)}{(s^2+a^2)^2}$
25	$\frac{e^{-\xi at}}{\sqrt{1-\xi^2}a}\sin(at\sqrt{1-\xi^2})$	$\frac{1}{s^2+2\xi as+a^2}$
26	$e^{-\xi at}(\cos(at\sqrt{1-\xi^2})+\frac{\xi}{\sqrt{1-\xi^2}}\sin(at\sqrt{1-\xi^2}))$	$\frac{s+2\xi a}{s^2+2\xi as+a^2}$
27	$e^{-at}\sin bt$	$\frac{b}{(s+a)^2+b^2}$
28	$e^{-at}\cos bt$	$\frac{s+a}{(s+a)^2+b^2}$

注：表D−1和表D−2中的$H_0(t)$为单位阶跃函数，$\delta(t)$为δ−函数。

参考文献

[1] Leonard M. Principles and Techniques of Vibrations [M]. New Jersey: Prentice-Hall International, Inc. , 1997.

[2] Leonard M. Analytical methods in vibrations [M]. New York: Macmillan Company, 1967.

[3] Reinhardt M. R. Analytical dynamics of discrete systems [M]. New York and London: Plenum Press, 1977.

[4] Jerry G. Engineering Dynamics [M]. Cambridge: Cambridge University Press, 2008.

[5] 郑大钟. 线性系统理论 [M]. 2 版. 北京：清华大学出版社，2002.

[6] Danil J. I. Engineering vibration [M]. Pearson Education, 2014.

[7] William J. B. Engineering vibrations [M]. Taylor & Francis Group, LLC, 2013.

[8] S. Graham Kelly. Fundamentals of mechanical vibrations [M]. New York: McGraw Hill, 2000.

[9] Benaroya, Haym Han, Seon Mi Nagurka, Mark L. Mechanical vibration analysis, uncertainties, and control [M]. Taylor & Francis Group, LLC, 2017.

[10] Michel G, Daniel J. R. Mechanical vibrations: theory and application to structural dynamics [M]. John Wiley & Sons, Limited, 2015.

[11] Alok Sinha. Vibration of mechanical systems [M]. Cambridge University Press, 2010.

[12] Moon Kyu Kwak. Dynamic Modeling and Active Vibration Control of Structures [M]. Springer Nature B. V, 2022.

[13] X. Y. Li, X. Zhao, Y. H. Li. Green's functions of the forced vibration of Timoshenko beams with damping effect [J]. Journal of Sound and Vibration 333 (2014) 1781 - 1795.

[14] X. Zhao, Y. R. Zhao, X. Z. Gao, X. Y. Li, Y. H. Li. Green's functions for the forced vibrations of cracked Euler - Bernoulli beams [J]. Mechanical Systems and Signal Processing 68—69 (2016) 155 - 175.

[15] X. Zhao, E. C. Yang, Y. H. Li. Analytical solutions for the coupled thermoelastic vibrations of Timoshenko beams by means of Green's functions [J]. International Journal of Mechanical Sciences 100 (2015) 50 - 67.

[16] X Zhao, EC Yang, YH Li, W Crossley. Closed-form solutions for forced vibrations of piezoelectric energy harvesters by means of Green' s functions [J]. Journal of Intelligent Material Systems and Structures 2017, Vol. 28 (17) 2372 - 2387.

[17] X. Zhao, C. F. Wang, W. D. Zhu, Y. H. Li, X. S. Wan. Coupled thermoelastic nonlocal forced vibration of an axially moving micro/nano-beam [J]. International Journal of Mechanical Sciences 206 (2021) 106600.

[18] C. S. Cai, S. R. Chen. Framework of vehicle - bridge - wind dynamic analysis [J]. Journal of Wind Engineering and Industrial Aerodynamics 92 (2004) 579 - 607.

[19] Ying Du, Shengxi Zhou, Xingjian Jing, Yeping Peng, Hongkun Wu, Ngaiming Kwok. Damage detection techniques for wind turbine blades: A review [J]. Mechanical Systems and Signal Processing 141 (2020) 106445.